住房和城乡建设部“十四五”规划教材
高等职业教育建筑与规划类
“十四五”数字化新形态教材

建筑信息模型(BIM) AUTODESK REVIT 全专业建模与应用

编　著　刘孟良
主　审　汪谷香　董道炎

中国建筑工业出版社

出版说明

党和国家高度重视教材建设。2016年，中办国办印发了《关于加强和改进新形势下大中小学教材建设的意见》，提出要健全国家教材制度。2019年12月，教育部牵头制定了《普通高等学校教材管理办法》和《职业院校教材管理办法》，旨在全面加强党的领导，切实提高教材建设的科学化水平，打造精品教材。住房和城乡建设部历来重视土建类学科专业教材建设，从“九五”开始组织部级规划教材立项工作，经过近30年的不断建设，规划教材提升了住房和城乡建设行业教材质量和认可度，出版了一系列精品教材，有效促进了行业部门引导专业教育，推动了行业高质量发展。

为进一步加强高等教育、职业教育住房和城乡建设领域学科专业教材建设工作，提高住房和城乡建设行业人才培养质量，2020年12月，住房和城乡建设部办公厅印发《关于申报高等教育职业教育住房和城乡建设领域学科专业“十四五”规划教材的通知》（建办人函［2020］656号），开展了住房和城乡建设部“十四五”规划教材选题的申报工作。经过专家评审和部人事司审核，512项选题列入住房和城乡建设领域学科专业“十四五”规划教材（简称规划教材）。2021年9月，住房和城乡建设部印发了《高等教育职业教育住房和城乡建设领域学科专业“十四五”规划教材选题的通知》（建人函［2021］36号）。为做好“十四五”规划教材的编写、审核、出版等工作，《通知》要求：（1）规划教材的编著者应依据《住房和城乡建设领域学科专业“十四五”规划教材申请书》（简称《申请书》）中的立项目标、申报依据、工作安排及进度，按时编写出高质量的教材；（2）规划教材编著者所在单位应履行《申请书》中的学校保证计划实施的主要条件，支持编著者按计划完成书稿编写工作；（3）高等学校土建类专业课程教材与教学资源专家委员会、全国住房和城乡建设职业教育教学指导委员会、住房和城乡建设部中等职业教育专业指导委员会应做好规划教材的指导、协调和审稿等工作，保证编写质量；（4）规划教材出版单位应积极配合，做好编辑、出版、发行等工作；（5）规划教材封面和书脊应标注“住房和城乡建设部‘十四五’规划教材”字样和统一标识；（6）规划教材应在“十四五”期间完成出版，逾期不能完成的，不再作为《住房和城乡建设领域学科专业“十四五”规划教材》。

住房和城乡建设领域学科专业“十四五”规划教材的特点，一是重点以修订教育部、住房和城乡建设部“十二五”“十三五”规划教材为主；二是严格按照专业标准规范要求编写，体现新发展理念；三是系列教材具有明显特点，满足不同层次和类型的学校专业教学要求；四是配备了数字资源，适应现代化教学的要求。规划教材的出版凝聚了作者、主审及编辑的心血，得到了有关院校、出版单位的大力支持，教材建设管理过程有严格保障。希望广大院校及各专业师生在选用、使用过程中，对规划教材的编写、出版质量进行反馈，以促进规划教材建设质量不断提高。

住房和城乡建设部“十四五”规划教材办公室

2021年11月

前　言

Autodesk 公司的 Revit 2023 是一款三维参数化的建筑设计软件，是有效创建信息化建筑模型（Building Information Modeling——BIM）的设计工具。Revit 2023 打破了传统的二维设计中平、立、剖面图各自独立互不相关的协作模式。它以三维设计为基础理念，直接采用工程实际的墙体、门窗、楼板、楼梯、屋顶等构件作为命令对象，快速创建出项目的三维虚拟 BIM 建筑模型，而且在创建三维建筑模型的同时自动生成所有的平面、立面、剖面和明细表等视图，从而节省了大量的绘制与处理图纸的时间，让建筑师的精力能真正放在设计上而不是绘图上。

Revit 2023 软件在原有版本的基础上，添加了全新功能，并对相应工具的功能进行了修改和完善，使该新版软件可以帮助设计者更加方便快捷地完成设计任务。

本书是以“竹园轩”这一实际工程项目为载体，以 Revit 2023 全面而基础的操作为依据，带领读者全面学习 Revit 2023 中文版软件。全书共分两篇、五个模块共十六个项目。

1. 本书主要内容：

BIM 建模篇

模块一　建筑建模实施流程

该模块包含六个项目，主要介绍 Revit 建筑建模的实施流程：创建项目的标高与轴网，创建墙，创建楼板，创建基本建筑构件，创建扶手、楼梯与洞口，创建场地及场地构件等，是建模的主要部分，也是其他各专业建模的基础。

模块二　结构、装饰与机电专业建模

该模块包含三个项目，主要介绍建筑结构建模、建筑装饰建模、建筑机电建模等，是在建筑建模完成后其他各专业的建模，并简要介绍了项目协同的相关知识。

模块三　族与体量

该模块包含两个项目，主要介绍了自定义建筑族、体量，自定义建筑族命令以及族参数，项目方案创意的体量建模。

BIM 应用篇

模块四　Revit 中建模的应用

该模块包含三个项目，主要介绍绘制和生成施工图、模型的渲染与漫游、模型信息的统计与提取。

模块五　其他软件中模型的应用

该模块包含两个项目，主要介绍模型在 Navisworks、Lumion 中的应用。

本书采用 Revit 2023 中文版软件，从基本命令开始，对建筑、结构、装饰、水电等的模型创建进行详细讲解，是指导初学者学习和掌握软件的基本操作教程。书中详细地介绍了 Revit 2023 强大的建筑信息模型创建及绘图的应用技巧，使读者能够利用该软件方便快捷地创建信息模型和绘制工程图样。

2. 本书主要特色

· 内容的实用性

在定制本教程的知识框架时，作者就将写作的重心放在体现内容的实用性上。不求内容全面，但求内容实用。

· 知识的系统性

从整本书的内容安排上不难看出，全书的内容是一个循序渐进的过程，通过对“竹园轩”这一小型实际工程项目，根据房屋建筑设计施工图创建工程项目实体的过程，讲解建筑信息模型建模的整个流程，环环相扣，紧密相连。对项目中使用的族及族相关知识、体量等进行了较完整的介绍，深度接近了《全国 BIM 应用技能考评大纲》(暂行) 中关于专业 BIM 应用考评大纲的建模要求。

· 知识的拓展性

为了拓展读者的建筑专业知识，书中在介绍每个绘图工具时都与实际的建筑构件绘制紧密联系，并增加了建筑绘图的相关知识，涉及施工图的绘制规律、原则、标准，以及各种注意事项。

3. 本书适用的对象

本书紧扣建筑专业知识，不仅带领读者熟悉该软件，而且可以使读者了解房屋建筑的设计过程，特别适合作为高职、中职院校及技工教育和职业培训用建筑、土木等专业的教材，也可以作为广大从事 BIM 工作的工程技术人员的参考书。全书可安排 42~48 课时。

本书可以通过手机等电子设备扫描书中的二维码，观看教学视频，达到辅助学习的目的。

本书是真正面向实际应用的 BIM 基础教材，但由于作者的水平有限，在编写过程中难免会有各种疏漏和错误，欢迎读者通过邮箱 (554012324@qq.com) 与我联系，帮助我改正与提高。

编著者

授课视频

创建标高
创建轴网
室外地坪外墙
1F 外墙
其他楼层外墙
内墙
复杂形式的墙
创建幕墙
编辑幕墙
室内楼板
室外楼板
创建台阶
WF 琉璃屋面
4F 琉璃屋面
拉伸屋顶
老虎窗
添加门
添加窗
添加坡道
散水和腰线
创建模型文字
创建栏杆扶手
创建 1F 楼梯
创建 2F-3F 楼梯
修改楼梯扶手

创建洞口
添加地形表面
添加建筑地坪
场地道路
创建水池
添加构件
结构柱
建筑柱
创建梁
渲染
漫游
管理对象样式
视图控制
管理视图与
创建视图
绘制施工图
创建详图索引
及详图视图
统计门窗明细表
及材料
布置与导出图纸
其他资料

目　录

绪论

BIM建模篇

BIM应用篇

Xulun

绪论

建筑信息模型（Building Information Modeling，BIM）是以建筑工程项目的各项相关信息数据作为模型的基础，进行建筑模型的建立，通过数字信息仿真模拟建筑物所具有的真实信息。

一、BIM 的基本概念

建筑信息模型的理论基础主要源于制造行业集 CAD、CAM 于一体的计算机集成制造系统（Computer Integrated Manufacturing System，CIMS）理念和基于产品数据管理与标准的产品信息模型。1975 年"BIM 之父"Eastman 教授在其研究的课题"Building Description System"中提出"a computer-based description of-a building"，以便于实现建筑工程的可视化和量化分析，提高工程建设效率。但在当时流传速度较慢，直到 2002 年，由 Autodesk 公司正式发布《BIM 白皮书》后，由"BIM 教父"Jerry Laiserin 对 BIM 的内涵和外延进行界定，并把 BIM 一词推广流传。随着 BIM 的推广流传，我国也加入了 BIM 研究的国际阵容当中，但结合 BIM 技术进行项目管理的研究刚刚起步，而结合 BIM 技术进行项目运营管理的研究就更为稀少。

当前社会发展正朝着集约经济转变，精益求精的建造时代已经来临。当前，BIM 已成为工程建设行业的一个热点，在政府部门相关政策指引和行业的大力推广下将更加普及。BIM 是以三维信息数字模型作为基础，集成了项目从设计、施工、建造到后期运营维护的所有相关信息，对工程项目信息做出详尽的表达。建筑信息模型是数字技术在建筑工程中的直接应用，能使设计人员和工程技术人员对各种建筑信息做出正确的应对，并为协同工作提供坚实的基础；同时能使建筑工程在全生命周期的建设中有效地提高效率并大量减少成本与风险。

BIM 在建筑全生命周期内如图 0-1 所示，通过参数化建模来进行建筑模型的数字化和信息化管理，从而实现各个专业在设计、建造、运营维护阶段的协同工作。

国际智慧建造组织（building SMART International，bSI）对 BIM 的定义如下。

（1）第一层次是"Building Information Model"，中文为"建筑信息模型"，bSI 对这一层次的解释为：建筑信息模型是一个工程项目物理特征和功能特性的数字化表达，可以作为该项目相关信息的共享知识资源，为项目全生命周期内的所有决策提供可靠的信息支持。

（2）第二层次是"Building Information Modeling"，中文为"建筑信息模型应用"，bSI 对这一层次的解释为：建筑信息模型应用是创建和利用

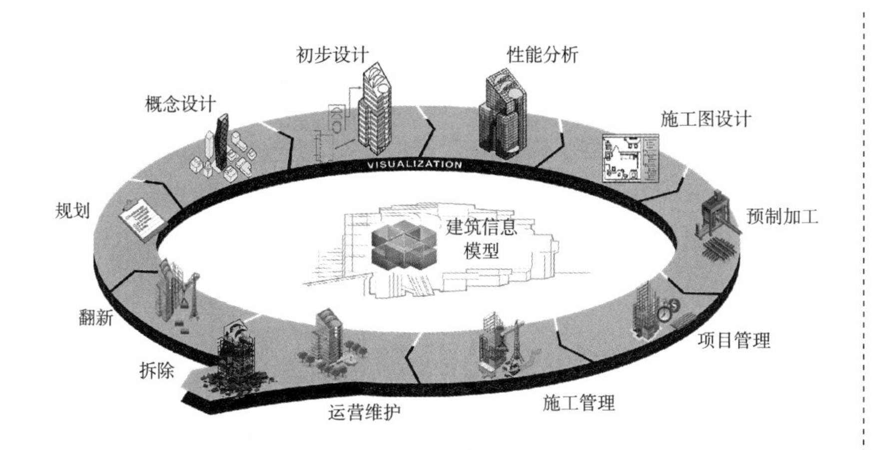

图 0-1　建筑全生命周期中的 BIM

项目数据在其全生命周期内进行设计、施工和运营的业务过程，允许所有项目相关方通过不同技术平台之间的数据互用并且在同一时间利用相同的信息。

（3）第三层次是"Building Information Management"，中文为"建筑信息管理"，bSI 对这一层次的解释为：建筑信息管理是指通过使用建筑信息模型内的信息支持项目全生命周期信息共享的业务流程组织和控制过程，建筑信息管理的效益包括集中和可视化沟通、更早进行多方案比较、可持续分析、高效设计、多专业集成、施工现场控制、竣工资料记录等。

由上面可知，三个层次的含义是递进的。也就是说，首先要有建筑信息模型，然后才能把模型应用到工程项目建设和运维过程中去，有了前面的模型和模型应用，建筑信息管理才会成为有源之水。

二、BIM 的特点

BIM 技术具有可视化、协调性、优化性、模拟性、可出图性五大特点。

1. 可视化

可视化即"所见即所得"的形式。对于建筑行业来说，可视化的真正运用在建筑业的作用是非常大的。例如，经常拿到的施工图纸，只是各个构件的信息在图纸上采用线条的绘制表达，但是其真正的构造形式还需要建筑业参与人员去自行想象。现在建筑业的建筑形式各异，复杂造型在不断地推出，那么这种光靠人脑去想象的东西就有可能失真。基于此，BIM 提供了可视化的思路，让人们将以往线条式的构件转化为一种三维的立体实物图形展示在用户面前；现在建筑业也有设计时出效果图的需要，但是这种效果图是专业的效果图制作团队通过识读设计绘制的线条式信息制作出来的，并不是通过构件的信息生成的，缺少同构件之间的互动性和反馈性，而 BIM 中的可视化是一种能够同构件之间形成互动性和反馈性的可视，在 BIM 中，由于整个过程都是可视化的，所以，可视化的结果不仅可以用来进行效果图的展示及报表的生成，更重要的是，项目设计、建造、运营过程中的沟通、讨论、决策都可以在可视化的状态下进行。

2. 协调性

协调性对于建筑业来说是重点中的重点。无论是设计还是施工，甚至是运维，对于协调都非常关注。因为传统的做法会使各专业及各环节各自为政，只有发现问题了，才会在一起商讨对策，但结果往往是为时已晚。随着 BIM 概念的提出，人们可以通过基于 BIM 的协调性，将事后可能出现的问题做到事前可商量，从而大大提高了工作效率，改善了项目品质。

在设计阶段，各专业设计师们往往都是各干各的，经常导致各个专业间错、漏、碰、缺等问题严重，经常需要设计变更，有时会影响设计周期，甚至耽误整体项目工期。基于 BIM 的协调性，运用相关的 BIM 技术建立数据信息模型，可以将本专业的设计结果及理念展现在模型上，让其他专业的设计师参考。同时，BIM 模型中包含了各个专业的数据，实现了数据共享，让设计中所有专业的设计师能够在同一个数据环境下进行作业，BIM 模型可在建筑物建造前期对各专业的“碰撞问题”进行查找，生成协调数据，并提供给各专业设计师，这样既保持了模型的统一性，又大大提高了工作效率。

在施工阶段，施工人员可以通过 BIM 的协调性清楚地了解本专业的施工重点以及与之相关的专业施工注意事项。统一的 BIM 模型可以让施工人员了解自身在施工中对于其他专业是否造成影响，从而提高施工质量。另外，通过协同平台进行的施工模拟及演示，可以将各施工人员统一协调起来，对项目中施工作业的工序、工法等做出统一安排，制订流水线式的工作方法，提高施工质量、缩短施工工期。

总而言之，基于 BIM 的协调性还可以解决如下问题：电梯井布置与其他设计布置及净空要求的协调，防火分区与其他设计布置的协调，地下排水布置与其他设计布置的协调等。

3. 优化性

事实上整个设计、施工、运营的过程就是一个不断优化的过程，当然优化和 BIM 也不存在实质性的必然联系，但在 BIM 的基础上可以做到更好的优化。优化受三个因素的制约，即信息、复杂程度和时间。没有准确的信息就做不出合理的优化结果。BIM 模型提供了建筑物实际存在的信息，包括几何信息、物理信息、规则信息，还提供了建筑物变化以后实际存在的信息。现代建筑物的复杂程度大多超过参与人员本身的能力极限，BIM 及与其配套的各种优化工具提供了对复杂项目进行优化的可能。目前基于 BIM 的优化可以做下面的工作。

（1）项目方案优化。把项目设计和投资回报分析结合起来，设计变化对投资回报的影响可以实时计算出来；这样业主对设计方案的选择就不会主要停留在对形状的评价上，而更多地关注哪种项目设计方案更有利于自身的需求。

（2）特殊项目的设计优化。例如，裙楼、幕墙、屋顶、大空间中经常可以看到异形设计，这些内容看起来占整个建筑的比例不大，但是占投资和工作量的比例往往却很大，而且通常其施工难度比较大、施工问题比较多。

4. 模拟性

BIM 并不是只能模拟设计出的建筑物模型，还可以模拟不能够在真实世界中进行操作的事物。在设计阶段，BIM 可以对设计上需要进行模拟的一些过程进行模拟实验，如节能模拟、紧急疏散模拟、日照模拟、热能传导模拟等；在招标投标和施工阶段，BIM 可以进行 4D 模拟（三 D 模型加项目的发展时间），也就是根据施工的组织设计模拟实际施工，从而确定合理的施工方案来指导施工，同时还可以进行 5D 模拟（基于 3D 模型的造价控制），从而实现成本控制；在后期运营阶段，BIM 可以进行日常紧急情况处理方式的模拟，如地震人员逃生模拟以及消防人员疏散模拟等。

5. 可出图性

BIM 的可出图性主要基于 BIM 应用软件，可实现建筑设计阶段或施工阶段所需要图纸的输出，还可以通过对建筑物进行可视化展示、协调、模拟、优化，帮助设计方出如下图纸：综合管线图（经过碰撞检查和设计修改，消除了相应错误以后）；综合结构留洞图（预埋套管图）；碰撞检查侦错报告和建议改进方案。

三、建筑 Revit 认识

学习任务一　认识 Revit 的工作界面

Revit 采用 Ribbon 布局界面，即功能区界面，是一个收藏了命令按钮和图示的面板。功能区把命令组织成一组“标签”，每一组

"标签"包括了相关命令，不同的标签组展示了程序所提供的不同功能。用户可以针对操作需要，更快速简单地找到相应的功能。

用鼠标左键双击桌面的"Revit"软件快捷启动图标，系统将打开如图 0-1-1 所示的软件操作界面。

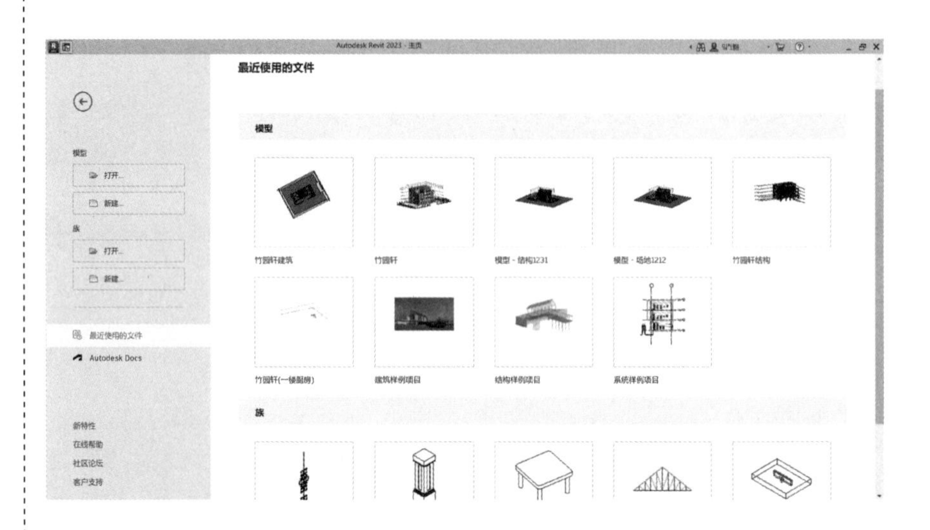

图 0-1-1　启动界面

单击界面中的最近使用过的项目文件，或者单击"文件"选项组的"新建"按钮，选择一个样板文件，并单击"确定"按钮，即可进入 Revit 操作界面，如图 0-1-2a 所示。

当选择项目中的任意元素后，Revit 界面中的工具面板随所选元素不同而发生改变，且在界面上出现"上下文选项卡"，如图 0-1-2b 所示，这是软件采用的 Ribbon 布局界面的特点，让用户调用工具非常快捷。

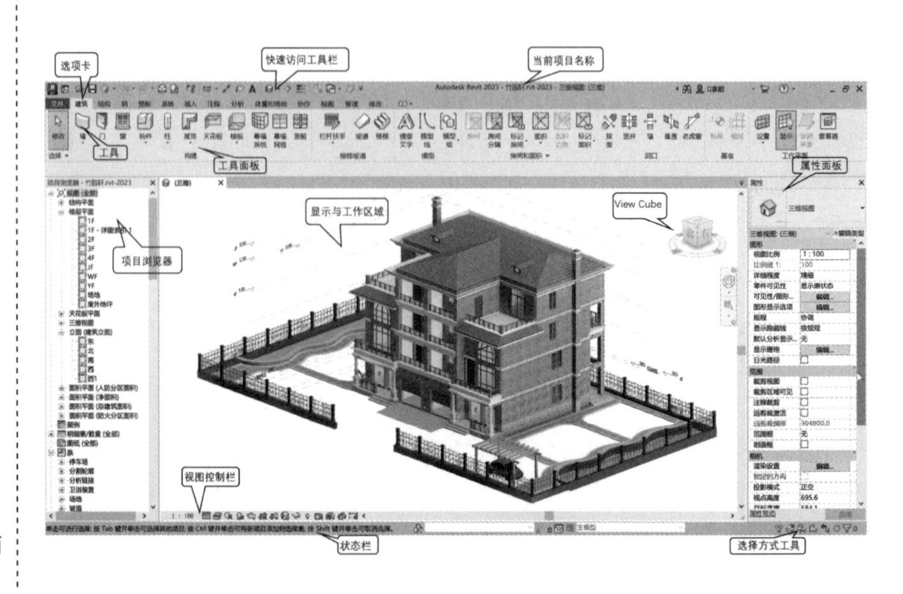

图 0-1-2a　Revit 操作界面

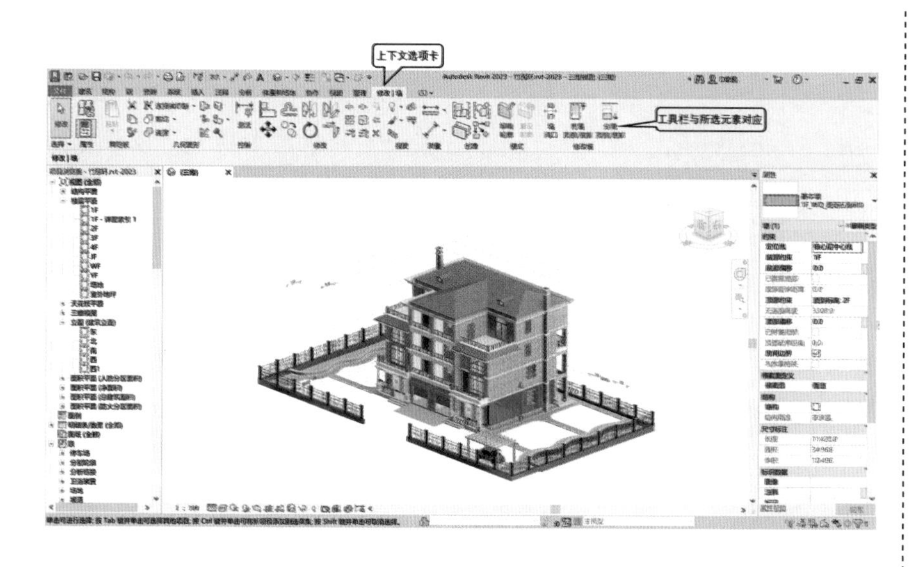

图 0-1-2b　Revit 操作界面

Revit 操作界面主要包含选项卡、快速访问工具栏、功能区、绘图区和项目浏览器等，各部分选项的含义介绍如下：

1. 文件菜单

单击主界面左上侧的“文件”按钮，即可打开文件菜单，如图 0-1-3 所示。应用程序菜单主要提供对常用Revit工程文件的操作访问，例如“新建”“打开”“保存”“另存为”“导出”等常用文件操作命令。其中“新建”“打开”“保存”及“另存为”菜单与 AutoCAD 类似。而其中的“导出”菜单提供了 Revit 支持的数据格式，其目的是与其他软件如 Autodesk 3ds Max、Autodesk CAD 等进行数据文件交换，给使用者提供了更多的方便。另外，Revit 最近打开及新建的项目及族文件均会有历史记录，也便于使用者快速打开最近使用的文件，提高设计效率。

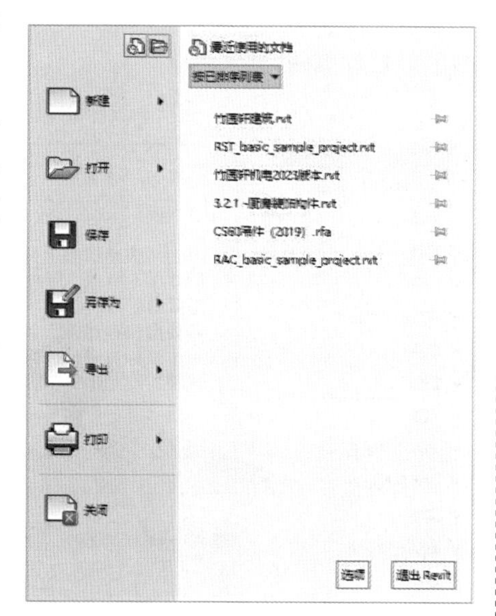

图 0-1-3　文件菜单

此外，单击该菜单的“选项”按钮，系统将打开“选项”对话框，用户可以进行相应的参数设置，如图 0-1-4 所示。

2. 选项设置

点击[①]“文件”菜单中的“选项”命令会弹出“选项”对话框。

① 本书中“点击”同“单击”。

图 0-1-4　选项对话框

显示“常规”“用户界面”“图形”等一系列选项卡。其中，在“常规”选项卡可以设置如“用户名”“保存提醒间隔”。在“用户界面”选项卡可以设置使用“快捷键”及鼠标“双击选项”等系统参数值。

在“图形”选项卡下可以调节“背景”“颜色”“选择项”颜色等与色彩有关的设置。Revit 可以将背景设置为任意颜色。

3. 快速访问工具栏

在主界面左上角 R 按钮的右侧，系统列出了一排相应的工具图标，即“快速访问工具栏”，主要设置常用命令和按钮的集合。用户可以快速使用这些命令和按钮的快捷操作方式，提高使用效率。“快速访问工具栏”的内容是可以定制的。

4. 上下文功能区选项卡

当激活某些工具或者选择图元时，会自动增加该命令相关的“上下文选项卡”，其中包含一组只与该工具或图元的上下文相关的工具。在功能区下方的选项栏中将显示与该命令或者图元相关的选项，可以进行相应参数的设置和编辑。

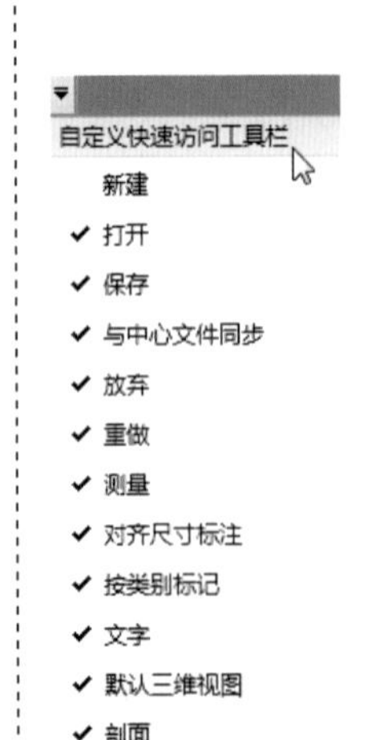

单击“快速访问工具栏”后的下拉箭头，系统将展开工具列表，如图 0-1-5 所示，用户可以从下拉列表中勾选或取消命令即可显示或隐藏命令。
若要向快速访问工具栏中添加功能区的工具按钮，可以在功能区中单击鼠标右键，在弹出的快捷菜单中选择“添加到快速访问工具栏”选项，该工具按钮即可添加到快速访问工具栏中默认命令的右侧。

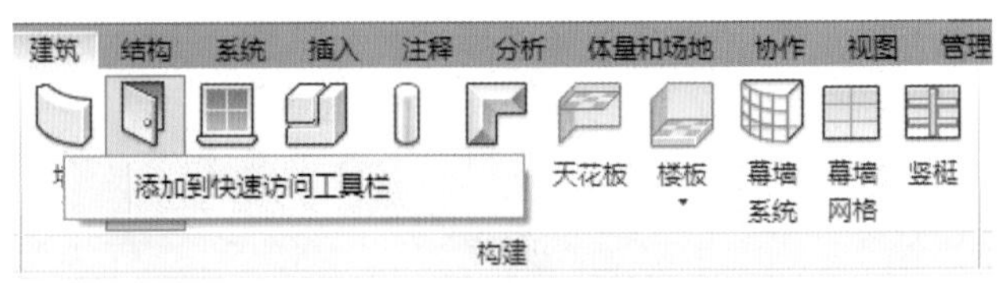

图 0-1-5　快速访问工具栏

例如：单击“建筑”选项卡中“构建”面板中的“墙”工具，将显示“修改／放置墙”上下文选项卡，如图 0-1-6 所示。在功能区下方的选项栏中将显示与该命令相关的选项，比如是否勾选“链”，表示所绘制的墙是否首尾相连。

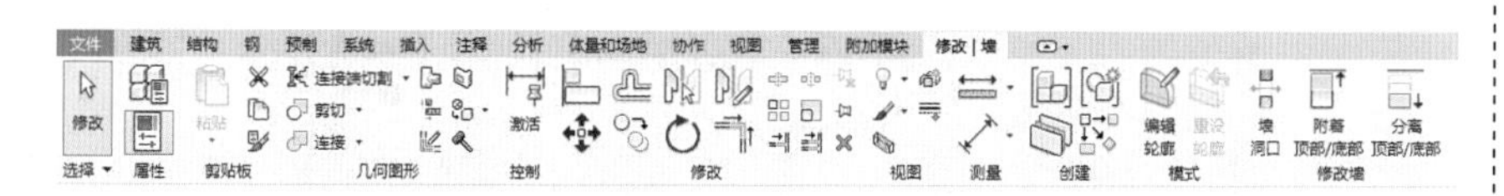

图 0-1-6　上下文功能区选项卡

5. 鼠标右键菜单

在绘图区域单击鼠标右键选择相关操作，如图 0-1-7 所示。

6. 属性面板

Revit“属性”对话框，是用来查看和修改图元参数值的主要渠道，是了解建筑信息的主要来源，也是模型修改的主要工具之一。当选择某图元时，属性面板会显示该图元的类型和属性参数。如图 0-1-8 所示。

图 0-1-7　鼠标右键菜单（左）

图 0-1-8　属性面板（右）

标注矩形的尺寸，点击尺寸标注，则属性面板中出现尺寸标注的有关参数。比如用户可以点击“类型选择器”更换图元的类型，选项板上面的一行的预览框和类型名称即为类型选择器，单击右侧的下拉箭头，从列表中选择已有的合适的尺寸类型来直接替换现有类型，而不需要反复修改图元参数。

也可以点击“编辑类型”按钮，打开“类型属性”对话框，如图 0–1–9。修改目前点选图元的类型属性，以及实例属性区域修改相应图元的实例属性值。

图 0–1–9　类型属性对话框

“属性”对话框默认在 Revit 界面的左侧，用户也可以自行设置放置位置，按住左键不放拖动“属性”对话框至所需位置。

7. 状态栏

“状态栏”是对用户使用的命令操作的状态提示，也是使用该命令时的相关技巧提示。例如，启动“参照平面”命令，状态栏会显示有关当前命令的后续操作的提示，单击可输入参照平面的起点。用户在使用命令时多加关注状态栏提示中的一些小技巧会使建模事半功倍。

8. 视图控制栏

绘图区的左下角即为视图控制栏，如图 0–1–10 所示。用户可以快速设置当前视图的“比例”“详细程度”“视觉样式”“打开／关闭日光路径”“打开／关闭阴影”“打开／关闭裁剪区域”“显示／隐藏裁剪区域”“临时隐藏／隔离”以及“显示隐藏的图元”等选项。通过点击相应的按钮，可以快速对影响绘图区域功能的选项进行视图控制。

操作技巧：临时隐藏与永久隐藏

为了简化建模过程，有时临时隐藏一些图元。单击视图控制栏中“临时隐藏／隔离”工具按钮，在工作区域出现蓝色的边框，表示系统

图 0–1–10　视图控制栏

进入“临时隐藏”状态。查看哪些对象临时隐藏，点击显示隐藏的图元，则蓝色边框变成了红色边框，临时隐藏对象以蓝色线框显示，表示是临时隐藏状态，单击视图控制栏“将临时隐藏应用到视图中”这一选项，则变成永久隐藏，永久隐藏不会在工作区域出现蓝色线框，点击视图控制栏中查看显示图元，则在工作区域出现红色的线框，隐藏的对象以红色高亮显示。取消隐藏，有两种方法：第一种，在显示隐藏模式下，选中隐藏对象，在显示隐藏图元面板中点击取消隐藏图元命令；第二种，在对象上单击鼠标右键，在弹出的快捷键中选择取消在视图中的隐藏。

学习任务二　选择图元及图元编辑修改

选择图元是 Revit Architecture 编辑和修改操作的基础，也是 Revit Architecture 中进行设计时最常用的操作。事实上，在 Revit Architecture 中，除了在图元上直接单击鼠标左键选择图元是最常用的图元选择方式外，配合键盘功能键，可以灵活地构建图元选择集，实现图元选择。Revit Architecture 将在所有视图中高亮显示选择集中的图元，以区别未选择的图元。

一、选择图元

快速批量选择所需的图元的方法：点选、窗选、交叉窗选、Tab 键选择等选择方式。

1. 点选

在图元上直接单击鼠标左键进行选择，是最常用的图元选择方式。在视图中移动鼠标到需选择的图元上，当图元高亮显示时，表示该图元处于选择状态，单击鼠标左键，即可选择该图元。

此外，选择多个图元，可以按住 Ctrl 键不放，光标箭头右上角会变成带有“+”号的形状“↖⁺”，连续单击选取其他图元，即可在选择集中添加图元，选择完对象后，可以按键盘的 Esc 键，或者单击空白处取消选择集。如鼠标单击左侧墙体，按住 Ctrl 键不放，再单击窗户以及楼梯，左侧墙体以及窗户、楼梯均被选中，如图 0-2-1 所示。作了选择后，也可以按住 Shift 键，鼠标会变成带有“−”号的形状“↖⁻”，单击已选择的图元，即可将该图元从选择集中去除选择。

2. 窗选

Revit Architecture 还支持窗选，即窗口选取，是以指定对角点的方式，定义矩形选取范围的一种选取方式。在需要选择的图元左上方按住鼠标左

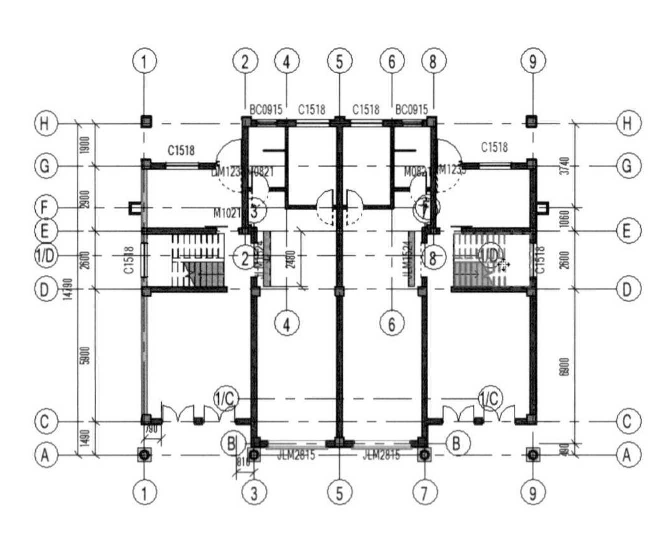

图 0-2-1　点选方式

键不放确定第一个对角点，此时选取区域将以实线矩形的形式显示，拖动鼠标到图元的右下方，单击确定第二个对角点后，即可完成窗口选取。

注意：所有被实线框完全包围的图元才能被选择，只有一部分进入矩形框中的图元将不会被选取。

单击过滤器，查看选择对象情况。如图 0-2-2 所示。

3. 交叉窗选

交叉窗选模式下，用户无需将欲选择图元全部包含在矩形框中，即可选择该图元。交叉窗选方式和窗选方式相类似。

交叉窗选是确定第一点后，按住鼠标左键，向左侧移动鼠标，选取区域将显示一个虚线矩形框，此时单击鼠标左侧确定第二点，包含在框内的对象以及只要与虚线相交的对象都将被选择。如图 0-2-3 所示。

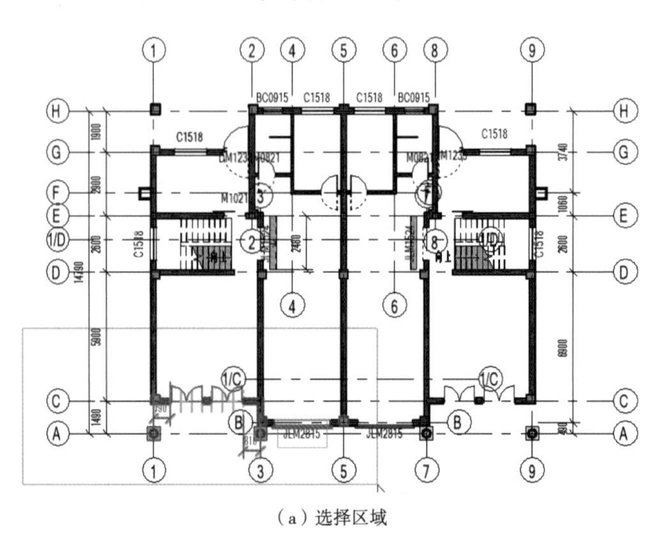

（a）选择区域

图 0-2-2　窗选方式

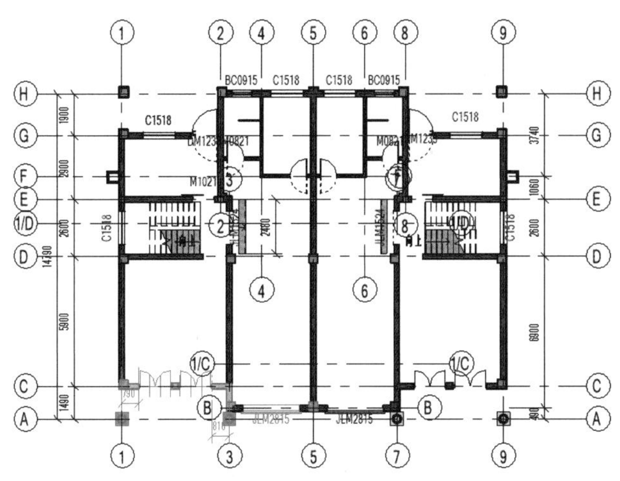

（b）选择的对象

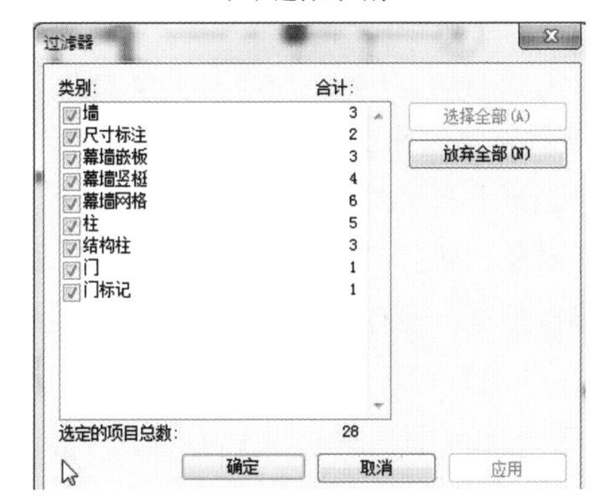

（c）过滤器对话框说明选择的对象

图 0-2-2　窗选方式（续）

提示：选择图元后，在视图空白处单击鼠标左键或者按 Esc 键即可取消选择。

图 0-2-3　交叉窗选

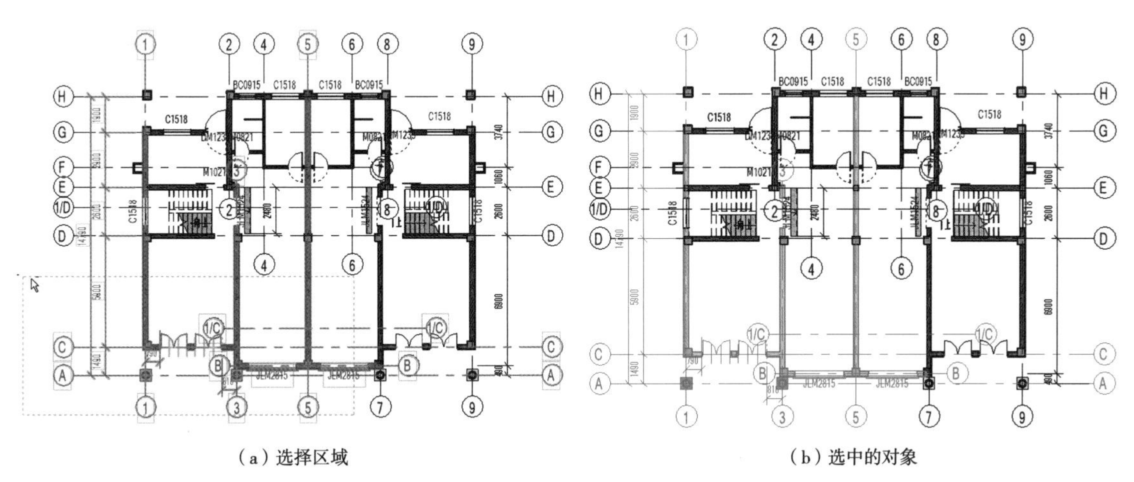

（a）选择区域　　　　（b）选中的对象

4. Tab 键选择

打开“竹园轩”项目，移动鼠标到③⑤轴线之间的位置，高亮显示“门：卷帘门（新）：1F_M_JLM－卷帘门 2815”，按键盘的 Tab 键，分别显示鼠标位置为基本墙、墙或线链、门标记，Ⓑ轴和③轴，如图 0-2-4 所示。当按 Tab 键，状态栏显示“墙或线链”，墙或线链高亮显示，单击鼠标左键，与该墙首尾相连的墙被选中。

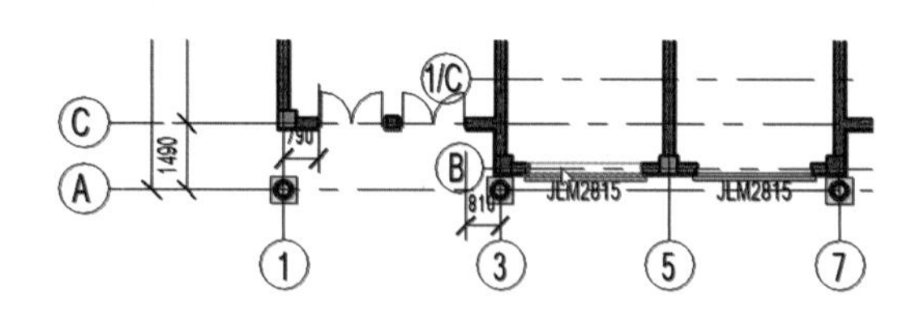

图 0-2-4　Tab 键选择图元

在使用 Tab 键进行选择时，Revit Architecture 有两个操作：第一个是鼠标放在对象上时，该对象会高亮显示其选择预览，单击鼠标左键，即可作最终的选择。第二个是当有多个对象重叠在一起时，可以通过按键盘的 Tab 键，切换不同的选择对象，并且 Tab 键切换不同选择对象是循环的，可以多次按 Tab 键，改变选择预览，但必须单击鼠标左键后，才能最终作出选择。

5. 选择相同类型的图元

如果单击选择某一图元后，单击鼠标右键，可以弹出光标菜单，其中有一项“选择全部实例”，该选项提供了两个选项：“在视图中可见”和“在整个项目中”。它们的含义分别为：在“视图中可见”是指该视图中与所选对象类别相同的对象全部被选择，“在整个项目中”是指整个项目中与所选对象类别相同的对象全部被选择。选择某一选项，即可选择相同类型的对象。选中轴线①的墙，单击鼠标右键，选中“在视图中可见”选项，则所有与轴线①的墙相同类别的墙均被选中，如图 0-2-5 所示。

二、过滤图元

选择多个图元后，尤其是窗选或者交叉窗选方式选择图元时，容易将一些不需要的图元选中，此时，用户可以利用相应的方式从选择集中过滤不需要的图元。

选择多个图元后，按住“Shift”键，鼠标会变成带有“－”号的形状“↖－”，连续单击选取需要过滤的图元，即可将该图元从选择集中过滤出去。

过滤器的使用

当选择集中包含不同类别的图元时，可以使用过滤器从选择集中删除不需要的类别。选择“竹园轩”项目建筑地坪位置的所有图元，单击过

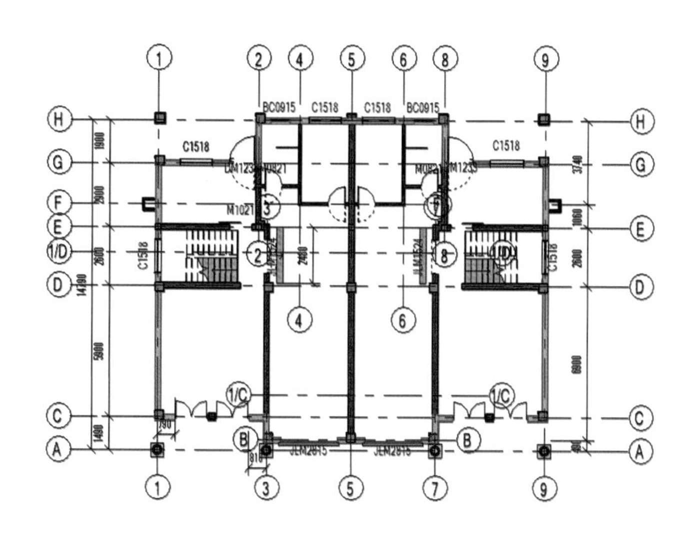

图 0-2-5　相同项目的选择

滤器，可以弹出过滤器对话框，如图 0-2-6 所示，在过滤器对话框中，显示全部已选择的对象的类别和数目，单击“放弃全部”按钮，可以去除所有类别的勾选，再勾选“形式”类别，并有一个计数统计，指示该选择集中包含选择体量形式中所创建的对象的数目，单击“确定”，按 Esc 键可以取消当前的选择集。

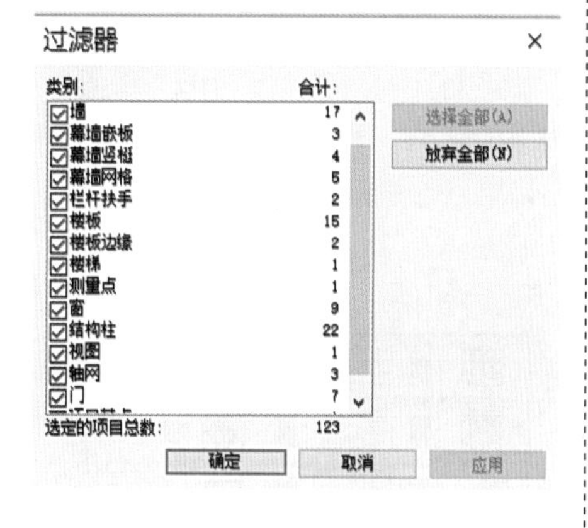

图 0-2-6　过滤器对话框

实训：打开“竹园轩”项目，如图 0-2-7、图 0-2-8 所示，进行有关编辑操作，熟悉 Revit Architecture 基本的对选择的图元进行修改、移动、复制、镜像、旋转等编辑操作。

操作步骤：

1. 视图窗口的操作

打开“竹园轩”项目文件，打开“三维视图”以及“北立面”视图。单击“视图”选项卡“窗口”面板中的“平铺”工具，Revit Architecture 将左右并列显示北立面视图和三维视图窗口。

2. 修改窗属性

单击选择左侧窗图元，Revit Architecture 将自动切换至与窗图元相关的“修改 | 窗”上下文选项卡。注意“属性”面板与自动切换为所选择窗相关的图元实例属性，在选择器中，显示了当前所选择的窗图元的族名称为“推拉窗 - 带贴面”，其类型名称为“1F_C_C-2_ 推拉窗 1518”。

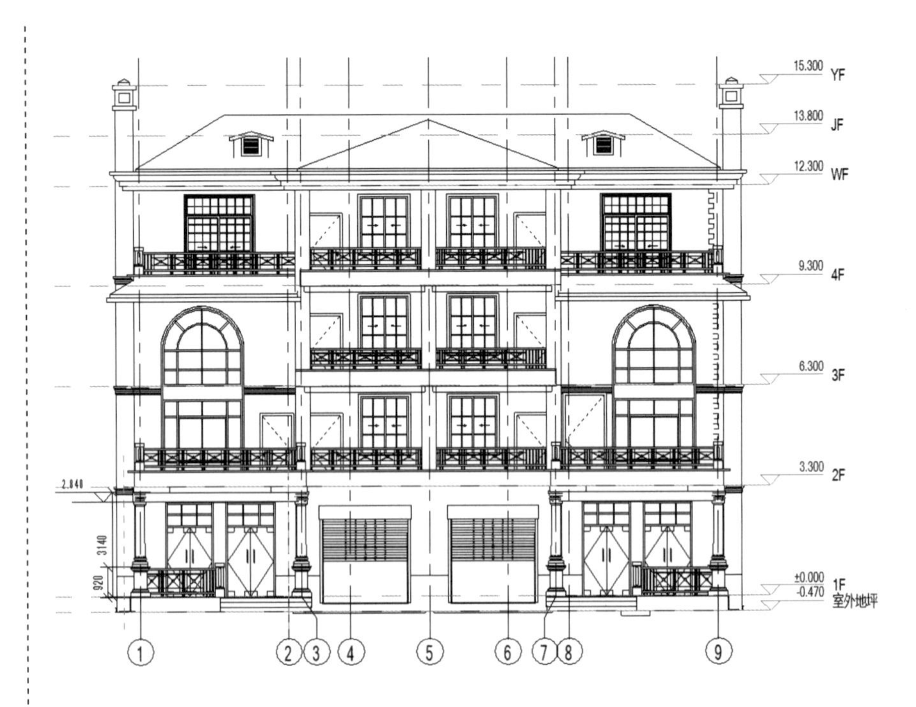

图 0-2-7　南立面图

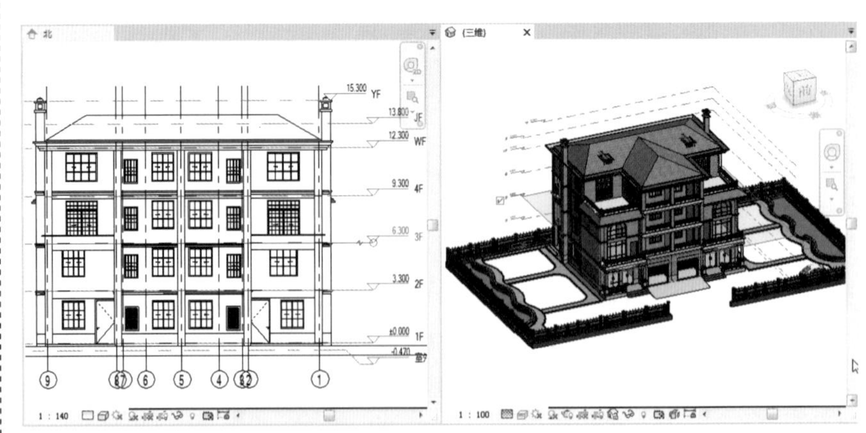

图 0-2-8　平铺窗口

单击“属性”面板的“类型选择器”下拉列表，该列表中显示了项目中所有可用的窗族及族类型。如图 0-2-9 所示，Revit Architecture 以灰色背景显示可用窗族名称，以不带背景色的名称显示该族包含的类型名称。在列表中单击选择“1200×900”类型的门，该类型属于“推拉窗 1- 带贴面”族。Revit Architecture 在北立面视图和三维视图中，将窗修改为新的窗样式。

3. 删除操作

按下 Ctrl 键，选择 1F 层①～③轴线间“竹园轩－幕墙”，单击键盘 Delete 键或单击“修改丨窗”上下文选项卡“修改”面板中的删除工具“✖”，删除所选择的“竹园轩－幕墙”。

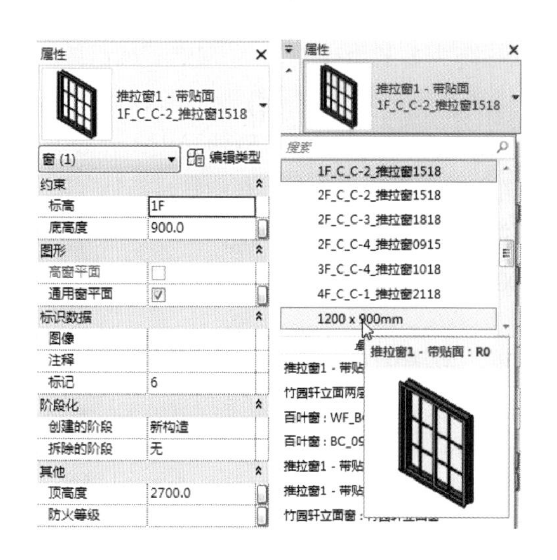

图 0-2-9 修改窗属性

4. 复制操作

在“北立面视图”中选择⑤～⑥轴线间窗图元，Revit Architecture 自动切换至“修改｜窗”上下文选项卡。在“修改”面板中选择“复制”工具，鼠标指针将变为“ ”。勾选选项栏中的“约束”选项，如图 0–2–10 所示，鼠标指针移至窗底左侧端点位置，Revit Architecture 将自动捕捉交点，单击鼠标左键，该位置作为复制基点，向上移动鼠标输入 3300，单击鼠标左键，Revit Architecture 将复制所选择的窗至新的位置。

5. 阵列操作

选择 2F 楼层⑧轴与⑤轴之间的窗户，单击“修改｜窗”上下文选项卡“修改”面板中的“阵列”工具，进入阵列编辑模式，鼠标指针变为

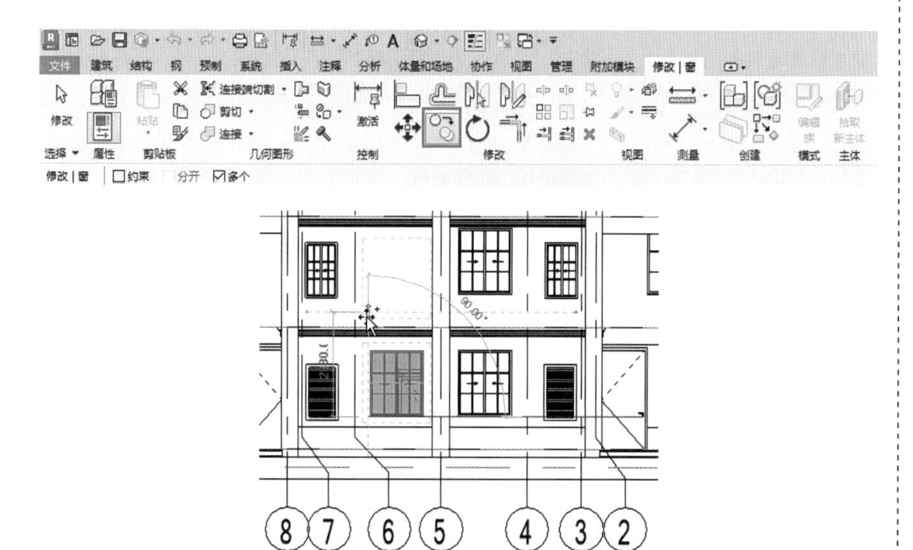

图 0-2-10 复制命令

“ ”。设置选项栏阵列方式为“线性”，勾选“成组并关联”选项，设置“项目数”为 3，设置“移动到”为“第二个”，勾选“约束”选项。

鼠标指针移至窗底左侧端点位置，Revit Architecture 将自动捕捉该交点，单击鼠标左键，确定为阵列基点。向上移动鼠标指针，Revit Architecture 给出鼠标指针当前位置与阵列基点间距离的临时尺寸标注，该距离为阵列间距。键盘输入 3000 作为阵列间距，按键盘确认。如图 0-2-11 所示。

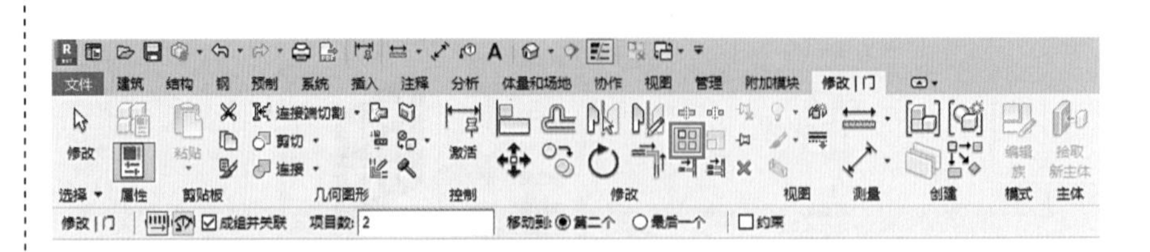

图 0-2-11　阵列选项卡

知识点链接

选择图元后，可以对图元进行修改和编辑。选择图元，通过修改面板，进行相应的编辑修改（表 0-2-1）。

基本修改命令汇总　　　　表 0-2-1

命令	图标	说明
删除		选择要删除的图元，再单击键盘 Delete 键或单击“修改”面板中的删除工具“ ”，删除所选择的图元
移动		点击“移动”命令之前，先选择需要移动的对象，再点击“移动”命令，先选择要移动的起点，再选择移动的新的位置点或者输入移动距离的数值，完成移动
对齐		点击“对齐”命令，先选择需要被对齐的线，再选择需要对齐的实体，后选择的实体就会移动到先选择的线上，完成对齐
复制		单击需要复制的对象，点击“复制”命令，先选择要复制的移动的基点，再选择复制到新的位置点，也可以输入移动的距离，勾选“多个”可以多次连续复制
偏移		点击“偏移”命令，在选项栏中输入偏移的距离，勾选复制保留原构件，在原构件附近移动鼠标以确认偏移的方位，再次点击即可完成偏移
镜像		镜像命令有两个图标，前者是用于有已知的镜像轴的情况下，后者需要绘制镜像轴。先选择需要镜像的构件，再点击镜像命令，选择镜像轴线可复制出对称镜像，如果把选项栏中“复制”默认选项的勾选取消，原构件就不会保留
阵列		选择构件，点击“阵列”，在选项栏中输入指定的数值，以及阵列方式，“第二个”表示每个构件的间距就是等距移动，“最后一个”指在第一个和最后一个构件之间均匀等距排列阵列个数
修剪 / 延伸		第一个图标功能是“修剪 / 延伸”为角，第二个图标功能为沿一图元定义的边界“修剪 / 延伸”另一个图元

续表

命令	图标	说明
拆分		点击"拆分"命令，选择要拆分的对象，将图元分割为两个单独的部分。"间隙拆分"命令，可以设置间隙距离创建一个缺口
缩放		选择构件，点击缩放，在选项栏中设置相应的比例或者以点击图形方式拖动选择需要缩放的比例即可完成缩放命令

（一）对齐命令

单击选择要对齐的图元后，单击"修改"面板——"对齐"命令按钮，激活对齐命令，在视图中单击选择相应的目标位置，并再次单击选择要对齐的图元，可将该图元移动到指定的位置，如图 0–2–12 所示。

提示：使用对齐工具对齐至指定位置后，Revit Architecture 会在参照位置处给出锁定标记，单击该标记" "，Revit Architecture 将在图元间建立对齐参数关系，同时锁定标记变为" "。当修改具有对齐关系的图元时，Revit Architecture 会自动修改与之对齐的其他图元。

（二）复制命令

复制工具是 Revit 绘图中的常用工具，其主要用于绘制两个或者两个以上的重复性图元，且各重复图元的相对位置不存在一定的规律性。重复操作可以省去重复绘制相同图元的步骤，大大提高绘图效率。

复制操作如图 0–2–13 所示，单击需要复制的图元，单击"修改"面板——"复制"命令，在平面视图中单击捕捉一点作为参考点，并移动光标至目标点，或者输入指定的距离参数，即可完成该图元的复制操作。

选择"复制"工具后，在功能区选项卡下方的选项栏中，如果启用"约束"复选框，则只能在水平或者垂直方向上移动。如果启用"多个"复选框，则可以连续复制多个副本。

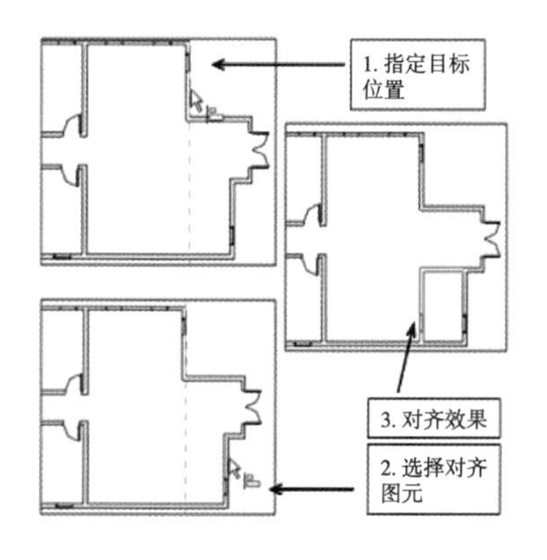

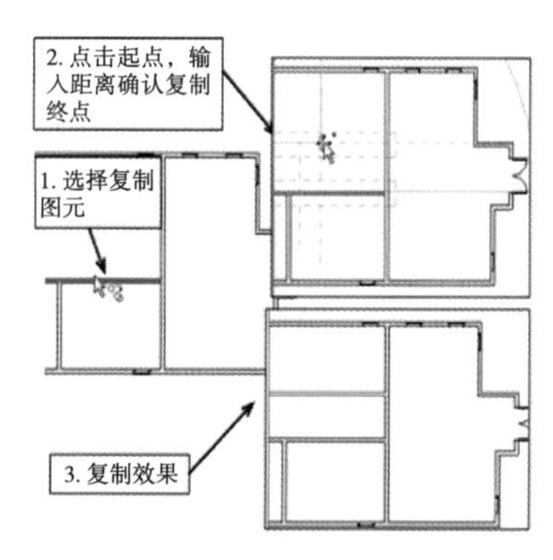

图 0–2–12　对齐操作（左）
图 0–2–13　复制操作（右）

（三）移动命令

移动是图元的重定位操作，是对图元对象的位置进行调整，大小不变。该操作是图元编辑命令中使用最多的操作之一。可以通过几种方式对图元对象进行相应的移动操作。

1. 移动工具

移动操作如图 0–2–14 所示，单击选择某图元后，单击“修改”面板——“移动”命令，在平面视图中选择一点作为移动的起点，再选择移动的新的位置点或者输入移动距离的数值，即可完成该图元的移动操作。

选择“移动”工具后，在功能区选项卡下方的选项栏中，如果启用“约束”复选框，则只能在水平或者垂直方向上移动。

2. 单击拖拽

启用状态栏中的“选择时拖拽图元”功能，然后在平面视图上单击选择相应的图元，并按住鼠标左键不放，此时拖动鼠标即可移动该图元，操作如图 0–2–15 所示。

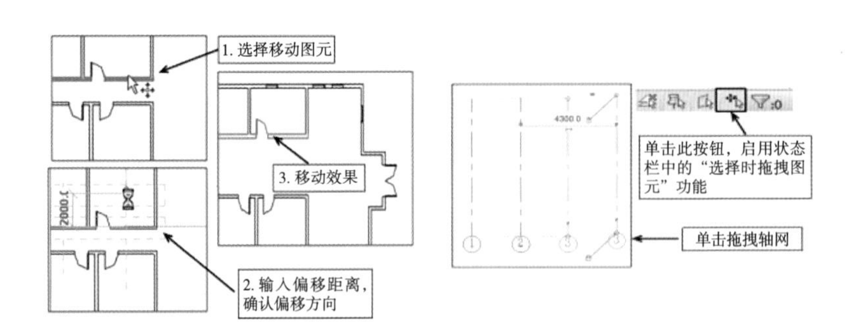

图 0–2–14　移动操作（左）
图 0–2–15　单击拖拽移动操作（右）

（四）镜像命令

镜像工具常用于绘制具有对称性特点的图元。绘制这类对称图元时，只需要绘制图元的一半或者几分之一，然后将图元对象的其他部分对称复制即可。在 Revit 中，用户可以通过两种方式镜像相应的图元对象。

1. 镜像——拾取轴（操作如图 0–2–16 所示）

单击选择要镜像的某图元后，单击“修改”面板——【镜像】命令，在平面视图中选取相应的轴线作为镜像轴即可。

2. 镜像——绘制轴（操作如图 0–2–17 所示）

单击选择要镜像的某图元后，单击“修改”面板——【镜像】命令，在平面视图中相应位置，依次单击捕捉两点绘制一条轴线作为镜像轴即可。如果把选项栏中“复制”默认选项的勾选取消，原构件就不会保留。

1. 选择镜像图元
3. 镜像效果
2. 选择镜像轴

1. 选择镜像图元
3. 镜像效果
2. 绘制镜像轴

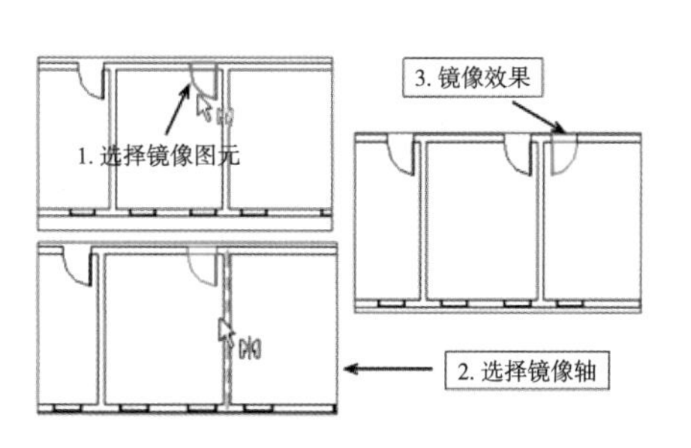

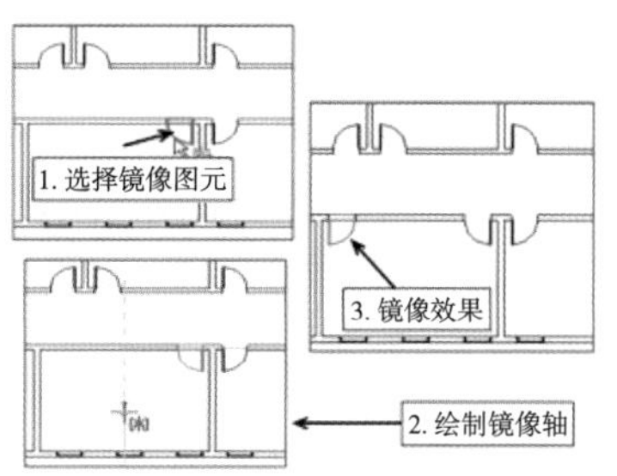

图 0-2-16　拾取轴的镜像操作（左）
图 0-2-17　绘制轴的镜像操作（右）

（五）偏移命令

利用偏移工具可以创建和源对象呈一定距离，且形状相同或相似的新图元对象，对于直线来说，可以绘制出与其平行的多个相同的副本对象，对于圆、椭圆、矩形以及多段线所围成的图元来说，可以绘制呈一定距离的同心圆或者相似图形。

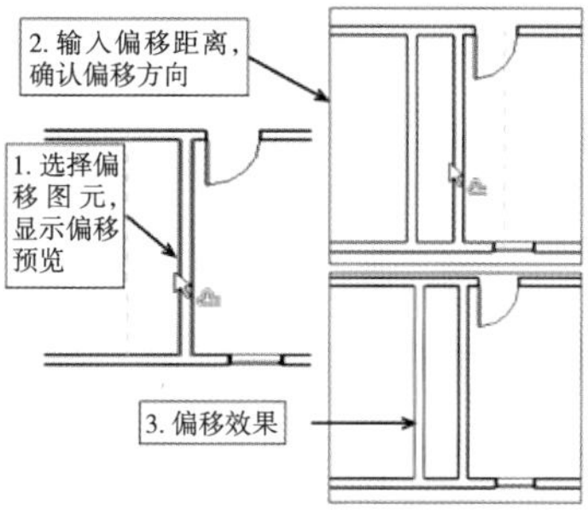

2. 输入偏移距离，确认偏移方向
1. 选择偏移图元，显示偏移预览
3. 偏移效果

图 0-2-18　偏移操作

偏移操作如图 0–2–18 所示，单击需要偏移的图元，单击“修改”面板——“偏移”命令，在功能区选项卡下方的选项栏中勾选“数值方式”，在“偏移”文本框中输入偏移的距离，勾选“复制”复选项，移动光标到要偏移的图元对象的两侧，系统将在要偏移的方向上预显一条偏移的虚线，确认相应的方向单击，即可完成偏移操作。

（六）阵列命令

利用该工具可以按照线性或径向方式，以定义的距离或者角度复制源对象的多个对象副本。在 Revit 中，利用该工具可以大量减少重复性图元的绘制步骤，提高绘图效率和准确性。

单击选择要阵列的图元，单击“修改”面板——“阵列”命令，在阵列选项栏中，如图 0–2–19 所示，确认阵列方式以及相关参数进行相应的阵列操作。

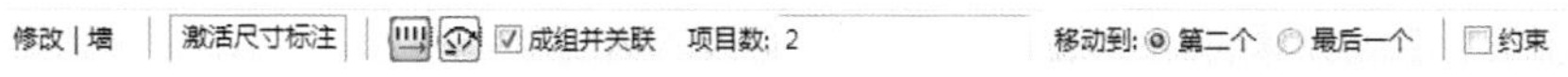

修改 | 墙
激活尺寸标注
成组并关联
项目数: 2
移动到: 第二个
最后一个
约束

图 0-2-19　阵列选项栏

1. 线性阵列

线性阵列是以控制项目数以及项目图元之间的距离，或者倾斜角度的方式，使所选的阵列对象呈线性的方式进行阵列复制，从而创建出源对象的多个副本对象。

在“阵列”选项栏中，单击“线性”按钮，并启用“成组并关联”和“约束”复选框。设置项目数，并在“移动到”选项组中选择“第二个”单选按钮，此时，在平面视图中依次单击鼠标左键确认阵列的起点和终点，即可完成线性阵列操作。

其中，启用“成组并关联”复选框，即在完成线性阵列操作后，单击选择任一阵列图元，系统将在图元外围显示相应的虚线框和项目参数，用户可以实时更新阵列数量。如果禁用“成组并关联”复选框，即选择阵列图元后，系统不显示项目参数。

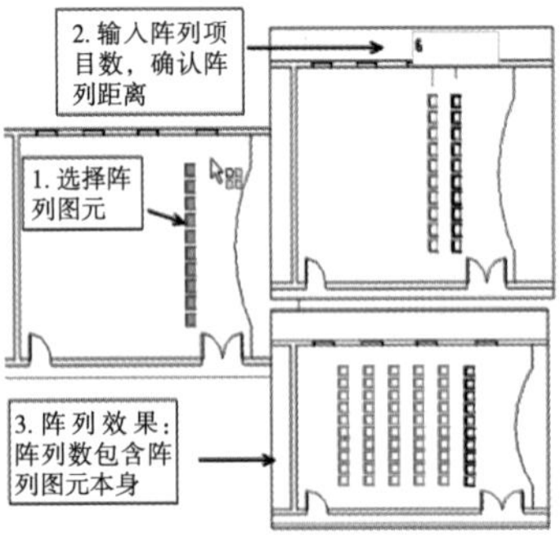

此外，在“移动到”选项组中选择“第二个”单选按钮，则指定的阵列距离是指源图元到第二个图元之间的距离，选择“最后一个”单选按钮，则指定的阵列距离是指源图元到最后一个图元之间的距离。线性阵列操作如图 0–2–20 所示。

图 0-2-20　线性阵列操作

2. 径向阵列

径向阵列能够以任一点为阵列中心点，将阵列源对象按照圆周或者一定角度的方向，以指定的项目填充角度，以项目数量或者项目之间的夹角为阵列值，进行源图形的阵列复制，该阵列方式主要用于绘制具有圆周均布特征的图元。

在“阵列”选项栏中，单击“径向”按钮，启用“成组并关联”复选框，在平面视图中拖动旋转中心符号到指定位置以确定阵列中心，设置阵列项目数，在“移动到”选项组中选择“最后一个”单选按钮，并设置阵列角度，回车，即可完成阵列图元的径向阵列操作。

（七）修剪 / 延伸命令

在完成图元对象的基本绘制后，往往需要对相关对象进行编辑修改的操作，使其满足要求。用户可以通过修剪、延伸等操作来完成图元对象的编辑工作。

修剪 / 延伸工具的共同点都是以视图中现有的图元对象为参照，以两图元对象间的交点为切割点或者延伸终点，对与其相交或呈一定角度的对象进行修剪或者延伸操作。

1. 修剪 / 延伸为角

单击“修改”面板——“修剪 / 延伸为角”命令，在平面视图中依次单击选择要修剪延伸的图元即可。

注意：在利用该工具修剪图元时，注意单击图元的顺序。

2. 修剪／延伸单个图元

利用该工具可以通过选择相应的边界修剪或延伸单个图元。即修剪或者延伸一个图元到其他图元定义的边界。选择用作边界的参照，然后选择要修剪或延伸的图元。

操作如图 0−2−21 所示，单击“修改”面板——“修剪／延伸单个图元”命令，在平面视图中依次单击选择修剪边界和要修剪的图元即可。

3. 修剪／延伸多个图元

利用该工具可以通过选择相应的边界修剪或延伸多个图元。操作如图 0−2−22 所示，单击“修改”面板——“修剪／延伸多个图元”命令，在平面视图中选择相应的边界图元，并依次单击要修剪和延伸的图元即可。

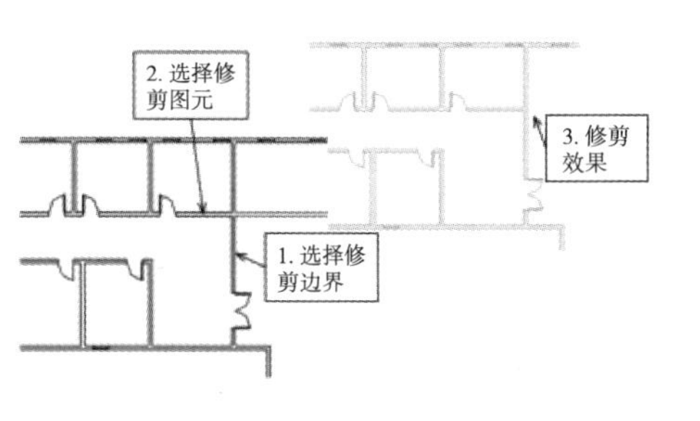

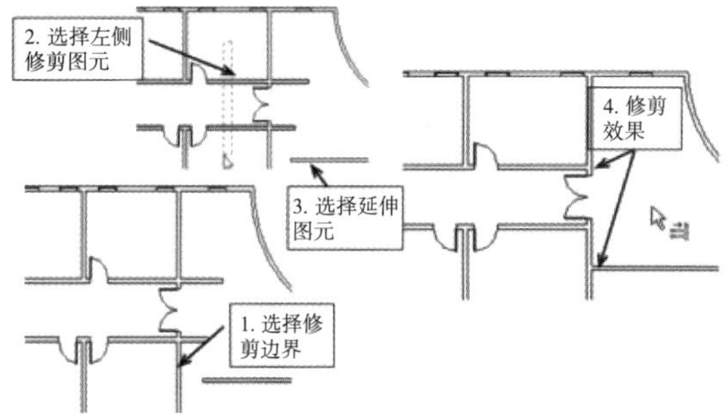

图 0−2−21 修剪／延伸单个图元操作（左）

图 0−2−22 修剪／延伸多个图元（右）

（八）旋转命令

旋转也是重要的定位操作，是对图元对象的方向进行调整，而位置和大小不变。该操作可以将对象绕指定点旋转任意角度。

在视图中，选择要旋转的图元，单击“修改”面板——“旋转”命令按钮，激活旋转命令，此时在所选图元外围将出现一个虚线矩形框，且中心位置显示一个旋转中心符号，用户可以通过移动光标依次指定旋转的起始和终止位置来旋转该图元，如图 0−2−23 所示。

旋转角度也可以在选项栏中设置角度参考值，输入的角度参考值为正时，图元逆时针旋转，为负时，图元顺时针旋转。

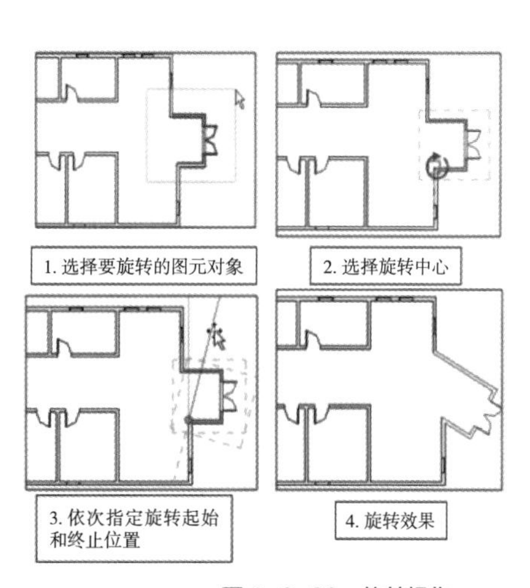

图 0−2−23 旋转操作

（九）剪贴板操作

选择 1F 层的窗，单击“剪贴板”面板中的“复制至剪贴板”工具，将所选择图元复制至 Windows 剪贴板。单击“剪贴板”面板中的“对齐粘贴”，弹出对齐粘贴下拉列表，在列表中选择“与选定的标高对齐”选项，如图 0−2−24 所示。

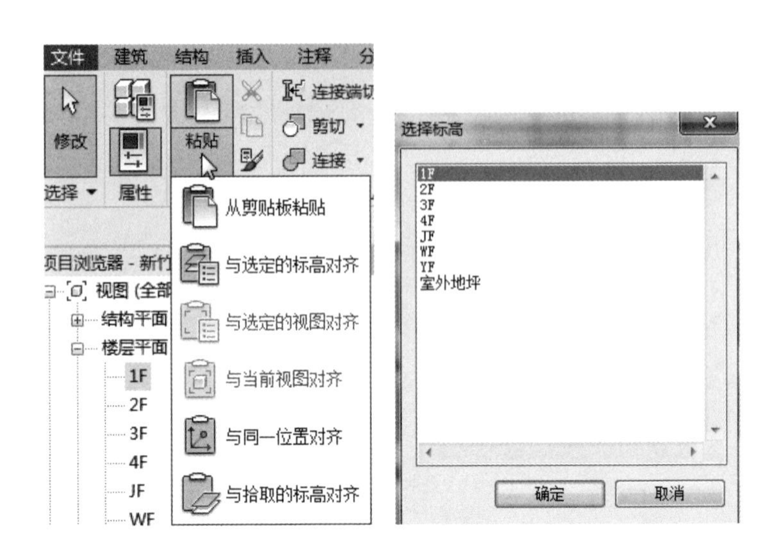

图 0−2−24　剪贴板操作

弹出“选择标高”对话框，如图 0−2−24 所示，在标高列表中单击选择“2F”，单击“确定”按钮退出“选择标高”对话框。Revit Architecture 将复制一楼所选窗图元至二楼相同位置，按键盘 Esc 键退出选择集。

总结：在 Revit Architecture 中，对于移动、复制、阵列等编辑工具，可以同时操作一个或多个图元。这些编辑工具允许用户先选择图元，在上下文选项卡中单击对应的编辑工具对图元进行编辑；也可以先选择要执行的编辑工具，再选择需要编辑的图元，完成选择后，必须按键盘空格键或回车键确认完成选择，才能实现对图元的编辑和修改。

当 Revit Architecture 的编辑工具处于运行状态时，鼠标指针通常将显示为不同形式的指针样式，提示用户当前正在执行的编辑操作。任何时候，用户都可以按键盘 Esc 键退出图元编辑模式，或在视图空白处单击鼠标右键，在弹出的菜单中选择“取消”选项，即可取消当前编辑操作。

在 Revit Architecture 中进行操作时，为防止操作过程中发生计算机断电等意外造成工作丢失，当操作达到一定时间时，Revit Architecture 会弹出如图 0−2−25 所示的“最近没有保存项目”对话框，可以选择“保存项目”，立即保存当前项目；或选择“保存项目并设置提醒间隔”，则 Revit Architecture 除保存项目外，还将打开“选项”对话框，并可在该对话框

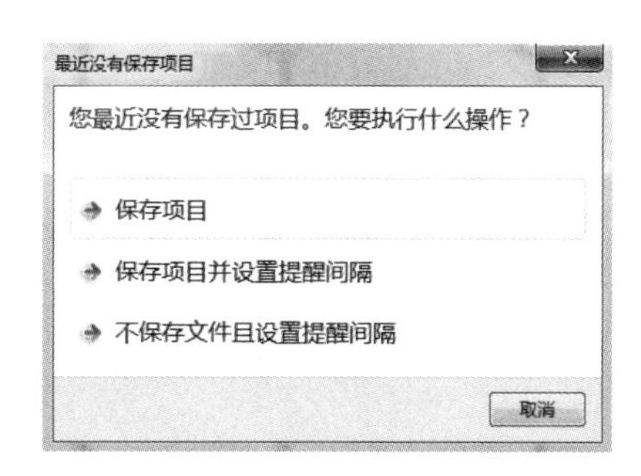

图 0-2-25　保存提示对话框

中设置提醒用户保存项目的时间；也可以选择“不保存文件且设置提醒间隔”或直接单击“取消”按钮，不保存目前已经对项目的修改。

学习任务三　Revit 视图控制工具

一、项目浏览器

实训：熟悉项目浏览器的内容，学会使用项目浏览器在各视图中进行切换的操作。

操作步骤：

打开项目浏览器的操作

项目浏览器用于组织和管理当前项目中包含的所有信息，包括项目中所有视图、明细表、图纸、族、组、链接的 Revit 模型等项目资源。Revit Architecture 按逻辑层次关系组织这些项目资源，方便用户管理。项目浏览器中所包含的内容，如图 0-3-1 所示。

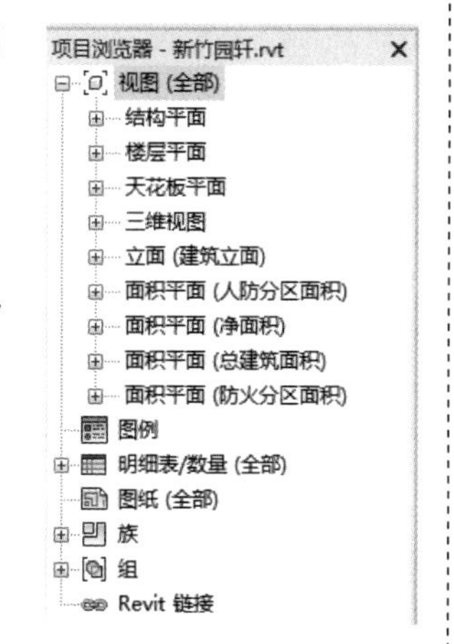

图 0-3-1　项目浏览器

单击“项目浏览器”右上角的“关闭”按钮✕，可以关闭项目浏览器面板，以获得更多的屏幕操作空间。

单击“视图”选项卡／“窗口”面板／“用户界面”工具按钮，在弹出的用户界面下拉菜单中勾选“项目浏览器”复选框，即可重新显示“项目浏览器”。默认情况下，项目浏览器显示在 Revit Architecture 界面的左侧且位于属性面板下方。在“项目浏览器”面板的标题栏上按住鼠标左键不放，移动鼠标指针至屏幕适当位置并松开鼠标，可拖动该面板至新的位置。当“项目浏览器”面板靠近屏幕边界时，会自动吸附于边界位置。用户可以根据自己的操作习惯定义适合自己的项目浏览器位置。

提示：在“用户界面”下拉菜单中，还可以控制属性面板、状态栏、工作集状态栏等的显示与隐藏。

二、项目浏览器的主要内容介绍

在 Revit 进行建模时，最常用的操作就是双击“项目浏览器”视图名称，可以方便地在各视图间进行切换。

（一）项目视图

1. 默认 3D 视图

启动 Revit Architecture，打开“竹园轩”项目文件，Revit Architecture 将打开“竹园轩”项目的默认 3D 视图。默认 3D 视图是该建筑模型的一个等轴测图，这个等轴测图是用户最后一次的三维等轴测图，无论用户在什么时候切换，比如从任意一个平面视图切换成默认三维视图时，都显示为这个等轴测图，直到改变成新的轴测视图后，下一次再切换时，就成为其最后的这个轴测视图。

展开“三维视图”类别，Revit Architecture 在“三维视图”类别中存储默认的三维视图和所有用户自定义的相机位置视图。双击“(3D)”，Revit Architecture 将打开默认三维视图。

提示： Revit Architecture 2019 中所有的项目都包含一个默认名称为“3D”的由 Revit Architecture 2019 自动生成的默认三维视图。除使用项目浏览器外，还可以单击快速访问工具栏中的“默认三维”按钮“”，快速切换至默认三维视图。如图 0-3-2 所示。

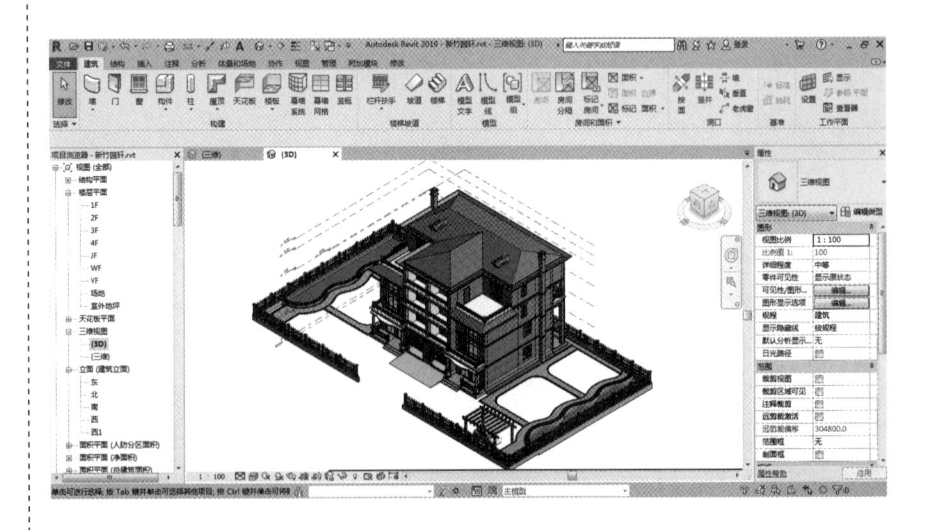

图 0-3-2　默认三维视图

2. 楼层平面视图

单击“视图”类别中“楼层平面”前的⊞，展开楼层平面类别，该楼层平面视图类别中包括九个视图，双击“楼层平面”类别中的“1F”视

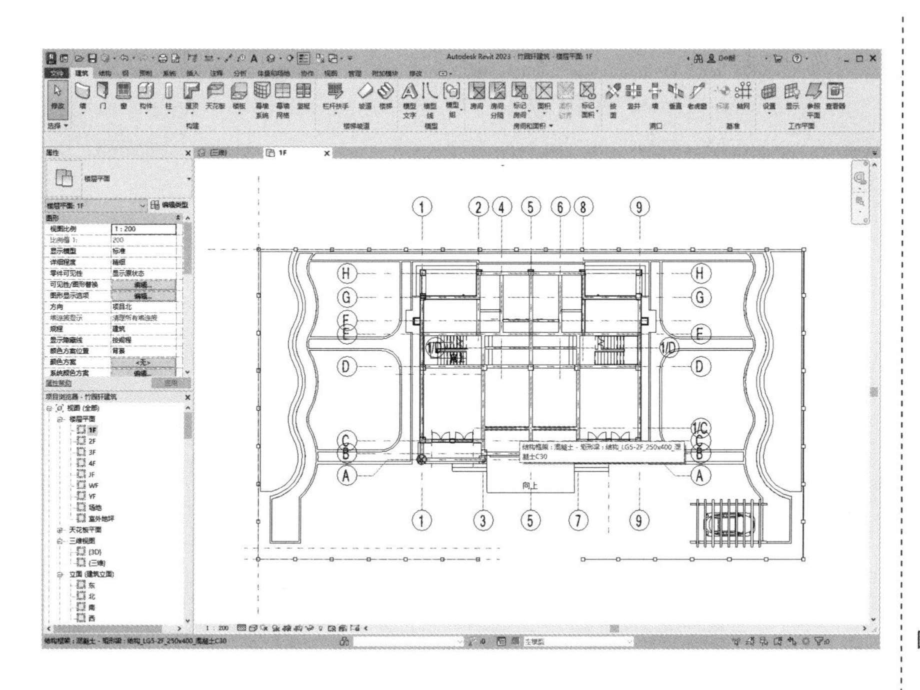

图 0-3-3　1F 楼层平面图

图，注意项目浏览器中该视图名称将高亮显示。Revit Architecture 将打开“1F”视图。如图 0-3-3 所示。

3. 立面（建筑立面）视图

用户双击指定的“立面：南”视图名称，“立面：南”视图高亮显示，切换至该视图的效果，如图 0-3-4 所示。

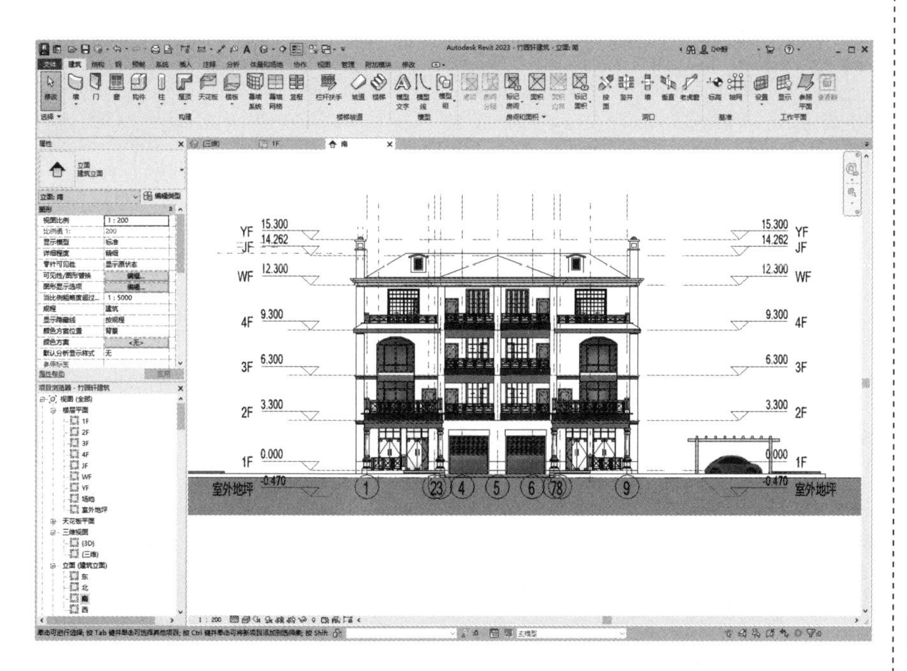

图 0-3-4　切换视图

4. 三维视图

通过 View Cube（视图立方体）任意改变的三维视图，都称为三维视图，即使是平行于视图立方体的任意一个面（上、下、左、右、前、后共六个面），也是三维视图；也就是说，除了在项目浏览器中视图 \ 楼层平面，或者在立面（东、西、南、北）等视图叫平面视图外，都称为三维视图。如图 0–3–5 所示。

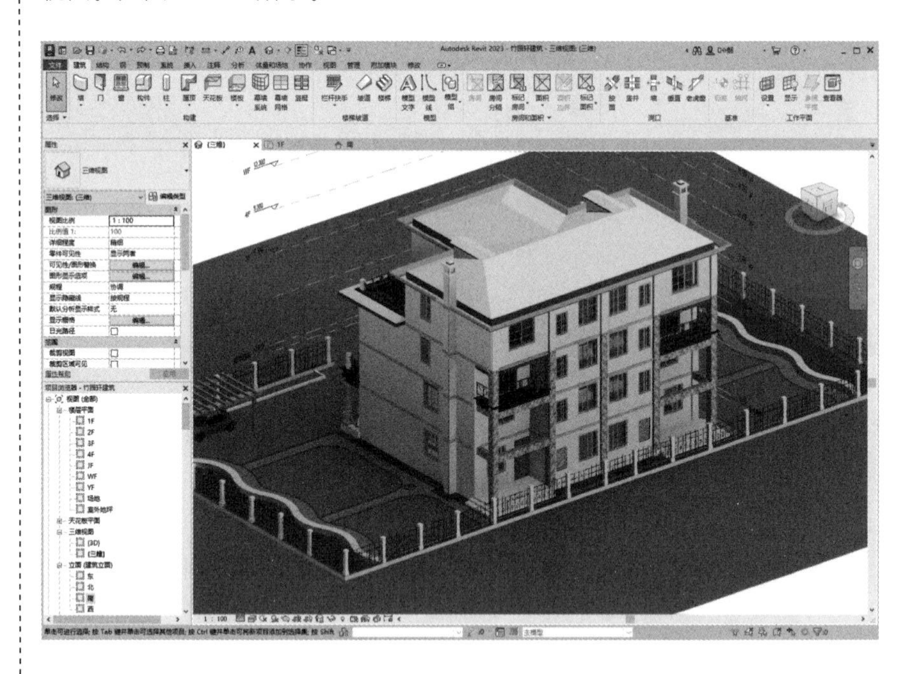

图 0–3–5　三维视图

（二）明细表 / 数量

单击项目浏览器“明细表 / 数量”类别前的⊞，展开“明细表 / 数量”视图类别，双击“外墙明细表 / 数量”视图，切换到该明细表视图，如图 0–3–6 所示，该视图以明细表的形式反映了该项目中外墙的统计信息。

<B_外墙明细表>

A	B	C
族与类型	面积（平方米）	体积（立方米）
基本墙: 1F_WQ_烟囱墙厚60	10.03	1.00
基本墙: 1F_WQ_蘑菇石高600	154.29	46.28
基本墙: 2F_WQ_WQ1_240	444.10	133.23
基本墙: 2F_WQ_烟囱墙厚60	38.52	3.85
基本墙: 3F_NQ_客厅栏杆墙	4.86	1.05
基本墙: 3F_WQ_露台外墙	6.18	2.07
基本墙: 4F_WQ_WQ1_240	14.79	4.44
基本墙: 4F_WQ_露台外墙	9.39	3.15
基本墙: DF_WQ_WQ1_240	17.99	5.40
基本墙: DF_WQ_无粉刷240	16.49	3.96
基本墙: DF_WQ_烟囱墙厚60	1.42	0.14
基本墙: WF_WQ_WQ3_考虑窗墙120	11.90	1.43
基本墙: 别墅露台外墙	18.41	6.17
幕墙: 竹园轩-入口幕墙	19.04	0.00
总计: 113	767.41	212.16

图 0–3–6　外墙明细表

提示：在 Revit Architecture 中，明细表可以按不同的形式进行统计和显示。

（三）图纸（全部）视图

单击“图纸（全部）”，展开图纸类别，显示该项目中所有可用的图纸列表。

提示：在 Revit Architecture 中，一张图纸是一个或多个不同的视图有序地组织到图框中形成的。

三、快速关闭视口或视图的操作

Revit Architecture 可以打开多个视图。单击工作区域顶部每个视图的“关闭”按钮，关闭对应的视图窗口。连续单击视图的“关闭”按钮，直到最后一个视图窗口关闭时，Revit Architecture 将关闭项目。

在“窗口”面板中，使用“切换窗口”工具，可以在已打开的视图间进行快速切换。使用“窗口”面板中的“平铺视图”等工具对已打开的视图窗口进行排列和组织。

Revit Architecture 提供了一个快速关闭多余窗口的工具，可以关闭除当前窗口外的其他非活动视图窗口。如图 0–3–7 所示，切换至“视图”选项卡，单击“视图”选项卡——“窗口”面板——“关闭非活动”命令按钮工具，可关闭除当前视图窗口之外的所有视图窗口。该工具仅在当前视图窗口最大化显示时有效。

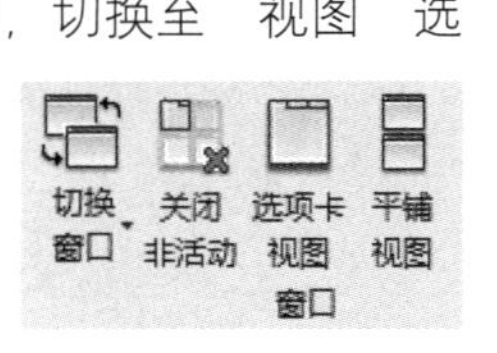

图 0–3–7　关闭多余的视图窗口

BIM
建模篇

BIM

Jianmo Pian

1

Mokuaiyi　Jianzhu Jianmo Shishi Liucheng

模块一　建筑建模实施流程

情境引入：2020 年疫情期间，火神山、雷神山医院在短短数日之内完成了从设计到施工，为抗击新冠病毒赢得了时间。那么，在这“中国速度”的背后，究竟是什么发挥了重要作用呢？

BIM 技术功不可没。BIM 的协同管理功能提高了设计和施工的协同效率，确保了如期完成任务；BIM 的仿真模拟在采光、通风、噪声、管线布置等方面，确保了工程质量，有利于绿色施工；BIM 的参数化设计及可视化交底功能充分发挥了 BIM+ 装配式建筑的速度优势，使得数字化设计、预制化生产、装配式施工、智能化运维 BIM 技术贯穿了雷神山、火神山医院建设的全过程。

· CAD 也可以用于建筑设计与施工管理，BIM 技术与 CAD 有哪些不同？

· BIM 技术具有哪些优势？

· 如何使用 BIM 技术创建建筑模型？

项目一　创建标高与轴网

一、学习任务描述

在 Autodesk Revit 2023 中，标高与轴网是建筑构件在立面、剖面和平面视图中定位的重要依据，是建筑设计中重要的定位信息。事实上，标高和轴网是在 Revit 平台上实现建筑、结构、机电全专业间三维协同设计的工作基础与前提条件。

在 Autodesk Revit 2023 中设计项目，可以从标高和轴网开始，根据标高和轴网信息建立墙、门、窗等模型构件；也可以先建立概念体量模型，再根据概念体量生成标高、墙、门、窗等三维构件模型，最后再加轴网、尺寸标注等注释信息，完成整个项目。两种方法殊途同归，本书将以第一种方法完成“竹园轩”项目，这符合国内绝大多数建筑设计院的设计流程。本项目将介绍如何创建项目的标高和轴网定位信息，并对标高和轴网进行修改。

在 Autodesk Revit 2023 中创建模型时，遵循“由整体到局部”的原则，从整体出发，逐步细化。需要注意的是，在 Autodesk Revit 2023 中工作时，建议读者都遵循这一原则进行设计，在创建模型时，不需要过多考虑与出图相关的内容，而是在全部创建完成后，再完成图纸工作。

开始建模前，应先对项目的层高和标高信息做出整体规划以及确定平面视图中定位情况。每一个窗户、门、阳台等构件的定位都与轴网、标高息息相关。

在建立模型时，Revit Architecture 将通过标高确定建筑构件的高度和空间位置。立面图中，标高用于反映建筑构件在高度方向上的定位情况。轴网用于反映平面上建筑构件的定位情况，通过轴网确定建筑构件在平面视图中的定位情况。

建议：先创建标高，再创建轴网。

二、任务目标

实训：以“竹园轩”项目为例，建立“竹园轩”的标高和轴网。

三、思维导图

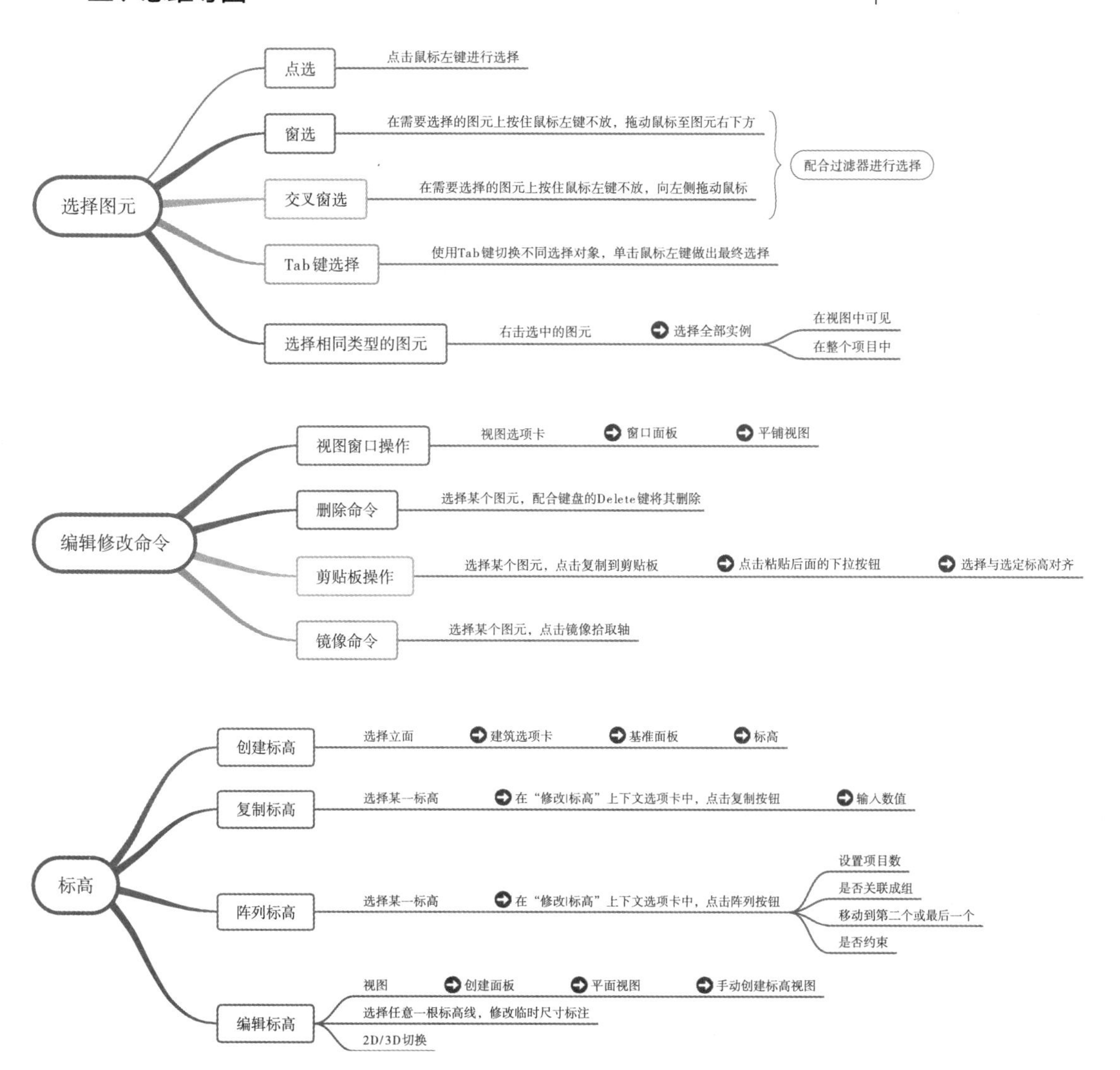

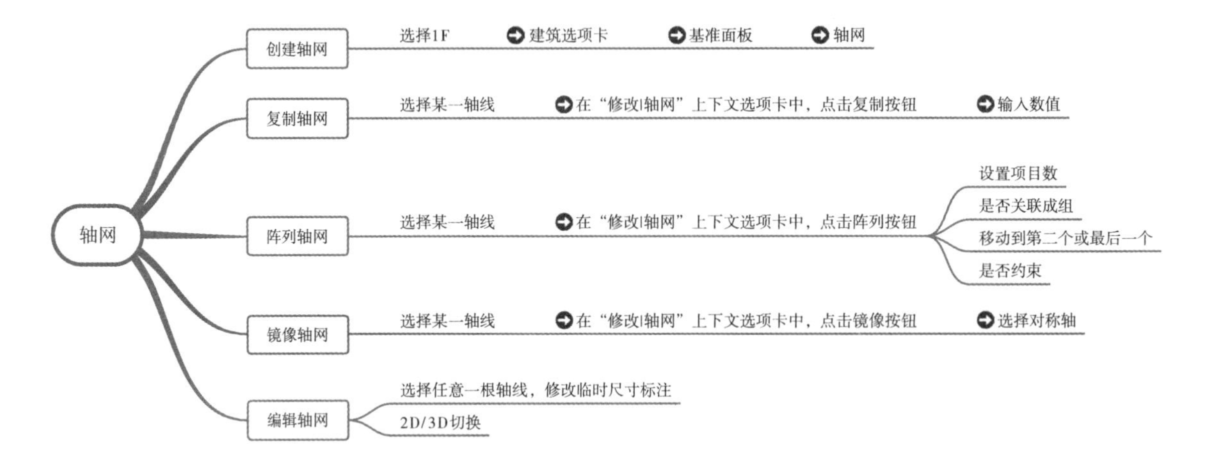

四、任务前：思考并明确学习任务

1. 如图 1–1–1 所示，了解“竹园轩”模型的高度方向定位情况。

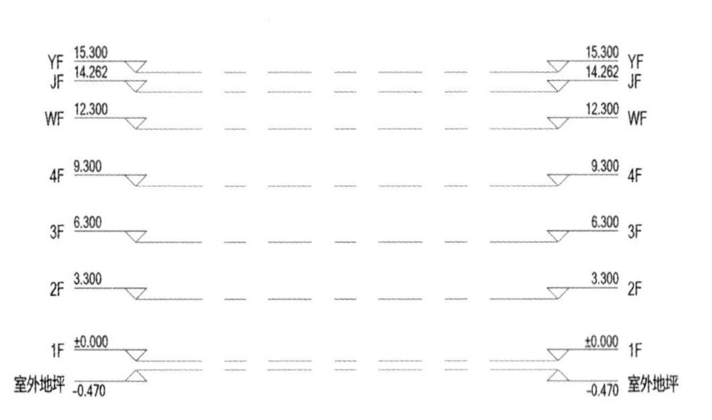

图 1–1–1 “竹园轩”标高线

2. 轴网用于在平面视图中定位项目图元，Autodesk Revit 2023 提供了“轴网”工具，标高创建完成后，可以切换至任意平面视图（如楼层平面视图）来创建和编辑轴网，如图 1–1–2 所示。

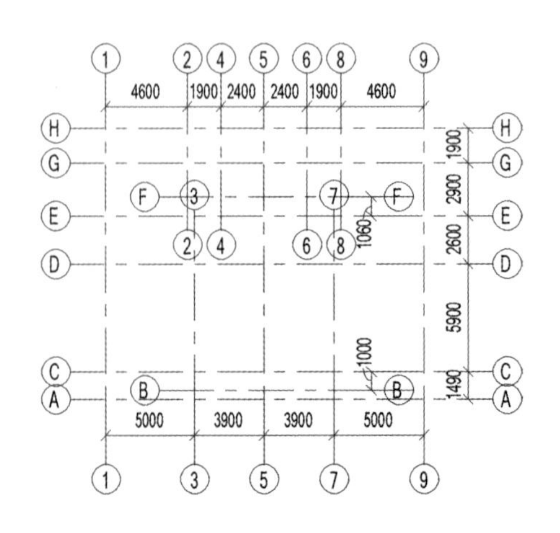

图 1–1–2 “竹园轩”轴网

五、任务中：任务实施

学习任务一：创建与编辑标高

准备工作：读者可查看给出的“竹园轩”项目图纸，以理解“竹园轩”项目中标高的情况。

操作步骤：

1. 创建项目文件以及设置项目单位

(1) 启动Autodesk Revit 2023，默认将打开“最近使用的文件”页面。单击“文件”菜单按钮——“新建”——“项目”选项，系统将打开“新建项目”对话框，如图1–1–3所示，选择某一个项目样板文件为模板，新建项目文件。

图1–1–3　新建项目对话框

(2) 设置项目单位：默认将打开1F楼层平面视图，切换至【管理】选项，单击【管理】选项卡——“设置”面板——“项目单位”命令，打开“项目单位”对话框，如图1–1–4所示，设置项目单位为“mm”，面积单位为“m^2”，单击“确定”按钮退出“项目单位”对话框。

图1–1–4　设置项目单位对话框

提示：项目的默认单位由项目所采用的项目样板决定。单击格式中各种单位后的按钮，可以修改项目中该类别的单位格式。

(3) 保存标高项目文件：单击“文件”选项，弹出“另存为”对话框中，如图1–1–5所示，指定保存位置并命名“竹园轩标高”，单击“保存”按钮，将项目保存为“.rvt”格式的文件。

2. 创建标高

(1) 修改南立面视图默认标高值

双击项目浏览器“立面：南立面”，打开南立面视图，在南立面视图中，显示项目样板中设置的默认标高1与标高2，且标高1标高为

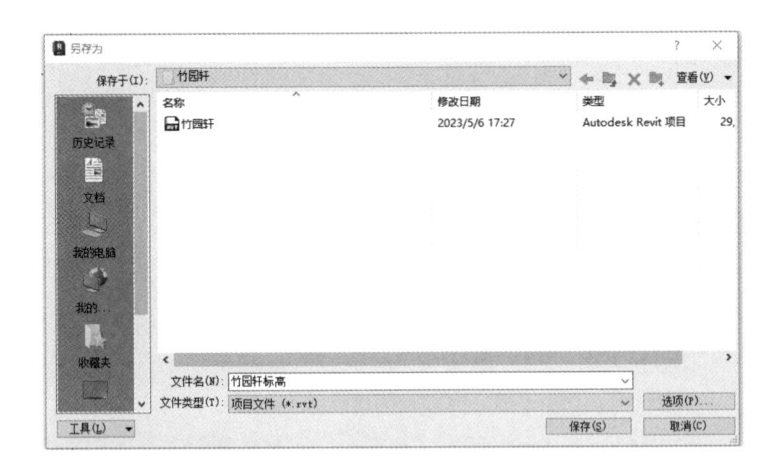

图1-1-5　保存新建项目文件

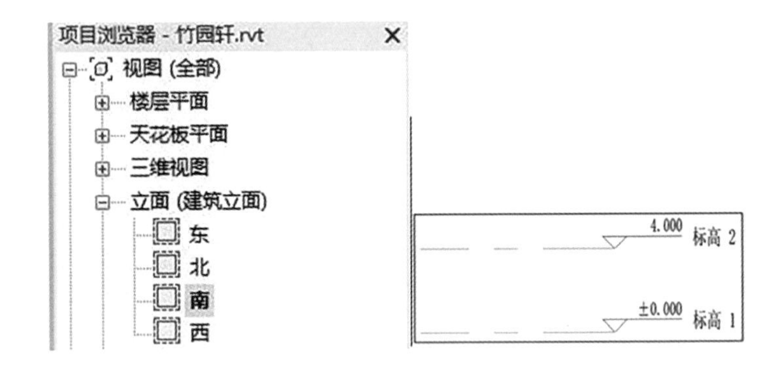

图1-1-6　南立面视图默认标高

±0.000m，标高 2 标高为 4.000m。如图 1–1–6 所示。

单击标高 1 标高线，选择该标高，修改标高名称为 1F。

单击标高 2 标高线，选择该标高，移动鼠标指针至标高 2 标高值位置，单击标高值，进入标高值文本编辑状态，按键盘 Delete 键，删除文本编辑框内的数字，输入 3.3，按回车键确认输入，Autodesk Revit 2023 将向上移动 2F 标高至 3.3m 位置，同时该标高与 1F 标高的距离为 3300mm。平移视图，观察 2F 标高右侧标头的标高值同时被修改。如图 1–1–7 所示。

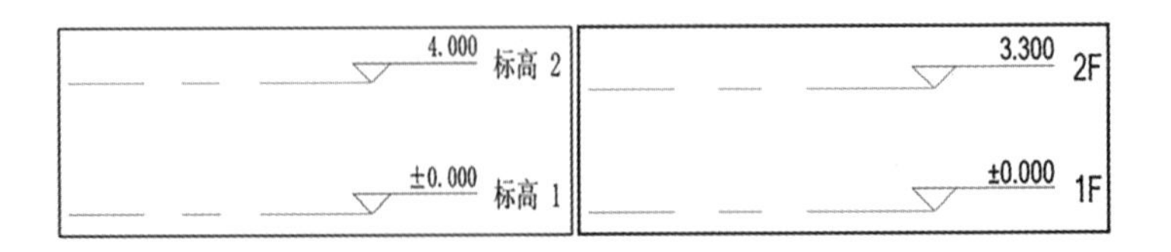

图1-1-7　更改标高值

提示： 在样板中，已设置标高的对象，其标高值的单位为“m”，因此在标高值处输入“3.3”时，Autodesk Revit 2023 将自动换算为项目单位 3300mm。

（2）创建基准面以上的标高

1）单击“建筑”选项卡——“基准”面板——“标高”命令，进入放置标高模式，Autodesk Revit 2023 自动切换至“修改 | 放置标高”上下文选项卡。单击“绘制”面板——“直线”命令，用直线命令作为标高的生成方式，确认选项栏中已勾选“创建平面视图”选项，设置偏移量为0.0。如图 1-1-8 所示。

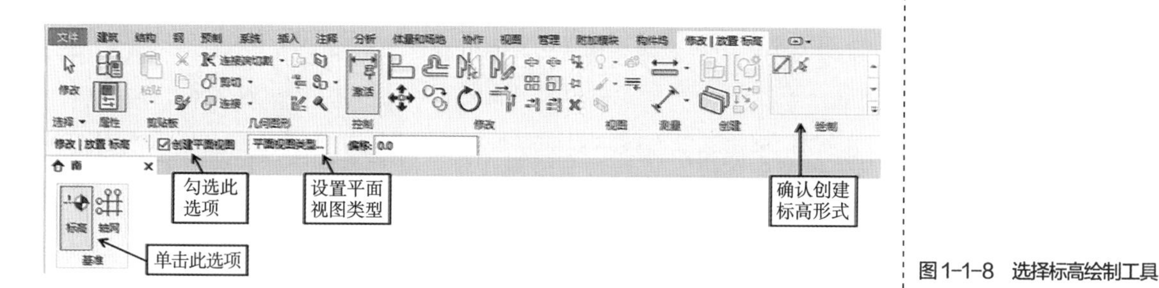

图 1-1-8　选择标高绘制工具

2）指定标高的绘制方式后，选项栏中将激活并显示“创建平面视图”复选框，勾选该复选框，单击选项栏中的“平面视图类型”按钮，打开“平面视图类型”对话框，如图 1-1-9 所示。在视图类型列表中选择“楼层平面”，单击“确定”按钮，退出“平面视图类型”对话框，创建与标高同名的楼层平面视图。

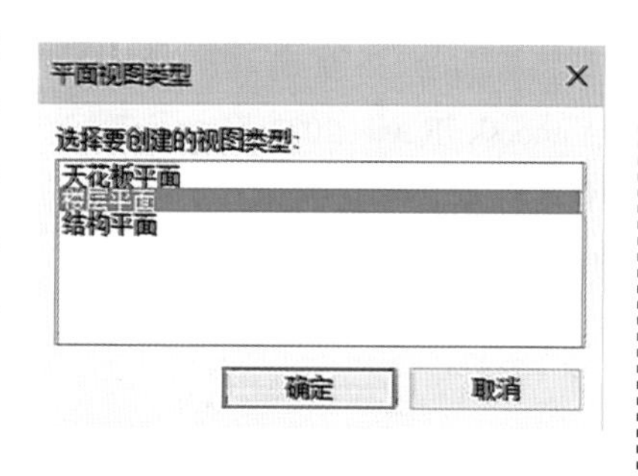

图 1-1-9　平面视图类型

提示：平面视图类型分为天花板平面、楼层平面与结构平面。按住 Ctrl 键可以在视图列表中进行多重选择，此时，可以同时创建多种类型的视图。

3）移动鼠标指针至 2F 标高上方任意位置，鼠标指针将显示为绘制状态，并在指针与 2F 标高间显示临时尺寸标注，指示指针位置与 2F 标高的距离（注意临时尺寸的长度单位为 mm）。移动鼠标，当指针位置与标高 1F 端点对齐时，Autodesk Revit 2023 将捕捉已有标高端点并显示端点对齐蓝色虚线，单击鼠标左键，确定为标高起点，如图 1-1-10 所示。

4）沿水平方向向右移动鼠标，在指针和起点间绘制标高。适当缩放视图，当指针移动至已有标高右侧端点位置时，Autodesk Revit 2023 将显示端点对齐位置，单击鼠标左键完成标高绘制。单击该标高，修改标高名称为

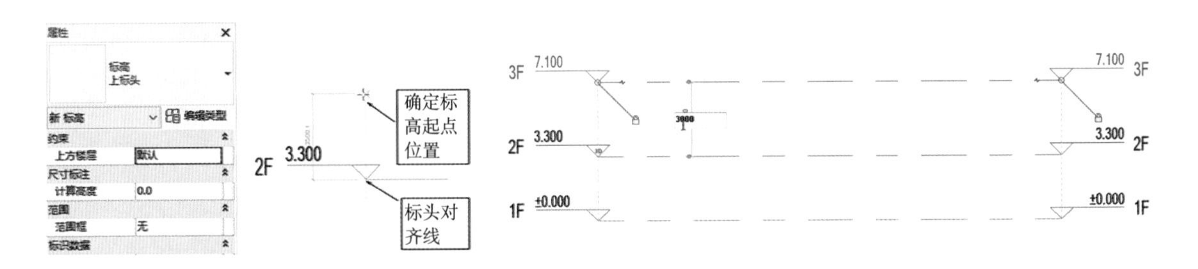

图 1-1-10　绘制标高起点（左）

图 1-1-11　绘制标高（右）

3F，修改临时尺寸值为 3000，系统根据标高值自动调整标高位置。按键盘 Esc 键两次退出标高绘制模式。注意观察项目浏览器中，楼层平面视图中将自动建立标高 3F 楼层平面视图，如图 1-1-11 所示，依次创建其他标高。

（3）创建基准面以下的标高

单击“属性”面板中的类型选择器，在列表中单击标高类型为“下标头”，确认绘制方式为“直线”，移动鼠标指针至 1F 标高左下角，将在当前指针位置与 1F 标高之间显示临时尺寸，当指针捕捉至 1F 标高左端点对齐位置时，直接通过键盘输入“470”并按回车键确认，Autodesk Revit 2023 将距 1F 标高下方 470mm 处位置确定为标高的起点，向右移动鼠标指针，直到捕捉到 1F 标高右侧标头对齐位置时，单击鼠标左键完成标高绘制。Autodesk Revit 2023 将以“下标头”形式生成该标高，自动命名为标高 5，单击标高名称修改为“室外地坪”，并为该标高生成名称为“室外地坪”的楼层平面视图，如图 1-1-12 所示。完成后按 Esc 键两次，退出绘制模式。

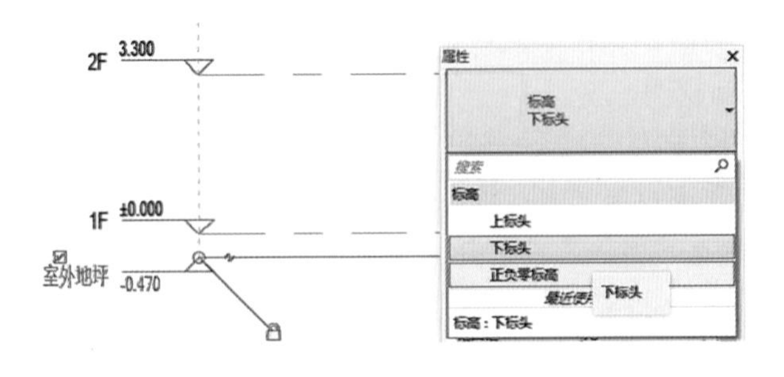

图 1-1-12　绘制 ±0.000 以下标高

3. 编辑标高

这里介绍其他几种创建和编辑标高的方法。

（1）修改标高

1）修改标高值：比如某建筑物层高是 3.3m，移动鼠标指针至 2F 标高值位置，单击标高值，进入标高值文本编辑状态。如图 1-1-13 所示，在编辑框内输入 3.3，按回车键确认输入，Autodesk Revit 2023 将向上移动 2F 标高至 3.3m 位置，同时该标高与 1F 标高的距离为 3300mm。平移视图，观察 2F 标高右侧标头的标高值同时被修改。

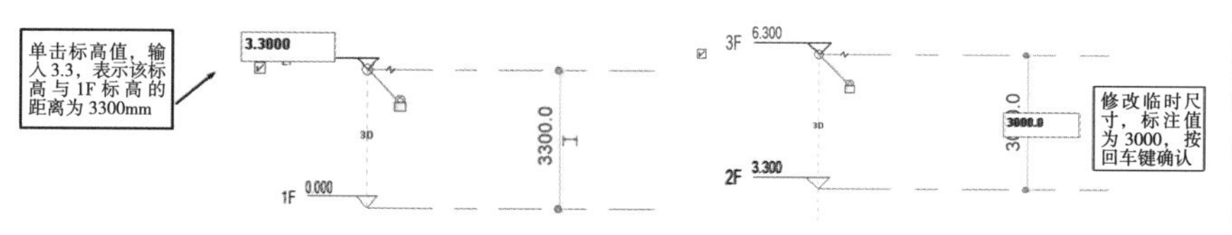

图1-1-13　修改标高值（左）
图1-1-14　修改临时尺寸调整标高（右）

2）改临时尺寸，确定标高的位置：单击绘制的3F标高，Autodesk Revit 2023在3F标高与2F标高之间显示临时尺寸标注，修改临时尺寸标注值为3000，按回车键确认。Autodesk Revit 2023将自动调整3F标高的位置，同时自动修改标高值为6.3m，结果如图1-1-14所示。选择3F标高后，可能需要适当缩放视图，才能在视图中看到临时尺寸线。

3）修改标高名称：选择所绘制的标高5，自动切换至“修改｜标高”上下文选项卡。注意“属性”对话框中的“立面”值为−470，表示该标高的标高值（注意单位为mm）；修改“名称”为“室外地坪”。单击“应用”按钮，应用该名称。

提示：Autodesk Revit 2023将自动按上次绘制的标高名称编号累加1的方式自动命名新建标高。所以建议用户在绘制第一条标高时修改标高名称。

标高名称修改的另一种方式提示：选择标高，单击标高名称文字，进入文本编辑状态，直接输入标高名称并按回车键，同样可以实现标高名称的修改，其效果与在实例属性中修改“名称”参数相同。Autodesk Revit 2023不允许出现相同的标高名称。

4）修改视图名称：在属性面板中修改标高名称时，系统会弹出“是否希望重命名相应视图”对话框，如图1-1-15所示，单击“是（Y）”按钮，Autodesk Revit 2023将修改“F5”楼层平面视图名称为“室外地坪”。

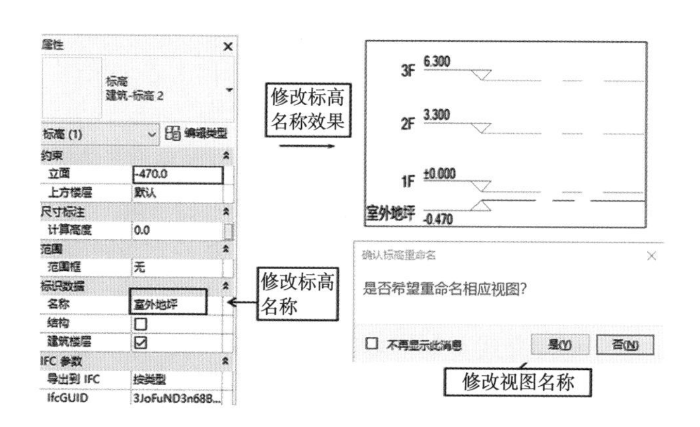

图1-1-15　修改视图名称

5）改善标高显示效果：如果两个标高值比较接近，比如某建筑物情景室标高 −1.200m，创建情景室标高，并改名为“情景室底”。由于情景室底标高线与室外地坪标高线距离较近，可以单击情景室标高线上的“添加弯头”符号，以改善显示效果，如图 1−1−16 所示。

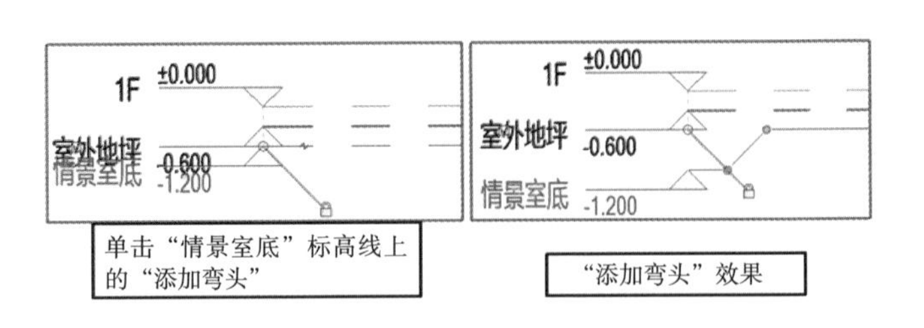

图 1−1−16　标高线添加弯头

（2）复制标高

如果建筑物有多个标高，可以通过复制标高命令来创建。选择 2F 标高，Autodesk Revit 2023 自动切换至“修改 | 标高”选项卡，单击“修改”面板——“复制”命令，在激活的选项栏中勾选“约束”及“多个”复选项，如图 1−1−17 所示。

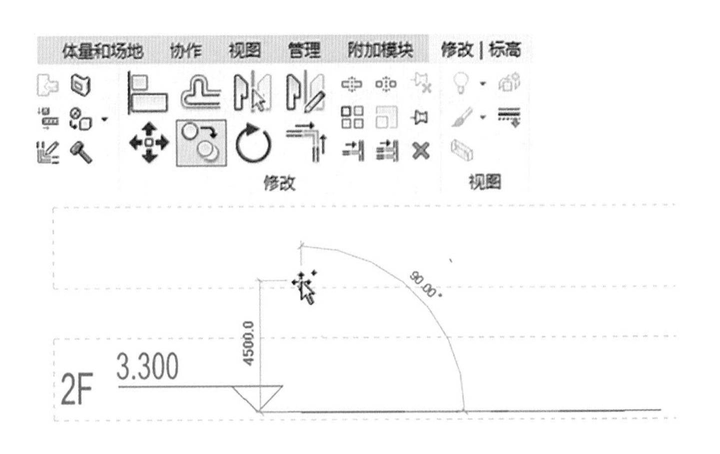

图 1−1−17　复制标高

单击 2F 标高上任意一点作为复制的基点，向上移动鼠标，使用键盘输入新标高与复制标高的间距数值 3000，单位为“mm”，并按回车键确认，作为第一次复制的距离，Autodesk Revit 2023 将自动在 2F 标高上方 3000mm 处复制生成新标高，并自动命名为 3F；由于勾选了“多个”复选项，继续向上移动鼠标指针，输入下一个标高间距 3000，按回车键确认，Autodesk Revit 2023 将在 3F 上方 3000mm 处生成新标高，并自动命名为 4F。按 Esc 键完成复制操作，Autodesk Revit 2023 将自动计算标高值。

注意： 选项栏中勾选“约束”选项可以保证正交，选择“多个”选项，可以在一次复制完成后不需要再激活“复制”命令而继续执行复制操作，从而实现多次复制。

（3）阵列标高

如果建筑物有多个相等标高，可以采用阵列命令来完成标高的创建。选择 2F 标高，Autodesk Revit 2023 自动切换至“修改 | 标高”选项卡，单击“修改”面板——“阵列”命令，在激活的选项栏中单击“线性”选项，禁用“成组并关联”复选框，设置项目数为 4，即可生成包含被选择对象在内的 4 个标高，并启用“第二个”和“约束”复选框，单击标高任意位置确定基点，如图 1–1–18 所示。

确定阵列基点以后，向上移动鼠标，系统将出现一个临时尺寸标注。单击临时尺寸标注，使用键盘输入 3000 并按回车键确认，即可完成标高的阵列操作，如图 1–1–18 所示。

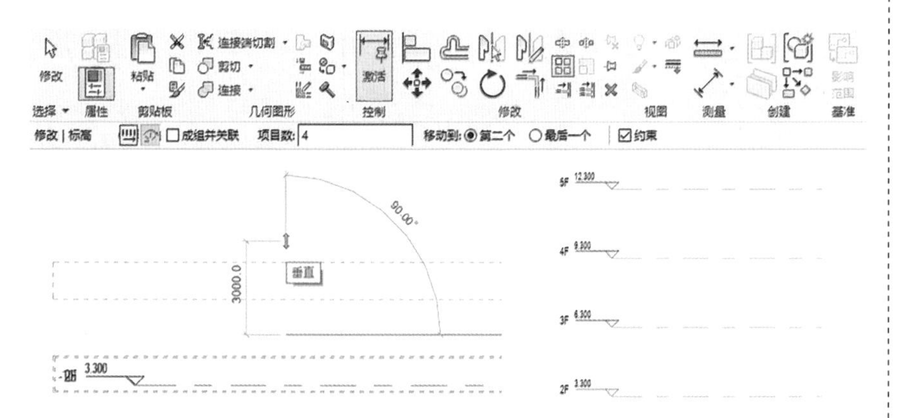

图 1–1–18　阵列标高

“成组并关联”复选框：如果启用该复选项，阵列后的标高将自动成组，表示阵列的每个图元包含在一个组中；如果禁用该复选项，将创建指定数量的副本，每个副本独立于其他副本。

移动到：该选项组用来设置阵列效果。其包含的两个子选项的含义为：第二个——选择该单选按钮，可以指定阵列中每个图元之间的间距。最后一个——选择该单选按钮，可以指定阵列的整个跨度，即第一个图元和最后一个图元之间的距离。

（4）为复制或阵列标高添加楼层平面

提示： 观察“项目浏览器”中“楼层平面”视图列表，通过复制或者阵列生成的标高，并未生成对应的标高的楼层或天花板平面视图，

观察立面视图，有对应楼层平面的标高标头为蓝色，没有生成平面视图类型的标高的标头为黑色。

可以随时为标高创建对应的平面视图类型：单击“视图”选项卡——“创建”面板——“楼层平面”命令按钮，系统将打开“新建楼层平面”对话框，选择 3F 标高，再按住“Shift”键单击最后一个标高，选中所有的标高如 4F、5F，并单击“确定”按钮。再次观察“项目浏览器”，所有复制和阵列生成的 3F、4F、5F 标高都已创建了相应的楼层平面视图，如图 1-1-19 所示。

（5）编辑标高属性和其他参数

1）标高属性有关参数设置

选择任意一根标高线，单击“属性”面板的“编辑类型”，打开“类型属性”对话框，如图 1-1-20 所示，对标高显示参数进行编辑操作。

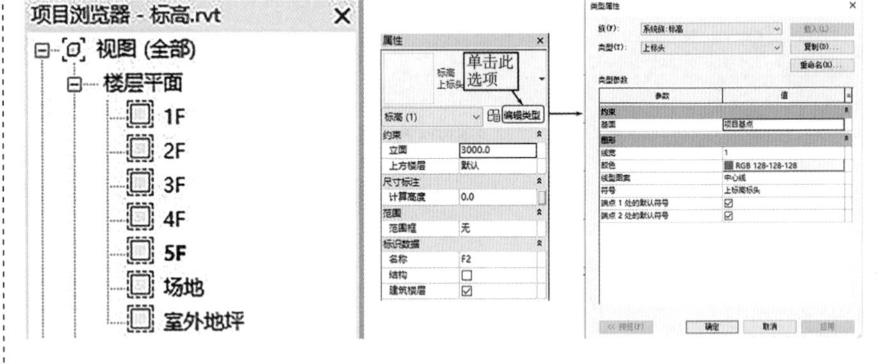

图 1-1-19　创建复制、阵列标高平面视图（左）
图 1-1-20　编辑标高属性（右）

2）编辑标高

选择任意一根标高线，会显示临时尺寸、一些控制符号和复选框（图 1-1-21），可以编辑其尺寸值，单击并拖拽控制符号可整体或单独调整标高标头位置，控制标头隐藏或显示，进行标头偏移等操作。

选择标高线，单击标头外侧方框，即可关闭／打开轴号显示；单击标头附近的折线符号，可偏移标头；单击蓝色拖拽点，按住鼠标不放，可调整标头位置。

说明

2D/3D 切换：如果处于 2D 状态，则表明所做修改只影响本视图，不影响其他视图；如果处于 3D 状态，则表明所做修改会影响其他视图。

标头对齐设置：表明所有的标高会一致对齐。

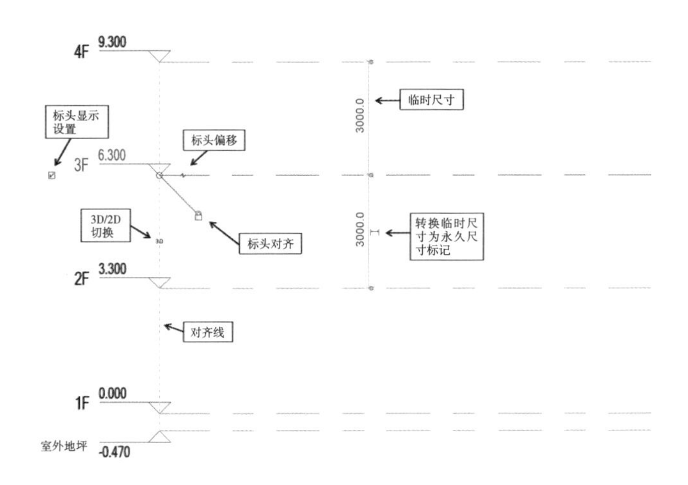

图 1-1-21　编辑标高

4. 保存标高文件

单击“文件”按钮，在菜单中选择“保存”选项，单击“保存”按钮，将项目保存为 rvt 格式的文件。

第一次保存项目时，Autodesk Revit 2023 会弹出“另存为”对话框。保存项目后，再单击“保存”按钮，将直接按原文件名称和路径保存文件。在保存文件时，Autodesk Revit 2023 默认将为用户自动保留 3 个备份文件，以方便用户找回保存前的项目状态。Autodesk Revit 2023 将自动按 filename.001.rvt、filename.002.rvt、filename.003.rvt 的文件名称保留备份文件。

可以设置备份文件的数量。在“另存为”对话框中，单击右下角的“选项”按钮，弹出“文件保存选项”对话框，如图 1-1-22 所示，修改“最大备份数”，设置允许 Autodesk Revit 2023 保留的历史版本数量。当保存次数达到设置的“最大备份数”时，Autodesk Revit 2023 将自动删除最早的备份文件。

在“文件保存选项”对话框中，在“缩略图预览”栏中还可以设置所保存的 rvt 项目文件中生成的预览视图，默认选项为项目当前的“活动视图／图纸”。保存预览视图后，在 Windows7 资源管理器中使用“中等图标”或以上模式时，可以看到该项目保存的预览缩略图，如图 1-1-23 所示。

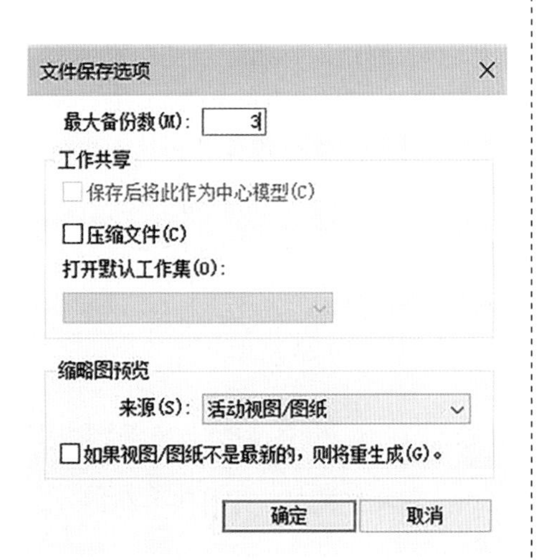

图 1-1-22　文件保存选项

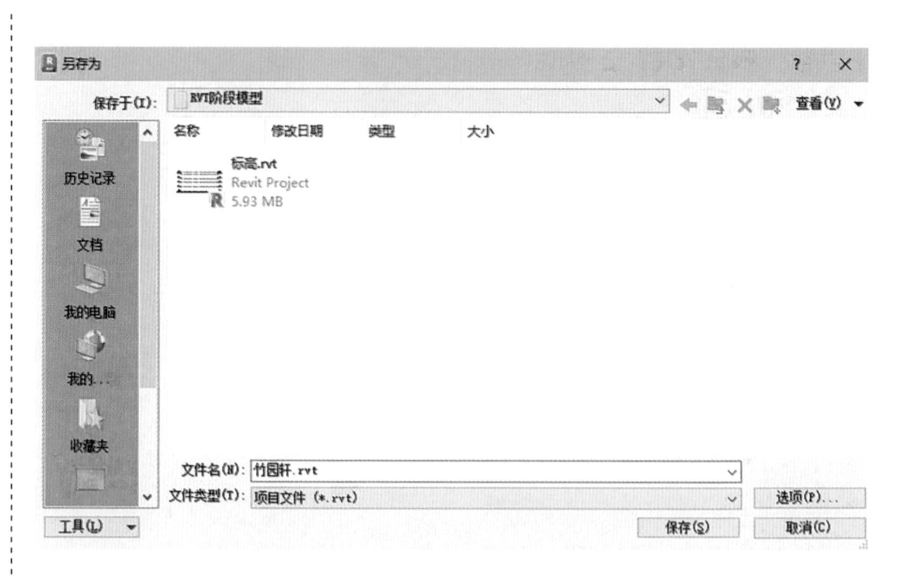

图 1-1-23　文件保存缩略图

学习任务二：创建与编辑轴网

在 Autodesk Revit 2023 中，创建轴网的过程与创建标高的过程基本相同，其操作也基本一致。

操作步骤：

1. 创建轴网

（1）打开“竹园轩标高 .rvt”项目文件，切换至 F1 楼层平面视图。楼层平面视图中符号表示本项目中东、南、西、北各立面视图的位置。

（2）单击“建筑”选项卡——“基准”面板——“轴网”命令按钮，系统自动切换至“修改 | 放置轴网”上下文选项卡，进入轴网放置状态。

（3）确认“属性”面板中轴网的类型为“6.5 mm 编号间隙”，单击“绘制”面板——“直线”命令按钮，确认选项栏中的偏移量为 0.0。

（4）移动鼠标指针至空白视图左下角空白处单击，作为轴线起点，向上移动鼠标指针，Autodesk Revit 2023 将在指针位置与起点之间显示轴线预览，并给出当前轴线方向与水平方向的临时尺寸角度标注。当绘制的轴线沿垂直方向时，Autodesk Revit 2023 会自动捕捉垂直方向，并给出垂直捕捉参考线。沿垂直方向向上移动鼠标指针至左上角位置时，单击鼠标左键完成第一条轴线的绘制，并自动为该轴线编号为“1”。依次绘制其他轴线，如图 1-1-24 所示。

提示：确定起点后按住键盘 Shift 键不放，Autodesk Revit 2023 将进入正交绘制模式，可以约束在水平或垂直方向绘制。

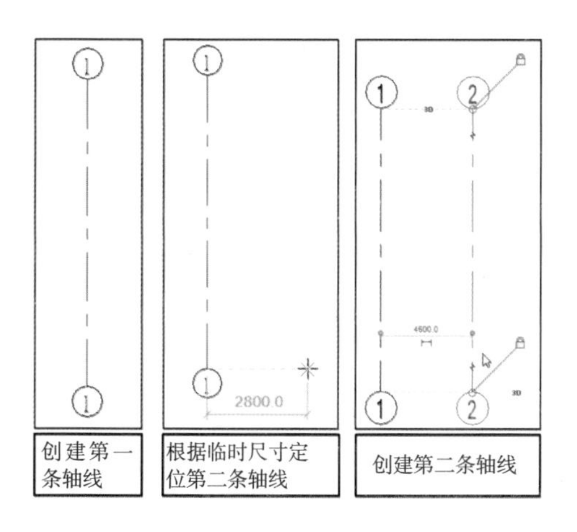

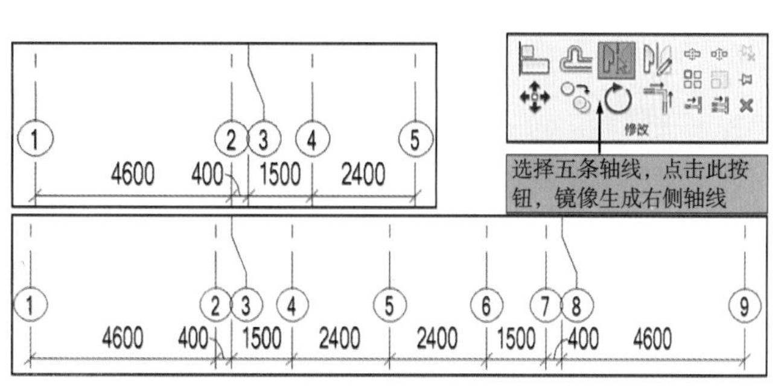

图1-1-24　创建轴线（左）
图1-1-25　垂直方向轴网（右）

（5）确认 Autodesk Revit 2023 仍处于放置轴线状态。移动鼠标指针至①轴线起点右侧任意位置，Autodesk Revit 2023 将自动捕捉该轴线的起点，给出端点对齐捕捉参考线，并在指针与①轴线间显示临时尺寸标注，指示指针与①轴线的间距。键入 4600 并按 Enter 键确认，将在距①轴线右侧 4600mm 处确定为第二条轴线起点，沿垂直方向向上移动鼠标指针至左上角位置时，单击鼠标左键完成第二条轴线的绘制，以同样的方法，完成第三条到第五条轴线，单击"建筑"选项卡——"修改"面板——"镜像"命令按钮，镜像生成右侧轴线，完成全部垂直方向的轴网的创建，如图 1–1–25 所示。

（6）以同样的方法，沿水平方向绘制第一根水平轴线，Autodesk Revit 2023 将自动按轴线编号累加 1 的方式自动命名轴线编号为"10"。选择该水平轴线，单击轴网标头中轴网编号，进入编号文本编辑状态。删除原有编号值，使用键盘输入 A，按键盘回车键确认输入，该轴线编号将修改为 A。确认 Autodesk Revit 2023 仍处于轴网绘制状态，在Ⓐ轴线正上方 2100mm 处，确保轴线端点与Ⓐ轴线端点对齐，自左向右绘制水平轴线，Autodesk Revit 2023 自动为该轴线编号 B，如图 1–1–26 所示。

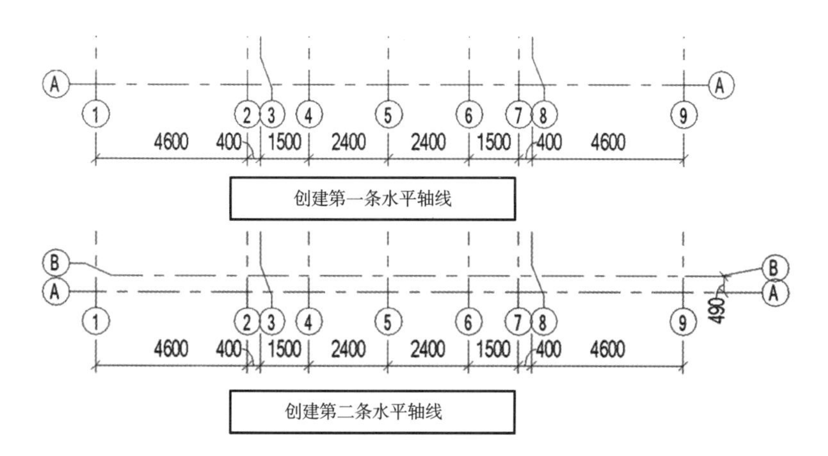

图1-1-26　创建水平方向轴线

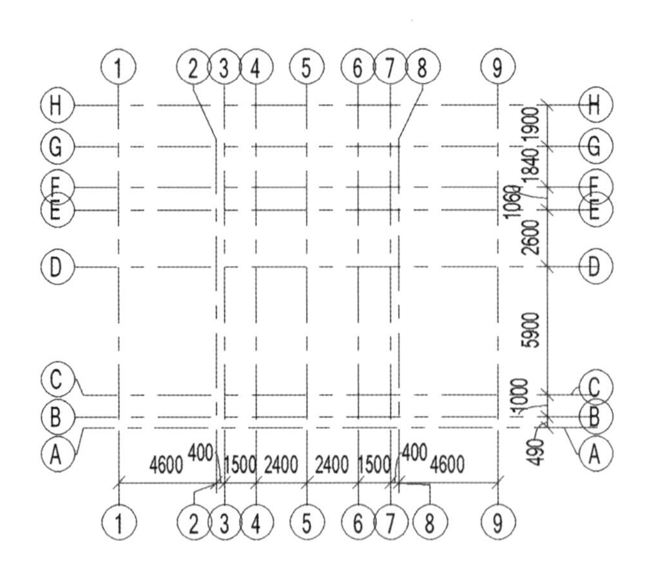

图 1-1-27 “竹园轩”轴网

（7）完成水平轴网后，即完成“竹园轩”轴网，如图 1-1-27 所示。

2. 编辑轴网

轴网用于在平面视图中定位项目图元。Autodesk Revit 2023 中轴网对象与标高对象类似，是垂直于标高平面的一组“轴网面”，因此，它可以在与标高平面相交的平面视图（包括楼层平面视图与天花板视图）中自动产生投影，并在相应的立面视图中生成正确的投影。注意，只有与视图截面垂直的轴网对象才能在视图中生成投影。

（1）复制、阵列与镜像轴网

如果某建筑物轴网是等距的，可以采用阵列工具完成轴网。单击Ⓐ轴线上的任意一点，自动切换至“修改 | 轴网”上下文选项卡，单击“修改”面板——“阵列”命令，进入阵列修改状态。在激活的选项栏中设置阵列方式为“线性”，禁用“成组并关联”复选框，设置项目数为 4，并启用“第二个”和“约束”复选框，在Ⓐ轴线上任意点单击，作为阵列基点，向上移动鼠标指针直至与基点间出现临时尺寸标注，直接通过键盘输入 3000 作为阵列间距并按键盘回车键确认，Autodesk Revit 2023 将向上阵列生成轴网，并按累加的方式为轴网编号，阵列轴网操作如图 1-1-28 所示。

注意：图中为表明各轴线间距，为轴网标注了线性尺寸标注。

采用镜像生成的轴线顺序将发生颠倒，因为在对多个轴线进行复制或镜像时，系统以复制对象的绘制顺序进行排序，因此，绘制轴网时不建议使用镜像的方式。

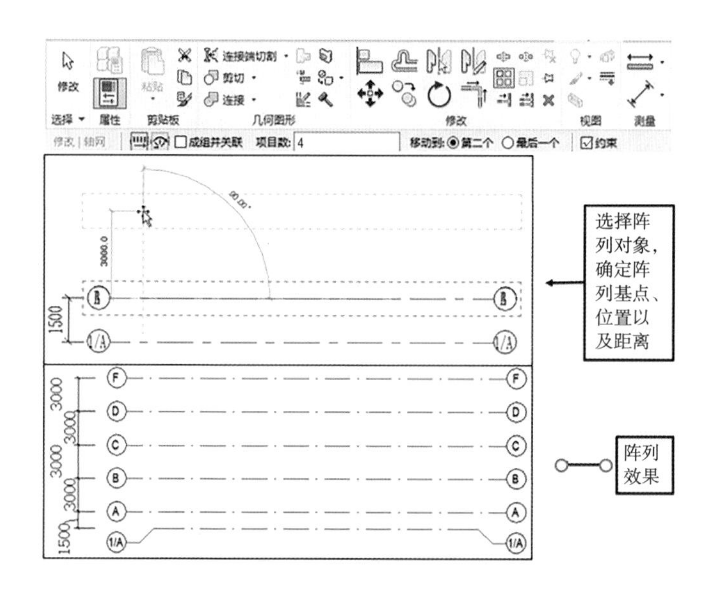

图1-1-28　阵列轴网

(2) 尺寸驱动调整轴线位置

选择任意一根轴线，会出现蓝色的临时尺寸标注，单击尺寸即可修改其值，调整轴线位置。

(3) 编辑轴网

1）轴网参数的认识，如图1-1-29所示

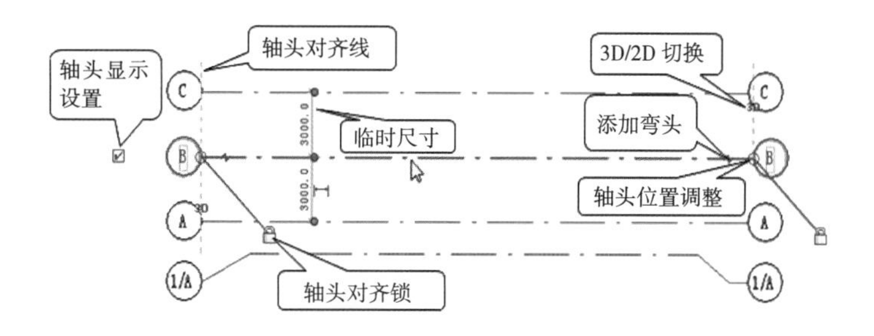

图1-1-29　轴网参数

2）编辑轴线参数属性

选择某根轴线，单击标头外侧方框，即可关闭／打开轴号显示。

如果需要控制所有轴号的显示，选择所有轴线，单击属性面板中“编辑类型”按钮，软件打开“类型属性”对话框，如图1-1-30所示。单击端点默认编号的“✓”标记即可。

另外，用户通过对轴网“类型属性”对话框中相应参数进行设置，可指定轴网图形中轴线的颜色、线宽、轴线中段的显示类型、轴线末端的线宽等。

“非平面视图符号（默认）”选项，可以设置轴号的显示方式，控制除平面视图以外的其他视图，如立面、剖面等视图的轴号，其显示状态为顶部、底部、两者或无显示，如图1-1-31所示。

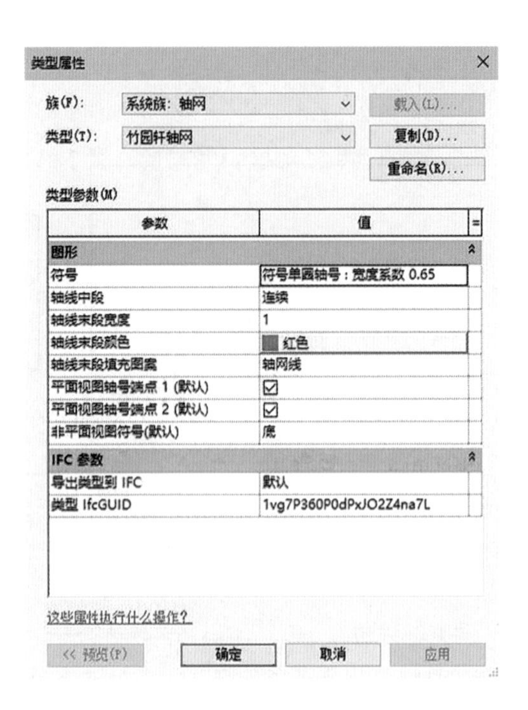

图 1-1-30　类型属性对话框

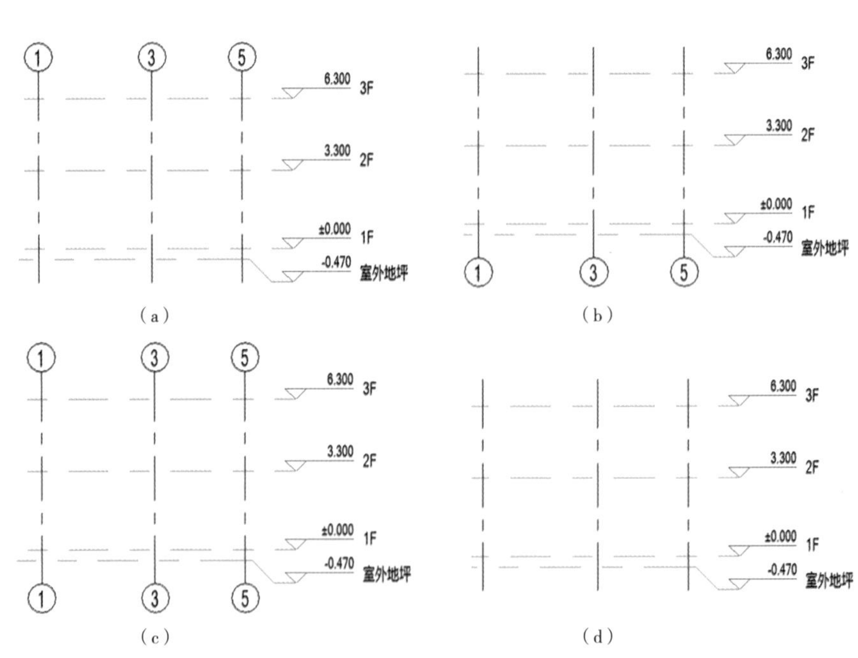

图 1-1-31　轴头显示

（a）顶部显示；（b）底部显示；（c）两者显示；（d）无显示

3）轴线的 3D 与 2D 状态的操作（图 1-1-32、图 1-1-33）

打开“竹园轩标高与轴网”项目文件，打开 1F 平面图以及 2F 平面图，点击视图选项卡，窗口面板中的“平铺”选项，平铺 1F 平面视图与 2F 平面视图窗口。在 1F 平面视图中，用拖拽①轴线轴头位置的方式修改轴线

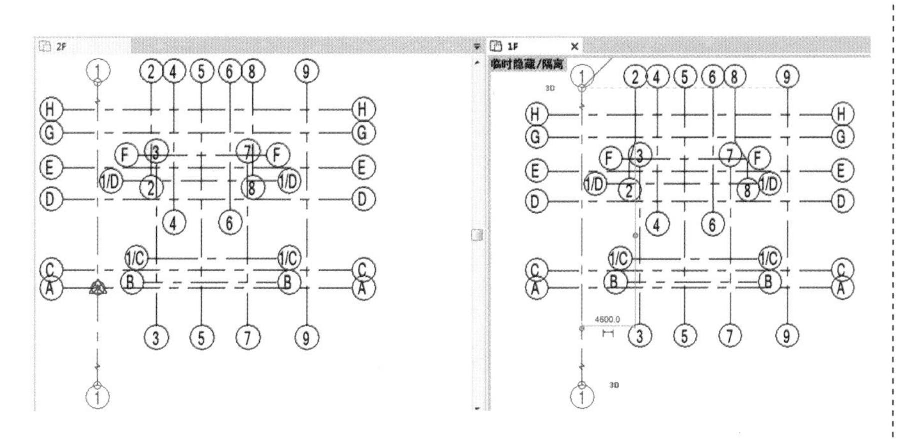

图 1-1-32　轴线 3D 的操作

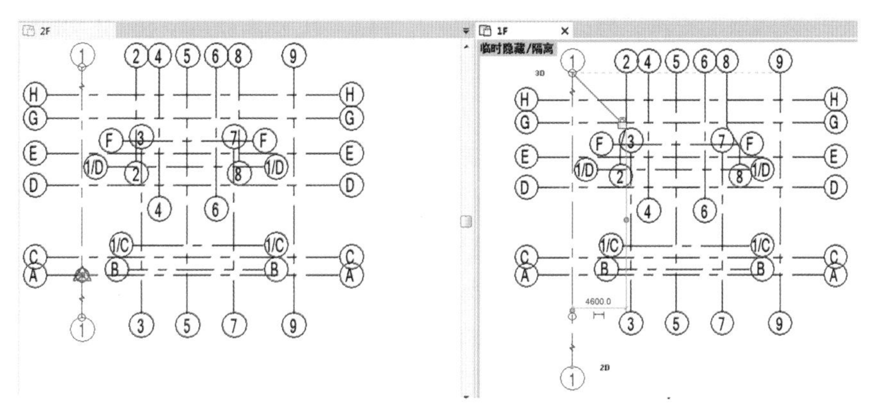

图 1-1-33　轴线 2D 的操作

的长度，在 3D 状态下修改①轴线的长度，2F 平面对应的轴线①的长度也发生了变化。

单击 3D 符号，切换到 2D 状态，在 1F 平面视图中，用拖拽①轴线轴头位置的方式修改轴线①的长度，2F 平面对应的轴线①的长度没有发生相应的变化。

在 2D 状态下，修改轴网的长度等于是修改了轴网在当前视图的投影长度，并没有影响轴网的实际长度；在 3D 状态下修改轴网的长度，事实上是修改了轴网的三维长度，会影响轴网在所有视图中的实际投影。

若使修改 2D 轴网长度影响到其他视图，点击鼠标右键，选择重设为三维范围。保持该轴线处于选择状态，然后在“基准”面板中单击“影响范围”按钮，软件将打开“影响基准范围”对话框，选择对应的视图即可。

（4）创建标高与创建轴网不同顺序的区别

在南立面视图中，绘制 LF、JF 标高并生成相应的 LF、JF 楼层平面视图。在 1F 平面视图中绘制轴网，切换到南立面视图，如图 1-1-34 所示。

切换到 LF、JF 平面视图，在 LF、JF 楼层平面图中并没有生成对应的轴网，原因是轴网的高度没有达到 LF、JF 标高，不能在 LF、JF 标高平面

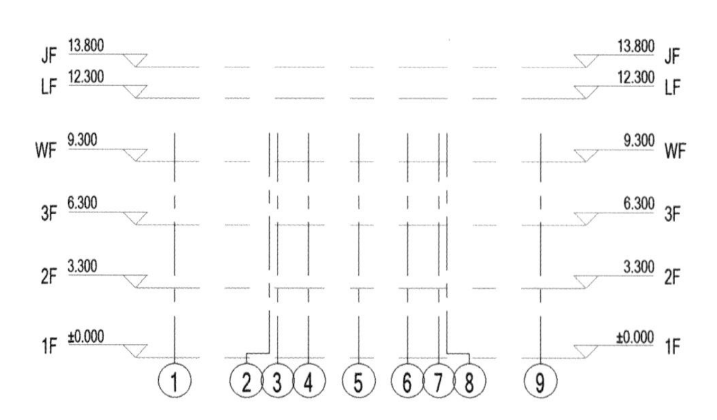

图 1-1-34　创建轴网与创建标高顺序

上形成轴网的投影，修改轴网的高度达到 LF、JF 标高就可以在 LF、JF 楼层平面视图中形成轴网的投影。

先绘制标高，再绘制轴网，在立面视图中，默认的轴网会通过所有的标高，即轴号将显示于最上层的标高上方，这样就决定了轴网将在每一个标高的平面视图中都可见。

（5）编辑“竹园轩”的轴网操作

轴头处于锁定状态，单击解锁符号，解除与其他轴线的关联状态，对单独的轴线进行编辑，编辑后的轴网，如图 1-1-35 所示。

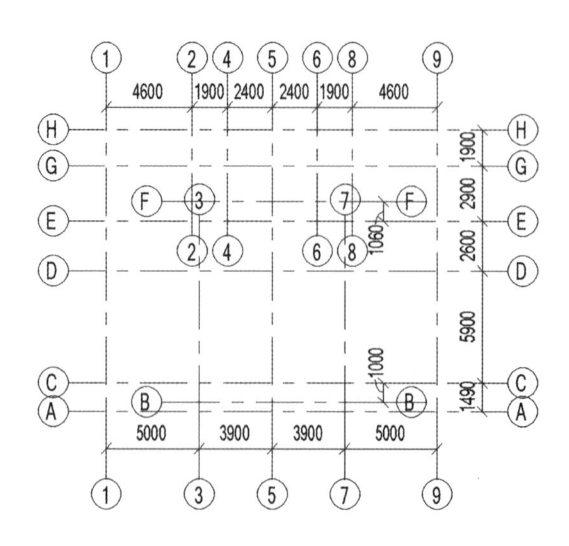

图 1-1-35　编辑后的轴网图

六、任务后：知识拓展应用

扫描目录前二维码学习相关内容。

七、评价与展示

学生任务清单（含课程评价）1.1

<table>
<tr><td rowspan="3">前期导入</td><td>任务名称</td><td colspan="5"></td></tr>
<tr><td>学生姓名</td><td></td><td>班级</td><td></td><td>学号</td><td></td></tr>
<tr><td>完成日期</td><td colspan="2"></td><td>完成效果</td><td colspan="2">（教师评价及签字）</td></tr>
<tr><td rowspan="3">明确任务</td><td>任务目标</td><td colspan="5"></td></tr>
<tr><td rowspan="2">任务实施</td><td colspan="4" rowspan="2"></td><td>成果提交</td></tr>
<tr><td></td></tr>
<tr><td>自学简述</td><td>课前布置</td><td colspan="5">主要根据老师布置的网络学习任务，说明自己学习了什么？查阅了什么？</td></tr>
<tr><td rowspan="2">学习复习</td><td>不足之处</td><td colspan="5"></td></tr>
<tr><td>提问</td><td colspan="5">自己想和老师探讨的问题</td></tr>
<tr><td rowspan="4">过程评价</td><td>自我评价
（5 分）</td><td>课前学习</td><td>实施方法</td><td>职业素质</td><td>成果质量</td><td>分值</td></tr>
<tr><td></td><td></td><td></td><td></td><td></td><td></td></tr>
<tr><td>教师评价
（5 分）</td><td>时间观念</td><td>能力素养</td><td>成果质量</td><td>分值</td><td></td></tr>
<tr><td></td><td></td><td></td><td></td><td></td><td></td></tr>
</table>

项目二　创建墙

一、学习任务描述

在 Autodesk Revit 2023 中，根据不同的用途和特性，模型对象被划分为很多类别，如墙、门、窗、家具等。我们首先从建筑的最基本的模型构件——墙开始。

在 Autodesk Revit 2023 中，墙属于系统族，即可以根据指定的墙结构参数定义生成三维墙体模型。Autodesk Revit 2023 提供了墙工具，用于绘制和生成墙体对象。在 Autodesk Revit 2023 中创建墙体时，需要先定义好墙体的类型，包括墙厚、做法、材质、功能等，再指定墙体的平面位置、高度等参数。

二、任务目标

1. 创建基本墙
2. 幕墙
3. 创建叠层墙

三、思维导图

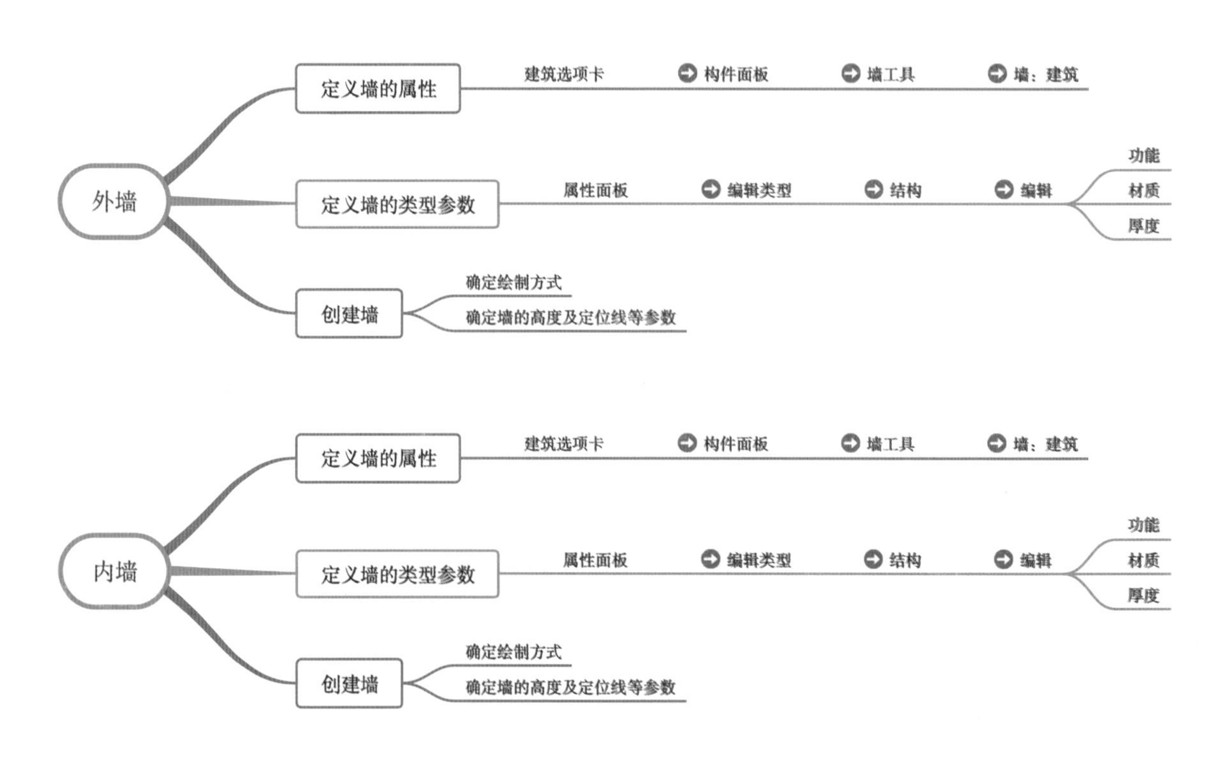

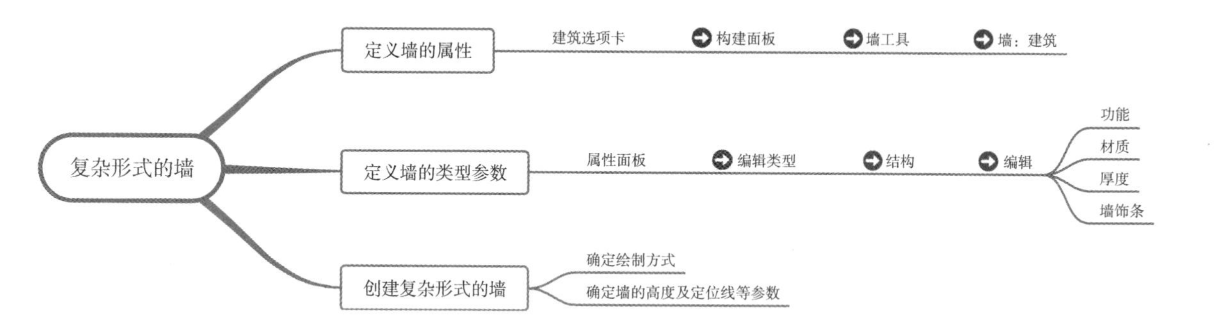

四、任务前：思考并明确学习任务

1. 实训一：完成“竹园轩”外墙、内墙及复杂形式墙体的绘制，熟悉 Autodesk Revit 2023 定义墙的类型以及绘制墙的方法。

（1）完成“竹园轩”外墙 1F 的绘制，外墙做法从外到内依次为 20mm 面砖、20mm 抹灰、240mm 砖、20mm 内抹灰，如图 1–2–1 所示。

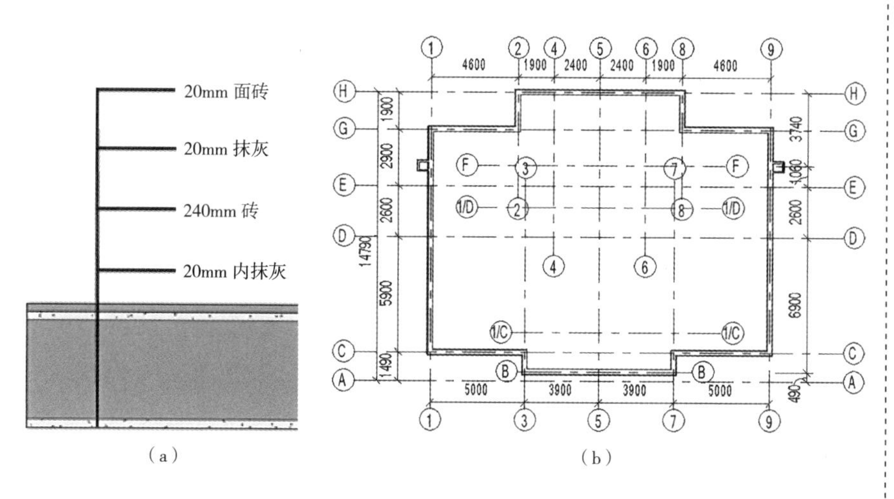

图 1–2–1 “竹园轩”外墙
（a）外墙做法；（b）外墙平面图

（2）完成“竹园轩”内墙 1F 的绘制，如图 1–2–2 所示。熟悉 Autodesk Revit 2023 定义墙的类型以及绘制墙的方法。“竹园轩”内墙做法从外到内依次为 20mm 抹灰、240mm 内砖、20mm 内抹灰。

2. 实训二：创建“竹园轩”入口大门处幕墙，如图 1–2–3 所示，熟悉 Autodesk Revit 2023 如何创建幕墙以及如何进行幕墙网格、嵌板、竖梃的创建。

3. 实训三：创建“竹园轩”一层的叠层墙，熟悉 Autodesk Revit 2023 关于叠层墙创建的操作。

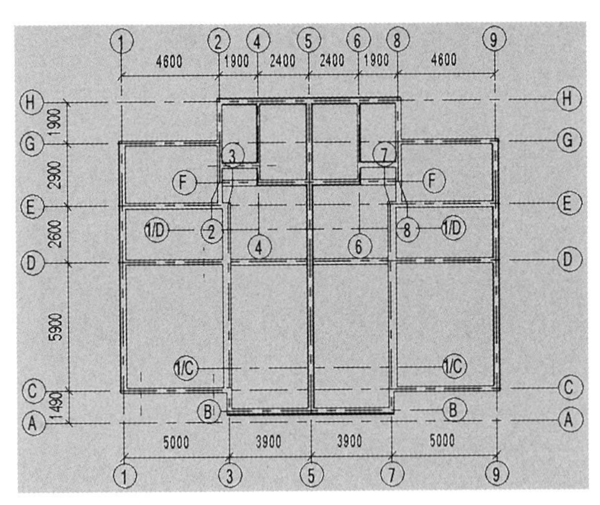

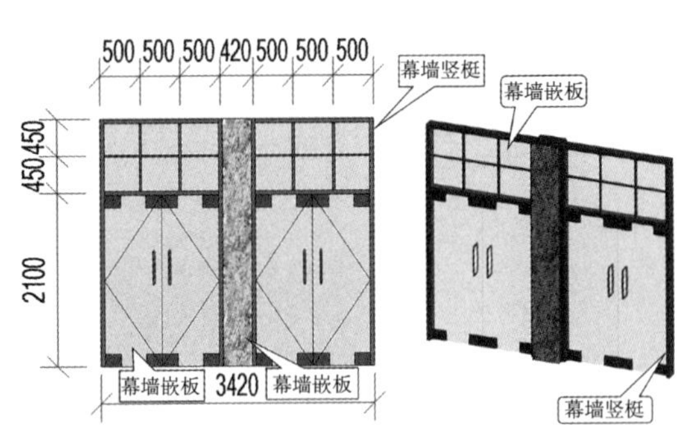

图1-2-2 “竹园轩”内墙（左）

图1-2-3 幕墙组成（右）

五、任务中：任务实施

学习任务一：创建基本墙

单元一 创建外墙

操作步骤：

（一）定义墙的类型

在 Autodesk Revit 2023 中创建模型对象时，需要先定义对象的构造类型。要创建墙图元，必须创建正确的墙类型。Autodesk Revit 2023 中墙类型设置包括结构厚度、墙做法、材质等。

1. 定义墙的属性

打开“竹园轩标高和轴网”文件，切换至室外地坪平面视图。单击“建筑”选项卡——“构建”面板——“墙”工具下拉列表，在列表中选择“墙：建筑”工具，Revit 自动切换至“修改 | 放置 墙”上下文选项卡，如图 1–2–4 所示。在“属性”面板的类型选择器中，软件显示 3 种类型的墙族——基本墙、叠层墙和幕墙，都是系统族。

选择“属性”面板中“类型选择器”列表中的“基本墙”族下面的“常规 –200mm”类型，以该类型为基础进行墙类型的编辑。单击“属

图1-2-4 选择墙工具

性”面板中的“编辑类型”按钮，打开墙“类型属性”对话框。单击该对话框中的“复制”按钮，在“名称”对话框中输入“建筑＿外墙室外地坪＿240＿蘑菇石”作为新类型名称，单击“确定”按钮返回“类型属性”对话框，创建名称为“建筑＿外墙室外地坪＿240＿蘑菇石”的基本墙族新类型，如图 1−2−5 所示。

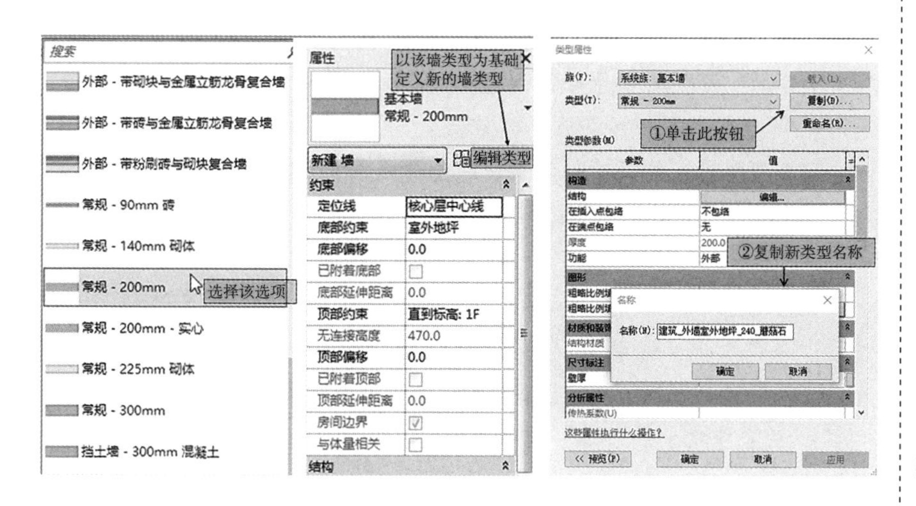

图 1−2−5　定义墙类型

2. 定义墙的各类型参数（图 1−2−6）

（1）设定功能参数

确认“类型属性”对话框墙体类型参数列表中的“功能”为“外部”，在 Autodesk Revit 2023 墙类型参数中，“功能”用于定义墙的用途，它反映墙在建筑中所起的作用。Autodesk Revit 2023 提供了外墙、内墙、挡土墙、

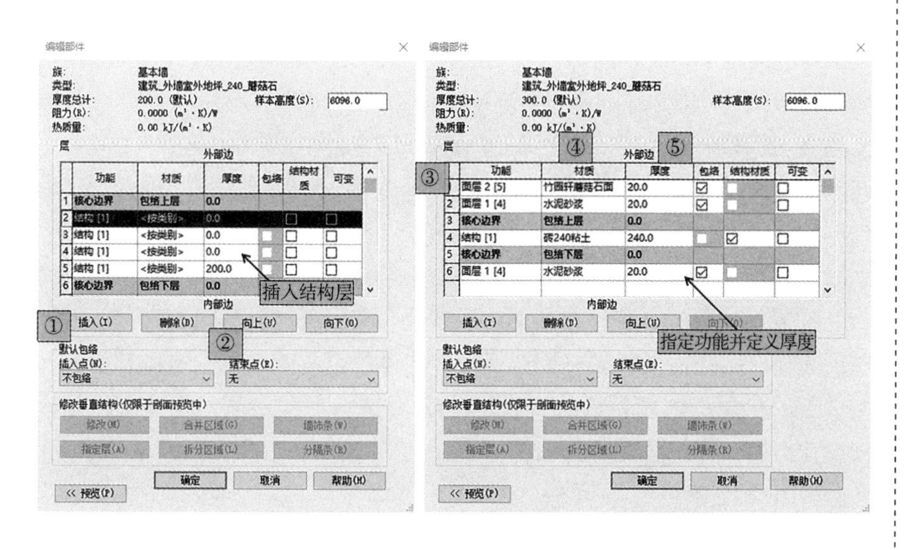

图 1−2−6　定义结构层

基础墙、檐底板及核心竖井 6 种墙功能。在管理墙时，墙功能可以作为建筑信息模型中信息的一部分，用于对墙进行过滤、管理和统计。

（2）设定结构参数

在“类型属性”对话框中，单击“结构”参数后的“编辑”按钮，打开“编辑部件”对话框。

1）插入新的结构层

单击“编辑部件”对话框中的“插入”按钮两次，在“层”列表中插入两个新层，新插入的层默认厚度为 0，且功能均为“结构 [1]”。墙部件定义中，“层”用于表示墙体的构造层次。“编辑部件”对话框中定义的墙结构列表中从上（外部边）到下（内部边）代表墙构造从“外”到“内”的构造顺序。

2）向上移动结构层

单击编号 2 的墙构造层，Autodesk Revit 2023 将高亮显示该行。单击“向上”按钮，向上移动该层直到该层编号变为 1，修改该行的“厚度”值为 20.0。注意其他层编号将根据所在位置自动修改。

3）设定结构层的功能

单击第 1 行的“功能”单元格，在功能下拉列表中选择“面层 2[5]”。

4）定义结构层的材质

单击“材质”单元格中的“浏览”按钮，弹出“材质浏览器”对话框。单击下方的“创建并复制材质”按钮，选择“新建材质”选项，新建出“默认为新材质”材质。

材质命名：单击右侧“标识”选项卡，在“名称”文本框中输入“竹园轩蘑菇石面砖”为材质重命名，或者单击“默认为新材质”右键，选择“重命名”。

定义新材质：单击“打开 / 关闭资源浏览器”按钮，在“资源浏览器”对话框中选择一种材质，单击材质右侧“使用此资源替换编辑器中的当前资源”按钮，将选中的材质赋予当前新建的材质，如图 1-2-7 所示。

墙的“类型属性”对话框中的各个参数及相应的值设置，见表 1-2-1。

材质的外观参数

设置“竹园轩”墙体材质的外观参数，在已有材质基础上定义新的材质，选择已定义的“竹园轩蘑菇石面砖”材质，右键单击，选择“复制”，生成新的材质“竹园轩蘑菇石面砖（1）”，选择新的材质，右键单击，选择“重命名”为“竹园轩外墙砖”，单击“外观”选项中的“复制”选项，并进行外观的设置。

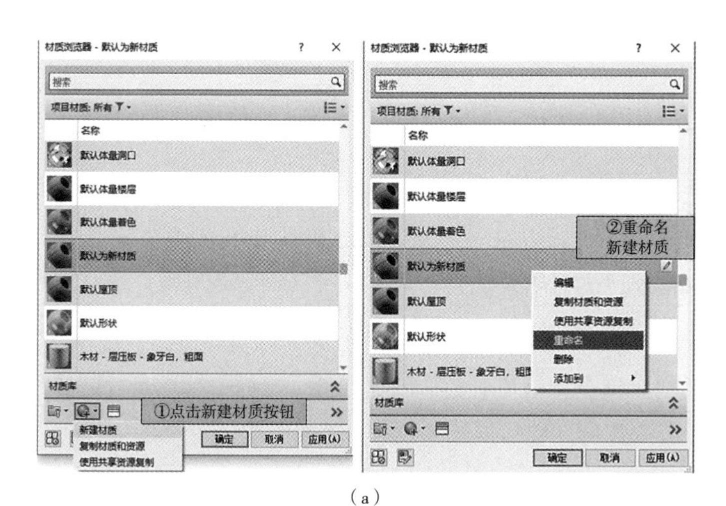

（a）

（b）　　　　　　　（c）

图 1-2-7　定义材质

“类型属性”对话框中的各个参数以及相应的值设置　　表 1-2-1

参数	值
构造	—
结构	单击“编辑”可创建复合墙
在插入点包络	设置位于插入点墙的层包络
在端点包络	设置墙端点的层包络
厚度	设置墙的宽度
功能	可将墙设置为“外墙”“内墙”“挡土墙”“基础墙”“檐底板”或“核心竖井”类别。功能可用于创建明细表以及针对可见性简化模型的过滤，或在进行导出时使用。创建 gbXML 导出时也会使用墙功能
图形	—
粗略比例填充样式	设置粗略比例视图中墙的填充样式会使用墙功能
粗略比例填充颜色	将颜色应用于粗略比例视图中墙的填充样式
材质和装饰	—

续表

参数	值
结构材质	显示墙类型中设置的材质结构
标识数据	—
注释记号	此字段用于放置有关墙类型的常规注释
型号	通常不是可应用于墙的属性
制造商	通常不是可应用于墙的属性

材质的平铺类型有关参数：填充图案，瓷砖行列数量，砖缝外观水平与垂直方向的宽度，砖的样例尺寸等，如图 1-2-8 所示。

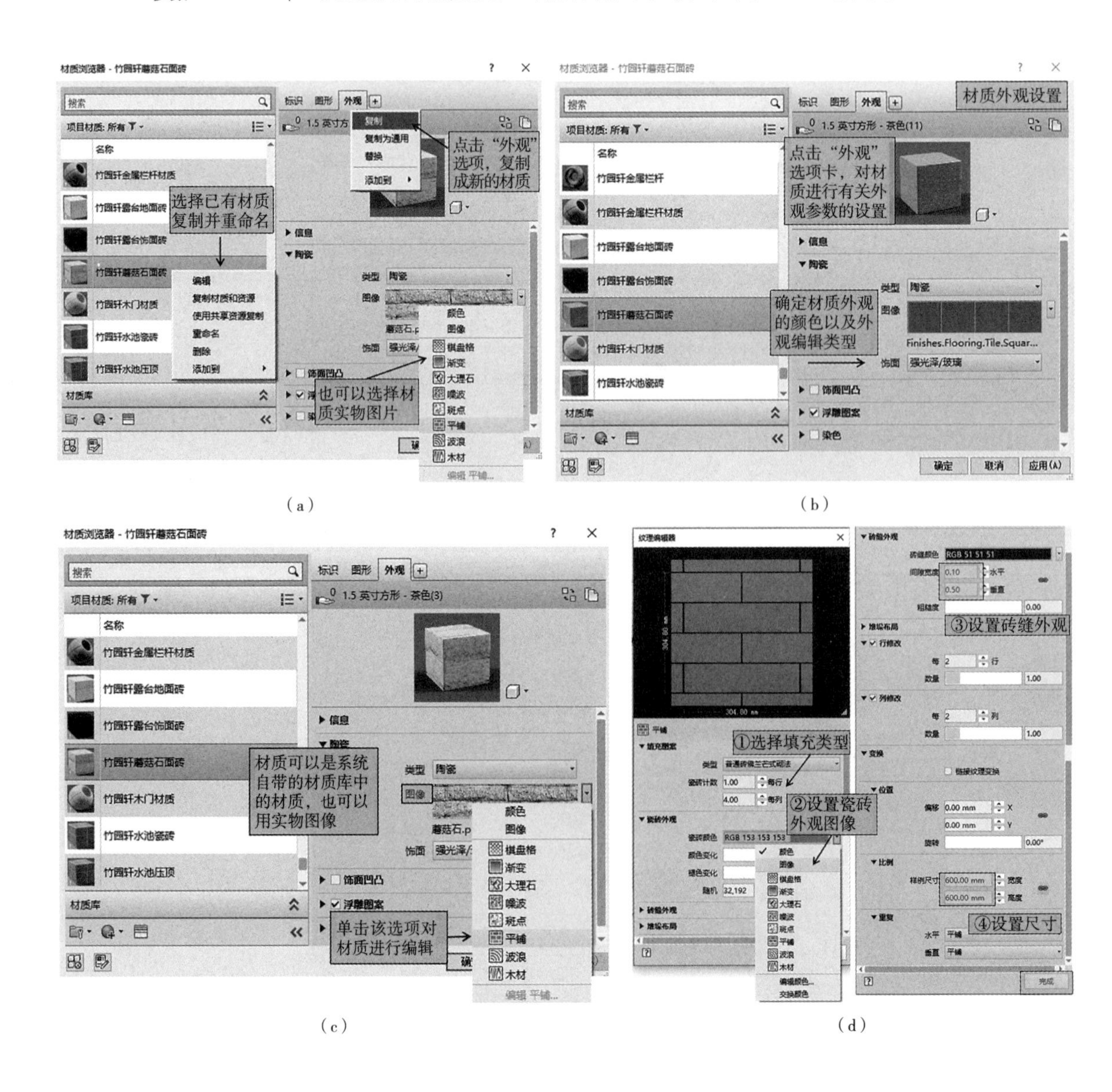

图 1-2-8　设置材质的外观参数

选定材质颜色：切换至“图形”选项卡，在“着色”选项组中单击“颜色”色块，在打开的“颜色”对话框中选择“砖红色”，单击“确定”按钮完成颜色设置，如图 1–2–9 所示。

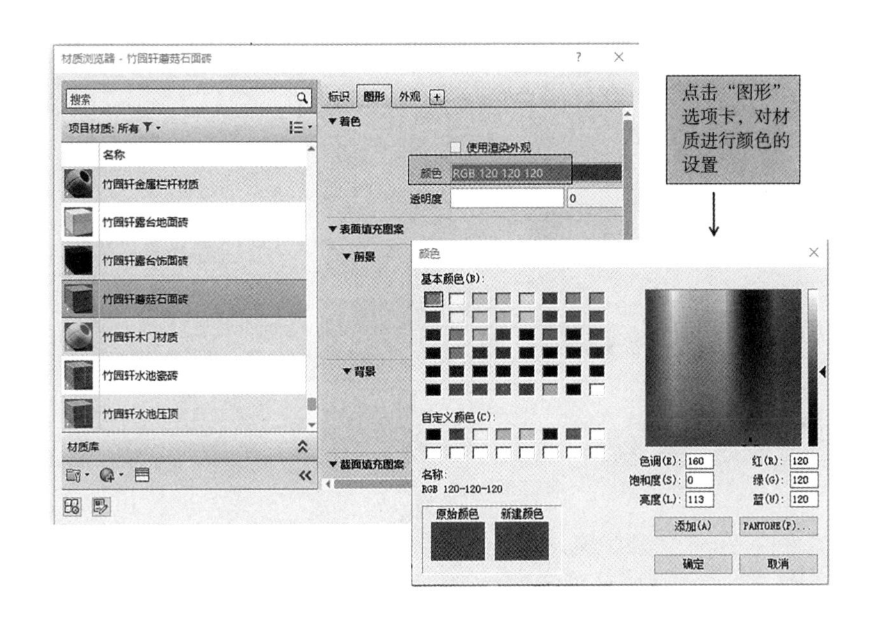

图 1–2–9　材质颜色的设置

材质表面填充图案：“表面填充图案”选项组用于在立面视图或三维视图中显示墙表面样式，单击“填充图案”右侧的图案按钮，打开“填充样式”对话框。单击“填充图案类型”选项组中的“模型”选项，在下拉列表中单击 Brick 80×240 CSR 样式，单击“确定”按钮完成填充图案类型的设置。“绘图”填充图案类型是跟随视图比例变化而变化的，“模型”填充图案类型则是一个固定的值。

材质截面填充图案：“截面填充图案”选项组将在平面、剖面等墙被剖切时填充显示该墙层。单击“填充图案”右侧的图案按钮，打开“填充样式”对话框。选择下拉列表中的“斜上对角线”填充图案，单击“确定”按钮，如图 1–2–10 所示。

完成所有设置后，并确定选择的是重命名后的材质选项，单击“确定”按钮，该材质显示在功能层中，其他功能层相应设置。

注意： 无论是“属性”面板选择器中的墙体类型，还是“材质浏览器”对话框中的材质类型，均取决于项目样板文件中的设置。

作者建议建模时先在材料库里选好材料，一般就是到材料库里去找，也可以从网上找，也可以采用实物图片，把它们拷贝出来，放到项目所在

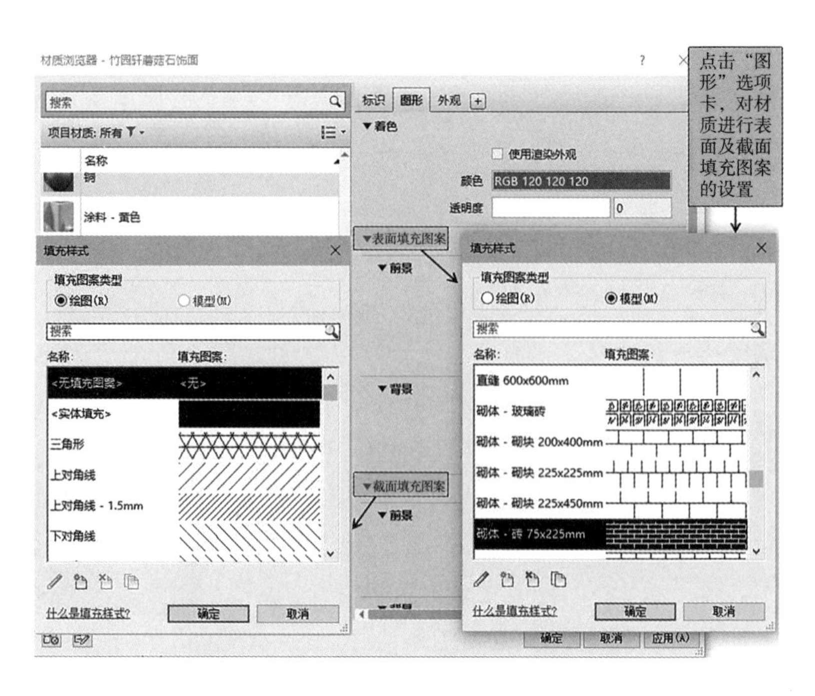

图 1-2-10　材质的图形参数选项的设置

材质文件夹里，方便建模时到这个文件夹里直接调用。

完成所有结构层参数的设置：连续对“填充样式”“材质浏览器”“编辑部件”“类型属性”等多个对话框单击“确定”按钮，退出所有对话框，完成墙体结构层的设置。墙的结构层，如图 1-2-11 所示。

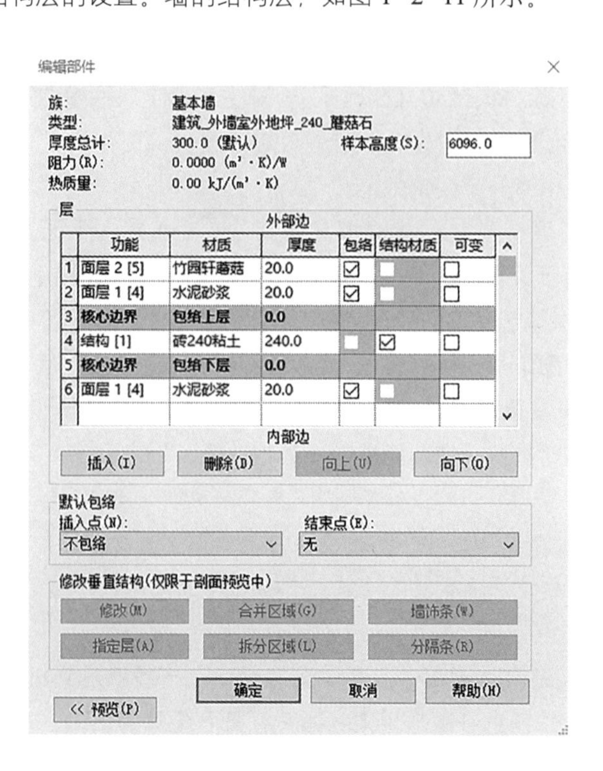

图 1-2-11　外墙结构层

(3) 墙体包络

墙体包络主要体现在墙体详图中，且包络只在平面视图中可见，即无法在剖面上门窗插入点处体现包络。

在端点处包络，如图 1–2–12 所示。

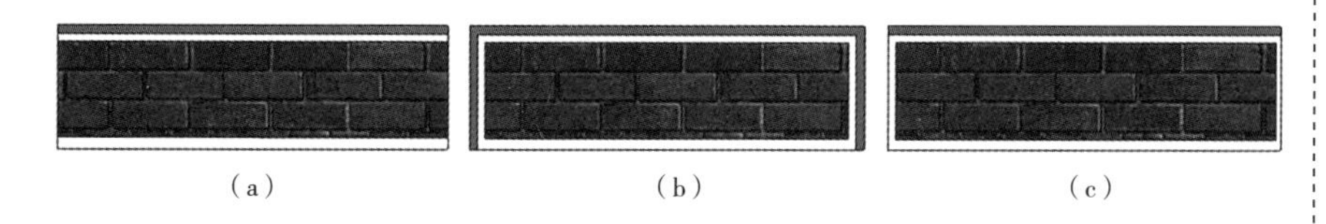

图 1–2–12　墙体包络
(a) 无包络；(b) 外部包络；(c) 内部包络

设置完成墙体的类型以及其内部的材质类型后就可以开始绘制墙体了。

(二) 创建墙

1. 确定绘制墙的方式

切换至室外地坪平面视图，确认 Autodesk Revit 2023 仍处于“修改 | 放置墙”上下文关联选项卡的状态，确认“绘制”面板中的绘制方式为“直线”。

2. 确定墙的高度以及定位线等参数

如图 1–2–13 所示，设置选项栏中的墙“高度”为 F2，即该墙高度由当前视图标高室外地坪直到标高 F2。设置墙“定位线”为“核心层中心线”；勾选“链”选项，将连续绘制墙；设置偏移量为 0。

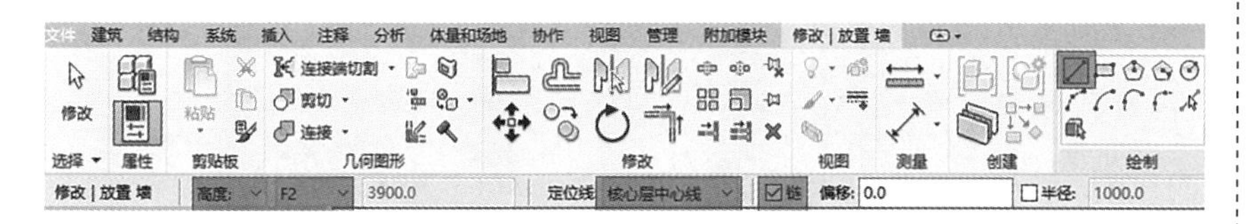

图 1–2–13　墙的高度以及定位线

Revit Architecmre 提供了 6 种墙定位方式：墙中心线、核心层中心线、面层面：内部和外部、核心面：内部和外部。本节介绍墙构造时也介绍了墙核心层的概念。在墙类型属性定义中，由于核心内外表面的构造可能并不相同，因此核心中心与墙中心也可能并不重合。

请读者们思考在本例中“建筑 _ 外墙室外地坪 _240_ 蘑菇石”墙中心与墙核心层中心线是否重合？

3. 创建墙

确认“属性”面板类型选择器中墙的类型为“基本墙：建筑 _ 外墙室外地坪 _240_ 蘑菇石”，设置为当前墙类型。在绘图区域内，鼠标指针

变为绘制状态 +。适当放大视图，移动鼠标指针至①轴与Ⓒ轴交点位置，Autodesk Revit 2023 会自动捕捉两轴线交点，单击鼠标左键作为墙绘制的起点。移动鼠标指针，Autodesk Revit 2023 将在起点和当前鼠标位置间显示预览示意图。

沿①轴垂直向上移动鼠标指针，直到捕捉至Ⓖ轴与①轴交点位置，单击作为第一面墙的终点。沿Ⓖ轴向右继续移动鼠标指针，捕捉Ⓖ轴与②轴交点，单击，完成第二面墙，由于勾选了选项栏中的“链”选项，在绘制时第一面墙的绘制终点将作为第二面墙的绘制起点。

鼠标指针继续沿②轴垂直向上移动鼠标指针，直到捕捉至Ⓗ轴与②轴交点位置，以此类推，直到鼠标指针捕捉到Ⓒ轴与①轴交点，完成所有外墙的绘制，完成后按 Esc 键两次，退出墙绘制模式，如图 1−2−14 所示。

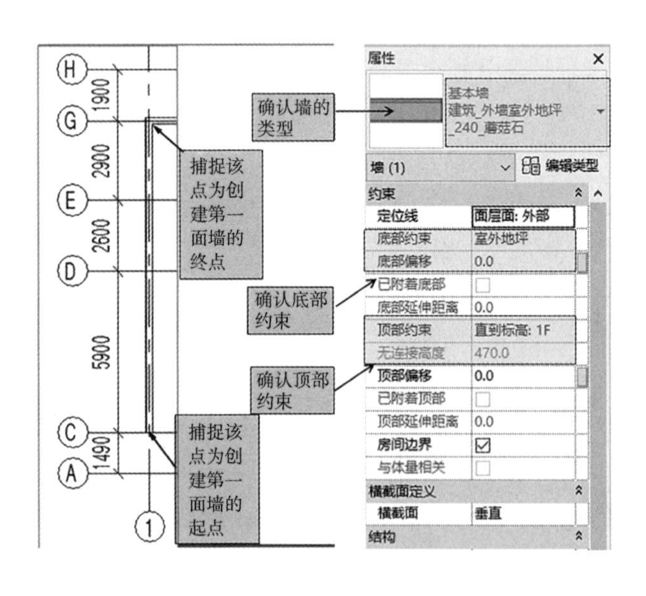

图 1−2−14　创建墙

图 1−2−15　复合墙

（三）创建 1F 外墙

1. 选择墙的类型

在设计中经常有一种墙体，结构相同，厚度相同，只是内外表面涂层却有上下几种材质表现，则可以选用特殊的复合墙。如图 1−2−15 所示。

选择“属性”面板中“类型选择器”列表中的“基本墙”族下面的“建筑 _ 外墙室外地坪 _240_ 蘑菇石”类型，复制出名为“建筑 _ 外墙 1F_240_ 外墙砖蘑菇石”的墙体，以该类型为基础进行 1F 墙类型的编辑。操作如图 1−2−16 所示。

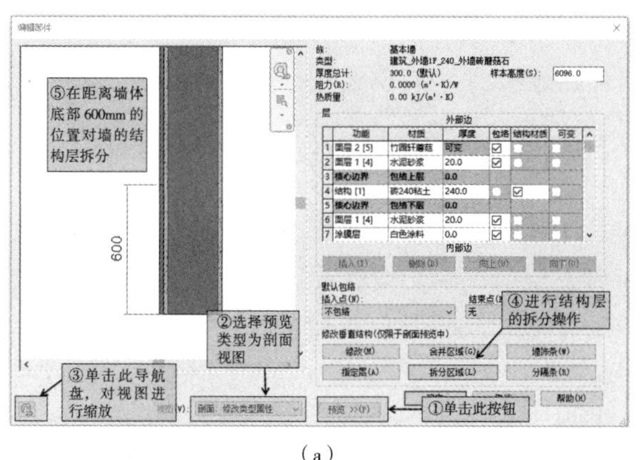

(a)

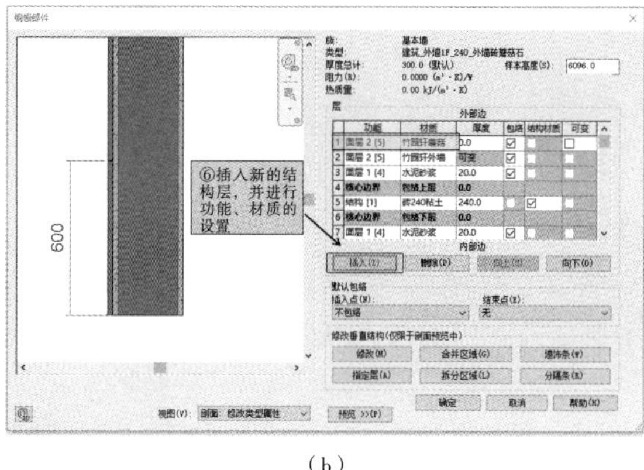

(b)

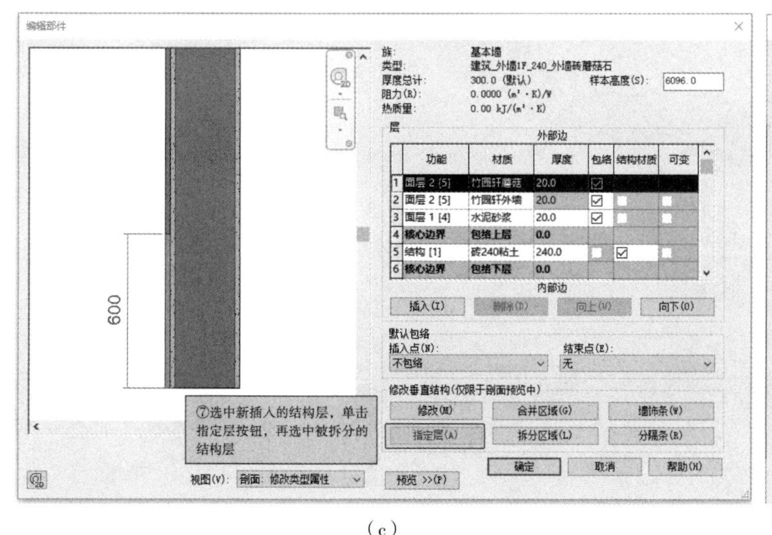

(c)

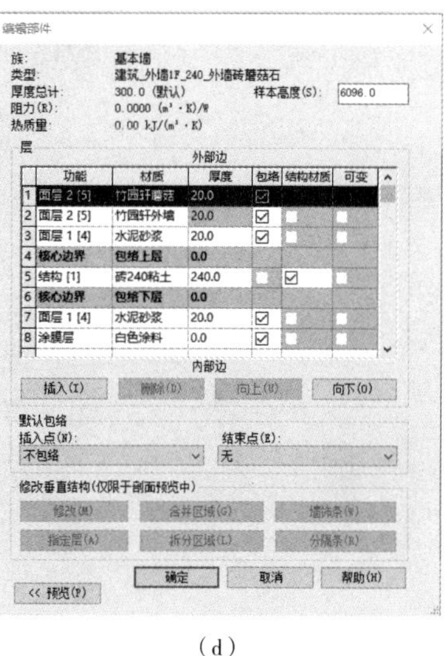

(d)

图1-2-16　复合墙的创建

使用墙体结构的“结构编辑”的“拆分区域”和“指定区域”命令。

(1) 进入墙的结构编辑，设定1F外墙的结构层，包括指定功能、材质、厚度等参数的设置；

(2) 单击“修改垂直结构”选项区域的“拆分区域”按钮，将一个1F外墙的最外层拆分为上下部分，拆分后的原始构造面层厚度值显示为“可变”；

(3) 创建一个新结构层，并指定相应的材质，通过“指定层”命令，将材质指定给刚才分割的区域。

2. 创建墙

确定墙的高度以及定位线等参数，设置选项栏中的墙“高度”为2F，即该墙高度由当前视图标高1F直到标高2F。设置墙“定位线”为“核心层中心线”；勾选“链”选项，将连续绘制墙；设置偏移量为 0。

在创建墙体时，可以使用修改命令对模型进行修改和编辑。选择图元，通过修改面板，进行相应的编辑修改。

（四）墙的三维效果显示

单击“快速访问工具栏”中的“默认三维视图”按钮，切换至默认三维视图。在视图底部视图控制栏中切换视图显示模式为“带边框着色”。观察上一步中绘制的所有墙体的三维模型状态。

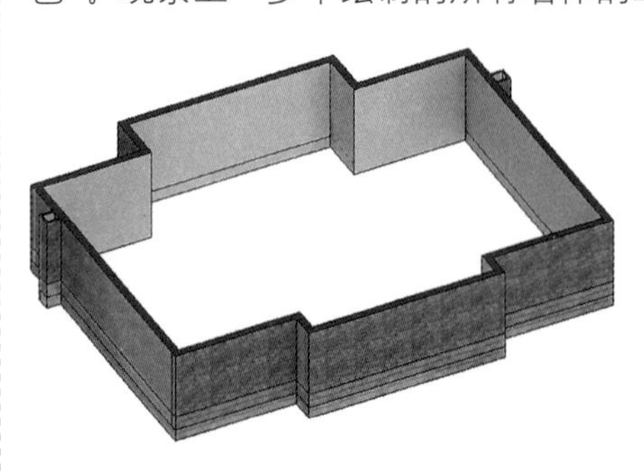

图 1-2-17　墙的三维效果

如图 1-2-17 所示，在默认三维视图中，移动鼠标指针至任意墙顶部边缘处，指针处外墙将高亮显示，按键盘 Tab 键，Autodesk Revit 2023 高亮显示与该墙相连的墙；单击鼠标左键，将选择所有高亮显示的墙。

单元二　定义和绘制内墙

操作步骤：

（一）定义内墙的类型

1. 打开“竹园轩”墙的项目文件，切换至“室外地坪”楼层平面视图，单击“建筑”选项卡——“构建”面板——“墙”工具下拉列表，在列表中选择“墙：建筑墙”工具，Revit 自动切换至“修改／放置墙”上下文选项卡，在属性面板的类型选择器中，选择墙类型为“基本墙：1F_WQ_240 粉刷”，以该类型为基础，打开墙“类型属性”对话框，单击该对话框中的“复制”按钮，复制建立名称为“建筑 _ 内墙 DF_240_ 无粉刷”，并设置“功能”为“内部”的新基本墙类型。

2. 打开“编辑部件”对话框。删除编号为 1 的面层结构层。修改其他结构层的功能、材质和厚度。设置完成后，单击“确定”按钮返回“类型属性”对话框，完成内墙结构设置，如图 1-2-18 所示。

（二）创建内墙

1. 确定绘制方式是“直线”后，在属性面板中设置底部限制条件为室外地坪，顶部限制条件为 1F，顶部偏移量为 0，分别在Ⓓ轴上①③轴线之间绘制长度为 5000mm 的水平内墙，接着继续在Ⓔ轴上的①③轴线之间绘制水平内墙，以此类推，完成所有内墙的绘制，完成后按 Esc 键两次，退出墙绘制模式。

2. 继续绘制其他内墙，注意，内部卫生间内墙厚度仅 120mm，因此

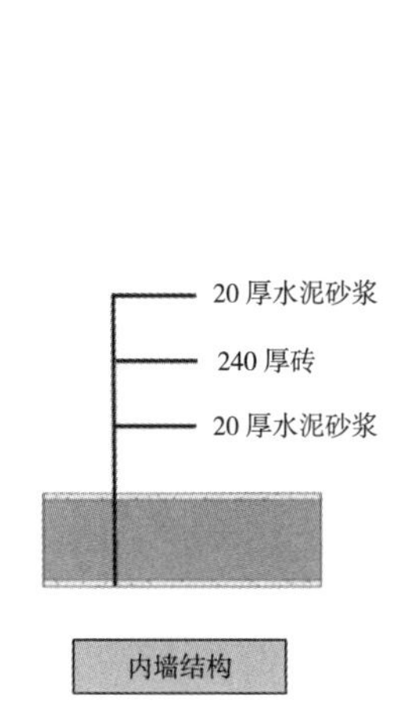

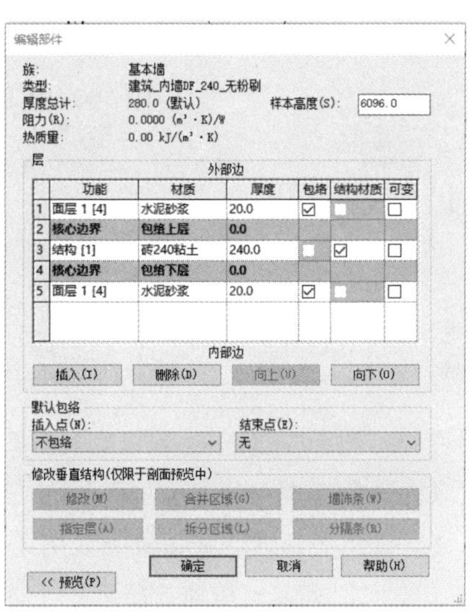

图 1-2-18　定义内墙的结构

需创建“建筑_内墙 DF_120_无粉刷”墙体类型，在属性面板中设置底部限制条件为室外地坪，顶部限制条件为 1F，顶部偏移量为 −220mm，完成全部卫生间位置内墙绘制。

3. 按照以上方法绘制室外 1F 到 2F 之间的内墙。

（三）墙的三维效果显示

单击“快速访问工具栏”中的“默认三维视图”按钮，切换至默认三维视图。在视图底部视图控制栏中切换视图显示模式为“带边框着色”，观察“竹园轩”一层平面绘制的所有墙体的三维模型状态，如图 1−2−19 所示。

（四）复制墙体

创建完成“竹园轩”一层外墙和内墙，切换到一层平面视图，从左至右选择所有的对象，系统自动切换到“修改 / 选择多个”上下文选项卡，单击“选择”面板——“过滤器”工具，打开过滤器对话框，选择需要的图元。

选择多个图元后，按住“Shift”键，鼠标会变成带有“−”号的形状“”，连续单击选取需要过滤的图元，即可将该图元从选择集中去过滤。

当选择集中包含不同类别的图元时，可以使用过滤器从选择集中删除不需要的类别。选择“竹园轩”项目建筑地坪位置的所有图元，单击过滤器，可以弹出过滤器对话框，如图 1−2−20 所示，在过

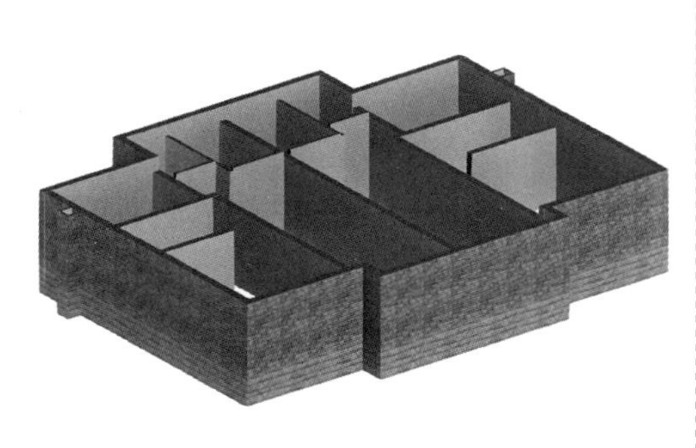

图 1-2-19　“竹园轩”一层墙体效果

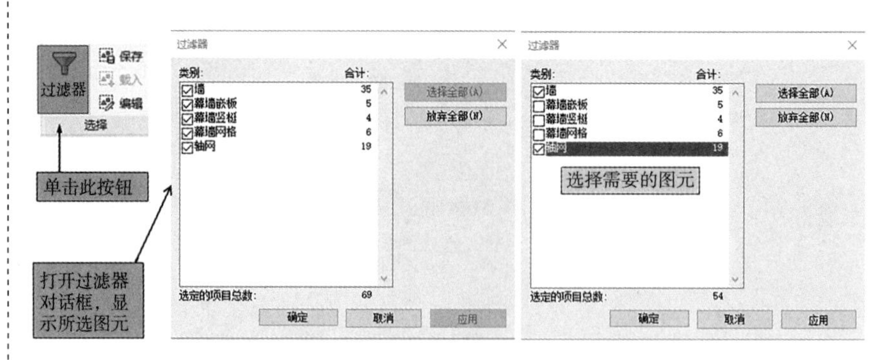

图 1-2-20　选择一层墙图元

滤器对话框中，显示全部已选择的对象的类别和数目，单击“放弃全部”按钮，可以去除所有类别的勾选，再勾选“形式”类别，并有一个计数统计，指示该选择集中包含选择体量形式中所创建的对象的数目，单击“确定”，按 Esc 键可以取消当前的选择集。

单击“剪贴板”面板——“复制”工具，把所选对象复制到剪贴板上，再单击“粘贴”工具下拉列表，选择“与选定的标高对齐”选项，选择标高 2，将一层墙体复制到二层，修改二层墙体的材质以及底部限制条件。

知识准备

墙和墙结构

在 Autodesk Revit 2023 中，墙属于系统族。Autodesk Revit 2023 共提供三种类型的墙族：基本墙、叠层墙和幕墙。所有墙类型都通过这三种系统族，以建立不同样式和参数来进行定义。

Autodesk Revit 2023 通过“编辑部件”对话框中各结构层的定义，反映墙构造做法。在创建该类型墙时，可以在视图中显示该墙定义的墙体结构，用于帮助设计师仔细推敲建筑细节。

（一）结构优先级

在墙“编辑部件”对话框的“功能”列表中共提供了 6 种墙体功能，即结构 [1]、衬底 [2]、保温层 / 空气层 [3]、面层 1 [4]、面层 2 [5]、涂膜层（通常用于防水涂层，厚度必须为 0），可以定义墙结构中每一层在墙体中所起的作用。功能名称后方括号中的数字，例如“结构 [1]”，表示当墙与墙连接时，墙各层之间连接的优先级别。方括号中的数字越大，该层的连接优先级越低。当墙相连接时，Autodesk Revit 2023 会试图连接功能相同的墙功能层。但优先级为 1 的结构层将最先连接，而优先级最低的“面层 2 [5]”将最后相连。

如图 1-2-21 所示，当具有多功能层的墙连接时，水平方向墙优先级最高的“结构 [1]”功能层将“穿过”垂直方向墙的“面层 1 [4]”功能层，连接到垂直方向墙的“结构 [1]”层。而水平方向墙结构层“衬底 [2]”也将穿过垂直方向“面层 1 [4]”，直到“结构 [1]”层。类似的，垂直方向优先级为 4 的“面层 1 [4]”将穿过水平方向墙“面层 2 [5]”，但无法穿过水平方向墙优先级更高的“衬底 [2]”结构层。而在水平方向墙另一侧，由于该墙结构层“面层 1 [4]”的优先级与垂直方向结构层“面层 1 [4]”的优先级相同，所以将连接在一起。

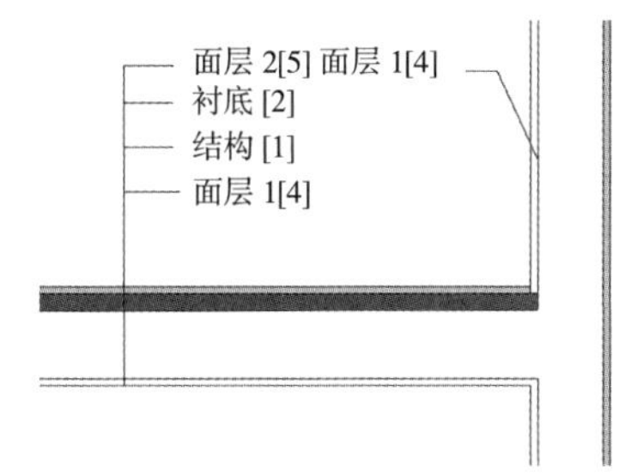

图 1-2-21　墙体构造层连接的优先级

合理设计墙和功能层的连接优先级，对于正确表现墙连接关系至关重要。请读者思考，如果将垂直方向墙两侧的面层功能修改为“面层 2 [5]”，墙连接将变为何种形式呢？

（二）核心结构层

在 Autodesk Revit 2023 墙结构中，墙部件包括两个特殊的功能层——“核心边界”和“核心结构”，“核心边界”用于界定墙的核心结构与非核心结构，“核心边界”之间的功能层是墙的“核心结构”。所谓“核心结构”是指墙存在的必需条件，如砖砌体、混凝土墙体等。“核心边界”之外的功能层为“非核心结构”，如可以是装饰层、保温层等辅助结构。以砖墙为例，“砖”结构层是墙的核心部分，而砖结构层之外的如抹灰、防水、保温等部分功能层依附于砖结构而存在，因此可以称为“非核心”部分。功能为“结构”的功能层必须位于“核心边界”之间。“核心结构”可以包括一个或几个结构层或其他功能层，用于创建复杂结构的墙体。

在 Autodesk Revit 2023 中，“核心边界”以外的构造层，都可以设置是否“包络”。所谓“包络”是指墙非核心构造层在断开点处的处理方法。例如，在墙端点部位或当墙体中插入门、窗等洞口时，可以分别控制墙在端点或插入点的包络方式。

（三）复杂形式的墙

在 Autodesk Revit 2023 墙工具中，除了前面使用的“墙”工具外，还提供了结构墙、面墙以及墙饰条和墙分割缝几种构件类型。结构墙用于创建承重的墙构件，如剪力墙等，面墙用于体量模型表面转换为墙图元。墙饰条和墙分割缝是依附于墙主体的带状模型，用于沿墙水平方向或垂直方向创建带状墙装饰结构。墙饰条和墙分割缝实际上是预定义的轮廓沿墙水平方向或者垂直方向生成的线性模型。使用墙饰条和墙分割缝，可以很方便地创建如女儿墙压顶、室外散水、墙装饰线脚等。

打开“竹园轩”项目，切换至 2F，在二层阳台位置绘制露台墙，在绘制前先设置露台墙类型。使用墙工具，选择墙类型“建筑＿阳台外墙加压顶 2F_240_外墙砖”，打开“类型属性”对话框，单击“结构”参数的“编辑”按钮，打开“编辑部件”对话框，进行墙饰条的有关设置，操作如图 1–2–22 所示。

切换到默认三维视图，阳台的三维效果，如图 1–2–23 所示。

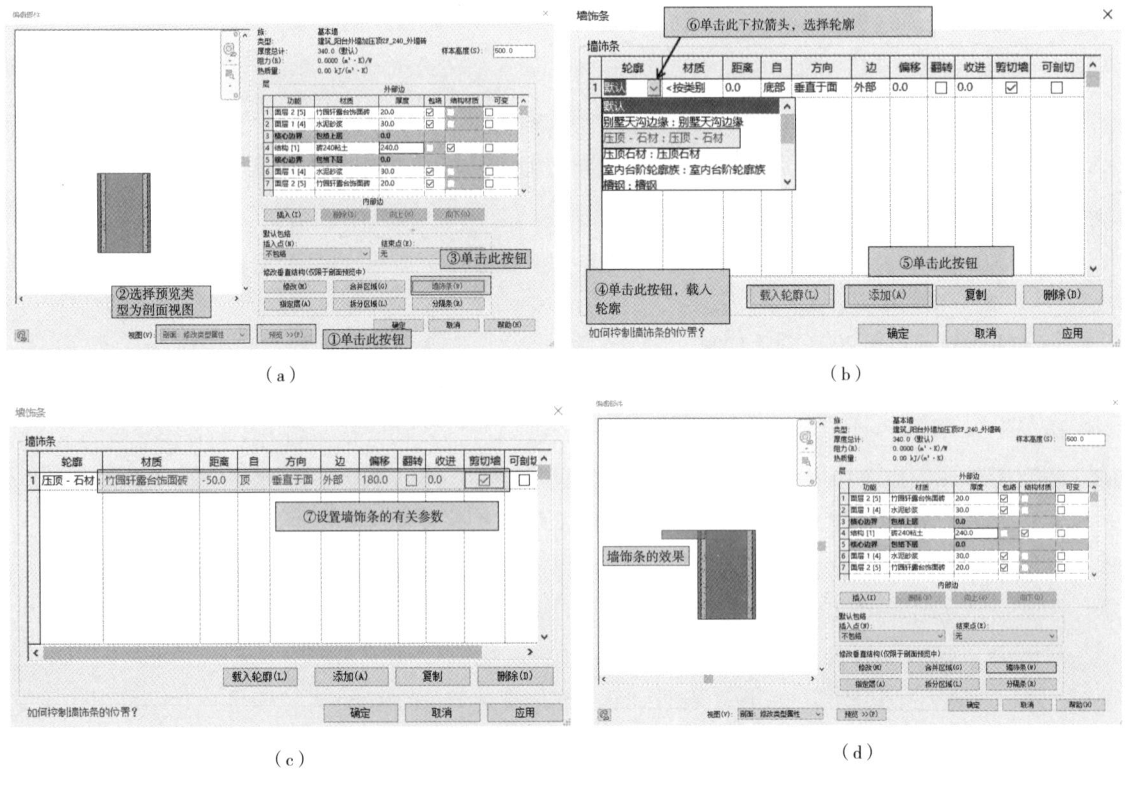

图 1–2–22　墙饰条的设置

图 1–2–23　阳台的三维效果

学习任务二：幕墙

幕墙是现代建筑设计中常用的带有装饰效果的建筑构件，是建筑物的外墙围护，不承受主体结构荷载，像幕布一样挂上去，故又称为悬挂墙。幕墙由结构框架与镶嵌板材组成。Autodesk Revit 2023 在“墙”工具中提供了“幕墙”系统族类别，可以使用幕墙创建所需的各类幕墙。在一般应用中，幕墙常常被定义为薄的、通常带铝框的墙，包含填充的玻璃、金属嵌板或薄石。

Autodesk Revit 2023 中，幕墙由“幕墙嵌板”“幕墙网格”和“幕墙竖梃”三部分构成。幕墙嵌板是构成幕墙的基本单元，幕墙由一块或多块幕墙嵌板组成。幕墙嵌板的大小、数量由划分幕墙的幕墙网格决定。幕墙竖梃即幕墙龙骨，是沿幕墙网格生成的线性构件。当删除幕墙网格时，依赖于该网格的竖梃也将同时删除。在 Autodesk Revit 2023 中，可以手动或通过参数指定幕墙网格的划分方式和数量。幕墙嵌板可以替换为任意形式的基本墙或层叠墙类型，也可以替换为自定义的幕墙嵌板族。

可以使用默认 Autodesk Revit 2023 幕墙类型设置幕墙。这些墙类型提供三种复杂程度，可以对其进行简化或增强。

（1）幕墙。没有风格或竖梃。没有与此墙类型相关的规则。此墙类型的灵活性最强。

（2）外部玻璃。具有预设网格。如果设置不合适，可以修改网格规则。

（3）店面。具有预设网格和竖梃。如果设置不合适，可以修改网格和竖梃规则。

单元一　创建幕墙

操作步骤：

1. 绘制幕墙的定位参照平面

在 Autodesk Revit 2023 项目中，除使用标高、轴网对象进行项目定位外，还提供了“参照平面”工具用于局部定位。

切换一层平面视图，单击“建筑”选项卡——“工作平面”面板——“参照平面”工具，在Ⓒ轴上分别距①轴、③轴均为 790mm 处绘制两个参照平面，便于幕墙定位。参照平面的创建方式与标高和轴网类似。不同的是，它可以在立面视图、楼层平面视图，以及剖面视图中创建参照平面。

参照平面可以在所有与参照平面垂直的视图中生成投影，方便在不

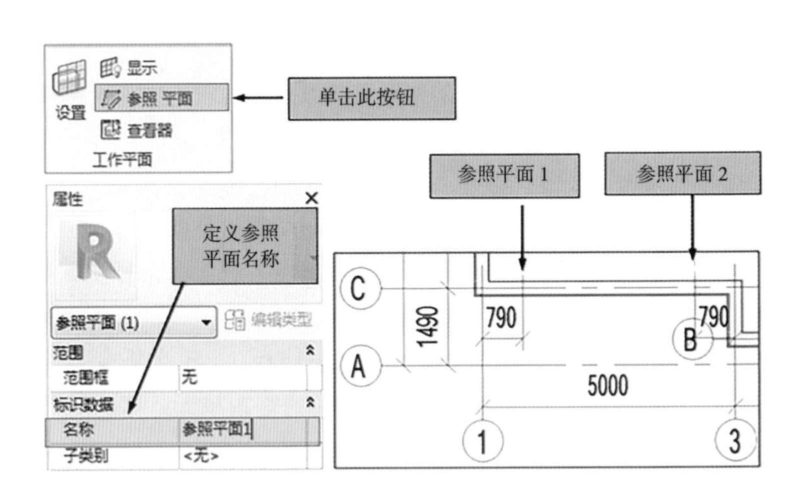

图 1-2-24　幕墙的定位

同的视图中进行定位。例如，在南立面视图中垂直标高方向绘制任意参照平面，可以在北立面视图、楼层平面视图中均生成该参照平面的投影。当视图中的参照平面数量较多时，可以在参照平面属性面板中通过修改“名称”参数，为参照平面命名，以方便在其他视图中找到指定参照平面，如图 1-2-24 所示。

2. 在墙体中创建幕墙

（1）在一层平面视图，单击“建筑”选项卡——“构建”面板——“墙：建筑”工具，在“属性”面板类型选择器中选择墙类型为“幕墙：幕墙”。打开“类型属性”对话框，复制出名称为“建筑_外墙幕墙 1F_3000_玻璃”的新幕墙类型。勾选“自动嵌入”，其他参数不作任何修改，单击“确定”按钮退出“类型属性”对话框。勾选“自动嵌入”选项后，当幕墙与其他基本墙实例重合时，会自动使用幕墙剪切其他基本墙图元。使用幕墙的这个特性，可以利用幕墙工具快速灵活地替代墙体中特殊形式的门窗。

（2）确认绘制方式为“直线”。设置选项栏中的“高度”为“未连接”，不勾选“链”选项，设置“偏移量”为 0，注意对于幕墙不允许设置“定位线”。分别捕捉Ⓒ轴上与两个参照平面的交点作为幕墙的起点和终点，绘制幕墙，注意幕墙的外侧方向，绘制完成后，按 Esc 两次，退出墙绘制模式，绘制幕墙时，不必在意幕墙的终点的具体位置，单击“修改”面板中“对齐”工具对齐幕墙与参照平面的位置，结果如图 1-2-25 所示。

（3）完成后切换至默认三维视图，观察所绘制的幕墙状态，如图 1-2-26 所示。

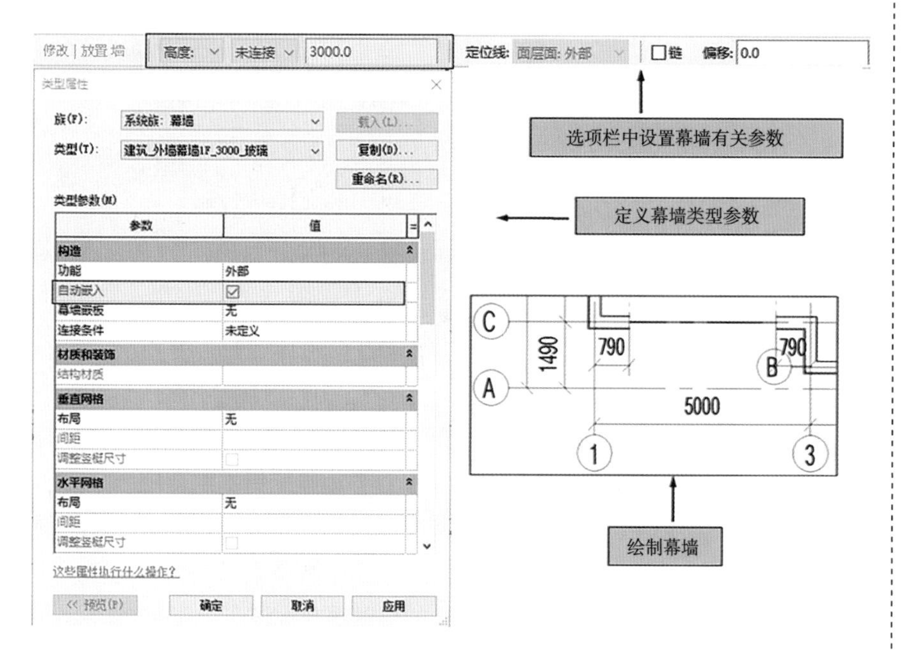

图 1-2-25　绘制幕墙

单元二　编辑幕墙

操作步骤：

1. 手动划分幕墙网格

在 Autodesk Revit 2023 中可以手动或自动的方式划分幕墙网格。

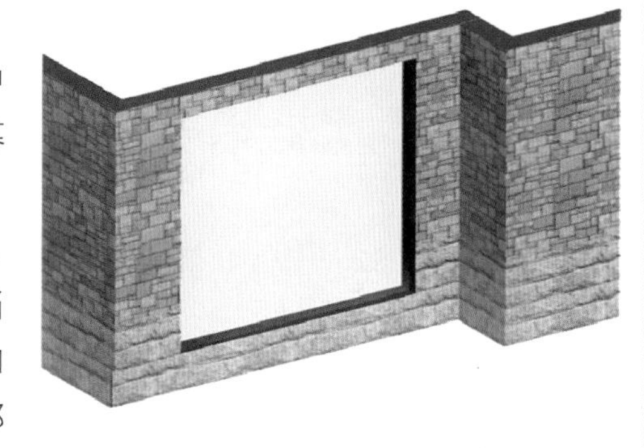

图 1-2-26　入口处幕墙

（1）切换至南立面视图，该视图中已经正确显示了当前项目模型的立面投影。如图 1-2-27 所示，在视图底部视图控制栏中修改视图显示状态为“着色”，Autodesk Revit 2023 将按模型图元材质中设置的颜色着色模型，幕墙玻璃显示为蓝色。

（2）隔离幕墙

选择①～③轴线间入口处幕墙图元，单击视图控制栏中的“临时隐藏＼隔离”按钮，在弹出的菜单中选择“隔离图元”命令，视图中将仅显示所选择的“竹园轩”入口处幕墙。

（3）手动划分网格

单击“建筑”选项卡——“构建”面板——“幕墙网格”工具，自动切换至“修改 | 放置幕墙网格”上下文选项卡，鼠标指针变为。单

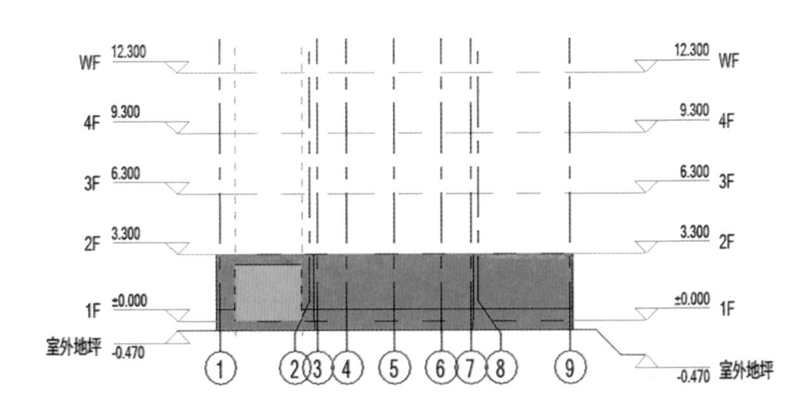

图 1-2-27　一层南立面图

击“放置”面板中“全部分段”工具命令，移动鼠标指针到幕墙水平方向边界位置，将以虚线显示垂直于光标处幕墙网格的幕墙网格预览，单击鼠标左键放置网格，完成后按 Esc 键两次，退出放置幕墙网格状态。选择所创建的水平向幕墙网格，修改幕墙网格的临时尺寸标注。

综合应用“放置”面板中的“全部分段”“一段”及“除拾取外的全部”等工具，创建和编辑幕墙网格，结果如图 1-2-28 所示。

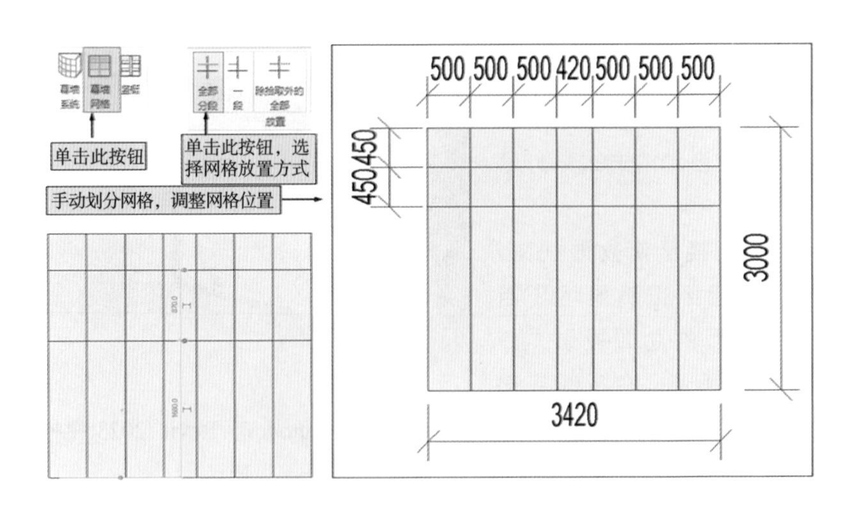

图 1-2-28　手动划分幕墙网格

（4）编辑幕墙网格

选择最左侧的竖直幕墙网格，系统自动切换到“修改 / 幕墙网格”上下文选项卡，单击“幕墙网格”面板中的“添加 / 删除线段”工具，移动鼠标指针到竖直网格下方位置单击，删除单击位置处的竖直幕墙网格段。使用类似的方式，完成“竹园轩”入门处幕墙网格的编辑，结果如图 1-2-29 所示。

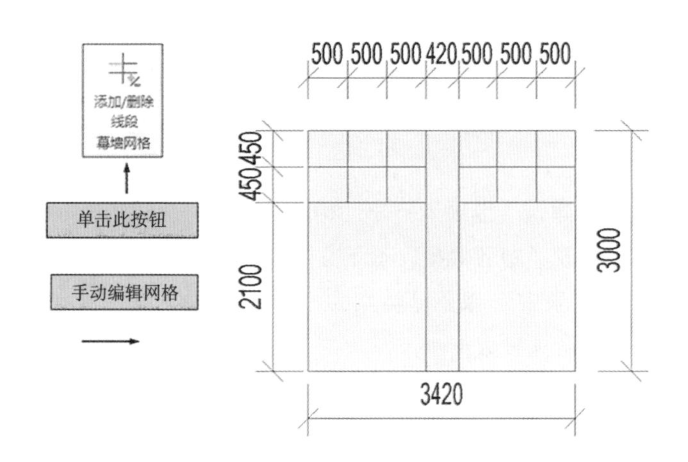

图 1-2-29　编辑幕墙网格

2. 设置幕墙嵌板

添加幕墙网格后，Revit 根据幕墙网格线段的形状将幕墙划分为一个个独立的幕墙嵌板，可以自由指定和替换每一个幕墙嵌板。嵌板可以替换为系统嵌板族、外部嵌板族或任意基本墙族类型。

操作步骤：

（1）单击“插入”选项卡——“从库中载入”面板——“载入族”工具，从电脑中相应位置，找到“幕墙双开门”族文件，载入“幕墙双开门族”到项目中。

（2）移动鼠标至“竹园轩”入口处幕墙底部幕墙网格位置，配合 Tab 键，选取幕墙双开门所在位置的嵌板，点击禁止改变图元位置开关 变成允许改变图元位置开关 ，相应系统嵌板＼玻璃才变得允许修改，单击“属性”面板“类型选择器”的幕墙嵌板类型列表，在列表中选择所载入的“幕墙双开门”，相应玻璃嵌板改变成“幕墙双开门”。

（3）配合 Tab 键，选取幕墙双开门中间位置的嵌板，在“属性”面板“类型选择器”的幕墙嵌板类型列表中选择“基本墙：建筑 _ 幕墙隔墙 1F_420_花岗石”，该类型为“竹园轩”项目中的一层外墙，单击编辑类型，复制创建“竹园轩 – 入口饰面花岗石”基本墙新类型，将原嵌板替换成基本墙的形式，如图 1-2-30 所示。

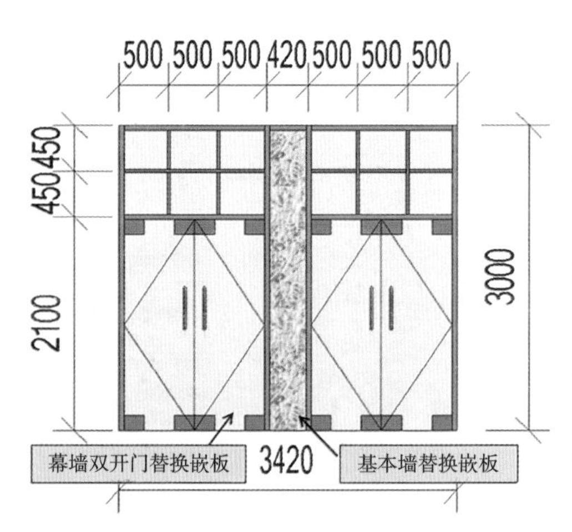

图 1-2-30　幕墙嵌板形式

3. 添加幕墙竖梃

使用“幕墙竖梃”工具可以自由在幕墙网格处生成指定类型的“幕墙竖梃”。“幕墙竖梃”实际上是竖梃轮廓沿幕墙网格方向放样生成的实体模型。

操作步骤：

（1）单击“建筑”选项卡——“构建”面板——“竖梃”工具，系统自动切换到“修改／放置竖梃”上下文选项卡，在“属性”面板“类型选择器”的类型列表中选择竖梃类型为“矩形：50×150”，点击编辑类型，设置外部竖梃的有关参数。

注意： 外部竖梃粗，内部竖梃细。

（2）单击“放置”面板中的“网格线”选项，移动鼠标指针至入口处幕墙外侧的网格，沿网格上创建竖梃，依次放置内部网格处的竖梃，操作如图 1-2-31 所示。

（3）单击“切换竖梃连接”按钮，切换竖向竖梃与横向竖梃的连接，使竖向竖梃打断横向竖梃，幕墙竖向竖梃与横向竖梃的连接效果如图 1-2-32 所示。

4. 幕墙三维效果显示

单击“快速访问工具栏”中的“默认三维视图”按钮，切换至默认三维视图。如图 1-2-33 所示。在视图底部视图控制栏中切换视图显示

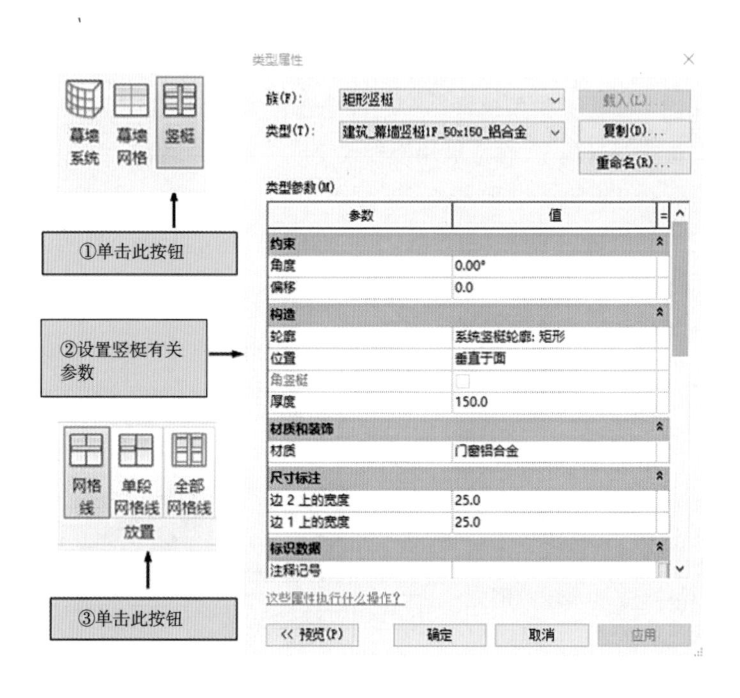

图 1-2-31　幕墙竖梃的设置

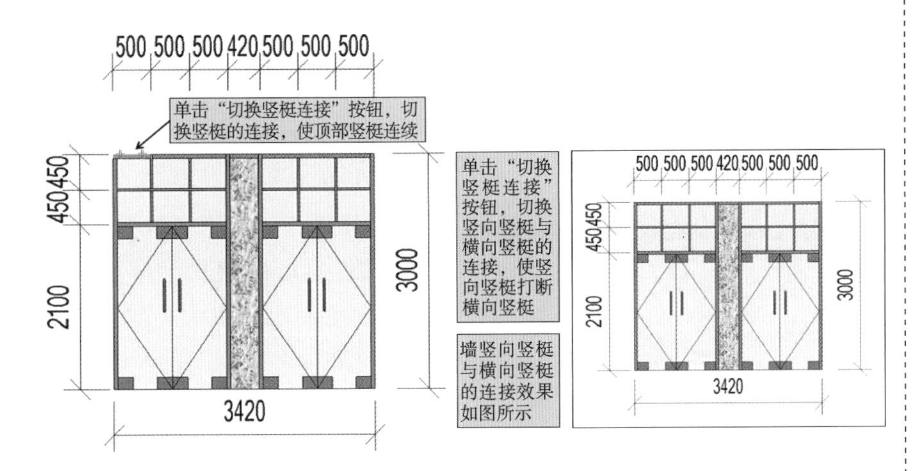

图 1-2-32　竖梃的编辑

模式为“真实”，观察“竹园轩”入口处幕墙的三维模型状态。

学习任务三：创建叠层墙

前面介绍了 Autodesk Revit 2023 中的两种墙系统族：基本墙和幕墙。Autodesk Revit 2023 在墙工具中还提供了另一种墙系统族——叠层墙。使用叠层墙可以创建结构更为复杂的墙。如图 1-2-34 所示，该叠层墙由上下两种不同厚度、不同材质的“基本墙”类型子墙构成。

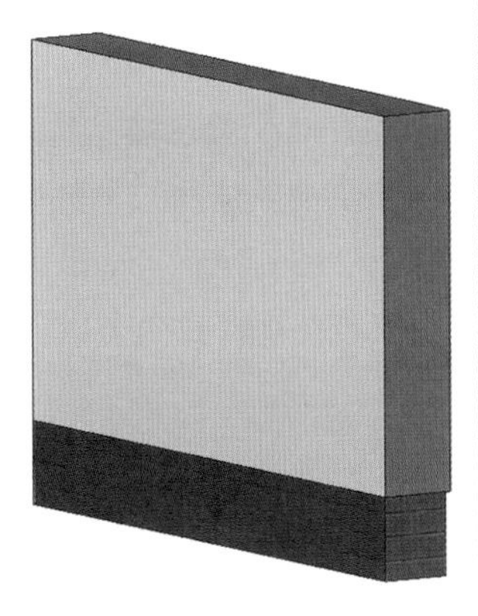

图 1-2-33　入口花岗石饰面墙（左）
图 1-2-34　叠层墙（右）

（一）定义叠层墙类型

叠层墙在高度上由一种或几种基本墙类型的子墙（基本墙类型）构成。在叠层墙类型参数中可以设置叠层墙结构，分别指定每种类型墙对象在叠层墙中的高度、对齐定位方式等。可以使用与其他墙图元相同的修改和编辑工具修改和编辑叠层墙对象图元。

操作步骤：

1. 定义基本墙族类型——定义无粉刷的 240 外墙

要定义叠层墙，必须先定义叠层墙结构定义中要使用的基本墙族类型。

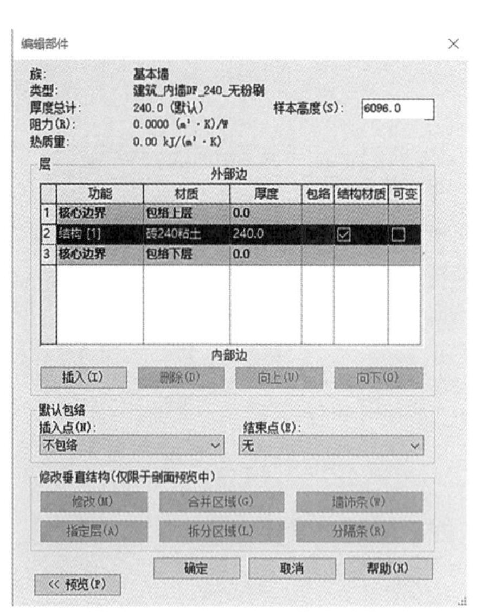

图 1-2-35　叠层墙的基本墙结构

切换至“室外地坪”楼层平面视图。使用墙工具，在类型列表中选择当前墙类型为“建筑_内墙2F_240_内墙白色乳胶漆”；打开“类型属性”对话框，以“建筑_内墙2F_240_内墙白色乳胶漆”为基础复制出名称为“建筑_内墙DF_240_无粉刷”的基本墙类型。打开“编辑部件”对话框，按图1-2-35所示结构层功能、厚度及材质设置墙结构。设置完成后，单击“确定”按钮返回类型属性对话框。单击“类型属性”对话框中的“应用”按钮。

2. 定义“竹园轩”叠层墙名称

在“属性”对话框中，单击顶部“族”列表，选择墙族为“系统族：叠层墙”。复制出名称为“建筑_内墙DF_240_竹园轩叠层墙”的新类型，叠层墙类型参数中仅包括“结构”一个参数。

3. 定义叠层墙结构

单击“结构”参数后的“编辑”按钮，打开“编辑部件”对话框。如图1-2-36所示，设置“偏移”方式为“核心层中心线”，即叠层墙各类型子墙在垂直方向上以“核心层中心线”对齐；在“类型”列表中，单击

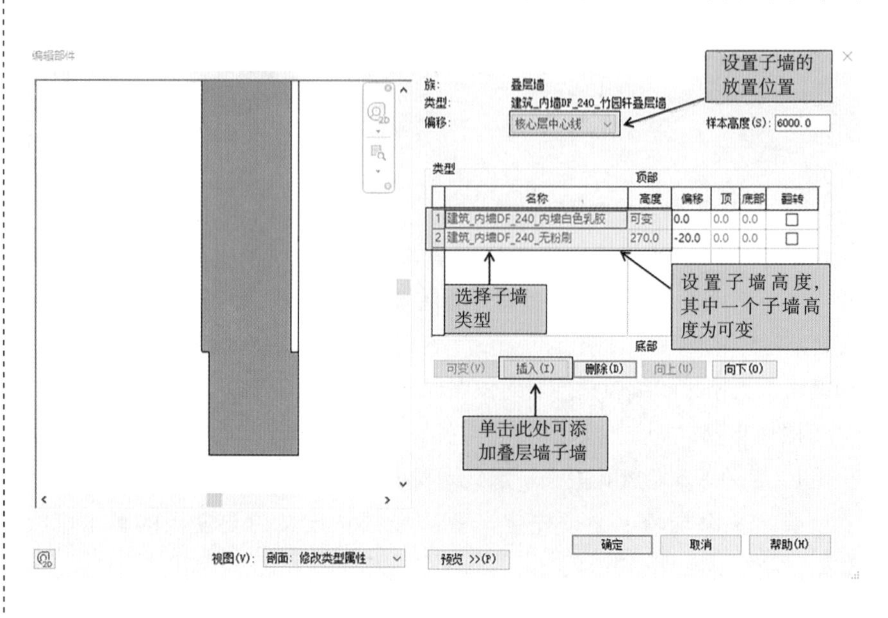

图 1-2-36　确定叠层墙结构参数

“插入”按钮插入新行。修改第1行“名称”列表，在列表中选择墙类型为“建筑_内墙DF_240_内墙白色乳胶漆”；单击“可变”按钮，设置该子墙高度为“可变”；修改第2行墙名称为“建筑_内墙DF_240_无粉刷”，设置高度为270mm，设置偏移量为−20mm，其他参数默认。单击“确定”按钮，返回“类型属性”对话框；再次单击“确定”按钮，退出“类型属性”对话框，完成叠层墙类型定义。

提示：在“编辑部件”对话框中，各类型墙的“高度”决定在生成叠层墙实例时各子墙的高度。在“竹园轩”项目中，车库位置下沉部分（即室外地坪至F1楼层平面标高）高度为270mm，因此设置叠层墙中“建筑_内墙DF_240_无粉刷”类型的子墙高度为270mm，其余高度将根据叠层墙实际高度由“可变”高度子墙自动填充。在叠层墙中有且仅有一个可变的子墙高度。在绘制叠层墙实例时，墙实例的高度必须大于叠层墙“编辑部件”对话框中定义的子墙高度之和。

（二）创建叠层墙

虽然叠层墙的材质类型设置方法与基本墙不同，并且是在基本墙类型的基础上进行设置的，但是叠层墙的绘制方法与基本墙基本相似，只是在墙属性设置时需要注意“顶部约束”选项的设置。

切换至“室外地坪”楼层平面，选择“墙”工具，“墙：建筑”，在“属性”面板中选择“建筑_内墙DF_240_竹园轩叠层墙”，并修改“底部约束”为“室外地坪”，“顶部约束”为“直到标高：1F”，如图1-2-37所示。注意绘制叠层墙时定位线设置为“核心层中心线”，绘制出③轴位于Ⓒ~Ⓔ轴之间的挡土墙，选择③轴位置的叠层墙，单击修改面板中的镜像命令，镜像生成⑦轴位置的叠层墙。

属性

叠层墙
建筑_内墙DF_240_竹园轩叠层墙

新 叠层墙　编辑类型

约束	
定位线	核心层中心线
底部约束	室外地坪
底部偏移	0.0
已附着底部	☐
底部延伸距离	0.0
顶部约束	直到标高: 1F
无连接高度	3000.0
顶部偏移	0.0
已附着顶部	☐
顶部延伸距离	0.0
与体量相关	☐
横截面定义	
横截面	垂直
尺寸标注	
面积	
体积	

图1-2-37　创建叠层墙

六、任务后：知识拓展应用

扫描目录前二维码学习相关内容。

七、评价与展示

<table>
<tr><th colspan="7">学生任务清单（含课程评价）1.2</th></tr>
<tr><td rowspan="3">前期导入</td><td>任务名称</td><td colspan="5"></td></tr>
<tr><td>学生姓名</td><td></td><td>班级</td><td></td><td>学号</td><td></td></tr>
<tr><td>完成日期</td><td colspan="2"></td><td>完成效果</td><td colspan="2">（教师评价及签字）</td></tr>
<tr><td rowspan="3">明确任务</td><td>任务目标</td><td colspan="5"></td></tr>
<tr><td rowspan="2">任务实施</td><td colspan="4" rowspan="2"></td><td>成果提交</td></tr>
<tr><td></td></tr>
<tr><td>自学简述</td><td>课前布置</td><td colspan="5">主要根据老师布置的网络学习任务，说明自己学习了什么？查阅了什么？</td></tr>
<tr><td rowspan="2">学习复习</td><td>不足之处</td><td colspan="5"></td></tr>
<tr><td>提问</td><td colspan="5">自己想和老师探讨的问题</td></tr>
<tr><td rowspan="4">过程评价</td><td>自我评价
（5 分）</td><td>课前学习</td><td>实施方法</td><td>职业素质</td><td>成果质量</td><td>分值</td></tr>
<tr><td></td><td></td><td></td><td></td><td></td><td></td></tr>
<tr><td>教师评价
（5 分）</td><td>时间观念</td><td>能力素养</td><td>成果质量</td><td>分值</td><td></td></tr>
<tr><td></td><td></td><td></td><td></td><td></td><td></td></tr>
</table>

项目三　创建楼板

一、学习任务描述

楼板是建筑设计中常用的建筑构件，用于分隔建筑各层空间。Autodesk Revit 2023提供了三种楼板：楼板、结构楼板和面楼板。其中面楼板是用于将概念体量模型的楼层面转换为楼板模型图元，该方式只能用于从体量创建楼板模型时。结构楼板是为方便在楼板中布置钢筋、进行受力分析等结构专业应用而设计的，提供了钢筋保护层厚度等参数，"结构楼板"与"楼板"的用法没有任何区别。Autodesk Revit 2023还提供了楼板边缘工具，用于创建基于楼板边缘的放样模型图元。

二、任务目标

1. 创建室内楼板
2. 创建室外楼板
3. 创建台阶
4. 创建屋顶

三、思维导图

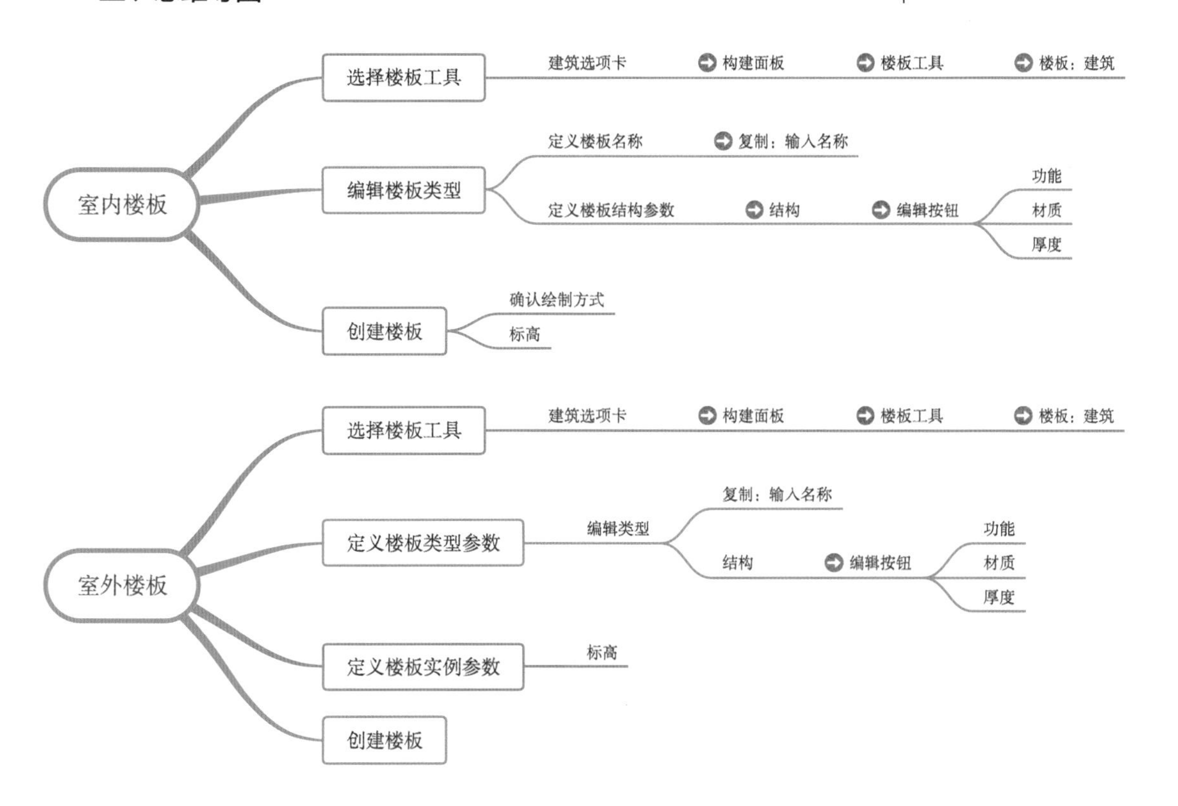

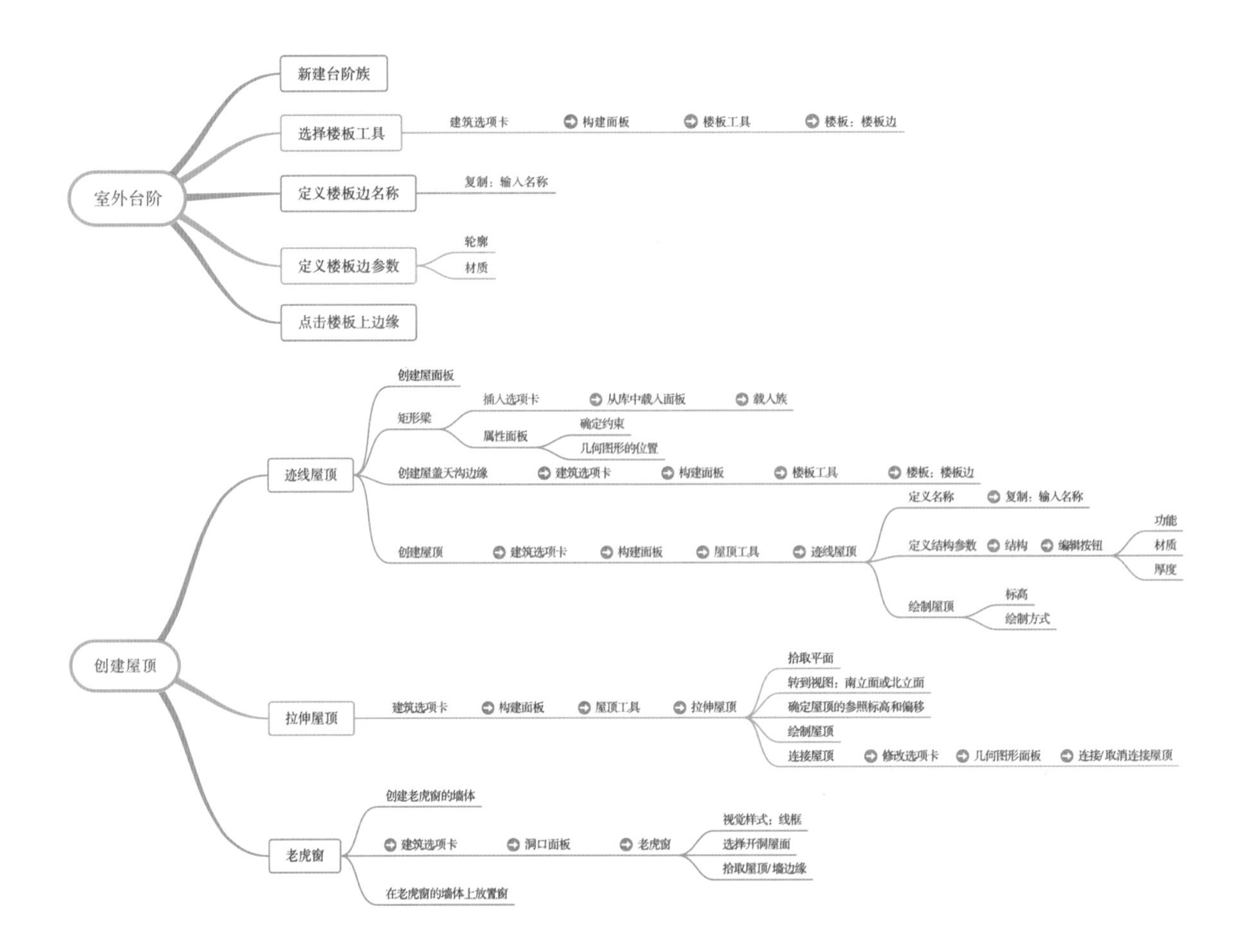

四、任务前：思考并明确学习任务

1. 实训一：创建“竹园轩”室内楼板，熟悉楼板的操作，如图 1-3-1 所示。

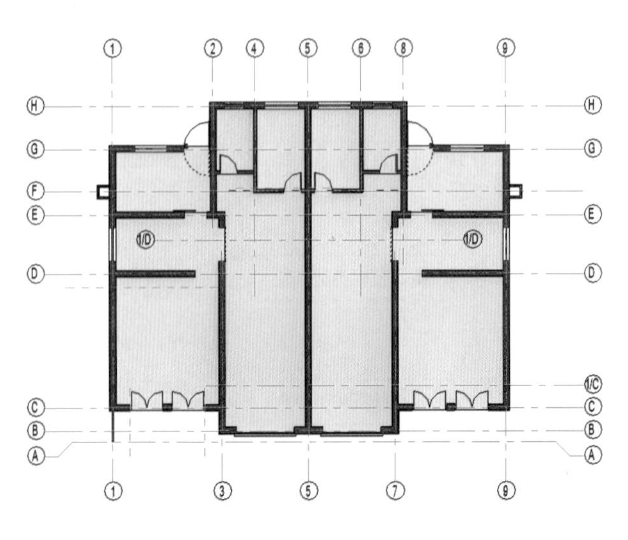

图 1-3-1 “竹园轩”一层地面板图

2. 实训二：创建“竹园轩”室外楼板，熟悉楼板的操作。

3. 实训三：为“竹园轩”项目添加生成室外台阶，熟悉“楼板边”工具的操作，如图 1–3–2 所示。

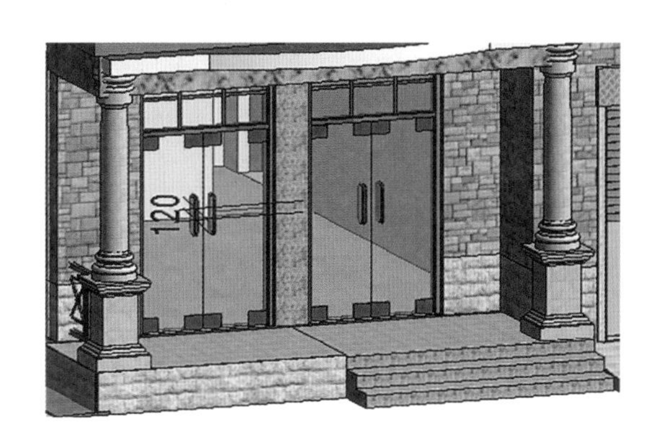

图 1–3–2　主入口处室外台阶

4. 实训四：创建“竹园轩”项目的屋顶，熟悉“屋顶”工具的操作。

五、任务中：任务实施

学习任务一：创建室内楼板

使用 Autodesk Revit 2023 的楼板工具，可以创建任意形式的楼板。只需要在楼层平面视图中绘制楼板的轮廓边缘草图，即可以生成指定构造的楼板模型。与 Autodesk Revit 2023 其他对象类似，在绘制前，需预先定义好需要的楼板类型。

操作步骤：

1. 打开“竹园轩项目 .rvt”项目文件，切换至 F1 楼层平面视图。

2. 选择楼板工具

单击“建筑”选项卡——“构建”面板——“楼板”工具，选择“楼板：建筑”选项，Autodesk Revit 2023 自动切换至“修改 | 创建楼层边界”上下文选项卡，进入创建楼板边界模式，Autodesk Revit 2023 将淡显视图中其他图元。

3. 定义楼板名称

在“属性”面板 /“类型选择器”中选择楼板类型为“常规 –150mm”，打开“类型属性”对话框，复制出名称为“建筑 _ 楼板 1F_100_ 混凝土 C25”的楼板类型。

4. 定义楼板的结构参数

单击类型参数列表 /“结构”参数后 /“编辑”按钮，弹出“编辑部件”

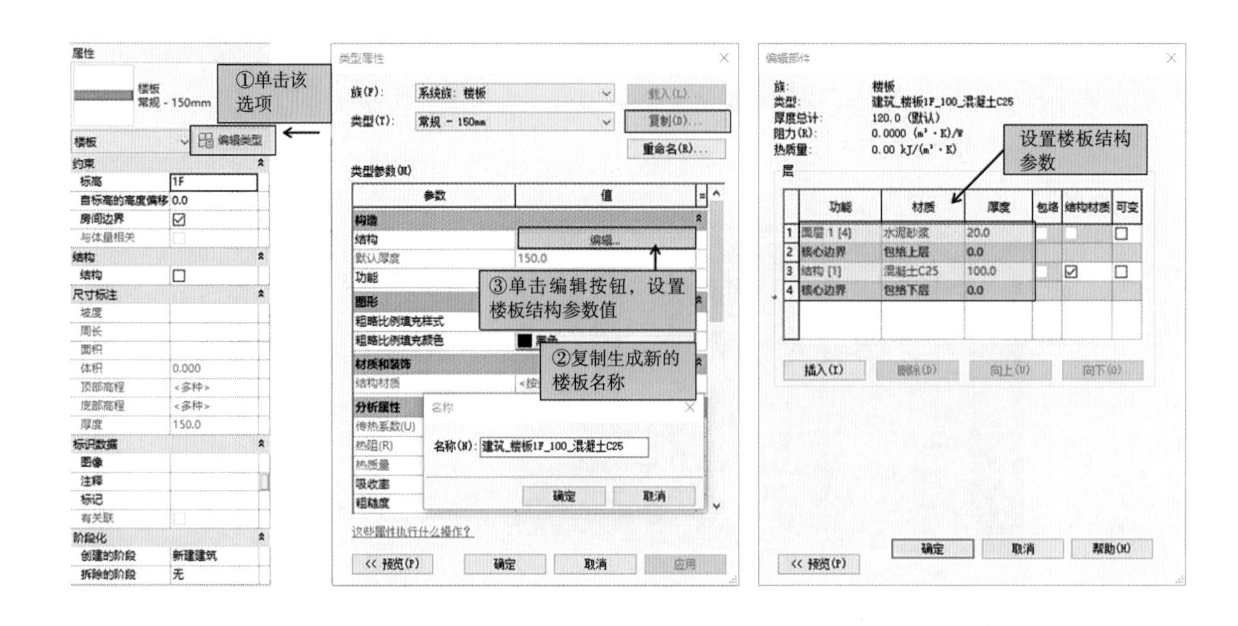

图 1-3-3　设置楼板参数

对话框，该对话框内容与基本墙族类型中的“编辑部件”对话框相似。如图 1-3-3 所示，单击“插入”按钮插入新层，调整新插入层的位置，修改各层功能、厚度，分别设置这两个层的材质。

5. 创建楼板

如图 1-3-4 所示，确认“绘制”面板——绘制状态为“边界线”，绘制方式为“拾取墙”；设置选项栏中的偏移值为 0，勾选“延伸至墙中（至核心层）”选项。移动鼠标指针至“竹园轩”1F 层外墙位置，墙将高亮显示。单击鼠标左键，沿建筑外墙核心层外表面生成粉红色楼板边界线。注意楼板边界线必须综合运用线编辑方式使其首尾相接，否则会提示错误而不能完成边界草图编辑模式。

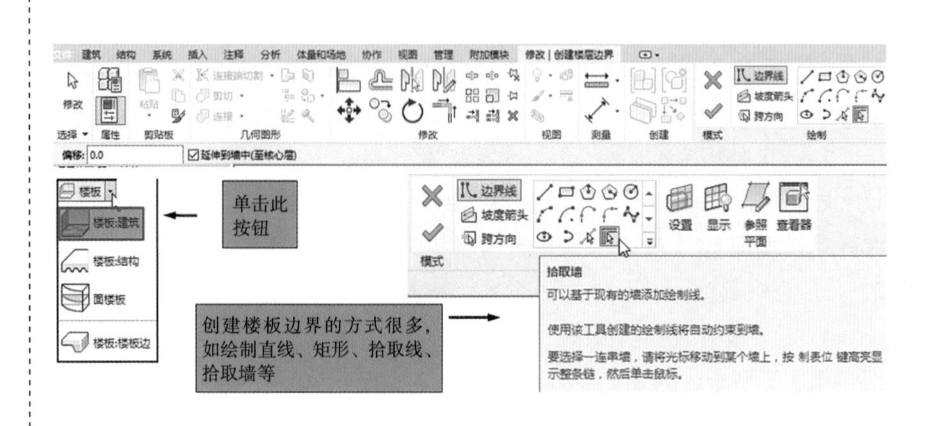

图 1-3-4　绘制面板轮廓

确定“属性”面板中的“标高”为F1，单击“模式”面板中“完成编辑模式”按钮✔，在打开的Revit对话框中单击“不附着”按钮，如图1-3-5所示，完成楼板绘制。由于绘制的楼板与墙体有部分的重叠，因此Revit提示对话框“楼板/屋顶与高亮显示的墙重叠，是否希望连接几何图形并从墙中剪切重叠的体积？”单击“是”按钮，接受该建议，从而在后期统计墙体积时得到正确的墙体积。

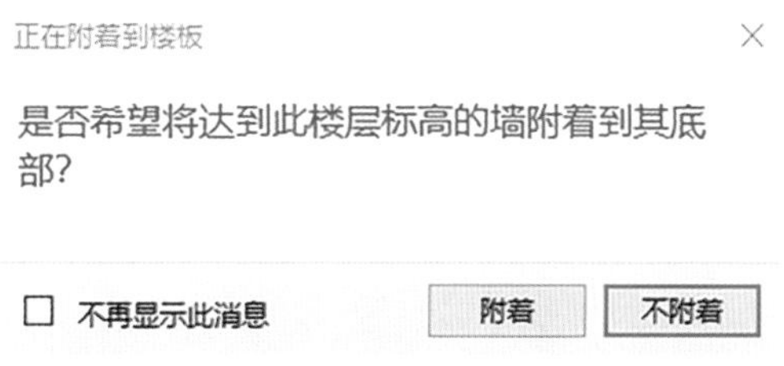

正在附着到楼板

是否希望将达到此楼层标高的墙附着到其底部?

不再显示此消息　附着　不附着

图1-3-5　完成楼板绘制时的提示

6. 创建不同标高的楼板或地面

对于标高不一致的地面或楼板，应该分别绘制轮廓草图，并在“属性”面板中“修改限制条件”中的“自标高的高度偏移”数据，获得正确的楼板布置。比如卫生间的楼板“自标高的高度偏移”偏移为−250，盥洗室的楼板“自标高的高度偏移”偏移为−220。

7. 楼板的三维显示效果

完成1F层的楼板布置操作，切换到默认三维视图，并设置“视图样式”为“着色”，查看楼板在建筑中的效果，如图1-3-6所示。

8. 创建其他楼层平面的楼板

当2F平面视图楼板创建完成后，选择所有的楼板，单击“剪贴板”面板中的“复制至剪贴板”工具，将所选择图元复制至Windows剪贴板。单击“剪贴板”面板中的“对齐粘贴”，弹出对齐粘贴下拉列表，在列表中选择“与选定标高对齐”选项，复制其他平面楼层的楼板。再选择楼板，修改其属性，如楼板的命名，或者修改其边界，如图1-3-7所示。

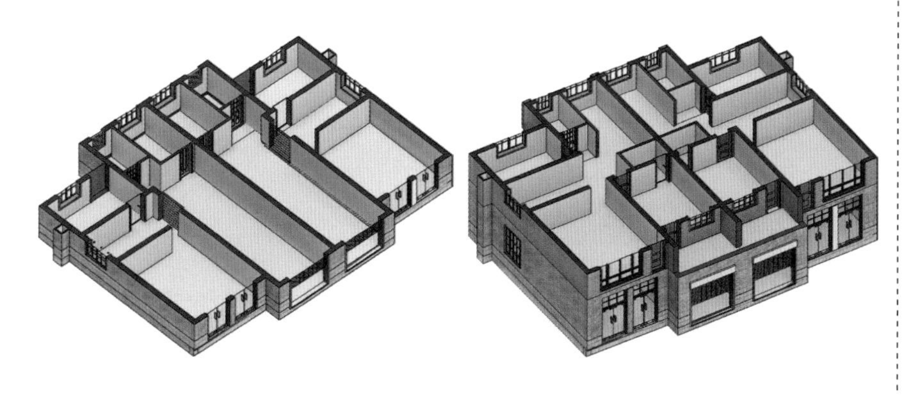

图1-3-6　楼板三维效果（左）

图1-3-7　其他楼层楼板（右）

学习任务二：创建室外楼板

创建室外楼板的方式与创建室内楼板方式一样，也是先设置好楼板结构，绘制首尾相连的楼板轮廓边界线即可。

操作步骤：

1. 打开楼板已有族

切换至 1F 楼层平面视图，依次展开项目浏览器中的“族”的“楼板”类别，该类别显示项目中楼板的所有已定义类型，双击“建筑＿楼板 1F_100_ 混凝土 C25 面贴 300×300 厨房地面砖”楼板类型，打开楼板“类型属性”对话框。

> **提示：在项目浏览器中以直接双击族类型的方式可以直接打开任何类别族的“类型属性”对话框。**

2. 定义室外楼板类型

以“建筑＿楼板 1F_100_ 混凝土 C25 面贴 300×300 厨房地面砖”楼板类型为基础，复制出名称为“建筑＿台阶楼板 1F_470_ 混凝土 C25”的新楼板类型，定义结构层的参数，如图 1–3–8 所示。完成后单击“确定”按钮，返回“类型属性”，单击“确定”按钮，退出“类型属性”对话框。

3. 绘制室外楼板台阶轮廓

分别在门厅入口处，①～③轴与Ⓐ～Ⓒ轴之间、①～②轴与Ⓖ～Ⓗ轴之间，绘制室外台阶轮廓，注意“建筑＿台阶楼板 1F_470_ 混凝土 C25”楼板属性中，“限制条件”的“高度”为“1F”，如图 1–3–9 所示。

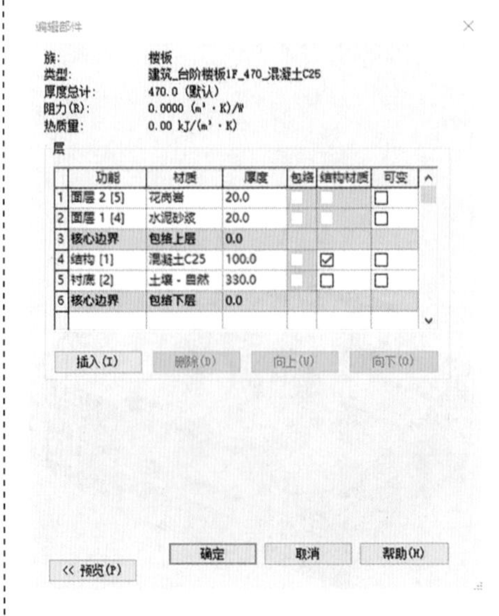
编辑部件

族：楼板
类型：建筑_台阶楼板1F_470_混凝土C25
厚度总计：470.0（默认）
阻力(R)：0.0000 (m²·K)/W
热质量：0.00 kJ/(m²·K)

层

	功能	材质	厚度	包络	结构材质	可变
1	面层 2 [5]	花岗岩	20.0			☐
2	面层 1 [4]	水泥砂浆	20.0			☐
3	核心边界	包络上层	0.0			
4	结构 [1]	混凝土C25	100.0		☑	☐
5	衬底 [2]	土壤 - 自然	330.0		☐	☐
6	核心边界	包络下层	0.0			

插入(I)　删除(D)　向上(U)　向下(O)

<< 预览(P)　确定　取消　帮助(H)

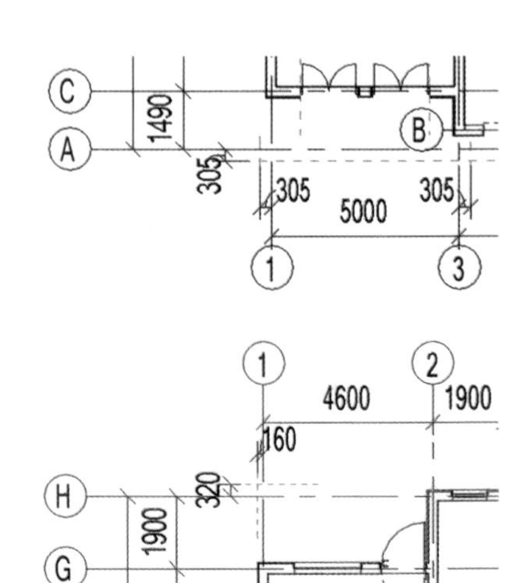

图 1–3–8　定义室外楼板参数（左）

图 1–3–9　创建室外楼板——台阶平台（右）

4. 室外楼板的三维效果显示

切换至默认三维视图，适当调整视图，显示门厅入口处室外台阶平台，如图 1–3–10 所示。

图 1–3–10　创建室外楼板——台阶平台效果

5. 修改楼板

创建完成楼板后，如果发现楼板不符合要求，可以进行修改。方法为：选择楼板，单击“修改 | 楼板”上下文选项卡“模式”选项板中的“编辑边界”按钮，进入楼板边界轮廓编辑模式，重新修改楼板边界轮廓形状。

学习任务三：创建台阶

在门厅入口处室外台阶已创建室外楼板，室外台阶以室外楼板为基础，通过主体放样方式进行创建。创建主体放样图元的关键操作是创建并指定合适的轮廓。在 Autodesk Revit 2023 中可以自定义任意形式的轮廓族。

操作步骤：

1. 创建室外台阶轮廓族

（1）打开轮廓族样板

单击“文件菜单”按钮，选择“新建 – 族”命令，弹出“新族 – 选择样板文件”对话框。在对话框中选择“公制轮廓 .rft”族样板文件，单击“打开”按钮进入轮廓族编辑模式。在该编辑模式默认视图中，Autodesk Revit 2023 默认提供了一组正交的参照平面。参照平面的交点位置，可以理解为在使用楼板边缘工具时所要拾取的楼板边线位置。

（2）绘制室外台阶轮廓草图

单击“创建”选项卡——“详图”面板中——“直线”工具，按图 1–3–11 所示尺寸和位置绘制室外台阶轮廓图。

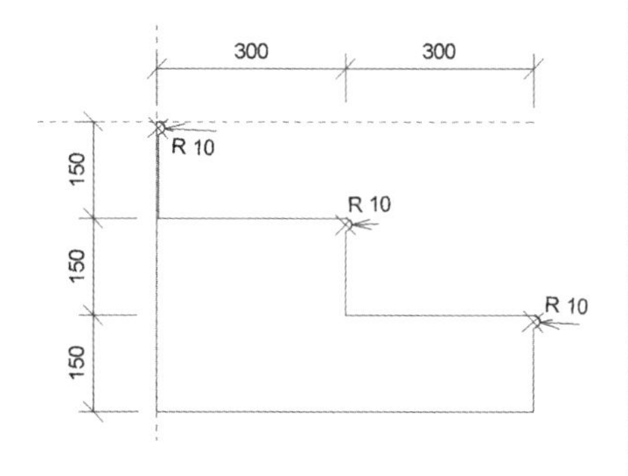

图 1–3–11　“3 级室外台阶轮廓”族

（3）保存并载入室外台阶轮廓族

单击快速访问栏中的“保存”按钮，以名称“门厅 3 级台阶轮廓 .rfa”保存该族文件。单击“族编辑器”面板——“载入到项目中”按钮，将该族载入至“竹园轩”项目中。族将以 .rfa 的格式保存。创建族后，必须将其载入至项目中，才能在项目中使用该族。

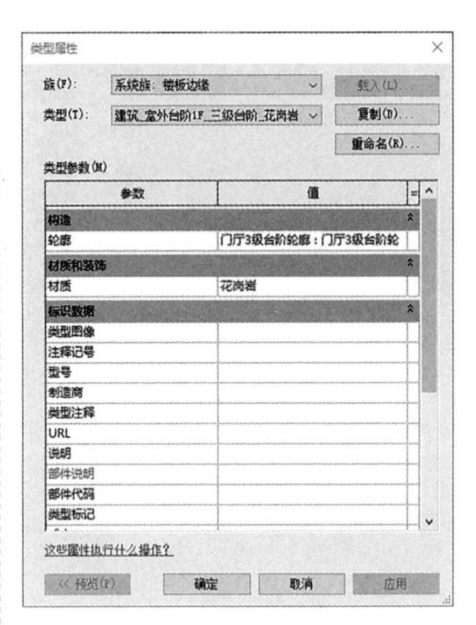

图 1-3-12 “3 级室外台阶”类型属性

2. 创建室外台阶

（1）定义楼板边缘类型各参数

单击“建筑”选项卡——“构建”面板——“楼板”工具下拉列表中，选择“楼板边”工具 楼板:楼板边，在“属性”面板中单击“编辑类型”，打开楼板边缘“类型属性”对话框，复制出名称为“建筑_室外台阶 1F_三级台阶_花岗岩”。设置类型参数中的“轮廓”为上一步中载入的“门厅 3 级台阶轮廓：门厅 3 级台阶轮廓”，修改“材质”为“花岗岩”，如图 1-3-12 所示。设置完成后，单击“确定”按钮，退出“类型属性”对话框。

（2）生成室外台阶

适当放大主入口处楼板位置，单击拾取“建筑_室外台阶 1F_三级台阶_花岗岩”楼板前侧上边缘，Autodesk Revit 2023 将沿楼板边缘生成台阶，按 Esc 键两次完成楼板边缘。

学习任务四：创建屋顶

Autodesk Revit 2023 提供了迹线屋顶、拉伸屋顶和面屋顶等三种创建屋顶的方式。其中迹线屋顶和楼板的创建方法相似，不同的是，在迹线屋顶中可以灵活地为屋顶定义多个坡度。下面将使用迹线屋顶的方式为“竹园轩”项目添加屋顶。

操作步骤：

1. 打开“竹园轩 .rvt”项目文件，切换至 WF 楼层平面视图。

2. 选择楼板工具创建“建筑_楼板 WF_120_混凝土 C25”

单击“建筑”选项卡——“构建”面板——“楼板”工具小三角形，弹出楼板下拉选项列表，单击“楼板：建筑”工具，自动切换至“修改 | 创建楼层边界”上下文选项卡，进入创建楼板边界模式，Autodesk Revit 2023 将淡显视图中其他图元。

在“属性”面板 /“类型选择器”中选择楼板类型为“建筑_楼板 4F_100_混凝土 C25 面贴 800×800 地面砖”，打开“类型属性”对话框，复制出名称为“建筑_楼板 WF_120_混凝土 C25”的楼板类型，定义其结构参数为 120mm 的混凝土结构层以及内侧的白色涂料层，采用拾取的方式，设置偏移量为 500mm，绘制楼板的边界，单击“完成边界模式”创建完成“建筑＿楼板 WF_120_ 混凝土 C25”。注意在属性面板中设置标高为“WF”。

3. 创建“结构 _KL 屋顶 _200×400_ 混凝土 C30”

单击“结构”选项卡——“结构”面板——“梁”工具，Autodesk Revit 2023 自动切换至“修改 | 放置梁”上下文选项卡，进入创建梁模式，在属性面板中选择“结构 _KL2—2F_250×500_ 混凝土 C30”类型，以此为基础定义“结构 _KL 屋顶 _200×400_ 混凝土 C30”。操作如图 1—3—13 所示。

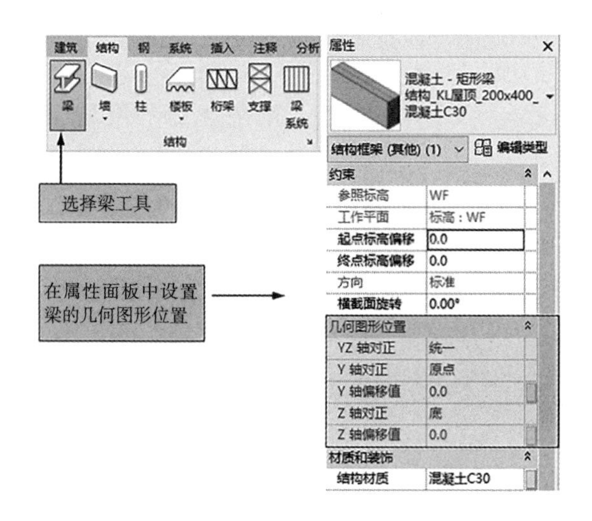

图 1-3-13　定义梁属性

4. 创建“建筑＿屋盖天沟边缘＿异形＿白色大理石”

切换到三维视图，单击“建筑”选项卡——“构建”面板——“楼板”工具小三角形，弹出楼板下拉选项列表，选择“楼板：楼板边”选项，Autodesk Revit 2023 自动切换至“修改 | 放置楼板边缘”上下文选项卡，进入创建楼板边缘模式，在属性面板中选择“建筑＿室外台阶 1F_ 三级台阶＿花岗岩”边缘类型，以此为基础定义“建筑＿屋盖天沟边缘＿异形＿白色大理石”，分别拾取“WF_LM_ 屋面板”边缘，操作如图 1—3—14 所示。

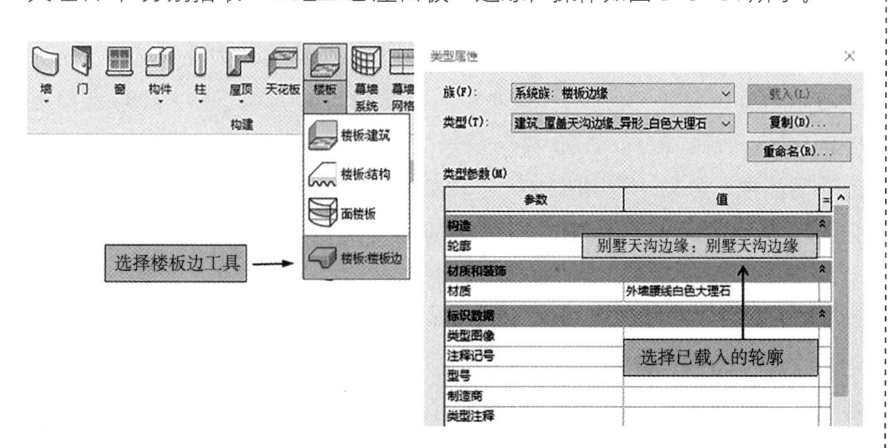

图 1-3-14　创建屋盖天沟楼板边

5. 创建“结构 _ 屋顶 WF_100_ 琉璃屋顶”

切换到 WF 视图，单击“建筑”选项卡——“构建”面板——“屋顶”工具小三角形，弹出屋顶下拉选项列表，选择“迹线屋顶”选项，Autodesk Revit 2023 自动切换至“修改 | 创建屋顶迹线”上下文选项卡，进入“创建屋顶迹线”模式。

在“属性”面板中选择“屋顶 -125 mm”屋面类型，单击“编辑类型”按钮，打开屋顶“类型属性”对话框，以“屋顶 -125 mm”为基础复制名称为“结构 _ 屋顶 WF_100_ 琉璃屋顶”新屋顶类型，定义屋顶结构层。操作如图 1-3-15 所示。

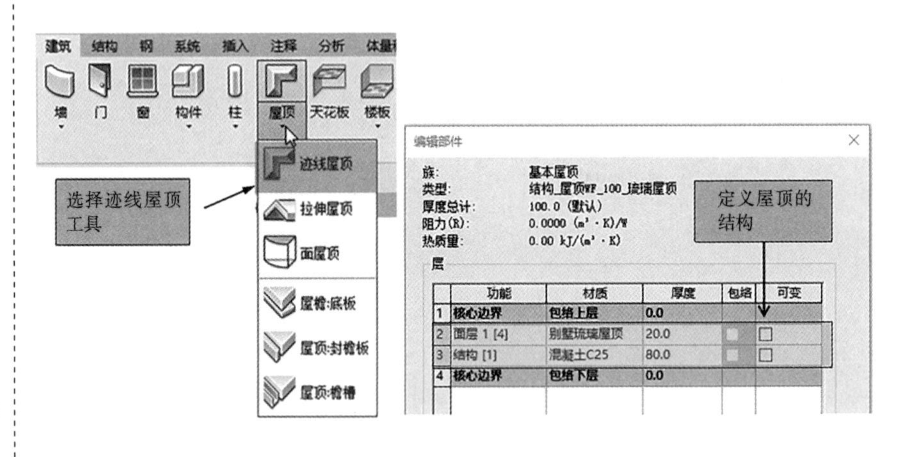

图 1-3-15　定义屋顶结构层

注意：屋顶与楼板不同，在屋顶的属性面板中设置的屋顶标高是指屋顶底面标高。屋顶结构层厚度为 100mm，因此设置为标高 WF 之上 400mm，即可保证楼板结构顶面标高位于 WF 之上 500mm 处。

确认“绘制”面板中的绘制模式为“边界线”，绘制方式为“拾取线，”勾选选项栏中“定义坡度”选项，修改“悬挑”为 0，勾选“延伸到墙中（至核心层）”选项。依次单击“结构 _KL 屋顶 _200×400_ 混凝土 C30”，Autodesk Revit 2023 将沿矩形梁外侧生成屋顶轮廓线，运用“修改”面板中“修剪 / 延伸为角”工具编辑屋顶轮廓线，使屋顶轮廓线首尾相接，完成边界线，按照图 1-3-15 所示设置屋顶坡度，按 Esc 键两次，退出边界线绘制模式。在“属性”面板中设置屋顶“基准标高”为 WF 标高，设置“自标高的底部偏移”为 400，即屋顶位于 WF 之上 400mm，单击“应用”按钮，应用该设置，单击“模式”面板中的“完成编辑模式”按钮，完成屋顶的创建。操作，如图 1-3-16 所示。

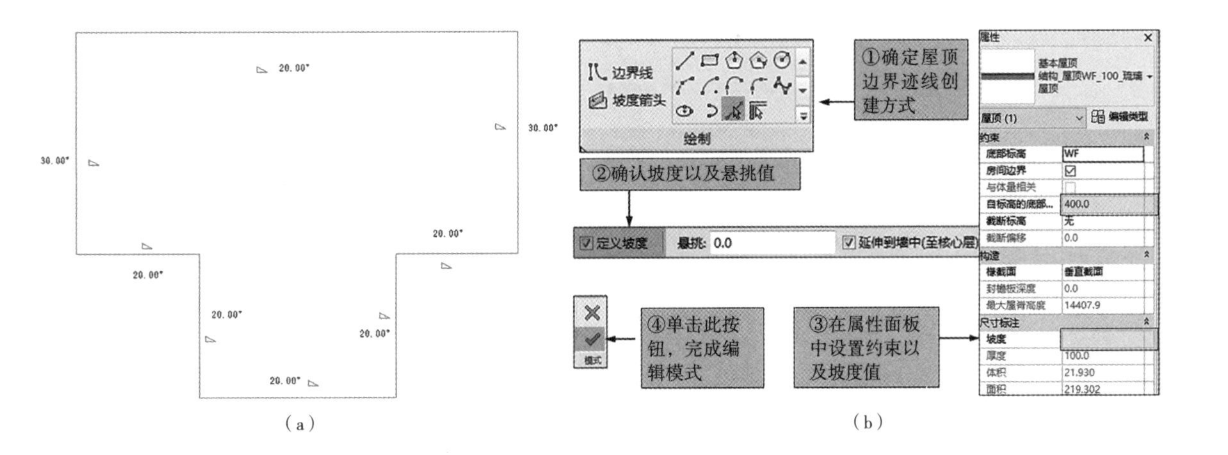

图 1-3-16　屋顶的创建

选择屋顶，Autodesk Revit 2023 自动切换至“修改 | 屋顶”上下文选项卡，单击“编辑”面板——“编辑迹线”按钮，返回屋顶轮廓边界编辑状态。轮廓边界线，在属性面板中按照图纸修改坡度值，或者取消勾选选项栏中的“定义坡度”复选框，边界线坡度符号消失，表示该边界线位置将不再定义坡度。修改完成后，单击“完成屋顶”按钮，完成屋顶修改。操作如图 1-3-17 所示。

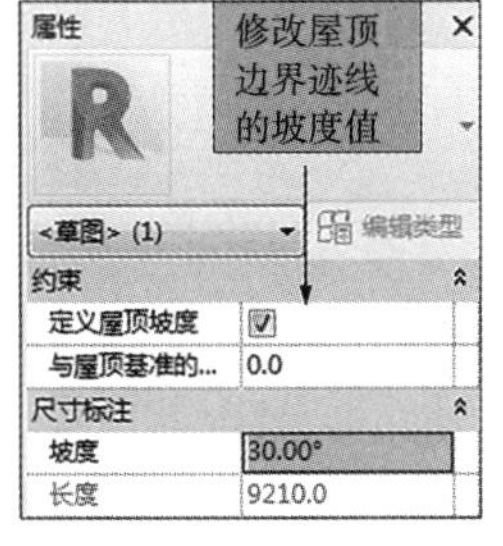

图 1-3-17　屋顶的修改

6. 创建老虎窗

（1）在 WF 视图，绘制参照平面，并设置参照平面为工作平面，在南立面视图中，单击“建筑”选项卡——“构建”面板——“屋顶”工具小三角形，弹出屋顶下拉选项列表，选择“拉伸屋顶”选项，Autodesk Revit 2023 自动切换至“修改 | 创建屋顶迹线”上下文选项卡，进入“创建拉伸屋顶轮廓”模式，选择结构 _ 屋顶 WF_100_ 琉璃屋顶，绘制拉伸屋顶轮廓，单击完成编辑模式，完成拉伸屋顶，如图 1-3-18 所示。

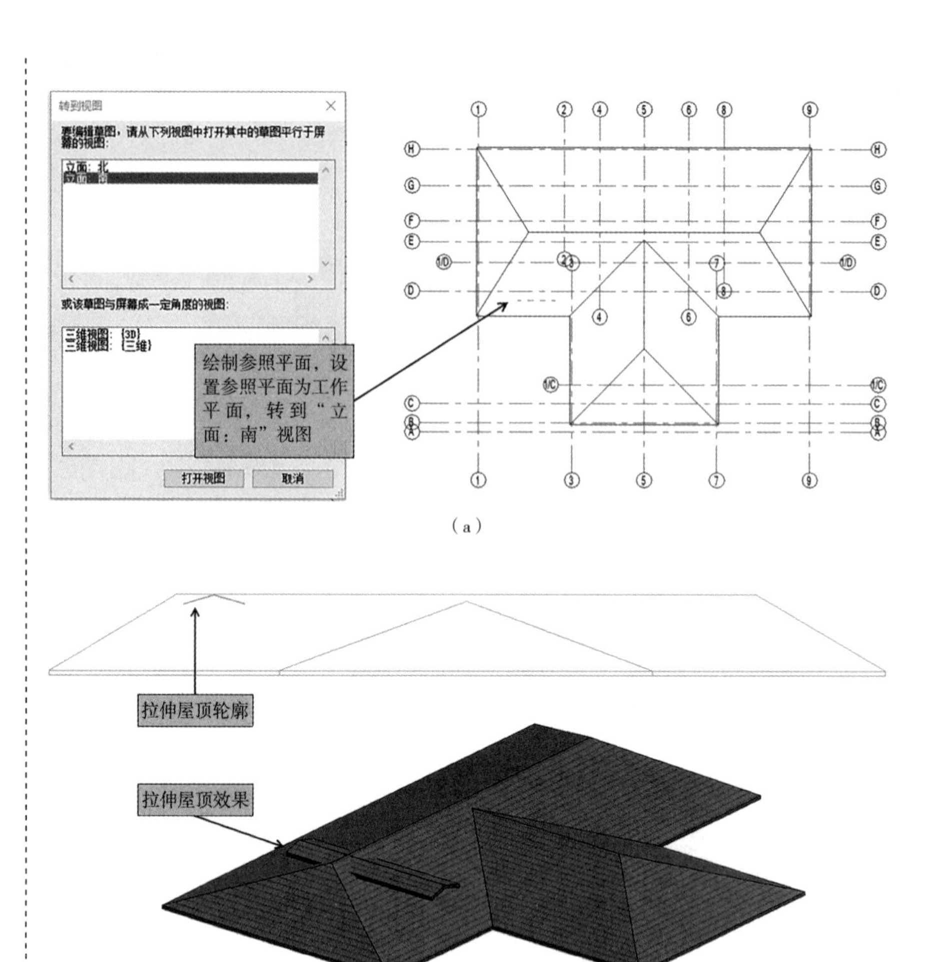

图 1-3-18　拉伸屋顶的创建

（2）拉伸屋顶与迹线屋顶连接

选择拉伸屋顶，单击“几何图形”面板——“连接／取消屋顶连接”工具，将拉伸屋顶连接到迹线屋顶上，操作如图 1-3-19 所示。

（3）创建墙体并与拉伸屋顶进行附着

在 WF 视图中，运用墙体工具创建墙体，选择墙体，分别单击“修改墙”面板——“附着顶部／底部”工具使墙体附着在拉伸屋顶顶部以及迹线屋顶底部。操作如图 1-3-20 所示。

（4）进行老虎窗操作，并插入窗户

切换到三维视图中，单击“洞口”面板——“老虎窗”工具，对迹线屋顶进行老虎窗操作，如图 1-3-21 所示。

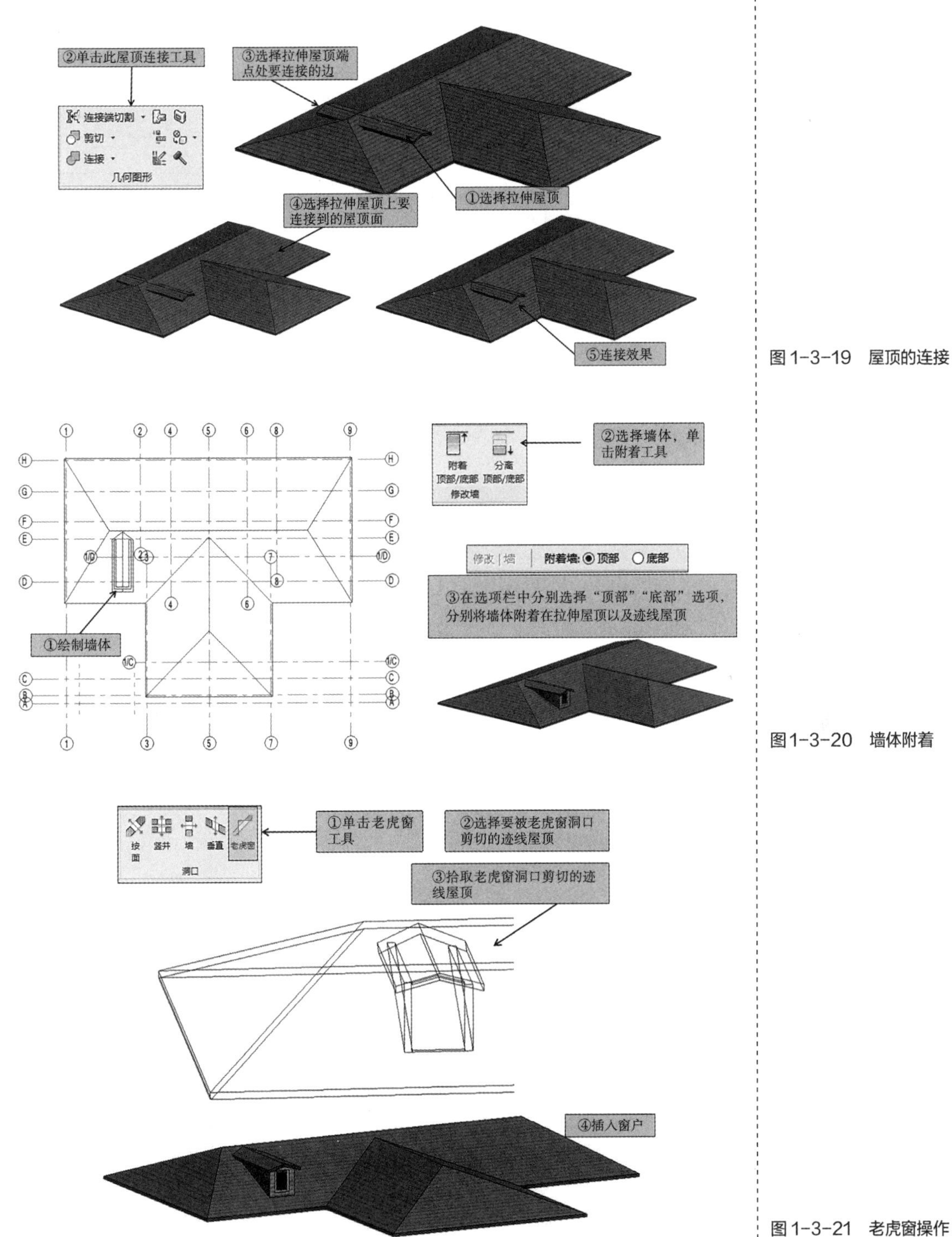

图 1-3-19　屋顶的连接

图 1-3-20　墙体附着

图 1-3-21　老虎窗操作

六、任务后：知识拓展应用

扫描目录前二维码学习相关内容。

七、评价与展示

<table>
<tr><td colspan="7">学生任务清单（含课程评价）1.3</td></tr>
<tr><td rowspan="3">前期导入</td><td>任务名称</td><td colspan="5"></td></tr>
<tr><td>学生姓名</td><td></td><td>班级</td><td></td><td>学号</td><td></td></tr>
<tr><td>完成日期</td><td colspan="2"></td><td>完成效果</td><td colspan="2">（教师评价及签字）</td></tr>
<tr><td rowspan="3">明确任务</td><td>任务目标</td><td colspan="5"></td></tr>
<tr><td rowspan="2">任务实施</td><td colspan="4" rowspan="2"></td><td>成果提交</td></tr>
<tr><td></td></tr>
<tr><td>自学简述</td><td>课前布置</td><td colspan="5">主要根据老师布置的网络学习任务，说明自己学习了什么？查阅了什么？</td></tr>
<tr><td rowspan="2">学习复习</td><td>不足之处</td><td colspan="5"></td></tr>
<tr><td>提问</td><td colspan="5">自己想和老师探讨的问题</td></tr>
<tr><td rowspan="4">过程评价</td><td>自我评价
（5 分）</td><td>课前学习</td><td>实施方法</td><td>职业素质</td><td>成果质量</td><td>分值</td></tr>
<tr><td></td><td></td><td></td><td></td><td></td><td></td></tr>
<tr><td>教师评价
（5 分）</td><td>时间观念</td><td>能力素养</td><td>成果质量</td><td>分值</td><td></td></tr>
<tr><td></td><td></td><td></td><td></td><td></td><td></td></tr>
</table>

项目四　创建基本建筑构件

一、学习任务描述

Revit Architecture 提供了门、窗、坡道、模型文字等工具供使用者放置基本建筑构件。

门、窗是建筑设计中常用的构件。Autodesk Revit 2023 提供了门、窗工具，用于在项目中添加多种形式的门、窗图元。门、窗必须放置于墙、屋顶等主体图元上，这种依赖于主体图元而存在的构件称为“基于主体的构件”。

在 Revit Architecture 中，门、窗构件与墙不同，门、窗图元属于可载入族，在添加门窗前，必须在项目中载入所需的门窗族，才能在项目中使用。

Autodesk Revit 2023 提供了坡道工具，可以为项目添加坡道。坡道工具的使用与楼梯类似。

“竹园轩”在西向立面有别墅名称“竹园轩”，可以采用 Autodesk Revit 2023 提供的“模型文字”工具来进行创建。

二、任务目标

1. 添加门、窗
2. 创建坡道和散水
3. 创建模型文字

三、思维导图

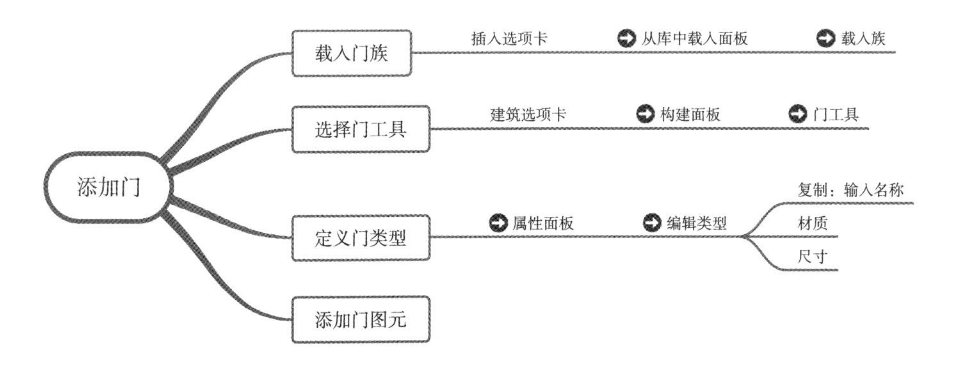

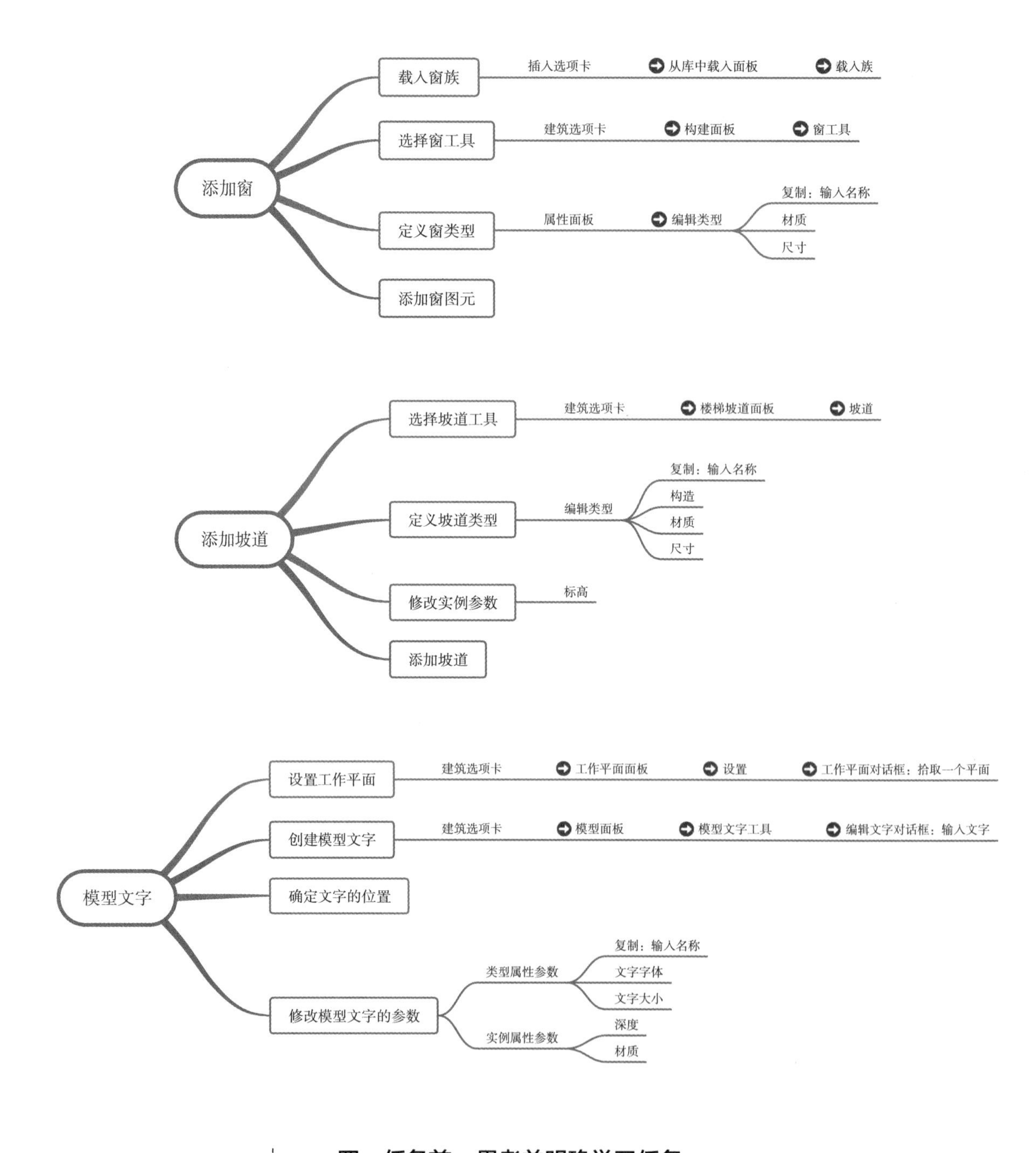

四、任务前：思考并明确学习任务

1. 实训一：为“竹园轩”项目添加对应的门、窗图元，如图 1-4-1 所示。

2. 实训二：添加“竹园轩”项目南向车库前的室外坡道，熟悉坡道工具的使用操作，如图 1-4-2 所示。

3. 实训三：创建“竹园轩”名称“竹园轩”，熟悉创建模型文字操作，如图 1-4-3 所示。

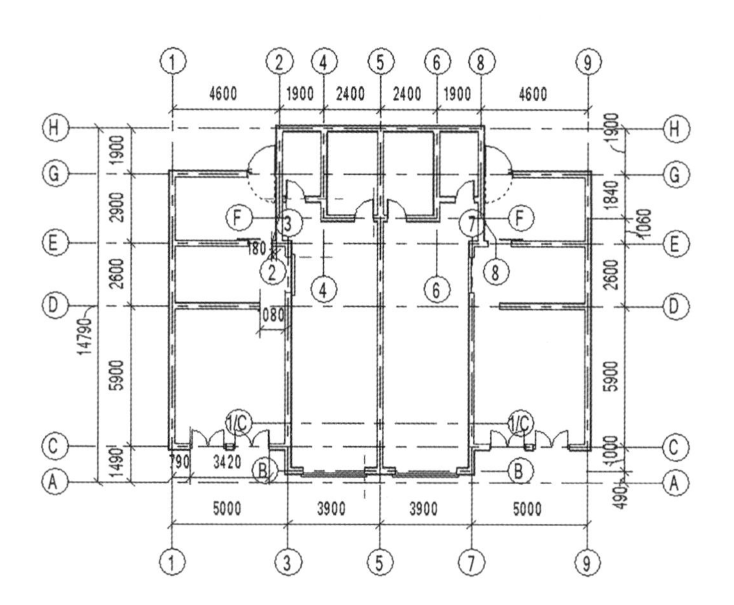

图 1-4-1　楼层 F1 的门

图 1-4-2　“竹园轩”坡道示意

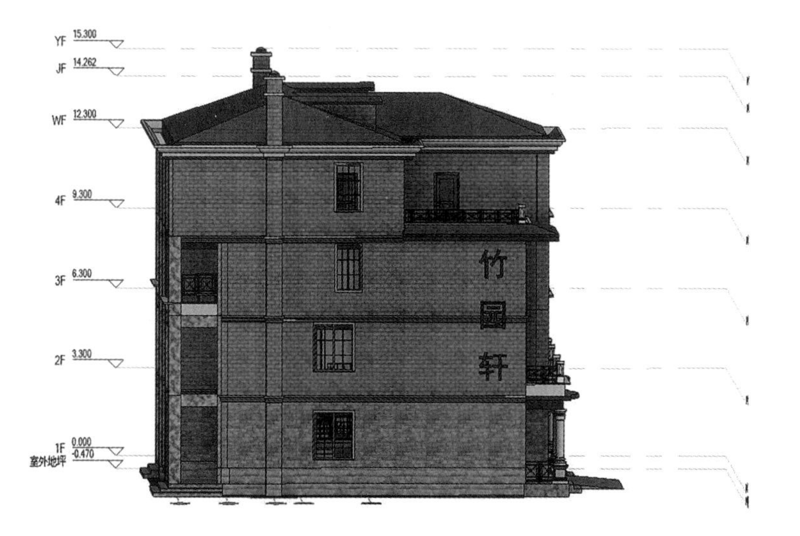

图 1-4-3　“竹园轩”模型文字

五、任务中：任务实施

学习任务一：添加门、窗

单元一　添加门

操作步骤：

1. 载入合适的门族

在添加门的操作中，注意“属性”面板的类型选择器中，仅有默认“平开门”族。“平开门”族及其类型来自于新建项目时使用的项目样板。所以，必须先向项目中载入合适的门族。“竹园轩”项目中有几种门类型：普通平开木门、单扇推拉门、地弹门、卷帘门以及自建门族。

单击“插入”选项卡——“从库中载入”面板——“载入族”按钮，弹出“载入族”对话框，载入“单嵌板木门 1.rfa”族文件，如图 1-4-4 所示，点击“打开”，依次载入其他形式的门族。

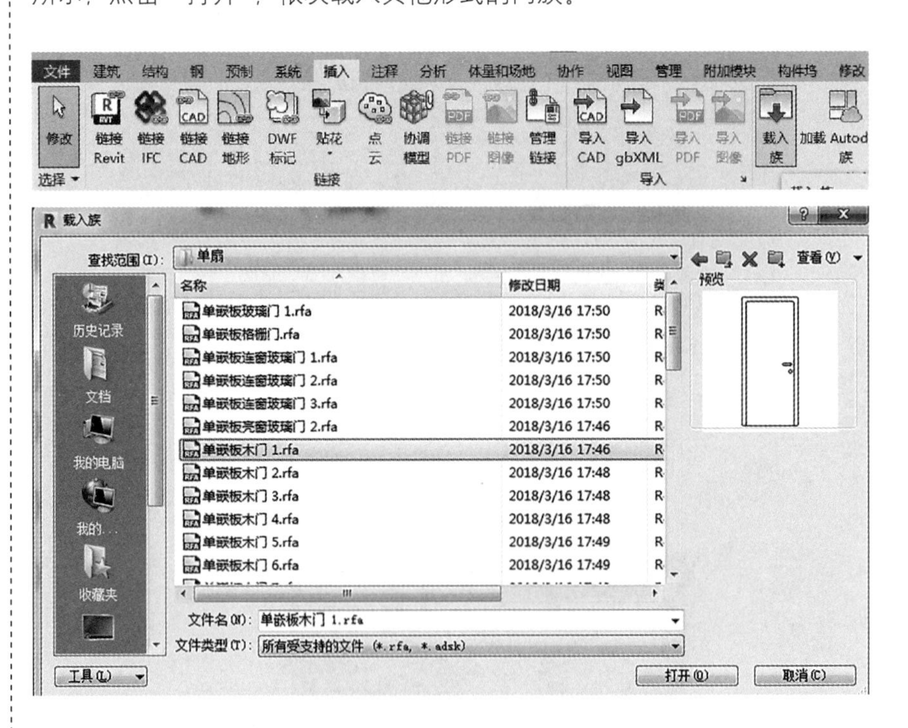

图 1-4-4　载入门族

2. 定义需要的门类型

单击“建筑”选项卡——“构建”面板——“门”工具，在属性面板中选择“单嵌板木门 20，700×2100mm”门族，单击“编辑类型”按钮，复制创建“建筑 _ 平开木门 1F_800×2100_M0921”门类型，修改相关参数后，点击“确定”，如图 1-4-5 所示。退出类型属性对话框。

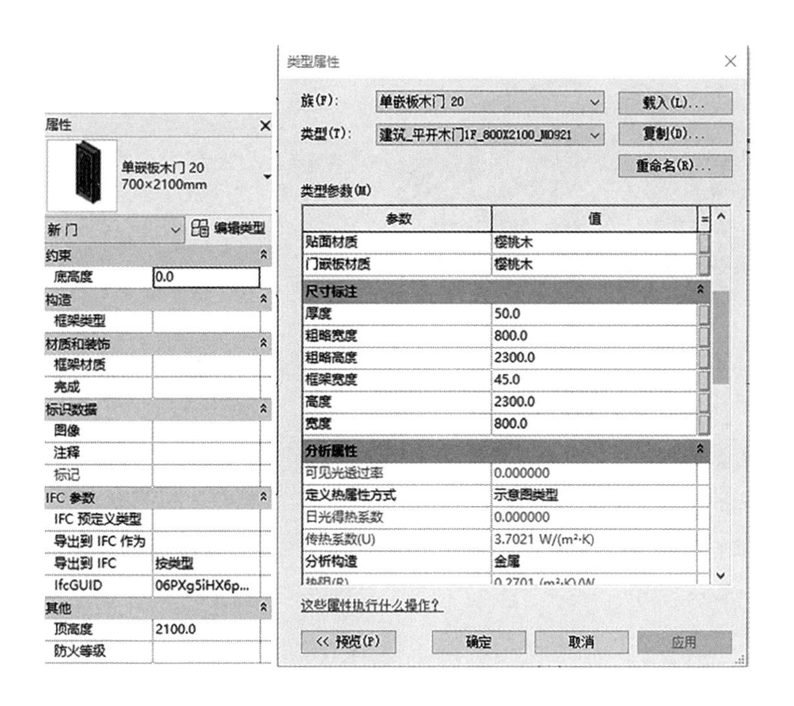

图 1-4-5　修改门类型参数

3. 添加门图元

在 1F 视图中移动鼠标指针，当指针处于视图的空白位置时，鼠标指针显示为🚫，表示不允许在该位置放置门图元，在Ⓕ轴上的④～⑤轴之间距离⑤轴 180mm 处放置门 M0921，移动鼠标指针至Ⓕ轴上的④～⑤轴之间的墙体位置，将在沿墙方向显示门预览，并在门两侧④～⑤轴线之间显示临时尺寸，指示门边与轴线的距离，单击后为其添加门图元，修改临时尺寸，调整门的位置，如图 1-4-6 所示。

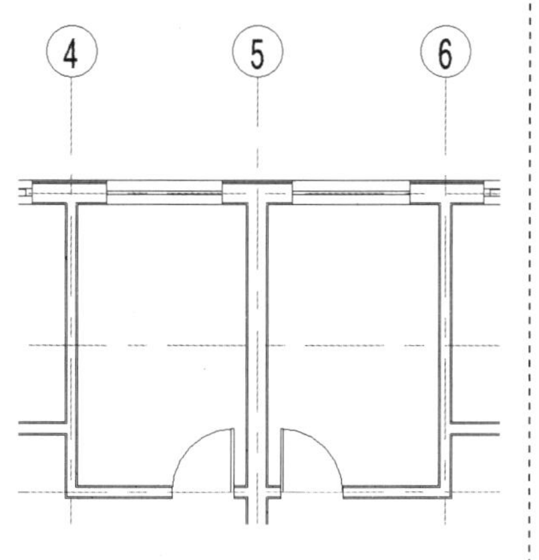

图 1-4-6　插入门

注意：只有激活“在放置时进行标记”按钮时，才会在放置门图元的同时自动为该图元添加门标记。该标记的文字内容取决于项目样板中门类别设置的标记族。

选择已放置的门，单击内外翻转符号⇅或左右翻转符号⇆，翻转门的开启或安装方向，或按下空格键，可在内外、左右翻转间循环。

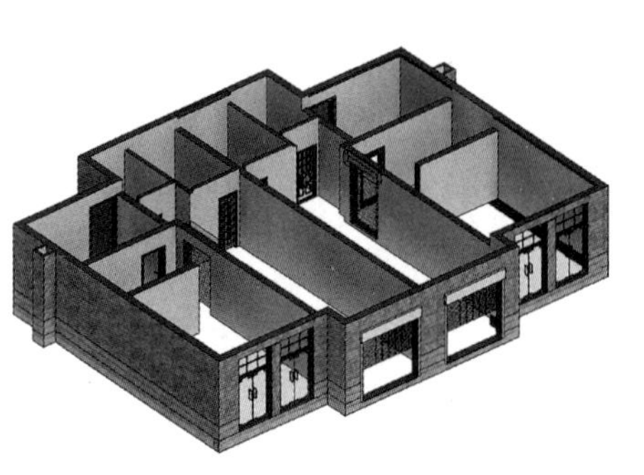

图1-4-7　一层门

4. 设定门的底高度

退出“门”工具状态后，选中该门图元，确定“属性”面板中“底高度”为 0.0，其他参数默认。

5. 显示门的三维效果图

对照“竹园轩”的图纸，插入其他位置的门，完成后切换到默认三维视图，如图 1-4-7 所示。

6. 添加其他楼层平面图的门图元

选择 1F 的门，单击“剪贴板”面板中的“复制至剪贴板”工具，将所选择图元复制至 Windows 剪贴板。单击“剪贴板”面板中的“对齐粘贴”，弹出对齐粘贴下拉列表，在列表中选择“与选定的标高对齐”选项，如图 1-4-8 所示。

图1-4-8　剪贴板操作

弹出“选择标高”对话框，如图 1-4-8 所示，在标高列表中单击选择“2F”，单击“确定”按钮退出“选择标高”对话框。Autodesk Revit 2023 将复制一楼所选门图元至二楼相同位置，按 Esc 键退出选择集，完成添加其他平面楼层的门，并修改其属性。

单元二　添加窗

插入窗的方法与上述插入门的方法完全相同。窗是基于主体的构件，可以添加到任何类型的墙内（对于天窗，可以添加到内建屋顶），可以在平面视图、剖面视图、立面视图或三维视图中添加窗。与门稍有不同的是，在插入窗时需要考虑窗台高度。

操作步骤：

1. 导入窗族

单击“插入”选项卡——“从库中载入”面板——“载入族”按钮，弹出“载入族”对话框，载入“推拉窗 1：带贴面”族文件，如图 1-4-9 所示，点击“打开”，载入窗族。

2. 定义需要的窗类型

确认当前视图为 F1 楼层平面视图。单击“建筑”选项卡——“构建”面板——“窗”工具，自动切换至“修改 | 放置窗”上下文选项卡，选择“推拉窗 1 ：1200×900 带贴面”窗类型，复制创建“建筑 _ 推拉窗 1F_1800×1500_C1518”新窗类型，修改相关参数后，单击“确定”，如图 1-4-9 所示。退出类型属性对话框。

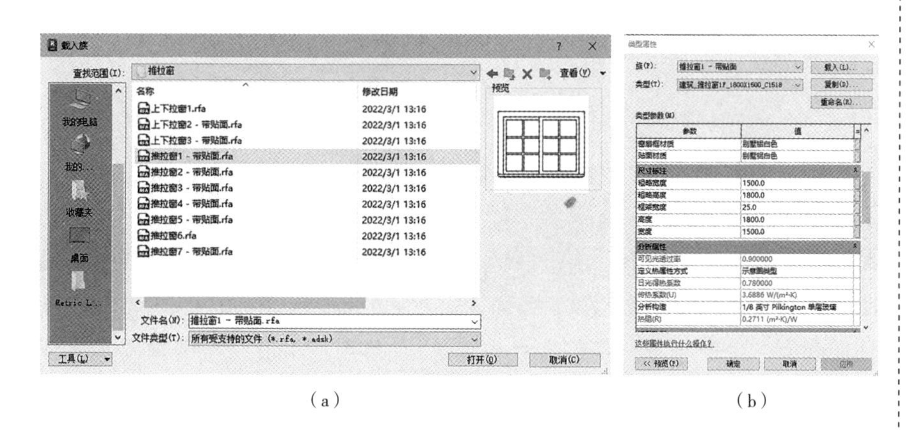

（a）　　　　（b）

图 1-4-9　载入窗族、修改窗类型参数

3. 添加窗图元

单击“确定”按钮后，“属性”面板的类型选择器中自动显示该族类型，将光标指向①轴上的Ⓓ～Ⓔ之间的墙体位置，单击后为其添加窗图元，利用临时尺寸定位，并调整窗的位置，如图 1-4-10 所示。

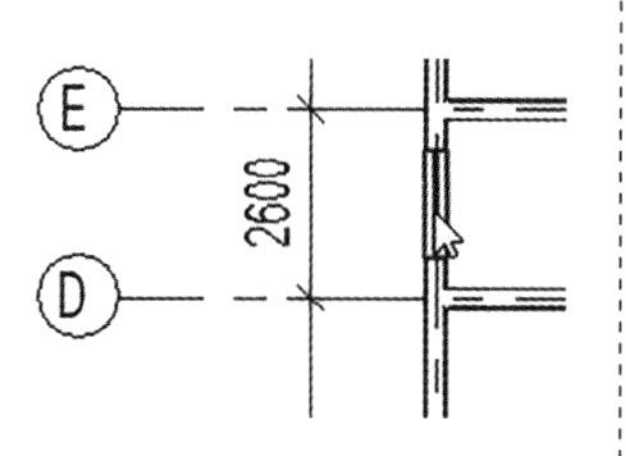

图 1-4-10　插入窗

4. 使用临时尺寸标注确定构件的位置

在 Autodesk Revit 2023 中，选择任何一个图元的时候，Autodesk Revit 2023 会自动捕捉该图元周围的参照图元，如参照平面、轴线，图元的轮廓等，出现蓝色的高亮显示的尺寸线，这个尺寸线为临时尺寸线，以指示所选图元与参照图元间的距离，称为临时尺寸，可以修改临时尺寸标注的默认捕捉位置，以更好地对图元进行定位。修改标注值就改变物体的

位置。小点是控制标注位置的。

通过下面的练习，学习 Autodesk Revit 2023 中临时尺寸标注的应用及设置。

（1）临时尺寸的认识

选择一个窗，Autodesk Revit 2023 将在窗洞口两侧与最近的墙表面间显示尺寸标注，如图 1–4–11 所示。由于该尺寸标注仅在选择图元时才会出现，所以称为临时尺寸标注。每个临时尺寸两侧都有拖拽操作夹点，可以拖拽改变临时尺寸线的测量位置。

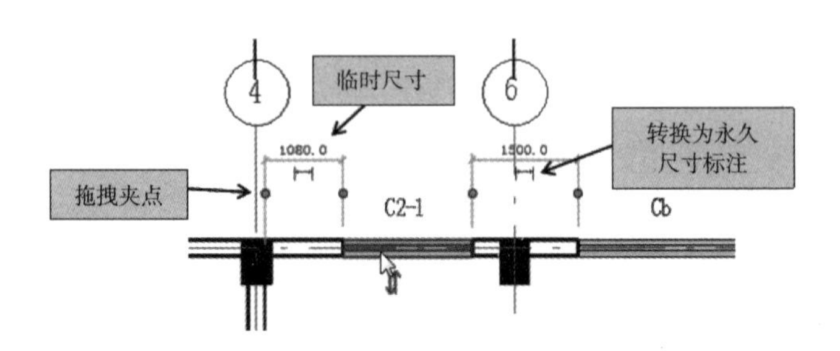

图 1–4–11　用临时尺寸标注窗户

（2）修改临时尺寸数值定位物体的位置操作

保持窗图元处于选择状态。单击窗左侧轴线的临时尺寸值 1200，Autodesk Revit 2023 进入临时尺寸值编辑状态，通过键盘输入 900，如图 1–4–12 所示。按键盘回车键确认输入，Autodesk Revit 2023 将向左移动窗图元，使窗与轴线间的距离为 900。注意窗洞口右侧与⑥轴墙间临时尺寸标注值也会修改为正确的新值。

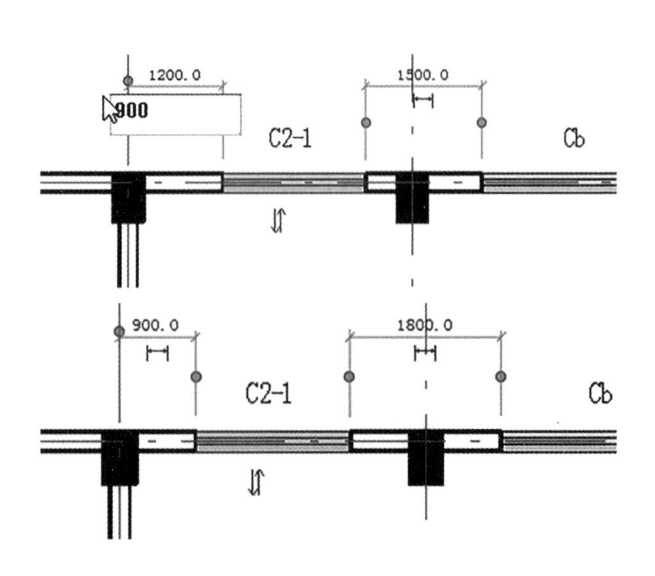

图 1–4–12　通过修改临时尺寸改变窗位置

（3）公式计算修改临时尺寸改变物体的位置

提示：在修改临时尺寸标注时，除直接输入距离值之外，还可以输入“=”号后再输入公式，由 Autodesk Revit 2023 自动计算结果。例如，输入“=300*2+400”，Autodesk Revit 2023 将自动计算出结果为“1000”，如图 1–4–13 所示，并以该结果修改所选图元与参照图元间的距离。

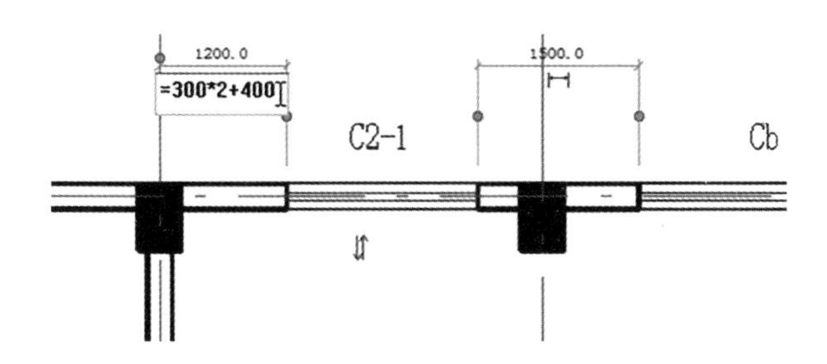

图 1–4–13　公式计算修改临时尺寸改变参照平面的位置

（4）单击临时尺寸线下方的“转换为永久尺寸标注”符号

如图 1–4–14 所示，Autodesk Revit 2023 将按临时尺寸标注显示的位置转换为永久尺寸标注，按 Esc 键取消选择集，尺寸标注将依然存在。

（5）等分约束

关于限制条件等分公式：标注尺寸，点击尺寸标注的“设置和解除受彼此约束等分限制条件约束的 EQ 标志”，等分尺寸标注，点击等分尺寸标注，在属性面板中选择“等分公式”，单击“编辑类型”打开“类型属性”对话框，点击“总长度”按钮，进行添加参数以及编辑等分公式操作，等分标注显示结果如图 1–4–15 所示。

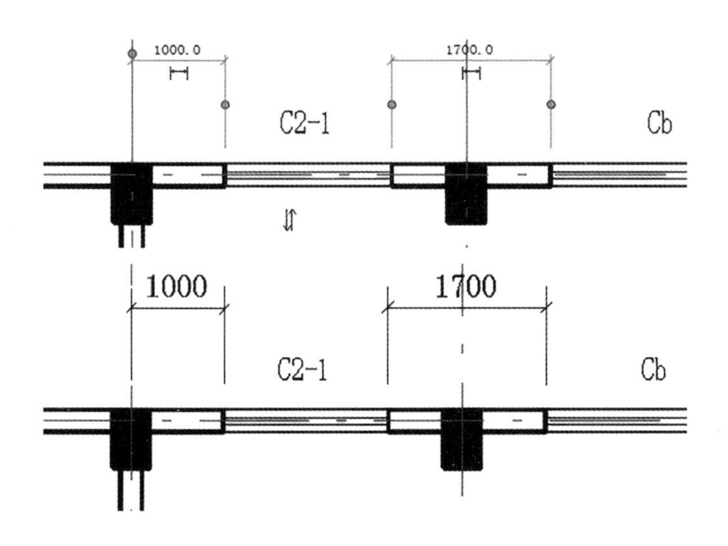

图 1–4–14　临时尺寸转换成永久尺寸

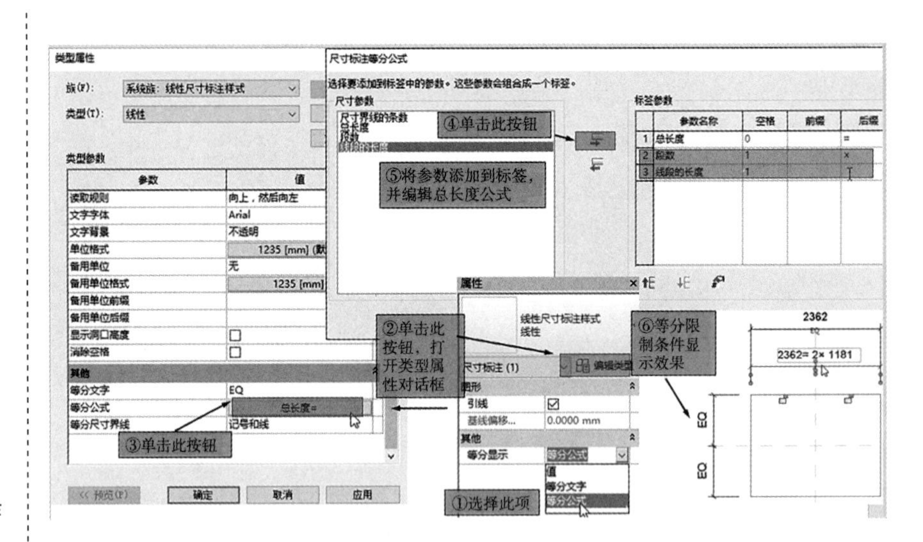

图 1-4-15　等分约束操作

在视图空白处单击鼠标左键，取消选择集，临时尺寸标注将消失。再次选择该参照平面，参照平面的临时尺寸标注再次出现，按 Esc 键，取消选择集，临时尺寸标注再次消失。

Autodesk Revit 2023 的临时尺寸标注在设计时对于快速定位、修改构件图元的位置非常有用。在 Autodesk Revit 2023 中进行设计时，绝大多数情况下，都将使用修改临时尺寸标注值的方式精确定位图元，所以掌握临时尺寸标注的应用及设置至关重要。

使用高分辨率显示器时，如果感觉 Autodesk Revit 2023 显示的临时尺寸标注文字较小，可以设置临时尺寸文字字体的大小，以方便阅读。打开“选项”对话框，切换至“图形”选项卡，在“临时尺寸标注文字外观”栏中，可以设置临时尺寸的字体尺寸及文字背景是否透明，如图 1-4-16 所示。

5. 设定窗的底高度

退出【窗】工具状态后，选中该窗图元，在属性面板中调整窗的底部高度，其他参数默认，如图 1-4-17 所示。

6. 窗的三维效果图显示

对照“竹园轩”的图纸，插入其他位置的窗，完成后切换到默认三维视图，如图 1-4-18 所示。

7. 添加其他楼层的窗

当一层平面视图窗添加完成后，选择所有的窗，单击“剪贴板”面板中的“复制至剪贴板”工具，将所选择图元复制至 Windows 剪贴板。单击“剪贴板”面板中的“对齐粘贴”，弹出对齐粘贴下拉列表，在列表中选择“与选定的标高对齐”选项，复制其他平面楼层的窗，

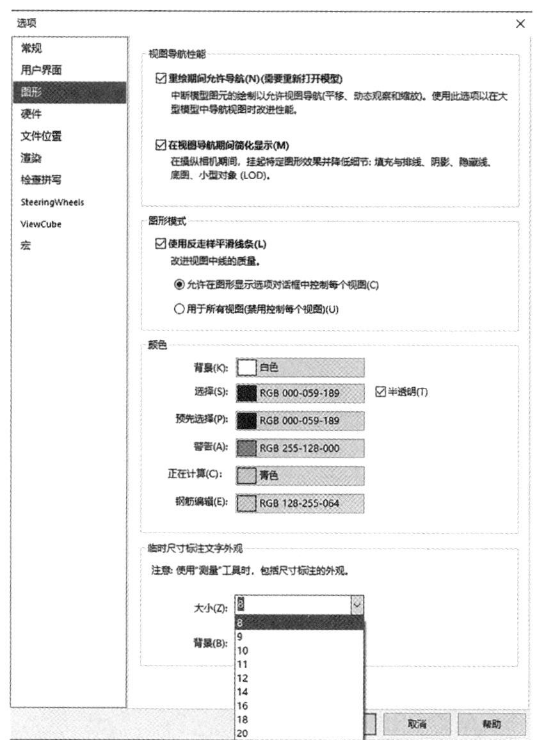

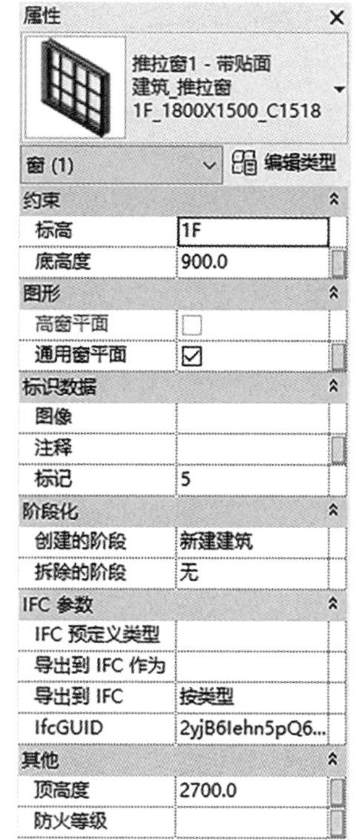

图 1-4-16　改变临时尺寸标注外观（左）

图 1-4-17　窗的属性（右）

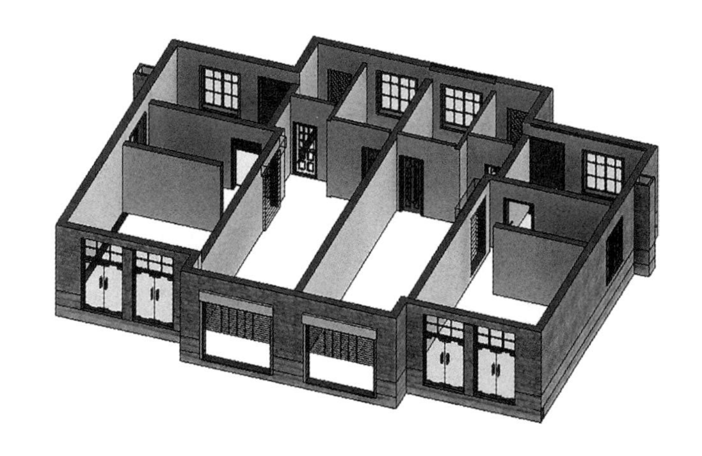

图 1-4-18　一层窗

并修改其属性。

8. 使用族命令自定义窗族

门、窗族均可使用 Revit Architecture 中的族命令，按照设计需求，自行定义创建。注意根据“竹园轩”图纸，二层与三层墙体添加一个窗户“建筑_欧式弧形窗 2F_5300×2600_铝合金”，该窗户是自己定义的窗族，创建见教材模块三的族部分。

学习任务二：创建坡道和散水

单元一 创建坡道

操作步骤：

1. 打开坡道工具

打开“竹园轩”项目文件，切换至“室外地坪”楼层平面视图，适当缩放“竹园轩”主入口位置。单击“建筑”选项卡——“楼梯坡道”面板——“坡道”工具，进入“修改｜创建坡道草图”状态，自动切换至“创建坡道草图”上下文选项卡。

2. 定义坡道各属性参数

单击“属性”面板中的“编辑类型”按钮，打开坡道“类型属性”对话框，复制出名称为“建筑_车库坡道 1F_270_混凝土”的新坡道类型。如图 1-4-19 所示，修改类型参数中的“功能”为“外部”，“坡道材质”为“车道坡道材质”；确认“坡道最大坡度（1/x）”为 12，即坡道最大坡度为 1/12；修改“造型”方式为“实体”，其余参数参照图中设定。完成后单击“确定”按钮，退出“类型属性”对话框。

3. 修改坡道实例参数

如图 1-4-20 所示，在“属性”面板中，修改实例参数“底部标高”为“1F”，“底部偏移”为“-450”，“顶部标高”为“1F”，“顶部偏移”为“-200”，即该坡道由一层平面 1F 以下 450mm 上升至比一层平

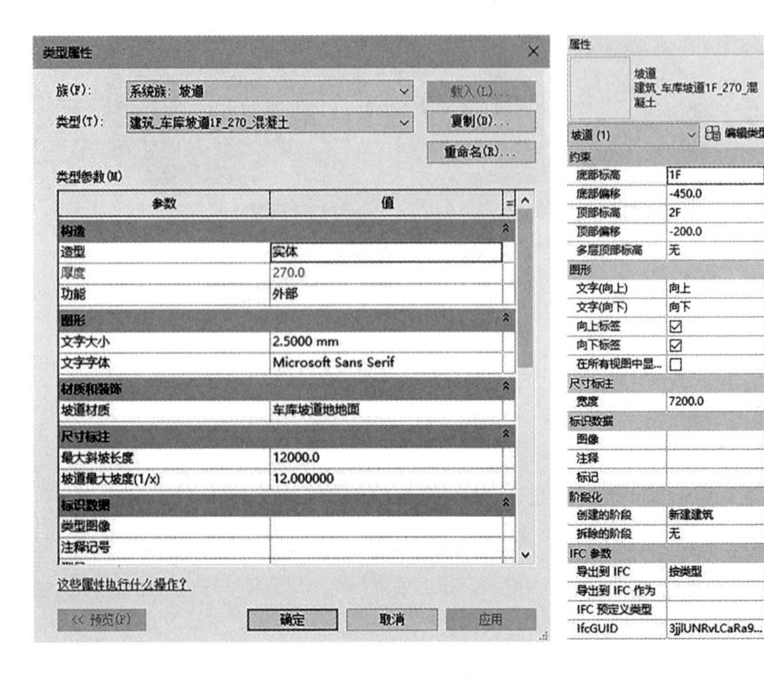

图 1-4-19 坡道类型属性（左）
图 1-4-20 坡道实例属性（右）

面低 200mm，修改“宽度”值为“7200.0”，其余参照图中所示。单击“应用”按钮应用设置。

4. 绘制坡道的参照平面

使用“参照平面”工具，按照图 1–4–21 所示距离分别绘制参照平面。

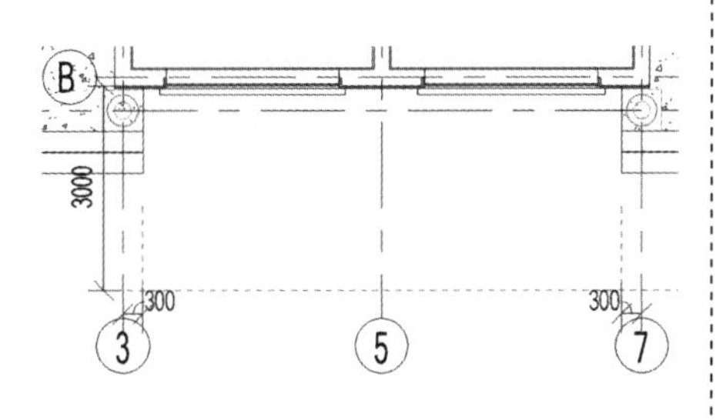

图 1–4–21　坡道参照平面

5. 完成坡道的绘制

单击“创建坡道草图轮廓”上下文选项卡——“绘制”面板——绘制模式为“梯段”，绘制方式为“矩形”，从坡道底部向顶部捕捉参照平面交点，完成后单击“模式”面板中的“完成编辑模式”完成坡道绘制。

单元二　创建散水

Autodesk Revit 2023 提供楼板边工具，也可以用来创建外墙的散水，如图 1–4–22 所示。

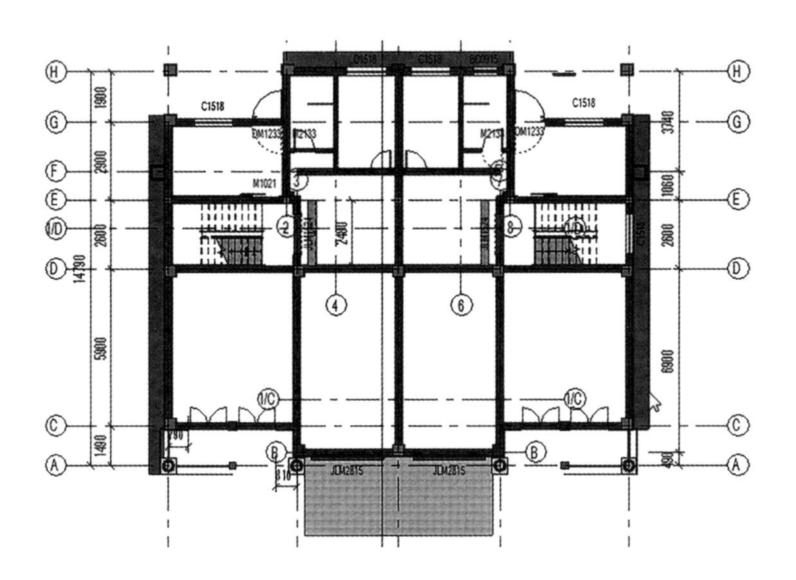

图 1–4–22　外墙散水

操作步骤：

1. 选择族样板

单击“应用程序菜单”按钮，在列表中选择“新建 – 族”选项，以“公制轮廓 .rft”族样板文件为族样板，进入轮廓族编辑模式。

注意：族样板文件位置为 C:\ProgramData\Autodesk\RVT 2023\ Family Templates\Chinese\

2. 创建散水截面轮廓族

使用“直线”工具，按图 1–4–23 所示尺寸绘制首尾相连且封闭的散水截面轮廓。单击“保存”按钮，将该族重命名为“竹园轩散水轮廓 .rfa”。单击“族编辑器”面板中的“载入到项目中”按钮，将轮廓族输入至综合楼项目中。

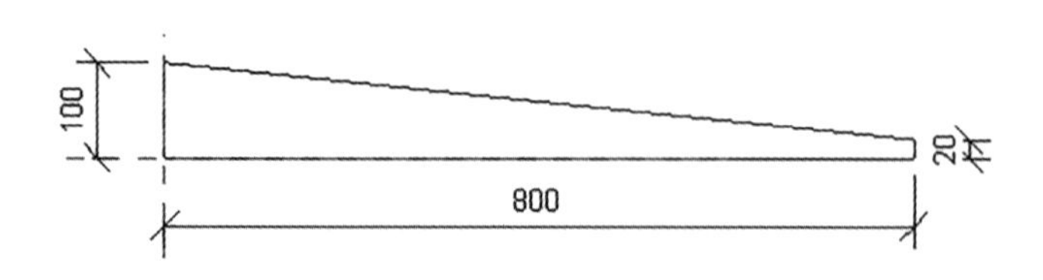

图 1–4–23　800 宽室外散水轮廓

3. 选择墙饰条操作

单击“建筑”选项卡——“构建”面板——“墙”工具下拉箭头，在墙工具列表中选择“墙饰条”，系统自动切换至“修改 | 放置墙饰条”上下文选项卡。

注意：无法在平面视图中使用“墙饰条”和“分隔缝”工具。

4. 定义“竹园轩”外墙散水墙饰条的各属性参数

打开“类型属性”对话框，复制出名称为“建筑_散水室外地坪_800×100_混凝土 C20”的墙饰条类型。勾选类型参数中的“被插入对象剪切”选项，即当墙饰条位置插入门窗洞口时自动被洞口打断；修改“构造”参数分组中的“轮廓”为“竹园轩散水轮廓：竹园轩散水轮廓”；修改“材质”为“混凝土”，其余参数如图 1–4–24 所示。单击“确定”按钮，退出“类型属性”对话框。

类型属性

族(F)：系统族：墙饰条　　载入(L)...
类型(T)：建筑_散水室外地坪_800x100_混凝土C20　　复制(D)...
重命名(R)...

类型参数(M)

参数	值
约束	
剪切墙	☑
被插入对象剪切	☑
默认收进	0.0
构造	
轮廓	竹园轩散水轮廓：竹园轩散水轮廓
材质和装饰	
材质	混凝土
标识数据	
墙的子类别	<无>
类型图像	
注释记号	
型号	
制造商	
类型注释	
URL	

这些属性执行什么操作？

<< 预览(P)　确定　取消　应用

图 1–4–24　散水类型属性

注意：“剪切墙”选项允许墙饰条深入主体墙时，剪切墙体；墙饰条可以设置所属墙的子类别。

5. 生成外墙散水

确认“放置”面板中墙饰条的生成方向为“水平”，即沿墙水平方向生成墙饰条。在三维视图中，分别单击拾取“竹园轩”

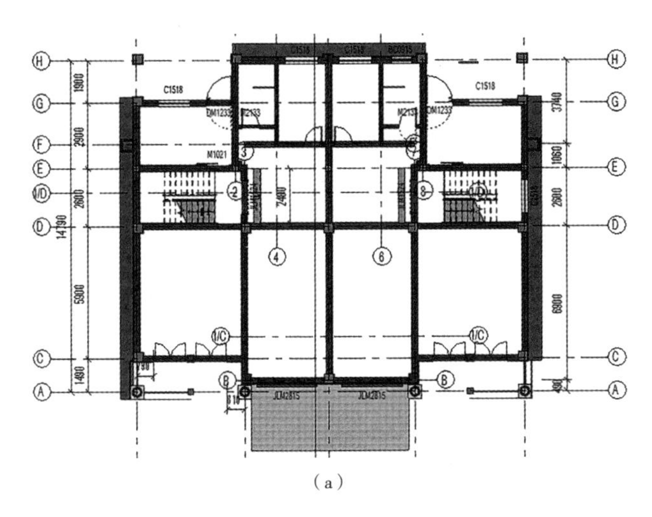

（a）

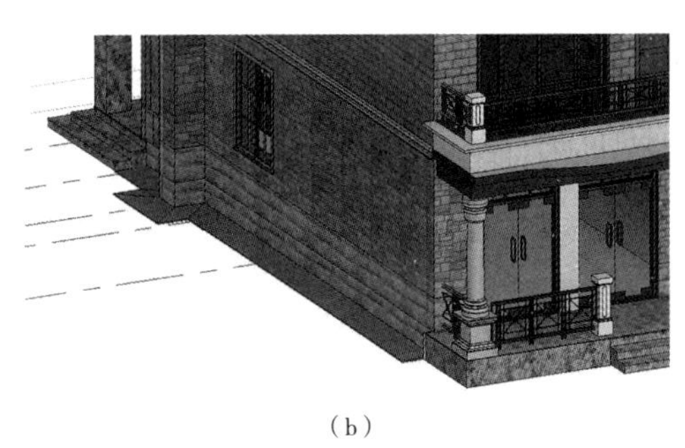

（b）

图1-4-25　外墙散水三维效果图

外墙底部边缘，沿所拾取墙底部边缘生成散水，如图 1-4-25 所示。

学习任务三：创建模型文字

“竹园轩”在西向立面有别墅名称“竹园轩”，可以采用“模型文字”工具来进行创建。

操作步骤：

1. 设置工作平面

模型文字也是一种模型实体图元，在创建之前，首先要设置工作平面以确定模型文字放置的位置。

打开“竹园轩”项目文件三维视图，单击“修改”选项卡——“工作平面”面板——“设置”命令，打开“工作平面对话框”，在“指定新的工作平面”选项组中，选择“拾取一个平面”选项，点击“确定”，此时，光标指针变成“拾取一个工作平面”的形式“+”，允许用点击鼠标左键方式在模型中选取一个面来作为放置“模型文字”的工作平面，如图 1-4-26 所示。如果再次点击“设置”工具，调出“工作平面”对话框，当前工作平面名称显示在该对话框中。

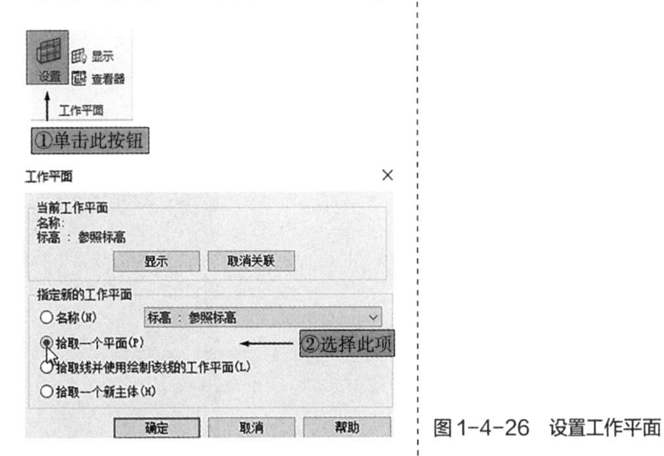

图1-4-26　设置工作平面

2. 创建模型文字

（1）输入模型文字操作

单击“建筑”选项卡——“模型”面板——“模型文字”命令，打开“编辑文字”对话框，在文本框中已预设“模型文字”字样并处于选

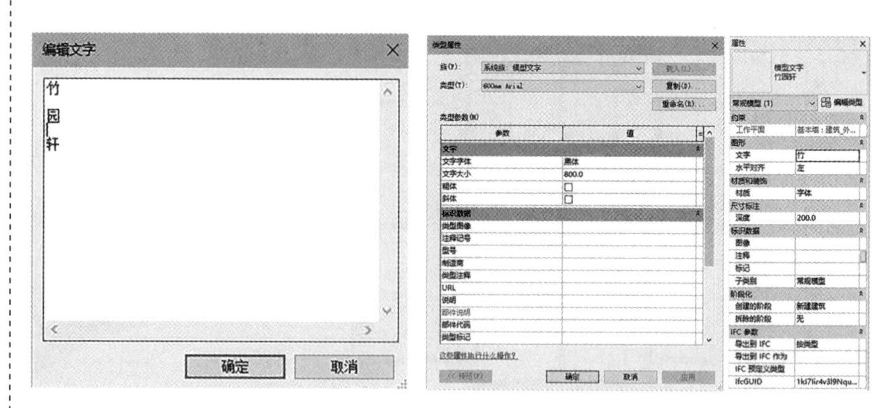

图1-4-27　输入模型文字（左）
图1-4-28　编辑模型文字属性（右）

取状态，直接输入需要创建的模型文本“竹园轩”，包括文本之间的空格，如图 1-4-27 所示。

（2）确定模型文字位置并修改模型文字的有关参数

编辑好文字后，单击“确定”，退出“编辑文字”对话框，输入的模型文字随鼠标在设置的工作平面内移动，单击鼠标左键，将模型文字放置至合适的位置。再次单击“竹园轩”文字，在“属性”面板中编辑类型，可以看出“模型文字”为系统族，复制创建名称为“竹园轩”的类型，并对“文字字体”“文字大小”进行设置，如图 1-4-28 所示，单击“确定”，退出“类型属性”对话框，继续在“属性”面板中编辑设置其他属性，完成后单击“应用”按钮，模型文字创建完成。

模型文字的效果，如图 1-4-29 所示。

图1-4-29　创建模型文字效果

六、任务后：知识拓展应用

扫描目录前二维码学习相关内容。

七、评价与展示

<table>
<tr><td colspan="7">学生任务清单（含课程评价）1.4</td></tr>
<tr><td rowspan="3">前期导入</td><td>任务名称</td><td colspan="5"></td></tr>
<tr><td>学生姓名</td><td></td><td>班级</td><td></td><td>学号</td><td></td></tr>
<tr><td>完成日期</td><td colspan="2"></td><td>完成效果</td><td colspan="2">（教师评价及签字）</td></tr>
<tr><td rowspan="3">明确任务</td><td>任务目标</td><td colspan="5"></td></tr>
<tr><td rowspan="2">任务实施</td><td colspan="4" rowspan="2"></td><td>成果提交</td></tr>
<tr><td></td></tr>
<tr><td>自学简述</td><td>课前布置</td><td colspan="5">主要根据老师布置的网络学习任务，说明自己学习了什么？查阅了什么？</td></tr>
<tr><td rowspan="2">学习复习</td><td>不足之处</td><td colspan="5"></td></tr>
<tr><td>提问</td><td colspan="5">自己想和老师探讨的问题</td></tr>
<tr><td rowspan="4">过程评价</td><td>自我评价
（5 分）</td><td>课前学习</td><td>实施方法</td><td>职业素质</td><td>成果质量</td><td>分值</td></tr>
<tr><td></td><td></td><td></td><td></td><td></td><td></td></tr>
<tr><td>教师评价
（5 分）</td><td>时间观念</td><td>能力素养</td><td>成果质量</td><td>分值</td><td></td></tr>
<tr><td></td><td></td><td></td><td></td><td></td><td></td></tr>
</table>

项目五　创建扶手、楼梯与洞口

一、学习任务描述

Revit Architecture 中提供了扶手、楼梯、坡道等工具，通过定义不同的扶手、楼梯的类型，可以在项目中生成各种不同形式的扶手、楼板构件。

使用楼梯工具，可以在项目中添加各种样式的楼梯。在 Revit Architecture 中，楼梯由梯段、平台以及栏杆扶手组成。在绘制楼梯时，可以沿楼梯自动放置指定类型的扶手。与其他构件类似，在使用楼梯前应定义好楼梯类型属性中各种楼梯参数。

在项目中添加楼板、天花板等构件后，需要在楼梯间、电梯间等部位的楼板、天花板及屋顶上创建洞口。在创建楼板、天花板、屋顶这些构件的轮廓边界时，可以通过边界轮廓来生成楼梯间、电梯井等部位的洞口，也可以使用 Autodesk Revit 2023 提供的洞口工具在创建完成的楼板、天花板上生成洞口。

二、任务目标

1. 创建栏杆扶手

2. 创建楼梯

3. 创建洞口

三、思维导图

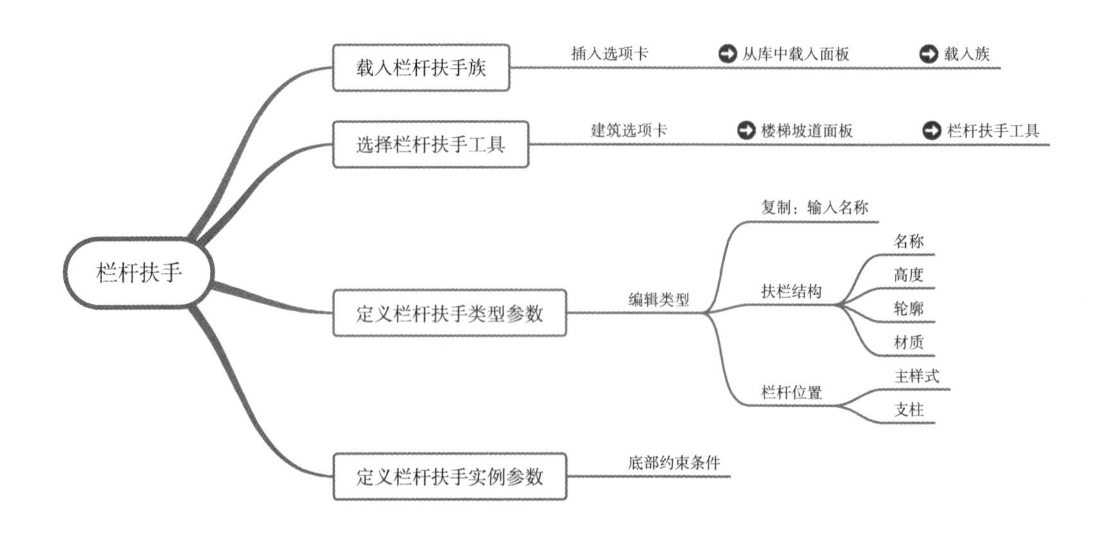

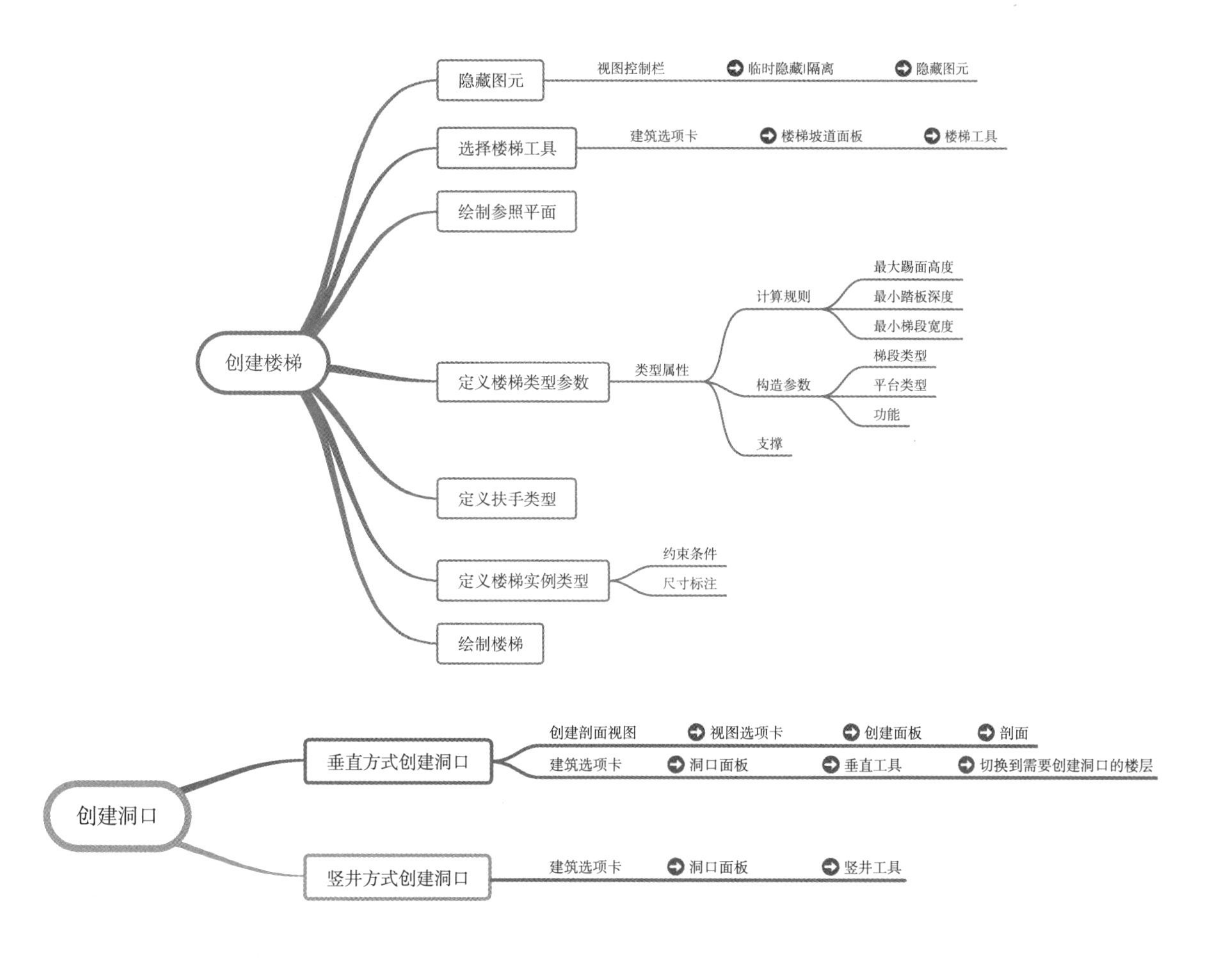

四、任务前：思考并明确学习任务

1. 实训一：创建“竹园轩”项目三层室内栏杆以及阳台栏杆，如图 1−5−1 所示，熟悉栏杆扶手的有关操作。

2. 实训二：添加“竹园轩”的楼梯，如图 1−5−2 所示，熟悉楼梯的操作。

3. 实训三：使用洞口边界的方式为“竹园轩”项目楼梯间位置添加洞口，熟悉洞口的有关操作。

图 1-5-1　绘制阳台栏杆效果

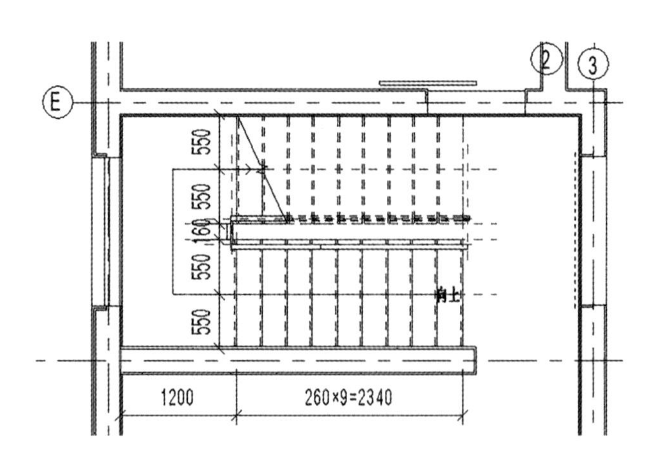

图1-5-2 添加“竹园轩”楼梯

五、任务中：任务实施

学习任务一：创建扶手栏杆

在 Autodesk Revit 2023 中扶手由两部分组成，即扶手与栏杆，在创建扶手前，需要在扶手类型属性对话框中定义扶手结构与栏杆类型。扶手可以作为独立对象存在，也可以附着于楼板、楼梯、坡道等主体图元。

操作步骤：

1. 打开扶手工具

打开“竹园轩”项目，切换至 3F 楼层平面视图。单击“建筑”选项卡 / “楼梯坡道”面板 / “栏杆扶手”工具，进入“修改 | 创建扶手路径”模式，自动切换至“修改 | 创建扶手路径”上下文选项卡，如图 1-5-3 所示。

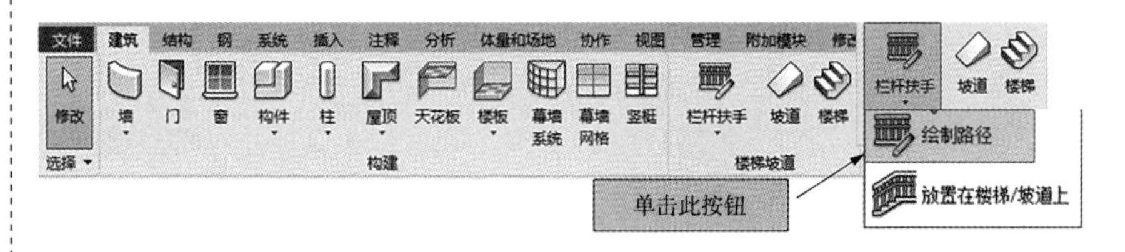

图1-5-3 扶手工具

2. 编辑扶手

（1）定义扶手类型

分析三层室内栏杆以及阳台栏杆的组成，如图 1-5-4 所示。

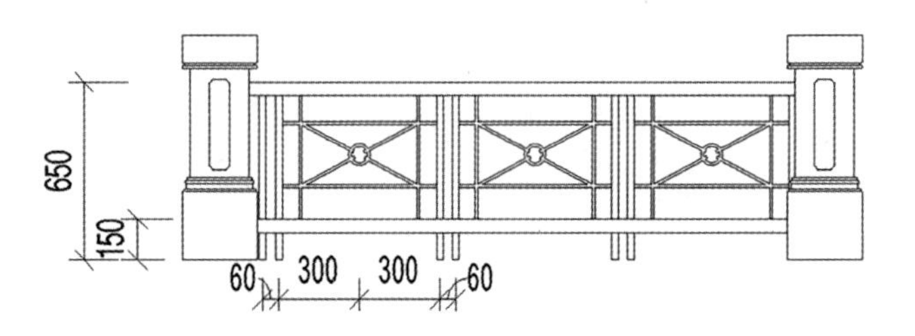

图1-5-4 扶手栏杆示意图

在“属性”面板“类型选择器”扶手类型列表中，选择扶手类型为“900mm 圆管”。单击“编辑类型”按钮，打开扶手“类型属性”对话框。单击“复制”按钮，新建名称为“建筑_阳台栏杆二 2F_650_金属”扶手新类型，如图 1–5–5 所示。“类型选择器”中，默认扶手类型列表取决于项目样板中的预设扶手类型。

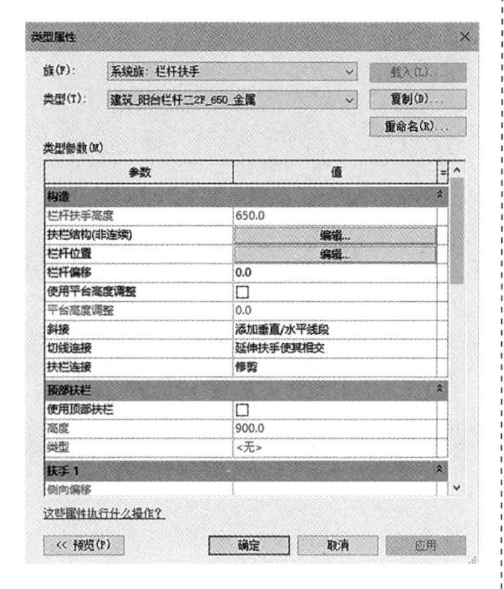

图 1–5–5　“栏杆扶手”类型属性

“扶手结构”由一系列在“编辑扶手”对话框中定义的轮廓族沿扶手路径放样生成。栏杆是指在“编辑栏杆位置”对话框中，由用户指定的主要栏杆样式族，按指定的间距沿扶手路径阵列分布，并在扶手的起点、终点及转角点处放置指定的支柱栏杆族。扶手结构示意如图 1–5–6 所示。

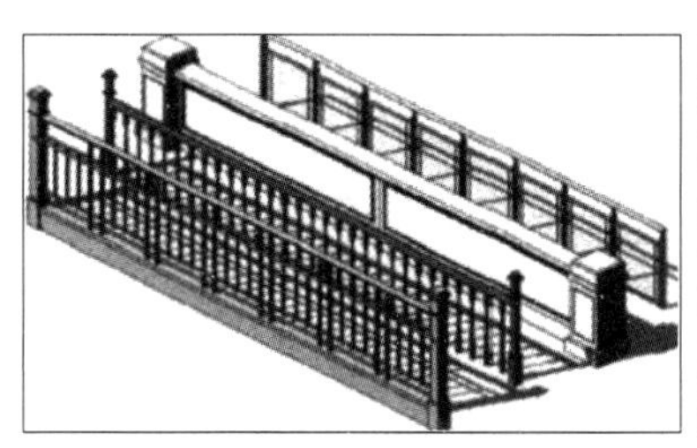

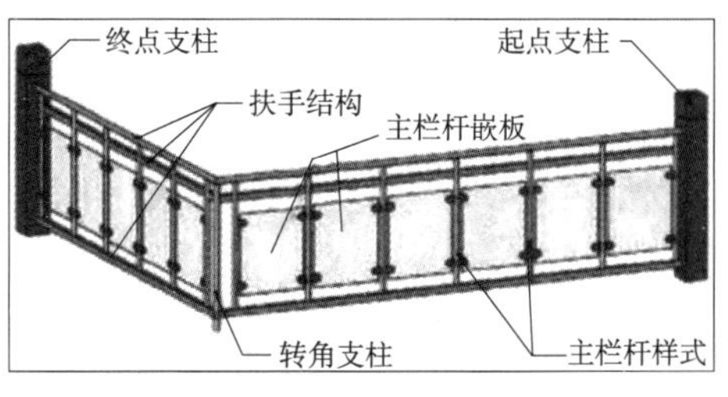

图 1–5–6　栏杆与扶手

（2）定义扶手结构参数

1）定义扶栏结构参数

单击“类型属性”对话框中“扶栏结构”参数后的“编辑”按钮，弹出“编辑扶手”对话框。如图 1–5–7 所示，设置第 1 行“顶部扶栏”轮廓为“矩形扶手：50 × 50mm”，修改扶手材质为“竹园轩金属栏杆”，该材质基于材质对话框“金属”材质类中的“抛光不锈钢”材质复制建立。设置完成后，单击“确定”按钮返回“类型属性”对话框。

2）定义栏杆位置参数

单击“类型属性”对话框中“栏杆位置”参数后的“编辑”按钮，弹出“编辑栏杆位置”对话框。如图 1–5–8 所示，在“栏杆扶手族”列表中“主样式”框内，依次定义各栏杆参数。栏杆 1 的参数设置，选择“栏杆 –

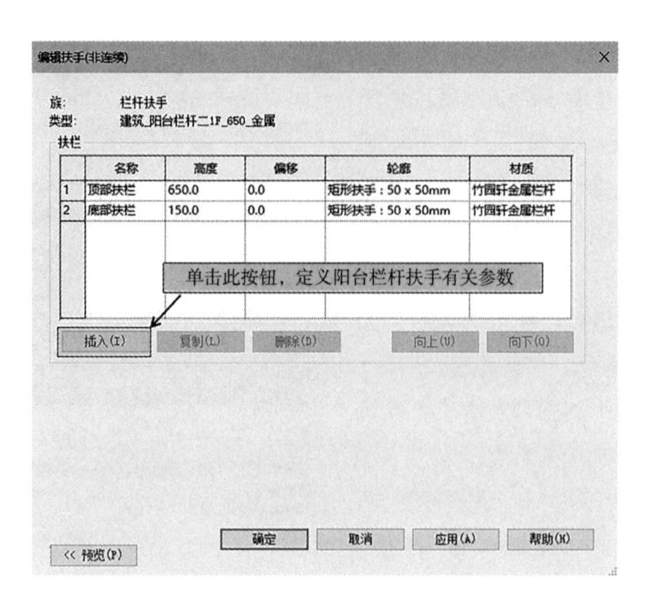

图 1-5-7 扶栏结构参数

正方形：25mm”，“底部”设置为“主体”，“底部偏移”值为“0”，“顶部”设置为“顶部扶栏”，“顶部偏移”值为“0”，“相对前一栏杆的距离”值为“60”，“偏移值”为“0”。其他栏杆参数设置如图 1-5-8 所示。

“支柱”框内的设置：“起点支柱”的“栏杆族”设置为“欧式立柱：欧式立柱”，“底部”设置为“主体”，“底部偏移”值为“0”，“顶部”设

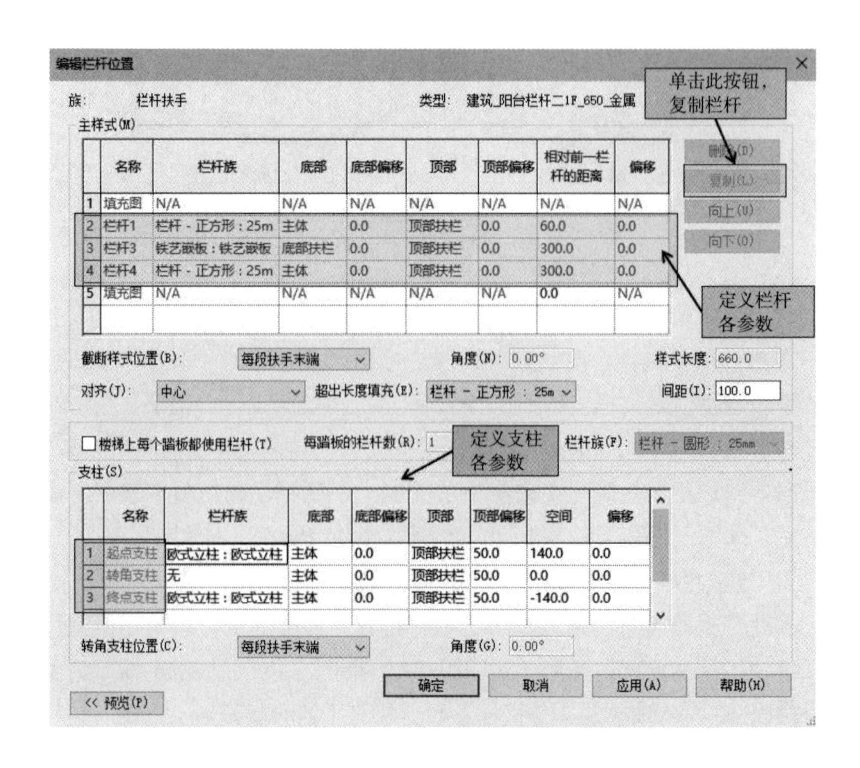

图 1-5-8 栏杆位置参数

置为“顶部扶栏”,“顶部偏移”值为“50”,“空间”值为“140”,“偏移”值为“0”。“终点支柱”的参数设置参照图中所示。设置完成后,单击“确定”按钮,返回“类型属性”对话框。

3）确定栏杆偏移量

修改“类型属性”对话框类型参数中的“栏杆偏移”值为“0”,单击“确定”按钮,退出“类型属性”对话框。

4）确定扶手底部标高以及偏移值

设置“属性”面板中的“底部标高”为2F,“底部偏移”值设置为“480”,即扶手位于2F标高之上480mm。

3. 创建扶手

单击“绘制”面板/“直线”绘制方式,设置选项栏中的“偏移值”为“0”。在“竹园轩”阳台位置捕捉①轴与Ⓐ轴、③轴与Ⓐ轴的交点,绘制出栏杆路径。

注意:扶手路径可以不封闭,但所有路径迹线必须连续。

4. 显示扶手的三维效果

单击“完成扶手”按钮,Autodesk Revit 2023将在绘制的路径位置生成扶手。切换至三维视图,该扶手如图1-5-9所示。使用相同的方式,在3F放置扶手。

图1-5-9　栏杆扶手三维效果

知识点

栏杆扶手的有关参数的说明

在定义“扶手结构”的“编辑扶手”对话框中,如图1-5-10所示,可以指定各扶手结构的名称、距离“基准”的高度、采用的轮廓族类型及各扶手的材质。单击“插入”按钮可以添加新的扶手结构。虽然可以使用“向上”或“向下”按钮修改扶手的结构顺序,但扶手的高度由“编辑扶手”对话框中最高的扶手决定。

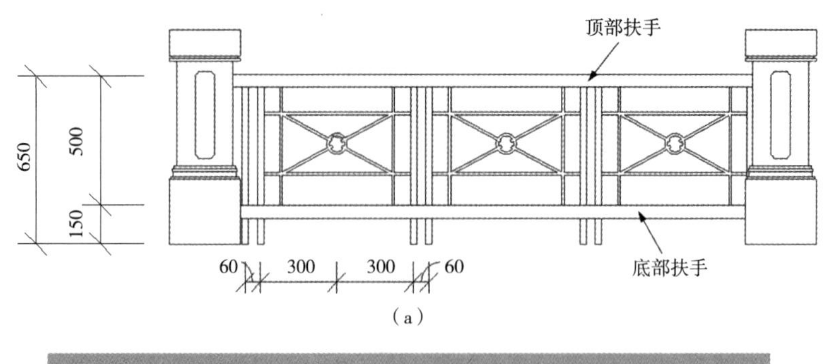

（a）

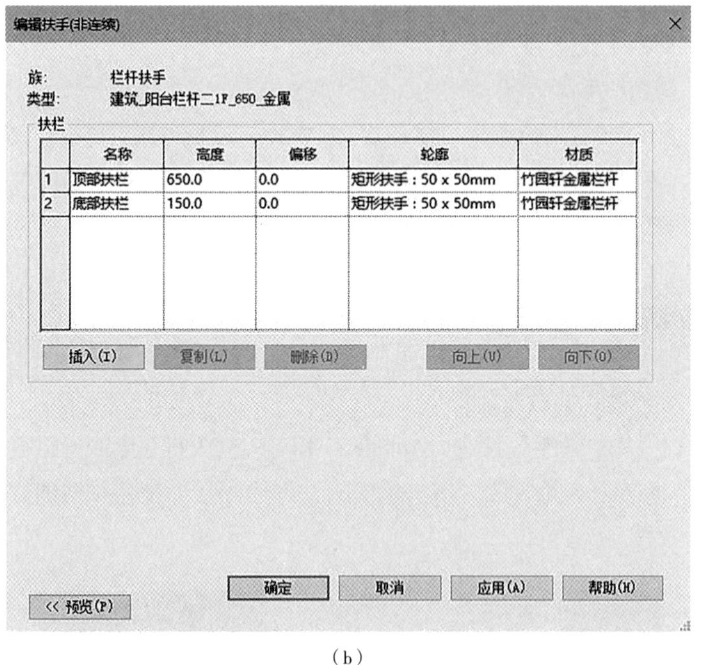

（b）

图 1-5-10 编辑扶手属性

在定义“栏杆位置”的“编辑栏杆位置”对话框中，可以设置主样式中使用的一个或几个栏杆或栏板。如图 1-5-11 所示，为扶手定义了两个栏杆和一个嵌板，并分别定义了各样式名称为“栏杆”和“嵌板”；所使用的栏杆族分别为“栏杆 - 正方形：25mm”和“铁艺嵌板：铁艺嵌板”；“栏杆”样式在高度方向的起点为主体，即从栏杆的主体或实例属性中定义的标高及底部偏移位置开始，至名称为“顶部扶手”的扶手结构处结束；“嵌板”样式在高度方向的起点在名称为“底部扶手”的扶手，直到“顶部扶手”扶手结构结束，与栏中心线偏移值为 300mm。

在“编辑扶手”对话框中，“偏移”参数用来指定扶手轮廓基点偏离该中心线左、右的距离。Autodesk Revit 2023 扶手的剖面不会显示中心线。

在主样式设置中，可以设置主样式中定义栏杆的“截断样式位置”，

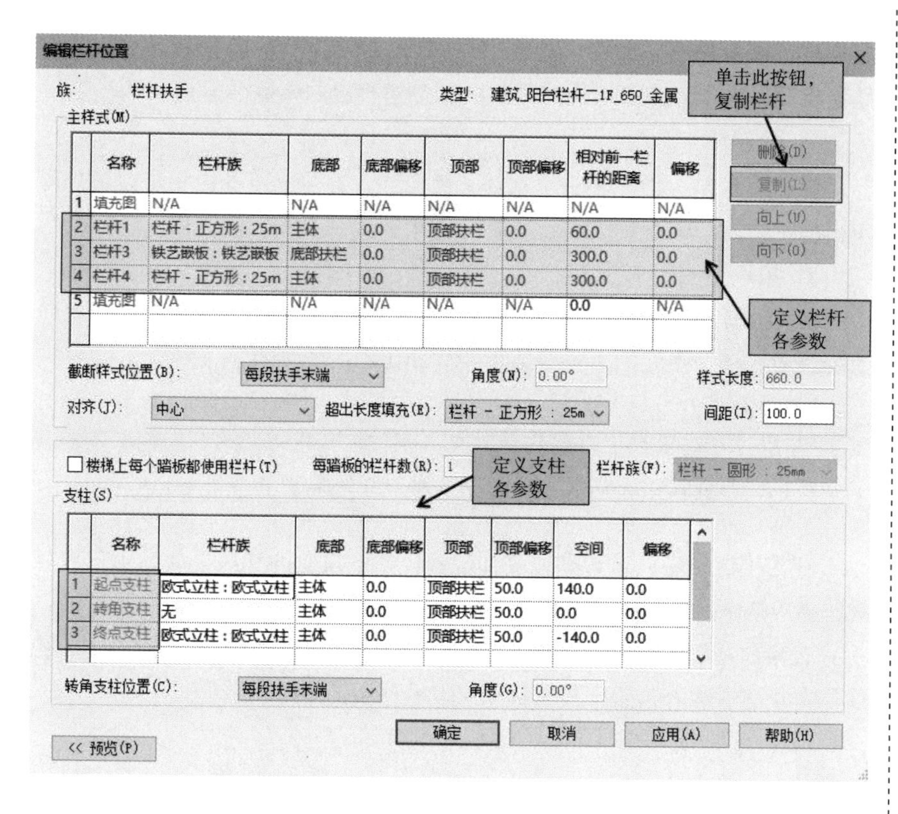

	名称	栏杆族	底部	底部偏移	顶部	顶部偏移	相对前一栏杆的距离	偏移
1	填充图	N/A	N/A	N/A	N/A	N/A	N/A	N/A
2	栏杆1	栏杆 - 正方形 : 25m	主体	0.0	顶部扶栏	0.0	60.0	0.0
3	栏杆3	铁艺嵌板 : 铁艺嵌板	底部扶栏	0.0	顶部扶栏	0.0	300.0	0.0
4	栏杆4	栏杆 - 正方形 : 25m	主体	0.0	顶部扶栏	0.0	300.0	0.0
5	填充图	N/A	N/A	N/A	N/A	N/A	0.0	N/A

	名称	栏杆族	底部	底部偏移	顶部	顶部偏移	空间	偏移
1	起点支柱	欧式立柱 : 欧式立柱	主体	0.0	顶部扶栏	50.0	140.0	0.0
2	转角支柱	无	主体	0.0	顶部扶栏	50.0	0.0	0.0
3	终点支柱	欧式立柱 : 欧式立柱	主体	0.0	顶部扶栏	50.0	-140.0	0.0

图 1-5-11　编辑栏杆位置属性

即当绘制的扶手带有转角时，且转角处的剩余长度不足以生成完成的主样式栏杆时，如何截断栏杆。Autodesk Revit 2023 提供了三种截断方式：“每段扶手末端”“角度大于”或“从不”。还可以设置“对齐”选项，指定 Autodesk Revit 2023 第一根栏杆对齐扶手的位置。

在“编辑栏杆位置”对话框中还可以自由指定扶手转角处、起点和终点所使用的支柱样式和使用的族。

学习任务二：创建楼梯

单元一　创建楼梯

操作步骤：

1. 隐藏楼板操作

打开“竹园轩”项目文件，切换至 1F 平面视图，适当缩放视图至Ⓓ轴至Ⓔ轴之间需设置楼梯部位。选择楼板等构件，选择“视图控制栏”中“临时隐藏 / 隔离”按钮中的“隐藏图元”选项，隐藏楼板，使图面清晰。

2. 绘制参照平面

确定楼梯类型，计算梯段参数，单击“创建”选项卡——“基准”面板——“参照平面”命令，绘制参照平面。如图 1-5-12 所示，在楼梯间绘制参照平面。用户可以通过两种方式创建相应的参照平面：

1）绘制线

单击“绘制”面板——“直线”命令，在平面视图中相应位置依次单击捕捉两点，即可完成参照平面的创建。

2）拾取线

单击“绘制”面板——“拾取线”命令，在平面视图中单击选择已有的线或者模型图元的边缘，即可完成参照平面的创建。

注意：在选项栏中“偏移量”文本框中输入一定距离，在捕捉两点绘制参照平面或者拾取线绘制参照平面的直线位置偏移文本框的距离。

在建模过程中，对于参照平面较多、一些重要的参照平面，用户可以进行相应的命名，以便通过名称来方便地选择该平面作为设计的工作平面。

在平面视图中单击选择创建的参照平面，在属性面板中，用户在“名称”文本框中输入参照平面名称即可，操作如图 1-5-13 所示。

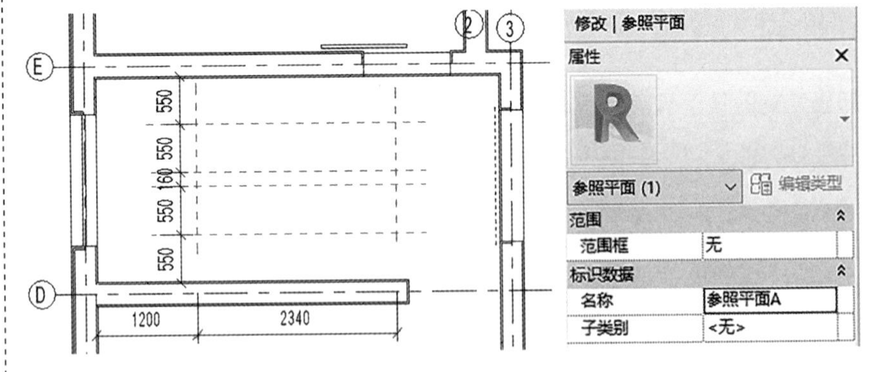

图 1-5-12　楼梯参照平面（左）
图 1-5-13　参照平面命名（右）

3. 选择楼梯工具

单击“建筑”选项卡——“楼梯坡道”面板——“楼梯”命令，系统自动切换至“修改 | 创建楼梯”上下文选项卡。在“构建”面板中确认“梯段”工具。

4. 定义楼梯类型

在“属性”面板下拉列表中选择楼梯类型为“现场浇注楼梯—整体浇注楼梯”类型，单击类型选择器中的“编辑类型”按钮，打开楼梯“类型属性”对话框。在“类型属性”对话框中，选择楼梯类型为“整体浇注楼梯”，复制出名称为“建筑 _ 内部楼梯— 1F_120_ 现浇混凝土”的新楼梯类型，修改“类型属性”如图 1-5-14 所示。

1）在“计算规则”参数中，“最小踏板深度”为“260”，“最大踢面高度”为“165”，最小梯段宽度为“1100”；

2）在“构造”参数中，确认梯段类型以及平台类型；修改“功能”为“内部”；

3）在“图形”参数中，设置为单锯齿线；

4）设置“支撑参数”，右侧支撑类型选择“无”、梯边梁（闭合）、踏步梁（开放）等类型。

点击“梯段类型”右侧的按钮，进行结构深度的设置，设置参数如图 1-5-15 所示。

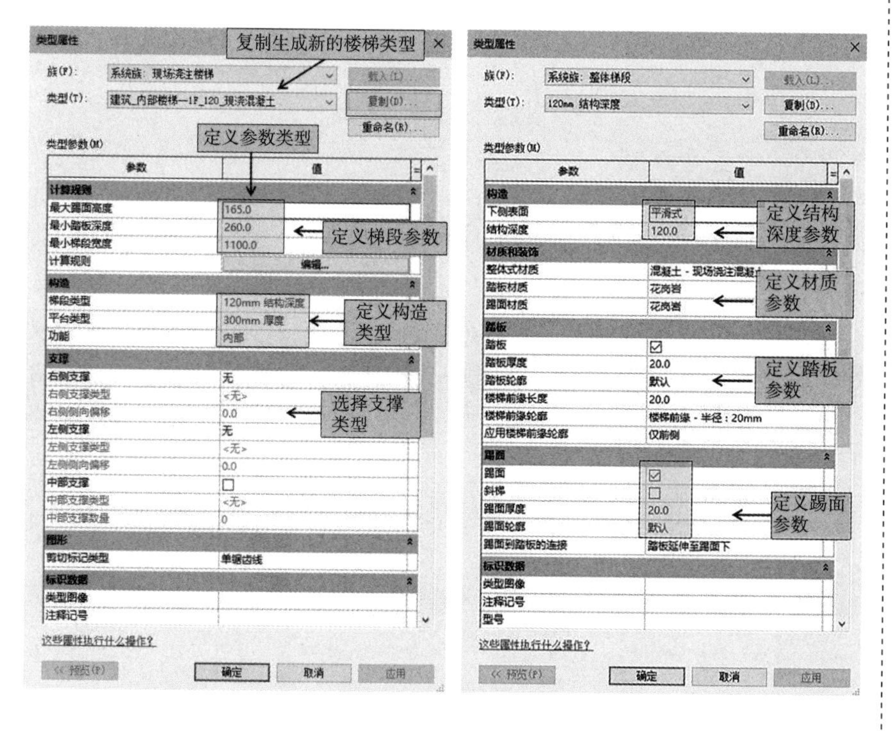

图 1-5-14　楼梯类型参数（左）
图 1-5-15　结构深度参数设置（右）

5. 确定楼梯的实例参数

如图 1-5-16 所示，修改“属性”面板中楼梯约束条件“底部标高”为 1F 平面，“顶部标高”为 2F 平面；设置“尺寸标注”的“所需踢面数”和“实际踏板深度”，单击“应用”按钮，应用该设置。

6. 定义扶手类型

单击“工具”面板中的“扶手类型”按钮，弹出“扶手类型”对话框，如图 1-5-17 所示在扶手类型列表中选择已定义的“建筑_楼梯栏杆—1F_900_金属”，单击“确定”按钮退出。

属性

现场浇注楼梯
建筑_内部楼梯—1F_120_
现浇混凝土

楼梯 (1) 编辑类型

约束	
底部标高	1F
底部偏移	0.0
顶部标高	2F
顶部偏移	0.0
所需的楼梯高度	3300.0
结构	
钢筋保护层	钢筋保护层 1 <2...
尺寸标注	
所需踢面数	20
实际踢面数	20
实际踢面高度	165.0
实际踏板深度	260.0
踏板/踢面起始...	1
标识数据	
图像	
注释	
标记	
阶段化	
创建的阶段	新建建筑
拆除的阶段	无
IFC 参数	
导出到 IFC	按类型
导出到 IFC 作为	
IFC 预定义类型	
IfcGUID	0S_vzLAZv0oPV...

定义楼梯实例参数

图 1-5-16　楼梯实例参数

栏杆扶手

建筑_楼梯栏杆—1F_900_金属

位置

◉踏板

○梯边梁

确定　取消

图 1-5-17　楼梯 A 属性

在 Autodesk Revit 2023 中，设置楼梯扶手时允许用户指定扶手生成的位置，在扶手类型对话框中，可以设置扶手沿踏步边缘生成还是沿梯边梁位置生成。

扶手属性参数如图 1-5-18 所示。

7. 创建楼梯

根据前面绘制的参照平面，移动鼠标指针至相应参照平面交点位置单击，确定为梯段起点和终点。在移动鼠标指针过程中，注意 Autodesk Revit 2023 会显示从梯段起点至鼠标当前位置已创建的踢面数及剩余的踢面数。当创建的踢面数为 10 时，单击完成第一个梯段。同样根据参照平面位置，完成第二段梯段的绘制。完成第二段梯段时，Autodesk Revit 2023 提示“剩余 0 个”时，单击指针完成第二个梯段，完成后的梯段如图 1-5-19 所示。Autodesk Revit 2023 会自动连接两段梯段边界，该位置将作为楼梯的休息平台。默认该平台的宽度与楼梯“实例属性”对话框中设置的“宽度”相同。选择休息平台楼梯边界线，对齐至墙体核心层表面边界。

单击“模式”面板中的“完成编辑模式”

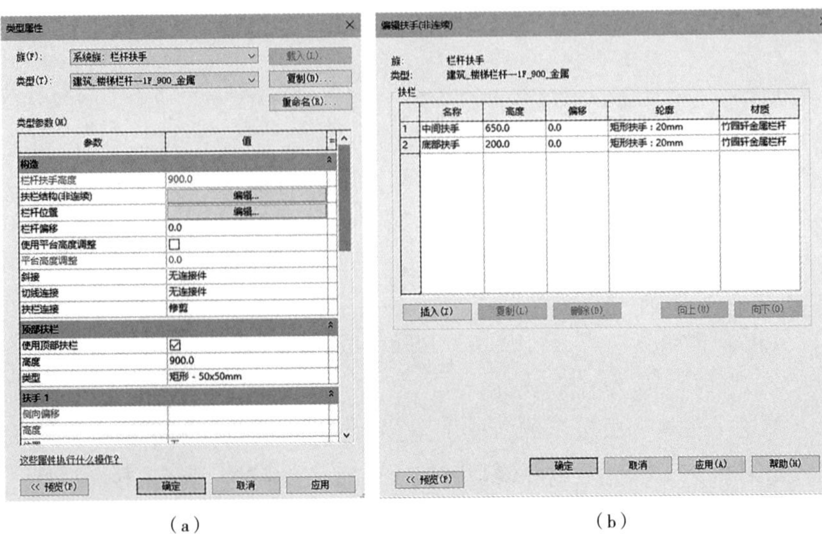

（a）　（b）

图 1-5-18　扶手属性参数（一）

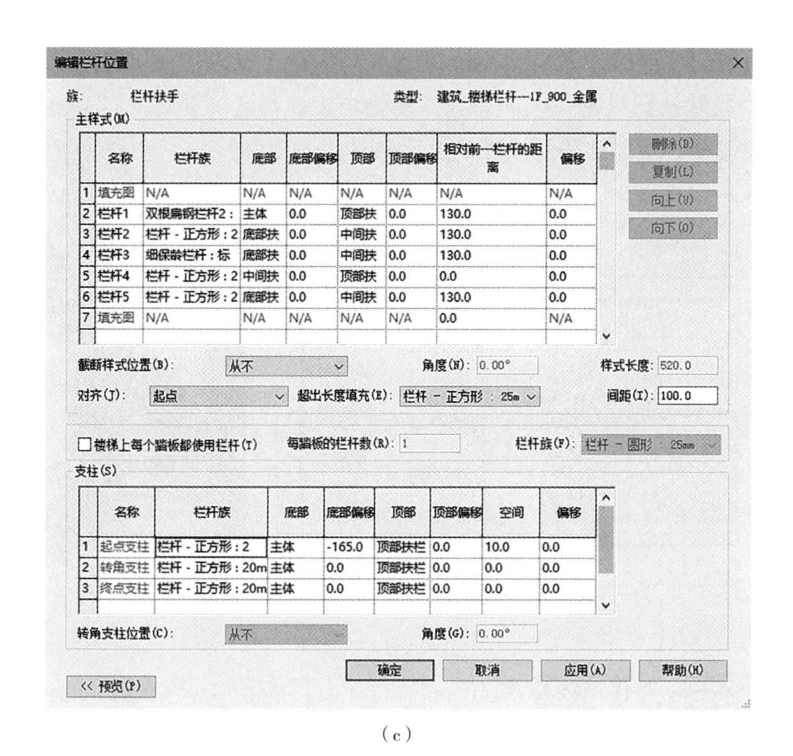
编辑栏杆位置

族：栏杆扶手　　类型：建筑_楼梯栏杆—1F_900_金属

主样式(M)

	名称	栏杆族	底部	底部偏移	顶部	顶部偏移	相对前一栏杆的距离	偏移
1	填充图	N/A	N/A	N/A	N/A	N/A	N/A	N/A
2	栏杆1	双根扁钢栏杆2：	主体	0.0	顶部扶	0.0	130.0	0.0
3	栏杆2	栏杆 - 正方形：2	底部扶	0.0	中间扶	0.0	130.0	0.0
4	栏杆3	细保龄栏杆：标	底部扶	0.0	中间扶	0.0	130.0	0.0
5	栏杆4	栏杆 - 正方形：2	中间扶	0.0	顶部扶	0.0	0.0	0.0
6	栏杆5	栏杆 - 正方形：2	底部扶	0.0	中间扶	0.0	130.0	0.0
7	填充图	N/A	N/A	N/A	N/A	N/A	0.0	N/A

删除(D)　复制(L)　向上(U)　向下(O)

截断样式位置(B)：从不　　角度(N)：0.00°　　样式长度：520.0

对齐(J)：起点　　超出长度填充(E)：栏杆 - 正方形：25m　　间距(I)：100.0

☐楼梯上每个踏板都使用栏杆(T)　　每踏板的栏杆数(R)：1　　栏杆族(F)：栏杆 - 圆形：25mm

支柱(S)

	名称	栏杆族	底部	底部偏移	顶部	顶部偏移	空间	偏移
1	起点支柱	栏杆 - 正方形：2	主体	-165.0	顶部扶栏	0.0	10.0	0.0
2	转角支柱	栏杆 - 正方形：20m	主体	0.0	顶部扶栏	0.0	0.0	0.0
3	终点支柱	栏杆 - 正方形：20m	主体	0.0	顶部扶栏	0.0	0.0	0.0

转角支柱位置(C)：从不　　角度(G)：0.00°

确定　取消　应用(A)　帮助(H)

<< 预览(P)

（c）

图 1-5-18　扶手属性参数（二）

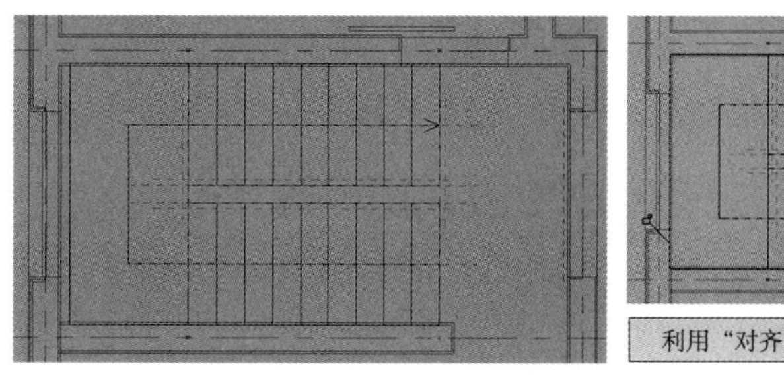

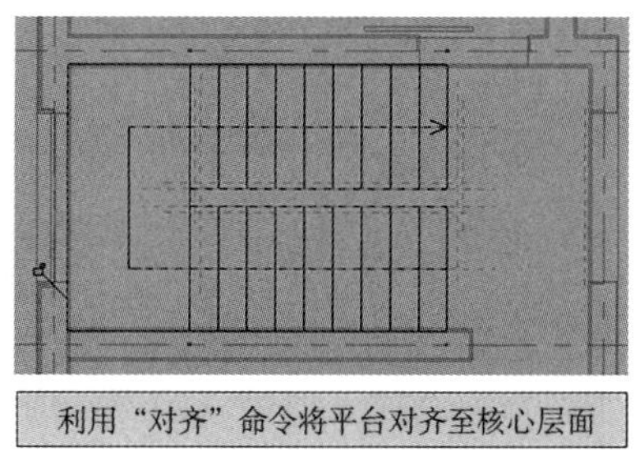

图 1-5-19　创建楼梯

按钮，完成楼梯。Autodesk Revit 2023 将按绘制的楼梯草图生成三维楼梯。在平面视图中生成楼梯投影。在 Autodesk Revit 2023 中创建楼梯时，绘制梯段的起点将作为楼梯的“上楼”位置。Autodesk Revit 2023 默认会以楼梯边界线为扶手路径，在梯段两侧均生成扶手。在一层平面视图中选择楼梯外侧靠墙扶手，按 Delete 键删除该扶手，完成后的楼梯平面视图如图 1-5-20 所示。

注意：在编辑模式下绘制的参照平面，在完成编辑后将不会显示在视图中。只有再次进入编辑模式后，才能查看和修改草图中的参照平面。

8. 显示楼梯的三维效果

切换默认三维视图，并在属性对话框中，勾选“剖面框”，适当调整剖面框位置，使之剖切到楼梯位置，如图 1-5-21 所示。

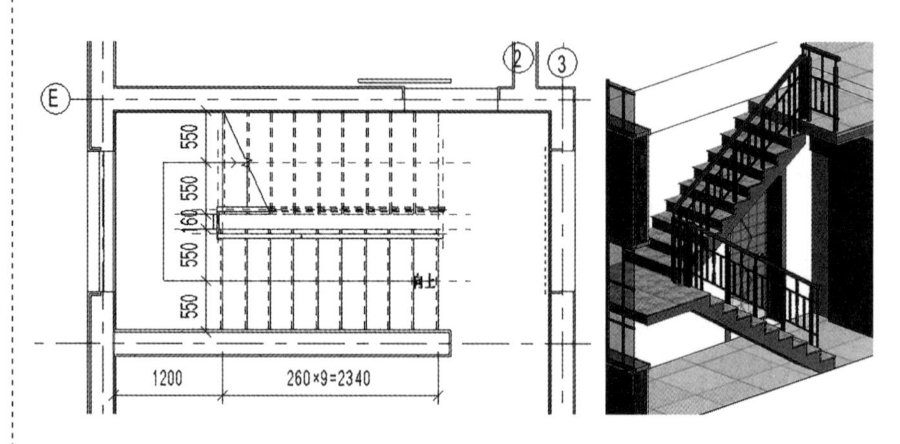

图1-5-20 楼梯1平面视图（左）
图1-5-21 楼梯1一层效果图（右）

单元二 修改楼梯扶手

在 Autodesk Revit 2023 中绘制楼梯后，Autodesk Revit 2023 默认会自动沿楼梯草图边界线生成扶手。Autodesk Revit 2023 允许用户根据设计要求再次修改扶手的迹线和样式。修改“竹园轩”项目楼梯扶手，以满足楼梯设计要求。

操作步骤：

1. 删除第二跑段以及天井处的扶手

打开“竹园轩”项目文件，切换至 1F 楼层平面视图，适当放大楼梯间位置。选择栏杆扶手，自动切换至“修改 | 栏杆扶手”上下文选项卡。单击“模式”面板中的“编辑路径”工具，进入“修改 | 栏杆扶手 > 编辑路径”状态。

选择第二跑梯段以及天井处扶手，按键盘 Delete 键将其删除。单击“修改”面板中“对齐”命令，将第一跑段扶手中间位置对齐距离梯井内侧边缘 50mm 的参照平面位置，完成后单击“完成编辑模式”按钮，完成扶手编辑。

2. 创建第二跑以及梯井处的扶手

(1) 单击“建筑”选项卡——“楼梯坡道”面板——“栏杆扶手”命令选项“绘制路径”工具，确认当前扶手类型为“建筑_楼梯栏杆一1F_900_金属”，模式为“绘制线”。确认选项栏中的偏移量为“0”，不勾选“锁定”选项，绘制第二跑栏杆扶手的路径，单击“工具”面板——“拾取新主体”命令，单击拾取上一步中的楼梯图元，将楼梯作为扶手主体。单击“完成编辑模式”按钮✓完成扶手迹线，Autodesk Revit 2023将沿楼梯梯段方向生成扶手，完成第二跑段扶手的创建。

（2）创建梯井处的扶手，单击“建筑”选项卡——“楼梯坡道”面板——“栏杆扶手”命令选项“绘制路径”工具，确认当前扶手类型为“建筑_楼梯栏杆一1F_900_金属”，绘制模式为“绘制线”。确认选项栏中的偏移量为“0”，不勾选“锁定”选项，在属性面板中，设定底部标高为“1F”，底部偏移为“1650”，绘制梯井扶手路径。单击“完成编辑模式”按钮✓完成梯井处的扶手创建。

3. 创建末端扶手

切换到2F楼层平面视图，单击“建筑”选项卡——“楼梯坡道”面板——“栏杆扶手”命令选项“绘制路径”工具，确认当前扶手类型为“建筑_楼梯栏杆末端一1F_1050_金属”，模式为“绘制线”，创建完成2F楼层末端栏杆扶手。

切换到三维视图，楼梯的三维效果如图1-5-22所示。

图1-5-22　楼梯的三维效果

学习任务三：创建洞口

单元一　添加洞口

操作步骤：

1. 创建剖切视图

（1）打开剖面视图工具

切换至2F楼层平面视图，适当放大④~⑤轴间楼梯间位置。如图1-5-23所示，单击“视图”选项卡——“创建”面板——“剖面”按钮，进入“剖面”视图创建状态。自动切换至“剖面”上下文选项卡。在“属性”面板“类型选择器”中选择“建筑剖面”作为当前剖面类型。

图1-5-23　剖面工具

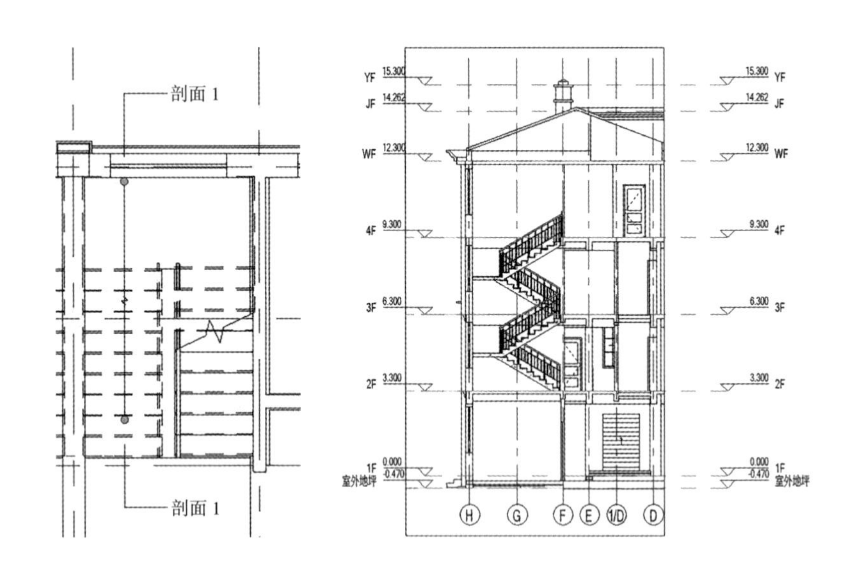

图1-5-24 创建剖面（左）
图1-5-25 剖面（右）

（2）确定剖切位置：如图 1-5-24 所示，移动鼠标指针至楼梯间④～⑤轴线之间、第一段楼梯、Ⓗ轴上方开始，单击鼠标左键作为剖面起点。沿垂直方向向下移动鼠标指针，当剖面线长度超过楼梯间进深时，单击鼠标左键作为剖面终点，在该位置绘制剖面线，并在项目浏览器中新建“剖面（建筑剖面）”视图类别，在“属性”面板中，标识数据选项的“视图名称”中，自创建“剖面 1”剖面图，修改名称为“A-A”。

（3）打开剖面视图

在项目浏览器中，展开“剖面（建筑剖面）”视图类别，该选项下有“A-A”剖面，双击切换至该视图，显示模型在该剖面位置的剖切投影，并以涂黑的方式显示楼板的剖切截面，如图 1-5-25 所示。

2. 创建洞口操作

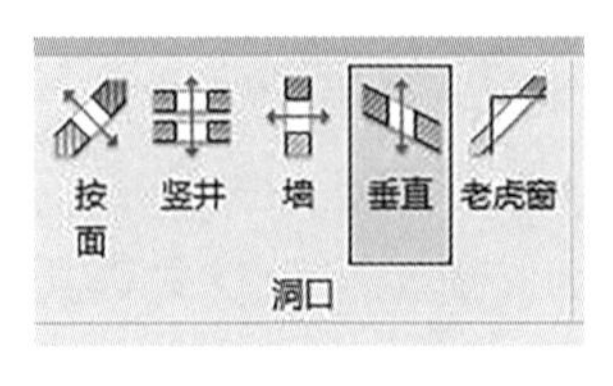

图1-5-26 垂直洞口工具

（1）打开洞口工具

如图 1-5-26 所示，单击“建筑”选项卡——“洞口”面板——“垂直”洞口工具，该工具将垂直于标高平面方向为构件添加洞口。

（2）选择 3F 楼板

在剖面视图中移动鼠标指针至 2F 楼板处，单击选择该楼板，为所选择的楼板进行添加洞口修改操作，Autodesk Revit 2023 弹出“转到视图”对话框，如图 1-5-27 所示。在视图列表中选择“楼层平面：2F”，单击“打开视图”按钮，打开 2F 楼层平面视图，并进入“创建洞口边界”编辑模式。

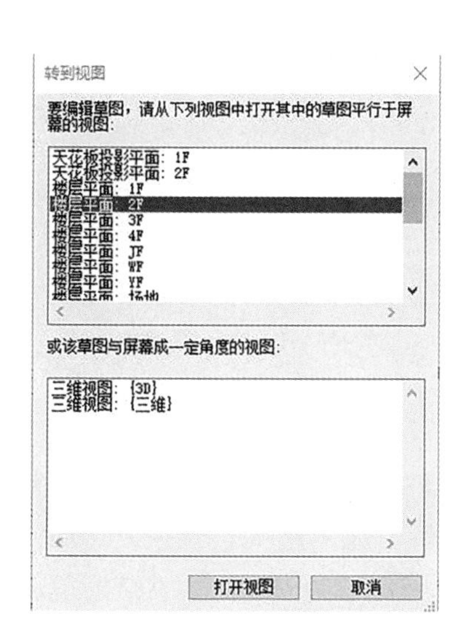

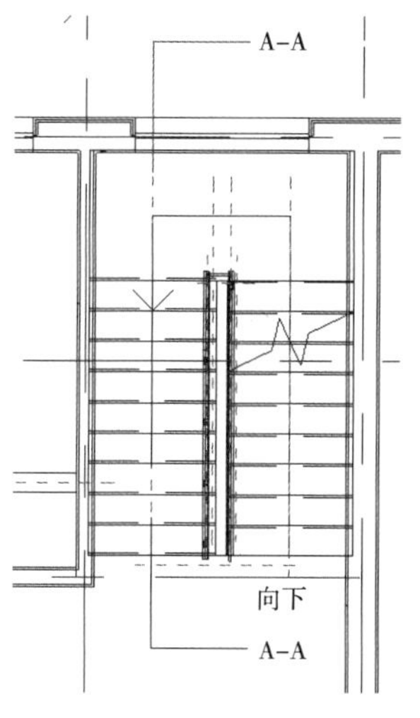

图1-5-27　“转到视图”对话框（左）
图1-5-28　创建洞口边界（右）

（3）创建洞口边界，完成洞口操作

与创建楼板等构件类似，使用“绘制”面板中的“拾取线”绘制模式，确认选项栏中的“偏移”为“0”；沿楼板梯界拾取，绘制洞口边界，并使用修剪工具修剪洞口边界线，使其首尾相连，结果如图1–5–28所示，单击“模式”面板中的“完成编辑模式”按钮完成洞口。

（4）创建其他楼板洞口操作

切换至A–A剖面视图。移动鼠标指针至楼板洞口边缘位置，注意，状态栏中的高亮显示构件为“楼板洞口剪切：洞口截面”时单击鼠标左键选择洞口。复制到Windows剪贴板，使用“粘贴—与选定的标高对齐”方式对齐粘贴至3F、4F标高，在3F、4F标高楼板相同位置生成楼板洞口。完成洞口后楼板如图1–5–29所示。

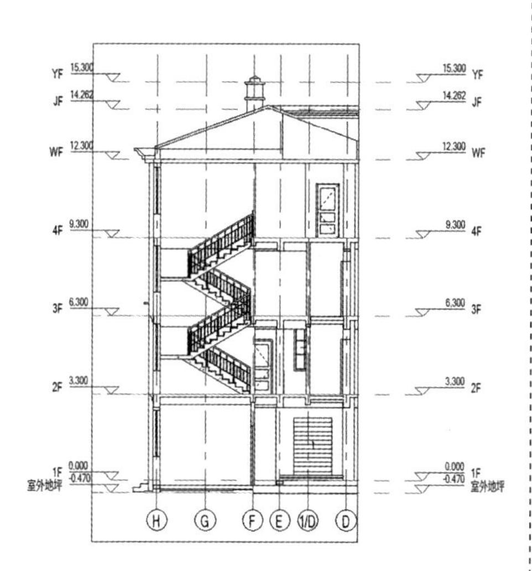

图1-5-29　创建楼板洞口

单元二　竖井洞口工具

使用“垂直洞口”工具为构件开洞时，一次只能为所选择的单一构件创建洞口。可以使用“竖井洞口”工具，为垂直高度范围内的所有楼板、天花板、屋顶及檐底板构件创建洞口。

使用竖井洞口工具为“竹园轩”项目④～⑤轴与Ⓛ～Ⓜ轴之间楼梯位

置创建洞口，熟悉竖井的有关操作。

操作步骤：

1. 选择竖井操作状态

切换至 F1 楼层平面视图，适当放大④～⑤轴与Ⓔ～Ⓗ轴之间楼梯位置。单击“建筑”选项卡——“洞口”面板——“竖井”按钮，进入“创建竖井洞口草图”状态，自动切换至“修改 | 创建竖井洞口草图”上下文选项卡。

2. 绘制竖井洞口轮廓草图

确认“绘制”面板中的绘制模式为“边界线”，绘制方式为“拾取线”，配合使用“修剪／延伸为（角）”完成竖井边界线。（注意：拾取这个竖向洞口边线是在墙体中心还是核心层边沿，对最后结果是没有影响的，因为洞口只对楼板、屋盖等平面构件才起作用，而对墙体等构件是不起作用的）使用对齐工具对齐竖井右侧边界线至楼梯梯段起始位置。

3. 设置竖井的标高限制条件

在“属性”面板中修改“底部限制条件”为 2F 标高，“底部偏移”值为“−900”，“顶部约束”为“直到标高：F4”，“顶部偏移”值为“900”，即 Autodesk Revit 2023 将在 2F 标高之下 900mm 处至 4F 标高之上 900mm 处的范围内创建竖井洞口。单击“应用”按钮应用该设置。

4. 完成竖井操作

单击“模式”面板中的“完成编辑模式”按钮完成竖井。Autodesk Revit 2023 将剪切高度内所有楼板、天花板。切换至三维视图，结果如图 1−5−30 所示。

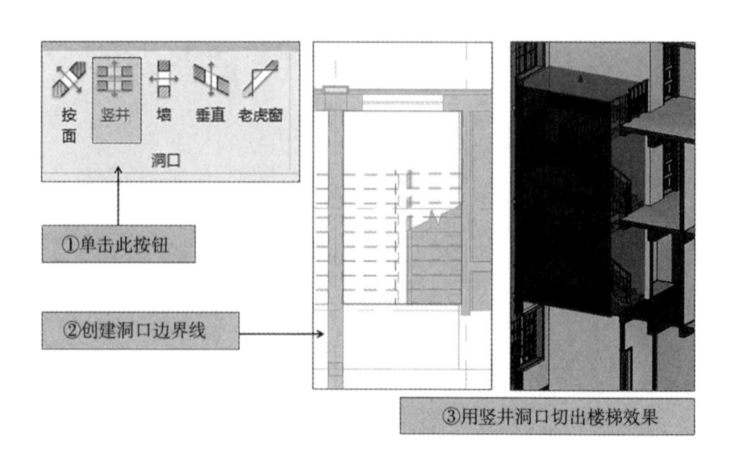

图1−5−30 洞口操作

六、任务后：知识拓展应用

扫描目录前二维码学习相关内容。

七、评价与展示

<table>
<tr><td colspan="7">学生任务清单（含课程评价）1.5</td></tr>
<tr><td rowspan="3">前期导入</td><td>任务名称</td><td colspan="5"></td></tr>
<tr><td>学生姓名</td><td></td><td>班级</td><td></td><td>学号</td><td></td></tr>
<tr><td>完成日期</td><td colspan="2"></td><td>完成效果</td><td colspan="2">（教师评价及签字）</td></tr>
<tr><td rowspan="3">明确任务</td><td>任务目标</td><td colspan="5"></td></tr>
<tr><td rowspan="2">任务实施</td><td colspan="4" rowspan="2"></td><td>成果提交</td></tr>
<tr><td></td></tr>
<tr><td>自学简述</td><td>课前布置</td><td colspan="5">主要根据老师布置的网络学习任务，说明自己学习了什么？查阅了什么？</td></tr>
<tr><td rowspan="2">学习复习</td><td>不足之处</td><td colspan="5"></td></tr>
<tr><td>提问</td><td colspan="5">自己想和老师探讨的问题</td></tr>
<tr><td rowspan="4">过程评价</td><td>自我评价
（5分）</td><td>课前学习</td><td>实施方法</td><td>职业素质</td><td>成果质量</td><td>分值</td></tr>
<tr><td></td><td></td><td></td><td></td><td></td><td></td></tr>
<tr><td>教师评价
（5分）</td><td>时间观念</td><td>能力素养</td><td>成果质量</td><td>分值</td><td></td></tr>
<tr><td></td><td></td><td></td><td></td><td></td><td></td></tr>
</table>

项目六　创建场地及场地构件

一、学习任务描述

使用 Autodesk Revit 2023 提供的场地工具，可以为项目创建场地三维地形模型、场地红线、建筑地坪等构件，完成建筑场地设计。可以在场地中添加植物、停车场等场地构件，以丰富场地表现。

二、任务目标

1. 添加地形表面
2. 添加建筑地坪
3. 创建场地道路
4. 添加场地构件

三、思维导图

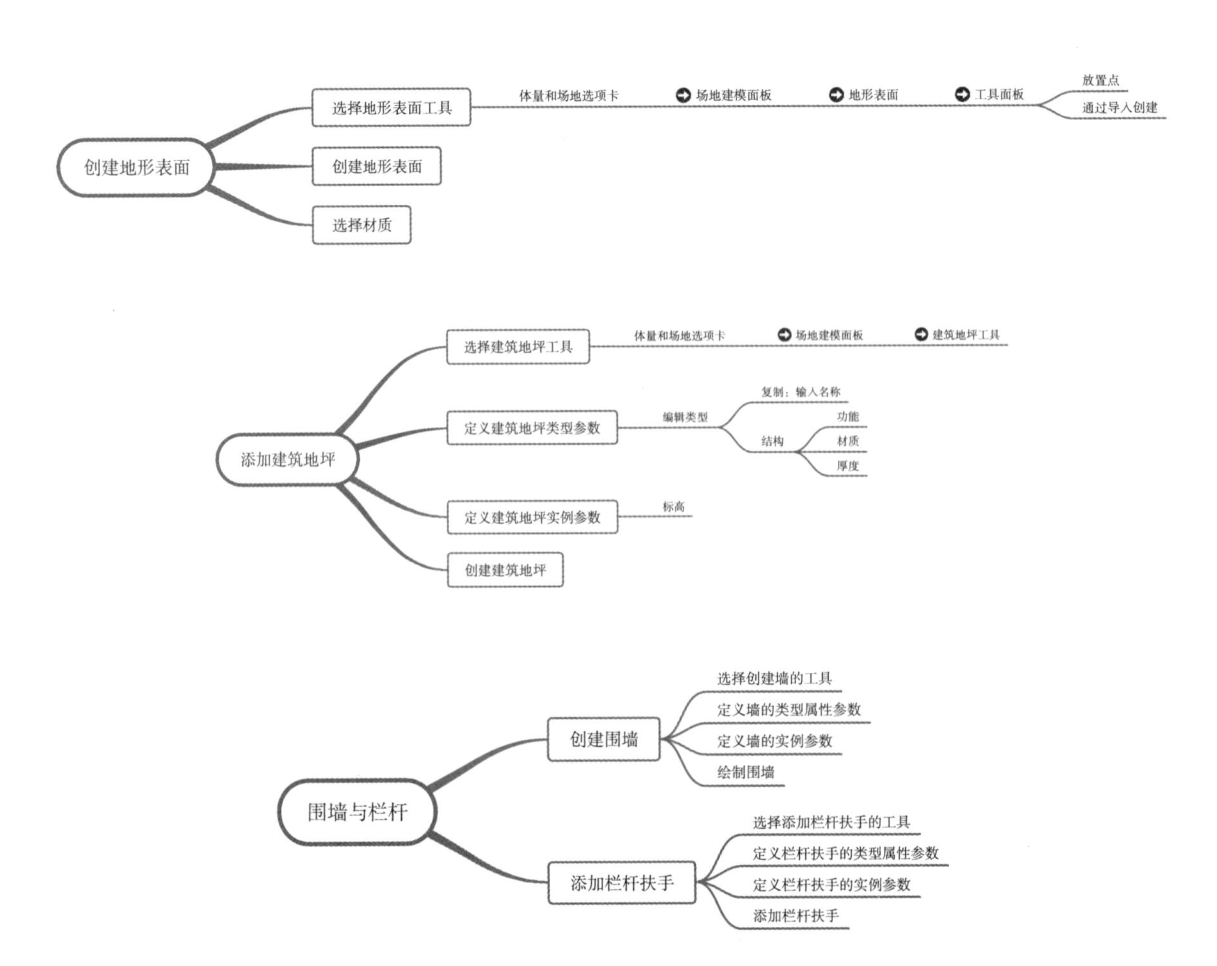

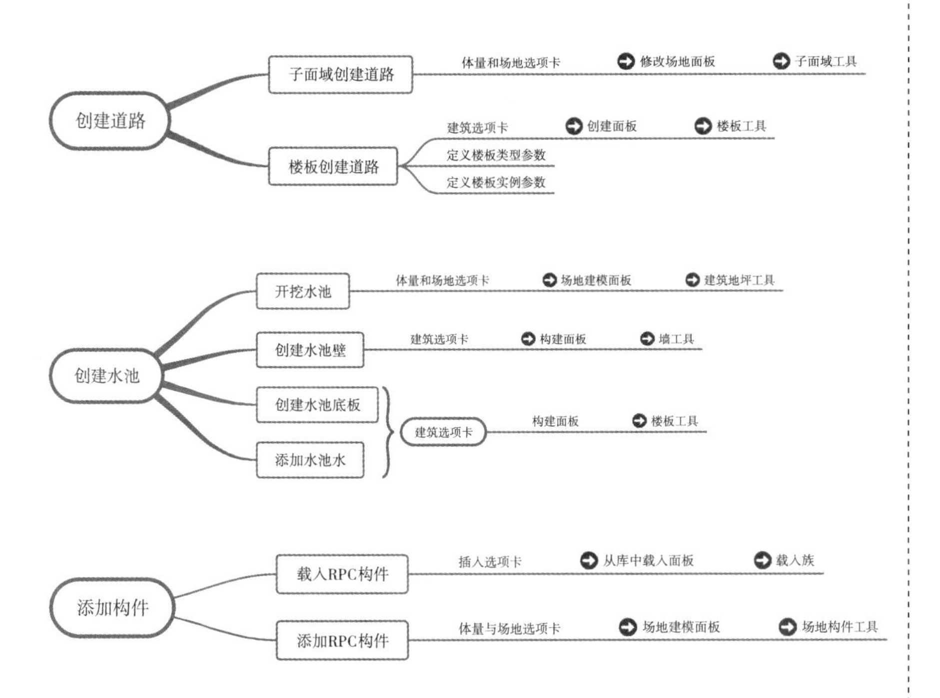

四、任务前：思考并明确学习任务

1. 学习任务一：使用放置点方式为“竹园轩”项目创建简单地形表面模型。

2. 学习任务二：在“竹园轩”项目中，建筑地坪将充当建筑内部楼板底部与室外标高间碎石填充层。

3. 学习任务三：创建“竹园轩”项目场地道路，熟悉使用“子面域”或“拆分表面”工具将地形表面划分为不同的区域，并为各区域指定不同的材质。

4. 学习任务四：为“竹园轩”项目场地添加水池、人物等场地构件模型，进一步使用“场地构件”工具，丰富和完善场地模型，如图 1−6−1 所示。

五、任务中：任务实施

学习任务一：添加地形表面

地形表面是场地设计的基础。使用“地形表面”工具，可以为项目创建地形表面模型。Autodesk Revit 2023 提供了两种创建地形表面的方式：放置点和导入测量文件。放置点的方式允许用户手动添加地形点并指定点高程。Autodesk Revit 2023 将根据已指定的高程点，生成三维地形

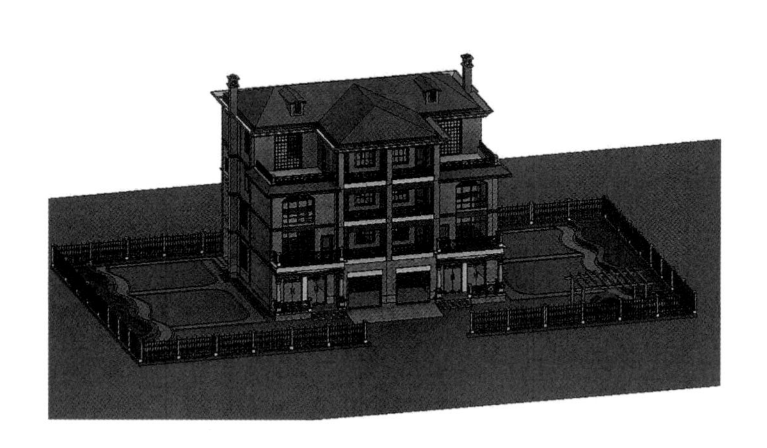

图 1-6-1　放置各类场地构件效果

表面。这种方式由于必须手动绘制地形中每一个高程点，适合用于创建简单的地形模型。导入测量文件的方式可以导入 DWG 文件或测量数据文本，Autodesk Revit 2023 自动根据测量数据生成真实场地地形表面。

操作步骤：

1. 打开地形表面工具

打开“竹园轩”项目文件，切换至“场地”楼层平面视图，如图 1-6-2 所示，单击“体量和场地”选项卡——“场地建模”面板——“地形表面”工具，自动切换至“修改 | 编辑表面”上下文选项卡。

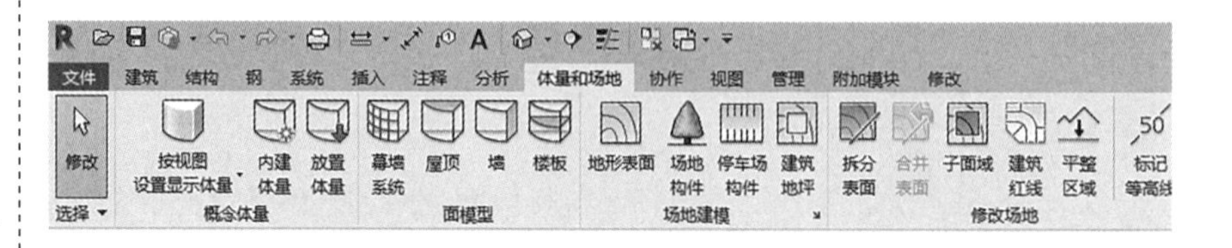

图 1-6-2　体量和场地菜单

> **提示：**“场地”楼层平面视图实际上是以 1F 标高为基础，将剖切位置提高到 10000m 得到的视图。

2. 放置高程点

单击“工具”面板——“放置点”工具，设置选项栏中的“高程”值为 −600，高程形式为“绝对高程”，即将要放置的点高程的绝对标高为 −0.6m。按图 1-6-3 所示位置在“竹园轩”四周单击鼠标左键，放置高程点，Autodesk Revit 2023 将在地形点范围内创建标高为 −600mm 的地形表面。

3. 定义材质各参数

单击“属性”面板——“材质”后的浏览按钮，打开材质对话框。在材质列表中选择“场地 – 草”，该材质位于“材质”对话框的“植物”材

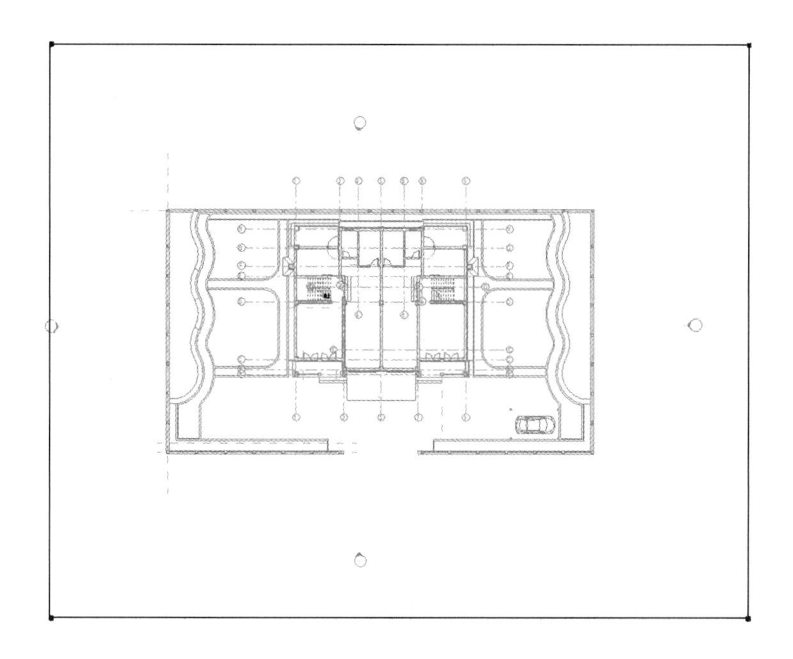

图1-6-3　放置高程点

质类中，并以该材质为基础复制出名称为“竹园轩 – 场地草”的新材质类型，并选择“竹园轩 – 场地草”作为该场地材质。

4. 生成地形表面模型

单击“表面”面板——“完成表面”按钮，Autodesk Revit 2023 将按指定高程生成地形表面模型。由于本例中为地形表面创建 4 个相同高程的地形点，因此将生成水平地形表面。

使用放置点创建地形表面的方式比较简单，适合于创建较为简单的场地地形表面。如果场地地形较为复杂，使用放置点方式将显得较为繁琐。Autodesk Revit 2023 还提供了通过导入测量数据创建地形表面模型的方式。

学习任务二：添加建筑地坪

创建地形表面后，可以沿建筑轮廓创建建筑地坪，平整场地表面。在 Autodesk Revit 2023 中，建筑地坪的使用方法与楼板的使用方法非常类似。为“竹园轩”项目添加建筑地坪，学习建筑地坪的使用方法。

操作步骤：

1. 打开创建建筑地坪工具

打开“竹园轩”项目文件，切换至 1F 楼层平面视图，单击“体量和场地”选项卡——“场地建模”面板——“建筑地坪”建筑地坪工具，自动切换至“修改 | 创建建筑地坪边界”上下文选项卡，进入“创建建筑地坪边

界”编辑状态。

2. 定义“竹园轩”地坪名称

单击“属性”面板——“编辑类型”按钮，打开“类型属性”对话框。单击“重命名”按钮，在弹出“复制”对话框的“新名称”文本框中输入“建筑 _ 建筑地坪 _450_ 碎石”，如图 1−6−4 所示。单击“确定”按钮，返回“类型属性”对话框。

名称
名称(N)：建筑_建筑地坪_450_碎石
确定 取消

图 1−6−4　重命名建筑地坪名称

3. 定义“竹园轩”地坪有关参数

（1）定义“竹园轩”地坪结构层参数

单击类型参数列表中“结构”参数后的“编辑”按钮，弹出“编辑部件”对话框。如图 1−6−5 所示，修改第 2 层“结构 [1]”厚度为“450”，修改材质为“竹园轩建筑地坪碎石”。设置完成后单击“确定”按钮，返回“类型属性”对话框。再次单击“确定”按钮，退出“类型属性”对话框。

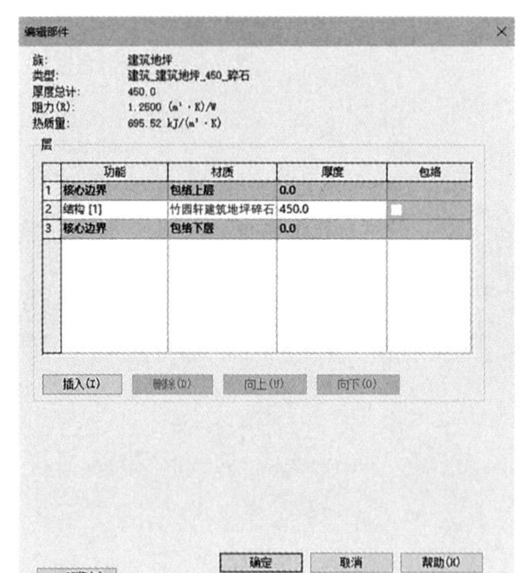

	功能	材质	厚度	包络
1	核心边界	包络上层	0.0	
2	结构 [1]	竹园轩建筑地坪碎石	450.0	
3	核心边界	包络下层	0.0	

图 1−6−5　定义垫层

（2）定义“竹园轩”地坪标高参数

修改“属性”面板中的“标高”为“1F”标高，“自标高的高度偏移”值为“−150”，即建筑地坪顶面到达 1F 标高之下 150mm，该位置为 1F 楼板底部。

提示：建筑地坪图元以“1F”标高为“顶面定位面”。

4. 添加建筑地坪操作

确认“绘制”面板中的绘制模式为“边界线”，使用“拾取墙”绘制方式；确认选项栏中的“偏移值”为“0”，勾选“延伸到墙中（至核心层）”选项。与绘制楼板边界类似的方式分别沿“竹园轩”外墙内侧核心表面拾取，生成建筑地坪轮廓边界线。使用修剪工具使轮廓线首尾相连。完成后单击“模式”面板中的“完成编辑模式”按钮，按指定轮廓创建建筑地坪。

提示：建筑地坪不允许再绘制多个闭合的边界轮廓。

学习任务三：创建场地道路

完成地形表面模型后，可以使用“子面域”或“拆分表面”工具将地形表面划分为不同的区域，并为各区域指定不同的材质，从而得到更为丰富的场地设计。使用“子面域”或“拆分表面”工具可以在场地内划分场地道路、场地景观等场地区域。场地还可以对现状地形进行场地平整，并生成平整后的新地形，Autodesk Revit 2023 会自动计算原始地形与平整后地形之间产生的挖填方量。

操作步骤：

1. 打开创建子面域工具

打开“竹园轩”项目文件，切换至场地楼层平面视图，单击“体量和场地”选项卡——“修改场地”面板——“子面域”工具，自动切换至“修改｜创建子面域边界”上下文选项卡，进入“修改｜创建子面域边界”状态。

2. 绘制子面域边界

使用绘制工具，按图 1−6−6 所示绘制子面域边界。配合使用拆分及修剪工具，使子面域边界轮廓首尾相连，图中相切过渡圆弧可以使用“圆角弧”绘制。

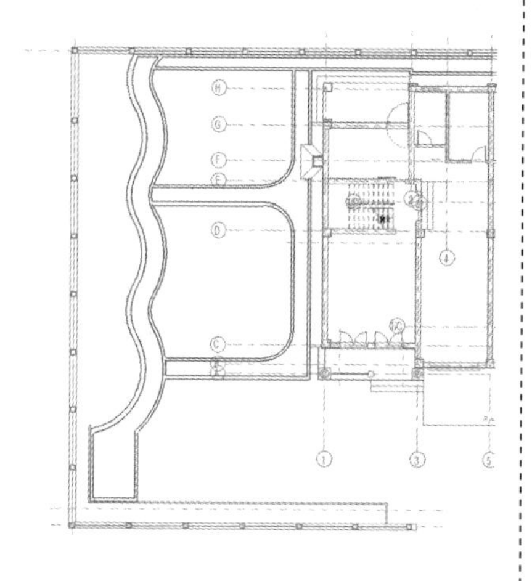

图 1−6−6　绘制子面域轮廓

注意：子面域的边界轮廓线不能超出地形表面边界。

3. 定义材质

修改“属性”面板中的“材质”为“竹园轩－场地草”，设置完成后，单击“应用”按钮应用该设置。

4. 生成子面域

单击“模式”面板中的“完成编辑模式”按钮，完成子面域。

选择子面域对象，单击“修改地形”上下文选项卡“子面域”面板中的“编辑边界”按钮，可返回子面域边界轮廓编辑状态。Autodesk Revit 2023 的场地对象不支持表面填充图案，因此即使用户定义了材质表面填充图案，也无法显示在地形表面及其子面域中。

“拆分表面”工具与“子面域”功能类似，都可以将地形表面划分为独立的区域。两者不同之处在于“子面域”工具将局部复制原始表面，创建一个新面；而“拆分表面”则将地形表面拆分为独立的地形表面。要删除使用“子面域”工具创建的子面域，只需要直接将其删除即可；而要删除使用“拆分表面”工具创建的拆分后的区域，必须使用“合并表面”工具。

学习任务四：添加场地构件

Autodesk Revit 2023 提供了“场地构件”工具，可以为场地添加停车场、树木、RPC 等构件。这些构件均依赖于项目中载入的构件族，必须先将构件族载入项目中才能使用这些构件。

操作步骤：

1. 载入各类场地构件族

打开“竹园轩”项目文件，切换至“室外地坪”楼层平面视图，载入文件夹中的 RPC 甲虫 .rfa、RPC 女性 .rfa、RPC 男性 .rfa、RPC 灌木 .rfa、室外路灯 .rfa 族文件。

2. 打开场地工具

切换至“体量和场地”选项卡，单击“场地建模”选项卡——“场地构件”工具，进入“修改 | 场地构件”上下文选项卡。

3. 绘制水池

（1）开挖水池

切换至“室外地坪”平面视图，单击“体量和场地”选项卡——“场地建模”面板——“建筑地坪”工具，定义“建筑＿建筑地坪＿150＿碎石”结构层参数，材质为“地坪－碎石垫层”，结构层厚度为 150，设置底部约束条件为“室外地坪”，偏移量为 −530，利用“绘制”面板中的工具绘制水池的形状，单击“模式”面板中“完成编辑模式”按钮，完成水池的开挖。

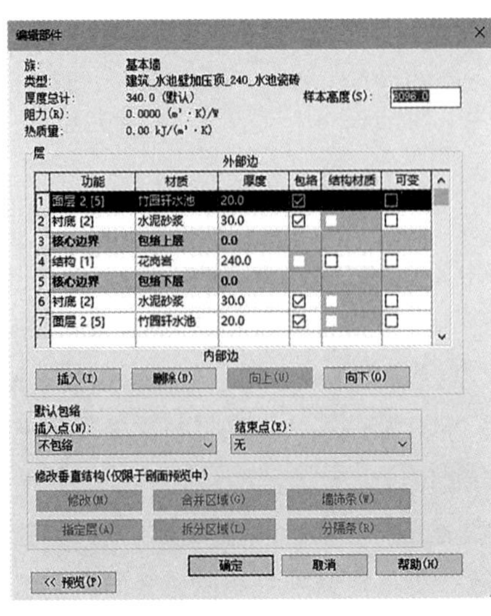

图 1-6-7　编辑水池壁结构

（2）创建水池壁

在“室外地坪”楼层平面视图中，使用墙工具，在“类型选择器”类型列表中选择墙类型为“砖墙 240mm”，打开“类型属性”对话框。以“砖墙 240mm”为基础复制出名称为“建筑＿水池壁加压顶＿240＿水池瓷砖”的墙类型。打开墙“编辑部件”对话框，按图 1-6-7 所示修改墙“结构[1]”厚度为 240，修改材质为“花岗岩”，并选择一种花岗岩作为水池壁材料。设置完成后单击“确定”按钮，退出“类型属性”对话框。

设置选项栏中的“高度”选项为“未连接”，在高度值中输入1100作为墙高度。设置“定位线”为“墙中心线”，“底部约束”为“室外地坪”，“偏移量”为−580，绘制水池。

（3）添加水池中的水

利用“建筑：楼板”工具为水池添加水。单击“建筑”选项卡——“构建”面板——“建筑：楼板”工具，在属性面板中，以“常规−150mm”楼板为基础，定义“建筑_水池底板_150_混凝土C25”新的楼板类型，修改第2层“结构[1]”厚度为150，修改材质为“混凝土C25”等类型属性，在属性面板中设置底部约束条件“室外地坪”，偏移量为−380，利用“绘制”面板中“拾取线”的绘制方式，拾取水池的边界线，单击“完成编辑模式”，为水池添加底板。

同样的操作，为水池添加水。单击“建筑”选项卡——“构建”面板——“建筑：楼板”工具，定义“建筑_水池_400_水”新的楼板类型，修改第2层“结构[1]”厚度为400，修改材质为“水”等类型属性，在属性面板中设置底部约束条件为“室外地坪”，偏移量为20，利用“绘制”面板中“拾取线”的绘制方式，拾取水池的边界线，单击“完成编辑模式”，为水池添加水。如图1−6−8所示。

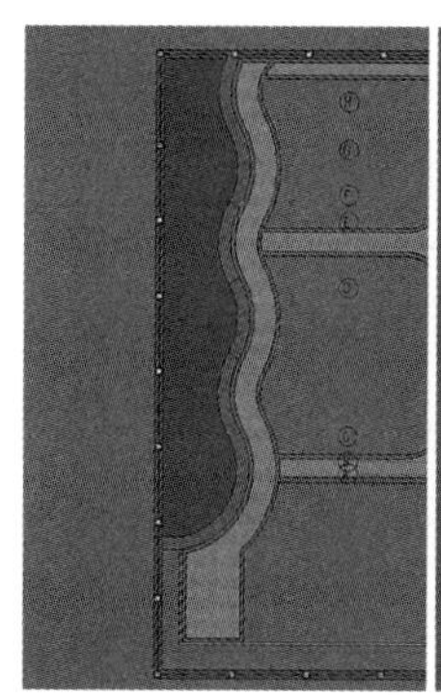
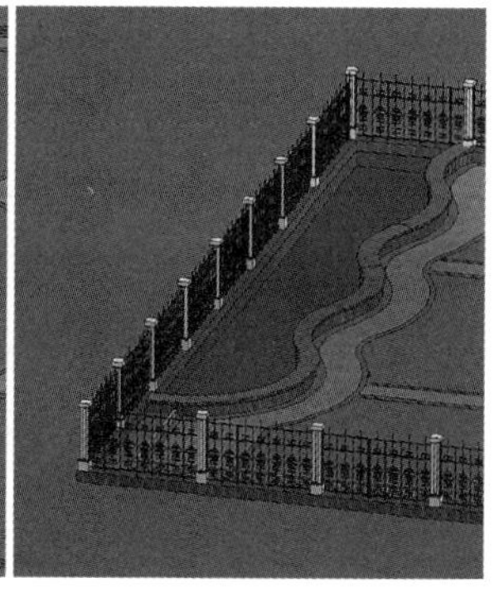

图1-6-8　水池示意图

4．放置灌木构件

（1）定义灌木类型

使用“场地构件”工具，在类型列表中选择当前构件类型为“RPC灌木：小檗−1.0m”，打开“类型属性”对话框，复制出名称为“竹园轩−灌木”的新类型。修改其高度为2000，“注释”参数值为“小檗”。单击“渲染外观”类型参数后的浏览按钮，弹出“渲染外观库”对话框。如图1−6−9所示，单击顶部“类别”列表，在列表中选择“Shrubs & Grasses”类别，将在预览窗口中显示所有该类别渲染外观。选择“Holly”，设置完成后单击“确定”按钮，返回“类型属性”对话框。

（2）定义渲染外观属性

在“类型属性”对话框中，单击“渲染外观属性”类型参数后的“编

图1-6-9　定义灌木渲染外观属性

辑"按钮，打开"渲染外观属性"对话框。如图 1-6-9 所示，勾选"Cast Reflectons（投射反射）"选项后，在渲染 RPC 构件时玻璃幕墙等具备反射属性的对象会反射该构件。完成后单击"确定"按钮，返回"类型属性"对话框。再次单击"确定"按钮，退出"类型属性"对话框。

（3）均匀放置灌木构件

在相应位置沿花坛方向单击鼠标左键，均匀放置灌木构件。

继续使用"场地构件"工具，在类型列表中选择"RPC 男性：LaRon"，移动鼠标指针至幕墙外室外楼板上的任意位置，Autodesk Revit 2023 将预显示该人物族，箭头方向代表该人物"正面"方向。按键盘空格键，将以 90° 的角度旋转 LaRon 方向，单击鼠标左键放置该族。使用相同的方式，不必在意各人物的具体位置和人物类型，在场地任意位置单击放置 RPC 人物。使用类似的方式，放置 RPC 甲虫、室外路灯等各种场地设施。

注意：所有的"场地构件"族均会出现在"构件"族类型列表中。RPC 族文件为 Autodesk Revit 2023 中的特殊构件类型族。通过指定不同的 RPC 渲染外观，可以得到不同的渲染结果。RPC 族仅在渲染时才会显示真实的对象样式，在三维视图中，将仅以简化模型替代。Autodesk Revit 2023 提供了"公制场地 .rte""公制植物 .rte"和"公制 RPC.rte"族样板文件，用于用户自定义各种场地构件。

六、任务后：知识拓展应用

扫描目录前二维码学习相关内容。

七、评价与展示

<table>
<tr><td colspan="7">学生任务清单（含课程评价）1.6</td></tr>
<tr><td rowspan="3">前期导入</td><td>任务名称</td><td colspan="5"></td></tr>
<tr><td>学生姓名</td><td></td><td>班级</td><td></td><td>学号</td><td></td></tr>
<tr><td>完成日期</td><td colspan="2"></td><td>完成效果</td><td colspan="2">（教师评价及签字）</td></tr>
<tr><td rowspan="3">明确任务</td><td>任务目标</td><td colspan="5"></td></tr>
<tr><td rowspan="2">任务实施</td><td colspan="4" rowspan="2"></td><td>成果提交</td></tr>
<tr><td></td></tr>
<tr><td>自学简述</td><td>课前布置</td><td colspan="5">主要根据老师布置的网络学习任务，说明自己学习了什么？查阅了什么？</td></tr>
<tr><td rowspan="2">学习复习</td><td>不足之处</td><td colspan="5"></td></tr>
<tr><td>提问</td><td colspan="5">自己想和老师探讨的问题</td></tr>
<tr><td rowspan="4">过程评价</td><td>自我评价
（5分）</td><td>课前学习</td><td>实施方法</td><td>职业素质</td><td>成果质量</td><td>分值</td></tr>
<tr><td></td><td></td><td></td><td></td><td></td><td></td></tr>
<tr><td>教师评价
（5分）</td><td>时间观念</td><td>能力素养</td><td>成果质量</td><td>分值</td><td></td></tr>
<tr><td></td><td></td><td></td><td></td><td></td><td></td></tr>
</table>

2

Mokuaier Jiegou、Zhuangshi Yu Jidian Zhuanye Jianmo

模块二 结构、装饰与机电专业建模

情境引入：由中建三局西南公司承建的东安湖体育公园“三馆”，是第31届世界大学生夏季运动会主场馆之一。多功能体育馆外周的“旋风楼梯”从外观看，每个楼梯从室外大平台直通屋顶、层层上叠，跨区、跨层穿插，且楼梯梁柱节点钢筋、型钢穿插复杂。工程人员通过BIM技术进行三维交底，结合BIM模型对旋风楼梯钢筋排布进行优化，最终解决旋风楼梯的结构施工难点，从而实现了精细化管理。

· 建筑结构中，梁板柱钢筋排布的规范有哪些？

· 随着智能建造的发展，为什么要使用BIM进行钢筋排布？

· 实现钢筋排布的BIM命令有哪些？

项目一　结构建模

一、学习任务描述

按常规建筑设计习惯，有了轴网后将创建柱网。根据柱子的用途及特性不同，Autodesk Revit 2023将柱子分为两类：建筑柱与结构柱。建筑柱适用于墙垛等柱子类型，可以自动继承其连接到的墙体等其他构件的材质，例如墙的复合层可以包络建筑柱。

房屋是一个承重结构，需按照建筑各方面的要求进行力学与结构计算，确定各种承重结构的具体形状、大小、材料以及构造等内容。钢筋是承重构件之一，创建钢筋是一个重要的内容。创建钢筋，由结构软件自动生成。用Revit软件也可以创建钢筋，本教材以“竹园轩”一根柱、一根梁、一块板，介绍钢筋的创建。

二、任务目标

1. 创建柱

2. 创建梁

3. 柱梁板的配筋

三、思维导图

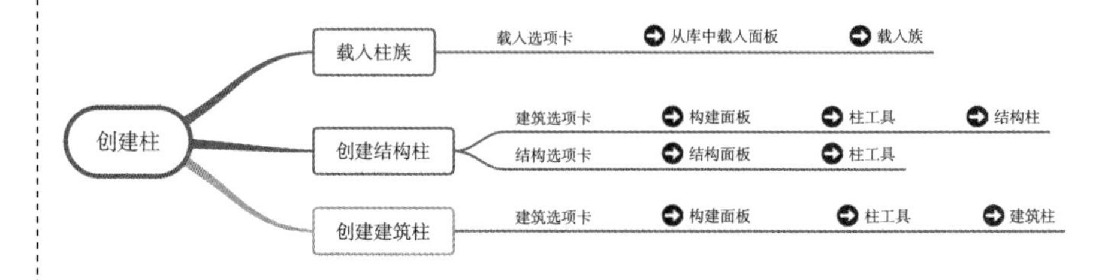

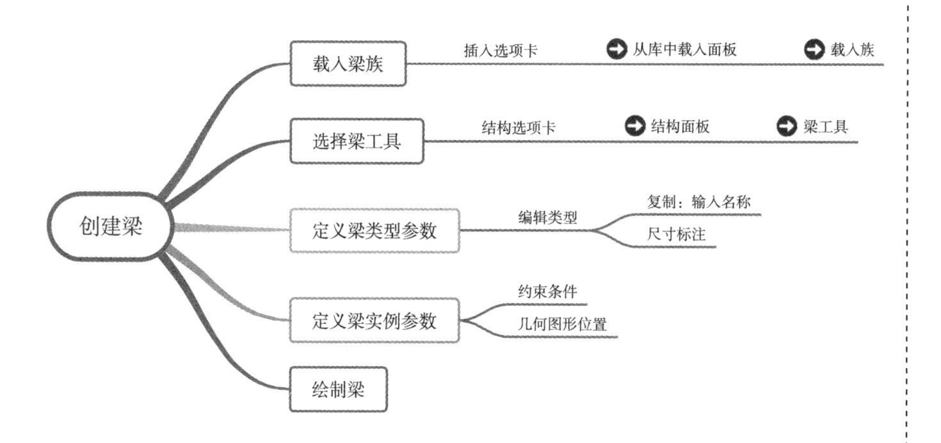

四、任务前：思考并明确学习任务

1. 学习任务一：创建“竹园轩”的柱网，如图 2-1-1 所示，熟悉有关建筑柱与结构柱的创建方法。

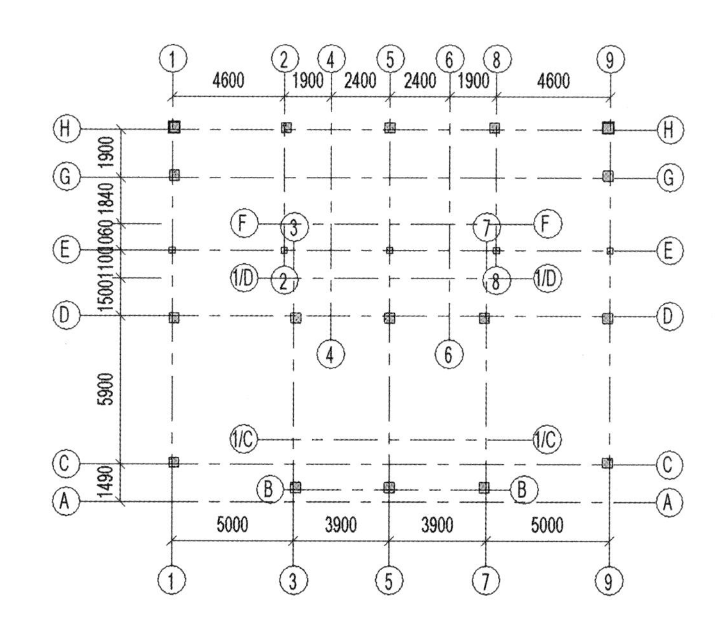

图 2-1-1 “竹园轩”柱网

2. 学习任务二：创建“竹园轩”的梁，如图 2-1-2 所示，熟悉各种梁的定义与创建。

3. 学习任务三：以“竹园轩”一根柱、一根梁的配筋为例，如图 2-1-3 所示，熟悉如何用 Revit 软件创建钢筋。

图 2-1-2 “竹园轩”梁的布置图

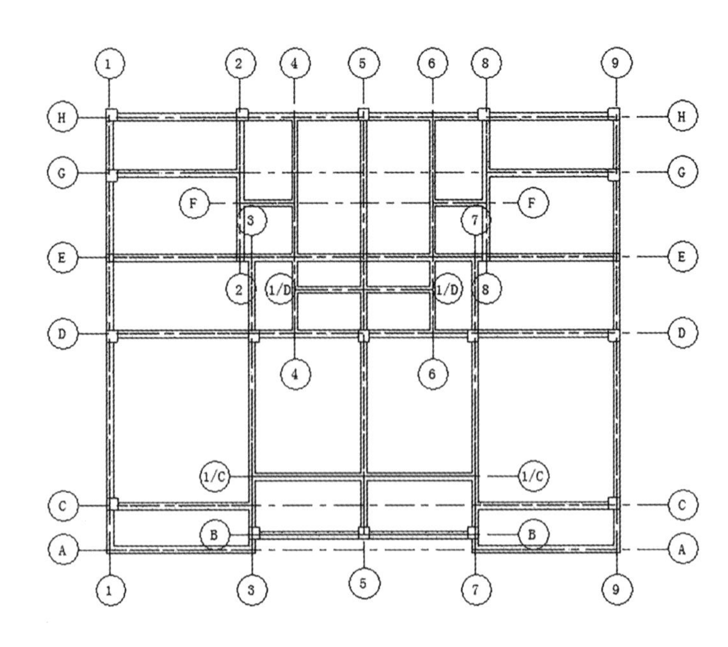

图 2-1-3 “竹园轩”的柱梁板的配筋

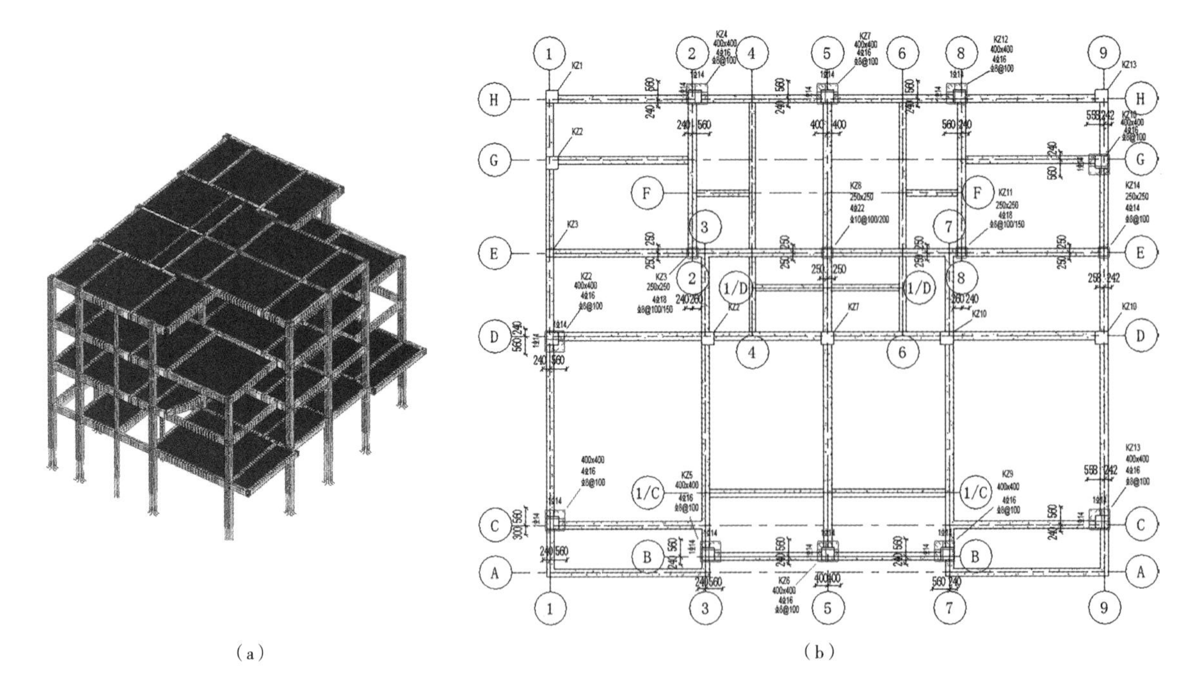

（a）　　（b）

五、任务中：任务实施

学习任务一：创建柱

结构柱适用于钢筋混凝土柱等与墙材质不同的柱子类型，是承载梁和板等构件的承重构件，在平面视图中，结构柱截面与墙截面各自独立。

结构柱用于对建筑中的垂直承重图元建模。尽管结构柱与建筑柱共享许多属性，但是结构柱还具有许多由它自己的配置和行业标准定义的其他属性。在行为方面，结构柱也与建筑柱不同。

操作步骤：

1. 定义结构柱的类型

要创建结构柱必须首先载入族，单击“插入”选项卡——“从库中载入”面板——“载入族”工具，“China/结构/柱/混凝土/混凝土－矩形－柱”，载入柱族。单击“结构”选项卡——“结构”面板——“柱”工具，选择某一种柱类型，如“混凝土－矩形－柱 300×450”，单击“属性”面板中的“编辑类型”按钮，调出“类型属性”对话框，复制修改创建新类型“结构＿结构柱 1F_400×400_钢筋混凝土”，修改尺寸 b 为 400，h 为 400，如图 2-1-4 所示，单击确定。

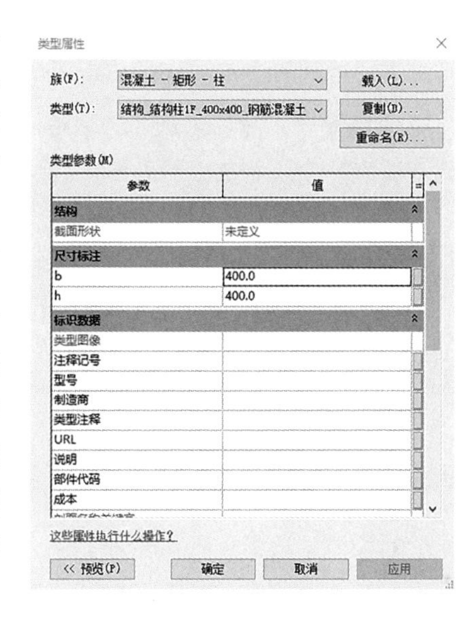

图 2-1-4　复制修改结构柱类型

2. 创建结构柱

单击“建筑”选项卡——“构建”面板——“柱”工具的“结构柱”选项，或者单击“结构”选项卡——“结构”面板——“柱”工具，进入结构柱放置状态。Autodesk Revit 2023 自动切换至“修改 | 放置结构柱”上下文选项卡，如图 2-1-5 所示。

确认结构柱类型为“结构＿结构柱 1F_400×400_钢筋混凝土”，在选项栏中，如图 2-1-6 所示，勾选确认“放置”面板——结构柱的生成方式为“垂直柱”，即生成垂直于标高的结构柱，不激活“在放置时进行标记”选项。在“修改 | 放置 结构柱”选项栏中，不勾选“放置后旋转”选项，确认柱的生成方式为“高度”，到达高度为“2F”，勾选“房间边界”选

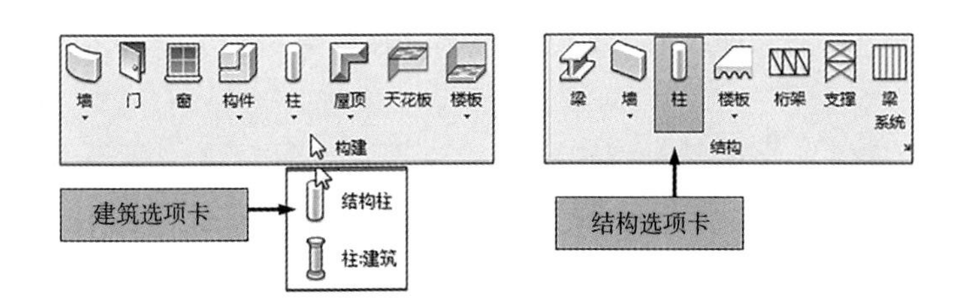

图 2-1-5　柱命令

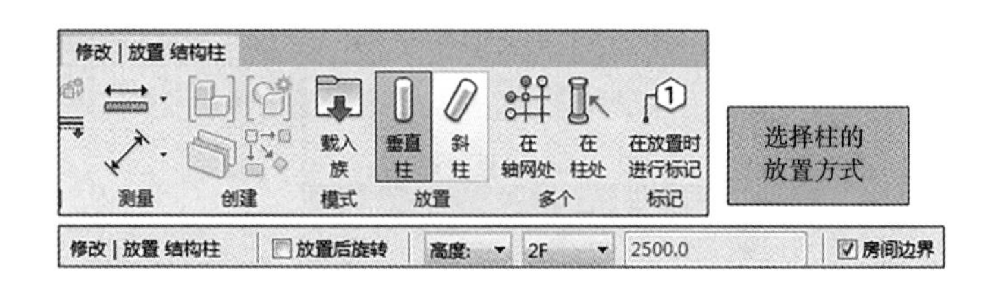

图 2-1-6　柱的放置方式

项，即结构柱将作为房间边界。鼠标捕捉Ⓗ轴与Ⓘ轴的交点放置一个结构柱。以同样的方式创建其他的结构柱。

使用对齐工具，勾选“选项栏”中“多重对齐”选项，设置对齐“首选”项为“参照墙核心层表面”，对齐结构柱的位置。

注意：使用“多重对齐”选项，沿其中一侧外墙方向完成柱对齐后，应单击视图空白位置或按键盘 Esc 键一次，取消当前参照位置，再选择其他对齐目标。

3. 创建其他楼层平面的柱

当一层平面视图柱创建完成后，选择任意结构柱，单击鼠标右键，在弹出的菜单中选择“选择全部实例→在整个项目中”选项，选择所有的结构柱，单击【剪贴板】面板——“复制”工具选项，将所选择图元复制至 Windows 剪贴板。再单击“剪贴板”面板中的“粘贴”命令，弹出对齐粘贴下拉列表，在列表中选择“与选定的标高对齐”选项，复制生成其他平面楼层的柱。

学习任务二：创建梁

梁是用于承重用途的结构图元。每个梁的图元是通过特定梁族的类型属性定义的。此外，还可以修改各种实例属性来定义梁的功能。

操作步骤：

1. 定义梁的类型

要创建梁必须首先载入族，单击“插入”选项卡——“从库中载入”面板——“载入族”工具，“China/ 结构 / 框架 / 混凝土 / 混凝土－矩形梁”，载入梁族。单击“结构”选项卡——“结构”面板——“梁”工具，进入放置梁状态，Autodesk Revit 2023 自动切换至“修改 | 放置梁”上下文选项卡。

在“属性”面板“类型选择器”中选择“混凝土－矩形梁”作为当前梁类型，单击“属性”面板中的“编辑类型”按钮，调出“类型属性”对话框，单击“复制”按钮，复制修改创建新类型“结构 _KL1-

2F_250x500_ 混凝土 C30"，如图 2-1-7 所示，单击确定。退出"类型属性"对话框。

可以根据实际情况，对梁属性参数进行修改，如修改"几何图形位置"中的偏移值，如图 2-1-8 所示。

2. 创建梁

梁的绘制方法与墙非常相似，在定义好梁的各属性参数后，切换至需绘制梁的 2F 平面视图中。

单击"结构"选项卡——"结构"面板——"梁"工具，在打开的"修改 | 放置 梁"上下文选项卡中，确定绘制方式为直线，设置选项栏中的"放置平面"为"标高：2F"，"结构用途"为"自动"，如图 2-1-9 所示。

单击鼠标捕捉Ⓗ轴与①轴的交点位置，作为梁起点，向右移动鼠标捕捉Ⓗ轴与②轴的交点位置为梁终点，将在两点间生成梁模型，以同样的方式创建其他的梁。

按 Esc 键两次退出梁绘制模式。默认情况下，由于梁的顶面与"放置平面"平齐，所以所绘制的梁是以淡显方式显示在当前视图中。选择绘制的梁，修改"属性"面板中设置"Z 轴对正"方式为"中心线"，即梁高度方向的中心与当前标高对齐，其他参数不变，单击"应用"按钮，将以梁

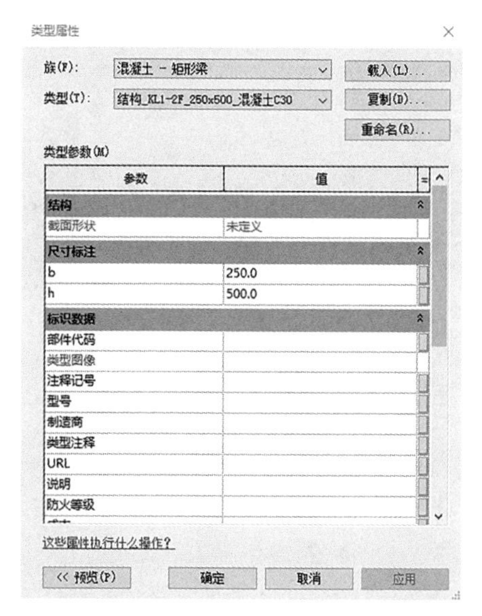

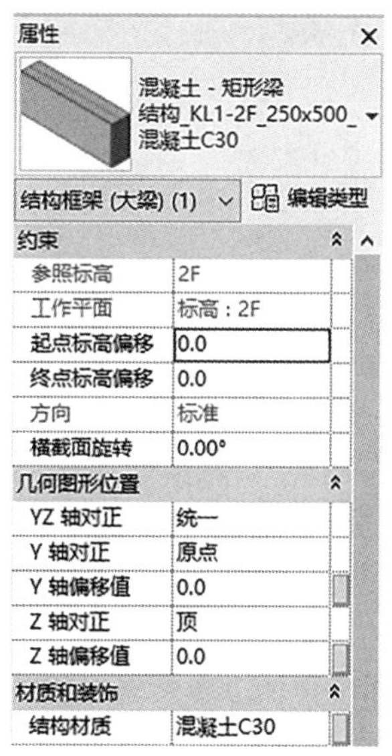

图 2-1-7　定义梁（左）
图 2-1-8　梁属性参数（右）

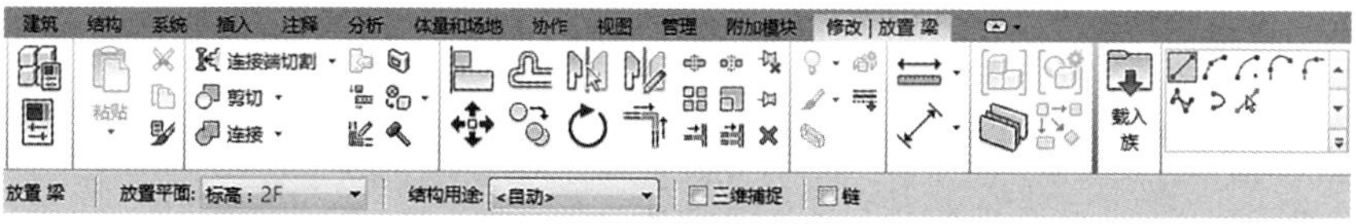

图 2-1-9　选择梁工具

高度方向中心对齐至“放置平面”。切换至默认三维视图，观察通过修改“Z 轴对正”“Z 轴偏移值”等参数时的梁的变化。

3. 创建其他楼层平面的梁

当 2F 平面视图梁创建完成后，选择所有的梁，单击“剪贴板”面板中的“复制至剪贴板”工具，将所选择图元复制至 Windows 剪贴板。单击“剪贴板”面板中的“对齐粘贴”，弹出对齐粘贴下拉列表，在列表中选择“与选定的标高对齐”选项，复制其他平面楼层的梁。

学习任务三：柱梁板的配筋

（一）梁的配筋

选择Ⓗ轴上①轴与②轴之间的梁为对象进行有关梁的配筋，配筋情况如图 2-1-10 所示。

切换到“竹园轩”2F 楼层平面视图，选择Ⓗ轴上①轴与②轴之间的梁为对象进行有关梁的配筋。

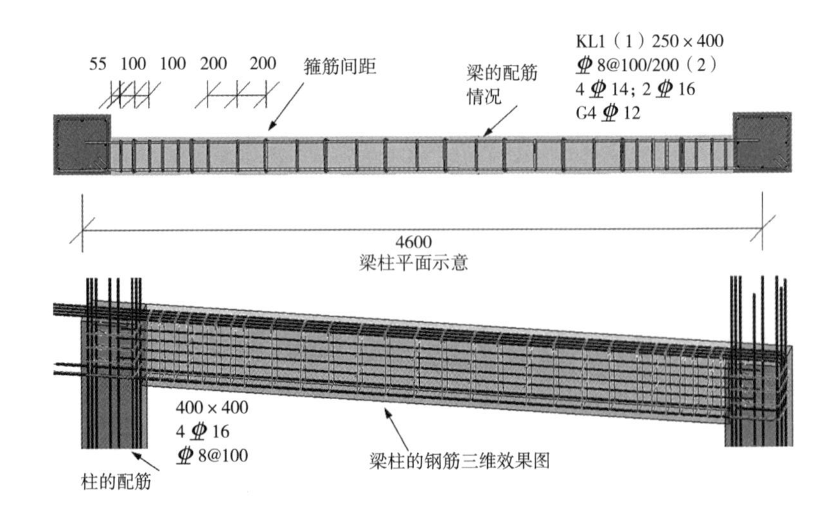

图 2-1-10　梁的配筋示意

操作步骤：

1. 定位第一根箍筋的位置

单击“建筑”选项卡——“工作平面”面板——“参照平面”工具，在距离Ⓗ轴柱边内侧作一个距离柱边 55mm 的参照平面，然后作第一根箍筋的位置。

2. 绘制剖面图

单击“视图”选项卡——“创建”面板——“剖面”工具，在参照平面位置创建剖面图，选择剖面线单击鼠标右键，在弹出的菜单中选择“转到视图”选项，或者双击项目浏览器中“剖面视图”选项中“剖面 1”打开剖面视图。

3. 创建钢筋

单击“结构”选项卡——“钢筋”面板——“钢筋”工具，在弹出的“钢筋形状”提示对话框中，如图 2–1–11 所示，单击“确定”按钮，在选项栏中单击“钢筋形状”按钮，展开钢筋形状，选择需要的钢筋形状，在属性面板中，单击“编辑类型”选项，在“类型属性”面板中选择钢筋类型为“8HRB 400”的钢筋，移动鼠标至梁断面，生成钢筋预览，单击鼠标左键，放置一根箍筋，操作如图 2–1–12 所示。

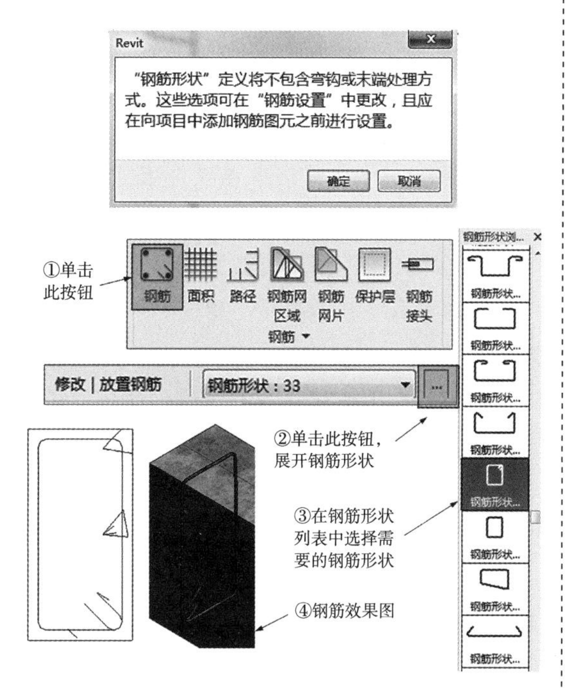

图 2–1–11 “钢筋形状”提示

图 2–1–12 钢筋的创建

4. 钢筋的三维效果显示

选择钢筋，在属性面板中单击“图形”选项中“视图可见性状态”选项的“编辑”框，打开“钢筋图元视图可见性状态”对话框，如图 2–1–13 所示。勾选三维视图名称中“作为实体查看”选项，在视图状态栏中设置“精细”显示方式以及“真实”模式，显示箍筋的三维效果图。

钢筋图元视图可见性状态

在视图中显示未遮挡的钢筋图元。

视图名称搜索(V)：

单击列页眉以修改排序顺序。

视图类型	视图名称	清晰的视图
三维视图	{三维}	☑
三维视图	分析模型	☑
立面	南	☑
立面	东	☑
立面	北	☑
立面	西	☑
结构平面	标高 1	☑
结构平面	标高 2	☑
结构平面	标高 2 - 分析	☑
结构平面	标高 1 - 分析	☑
结构平面	场地	☑

确定　取消

图 2–1–13 钢筋的可见性设置

5. 复制生成其他的箍筋

双击项目浏览器中南立面视图，设置箍筋的可见性显示，选择箍筋，单击“修改”面板——“复制”工具，复制 100mm 等间距的箍筋，分别单击空格键，切换箍筋的接头位置，选择四根箍筋，复制两端 1/3 位置 100mm 等间距的箍筋以及中间 200mm 等间距的箍筋，完成箍筋的创建。

6. 创建顶部、底部的纵筋以及中间的纵筋

切换到剖面 1 视图中，单击“结构”选项卡——“钢筋”面板——“钢筋”工具，在弹出的“钢筋形状”提示对话框中，单击“确定”按钮，选择需要的钢筋形状 09，在属性面板中，单击“编辑类型”选项，在“类型属性”面板中选择钢筋类型为“14HRB 400”的钢筋，如图 2-1-14 所示，设置钢筋放置方式以及钢筋集方式，移动鼠标至梁断面顶部，生成钢筋预览，单击鼠标左键，放置一根纵筋，依次放置顶部其他纵筋。以同样的方式，在梁的底部放置两根钢筋类型为“16HRB 400”的纵筋和梁高度方向的四根钢筋类型为“12HRB 400”的构造筋。

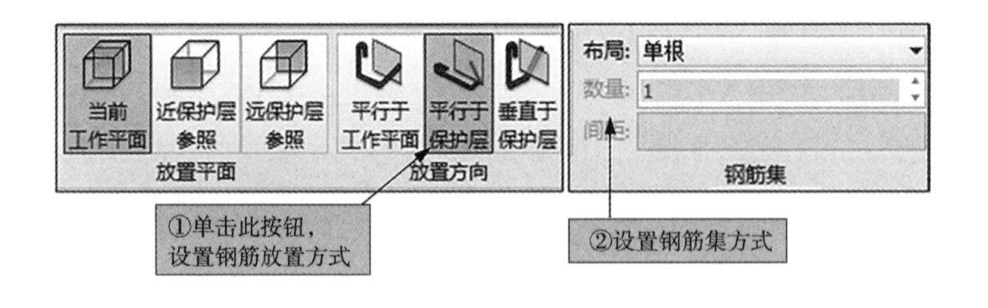

图 2-1-14 设置钢筋放置方式及钢筋集方式

7. 创建中间纵筋的构造筋

切换到剖面 1 视图中，单击“结构”选项卡——“钢筋”面板——“钢筋”工具，在弹出的“钢筋形状”提示对话框中，单击“确定”按钮，选择需要的钢筋形状 36，在属性面板中，单击“编辑类型”选项，在“类型属性”面板中选择钢筋类型为“6HRB 400”的钢筋，选择“平行于工作平面”的放置方向，按空格键确定放置构造筋的方向，完成构造筋的放置。选择所创建的构造筋，切换到南立面视图，复制生成其他位置的构造筋。

梁的钢筋三维效果，如图 2-1-15 所示。

（二）板的配筋

选择“竹园轩”Ⓖ轴、Ⓔ轴以及①轴与②轴之间的板为对象进行有关板的配筋知识的介绍。

操作步骤：

1. 创建结构楼板

单击“结构”选项卡——“结构”面板——“楼板”工具中“楼板：

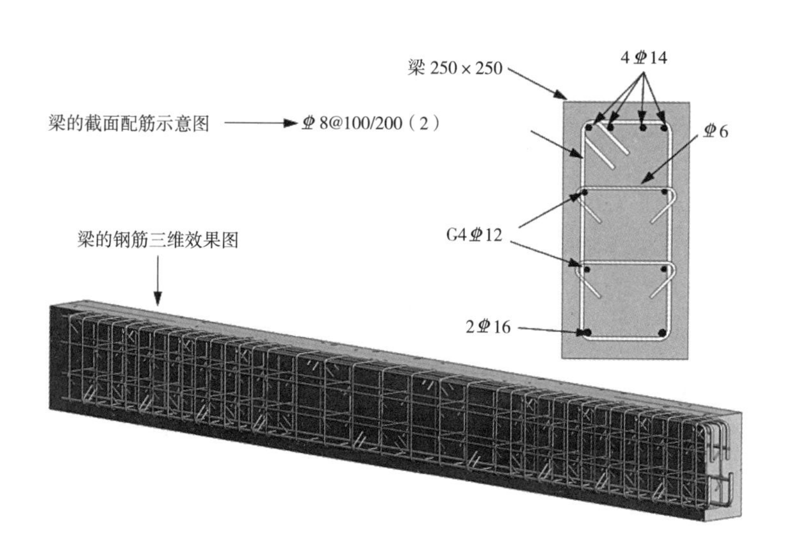

图 2-1-15　梁的钢筋三维效果图

结构”选型，创建一块厚度为 100 的结构楼板，在属性面板中选择默认的楼板“常规 -300”，单击“编辑类型”按钮，在“类型属性”对话框中“复制”生成新的结构楼板类型“LB-100”，修改结构为“100mm”，确认创建楼板边界的绘制方式为“矩形”，鼠标分别捕捉①轴与Ⓖ轴的交点作为矩形的第一角点，②轴与Ⓔ轴的交点作为矩形的第二角点，在属性面板中设置约束条件偏移量为 -50，单击完成编辑模式，绘制完成一块结构楼板。

2. 创建结构楼板底部面积钢筋

单击“结构”选项卡——“钢筋”面板——“面积”工具，鼠标单击楼板，弹出的“钢筋形状”对话框，单击“确定”，单击属性面板图层选项，不勾选顶部主筋方向以及顶部分布筋方向选项，设置底部楼板的钢筋情况，如图 2-1-16 所示。

确认绘制类型为“线形钢筋”，绘制方式为“矩形”，单击完成编辑模式，完成结构楼板的底部钢筋的设置。三维效果如图 2-1-17 所示。

3. 创建结构楼板顶部路径钢筋

根据“竹园轩”①轴、②轴间的楼板的配筋情况，绘制参照平面确定楼板顶部钢筋的路径，如图 2-1-18 所示。

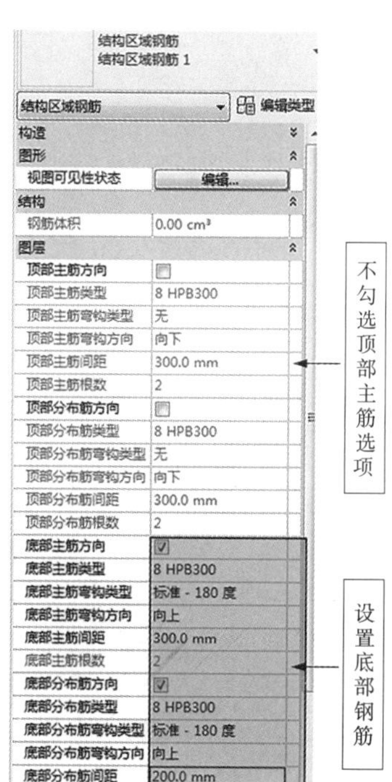

图 2-1-16　板的底部钢筋设置

1 2 G G E E 1 2
1000 900 900 1000
8 HPB300 @ 300 mm (B)
8 HPB300 @ 200 mm (B)

属性	
结构路径钢筋 结构路径钢筋 1	
结构路径钢筋	编辑类型
构造	
图形	
视图可见性状态	编辑...
结构	
钢筋体积	0.00 cm³
图层	
面	顶
钢筋间距	200.0 mm
钢筋数	5
主筋 - 类型	8 HPB300
主筋 - 长度	1000.0 mm
主筋 - 形状	01
主筋 - 起点弯钩类型	标准 - 90 度
主筋 - 终点弯钩类型	标准 - 90 度
分布筋	
分布筋 - 类型	8 HPB300
分布筋 - 长度	2000.0 mm
分布筋 - 形状	
分布筋 - 偏移	0.0 mm
分布筋 - 起点弯钩类型	标准 - 90 度
分布筋 - 终点弯钩类型	无

设置顶部钢筋

图 2-1-17　板的底部钢筋三维效果图（左上）
图 2-1-18　板的顶部钢筋示意图（左下）
图 2-1-19　板的顶部钢筋设置（右）

单击“结构”选项卡——“钢筋”面板——“路径”工具，鼠标单击楼板，单击属性面板图层选项，设置楼板面层顶部钢筋情况，单击楼板，确认绘制方式为“直线”，分别绘制楼板面层顶部钢筋路径，单击完成编辑模式，完成路径钢筋的布置，如图 2-1-19 所示。

选择钢筋，在属性面板中单击“图形”选项中“视图可见性状态”选项的“编辑”框，进行钢筋的三维效果显示，如图 2-1-20 所示。

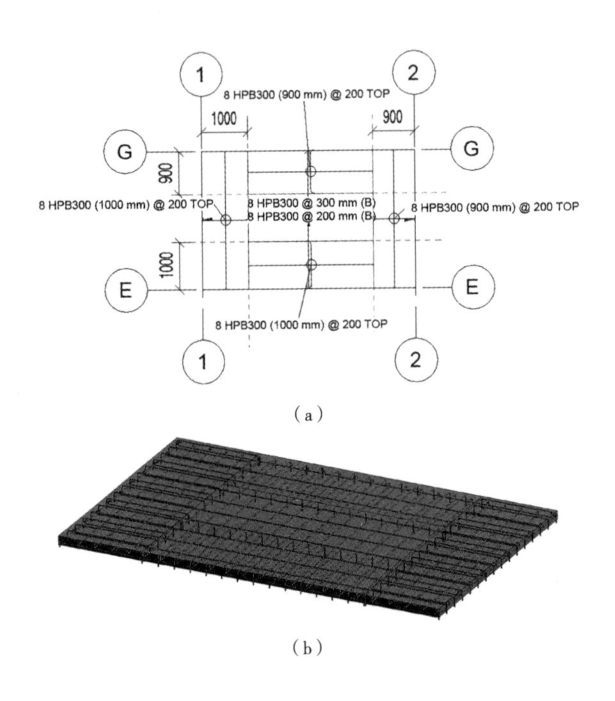

图 2-1-20　钢筋的效果

（三）柱的配筋

选择“竹园轩”①轴与Ⓖ轴交点处的柱为对象，介绍利用插件进行配筋的相关知识。

选择“竹园轩”①轴与Ⓖ轴交点处的柱，单击插件“Extensions”选项卡——“钢筋”工具，在下拉列表中选择“柱”选项，在“柱配筋”对话框中进行柱的钢筋、箍筋设置，如图 2-1-21 所示，单击“确定”按钮，完成柱的钢筋设置。

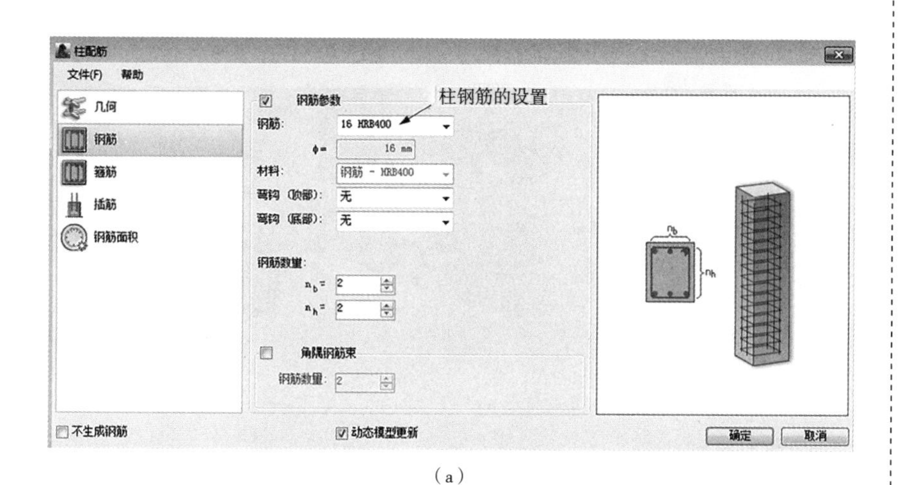

（a）

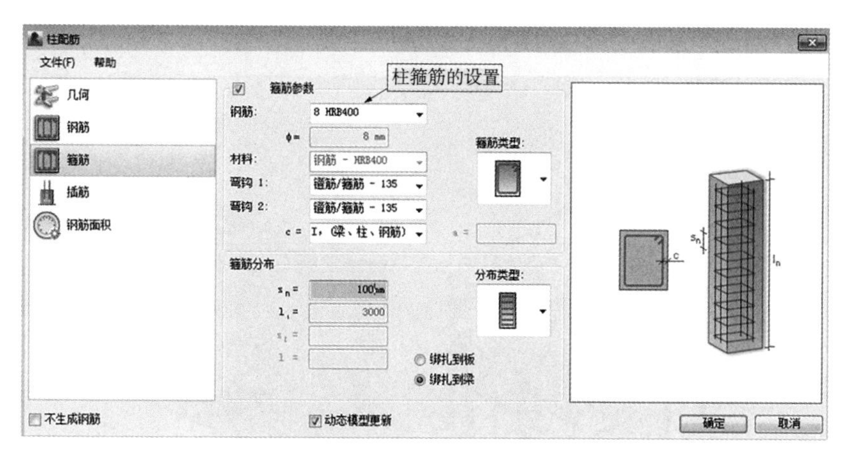

（b）

图 2-1-21　柱的配筋

选择钢筋，在属性面板中单击“图形”选项中“视图可见性状态”选项的“编辑”框，进行钢筋的三维效果显示，如图 2-1-22 所示。

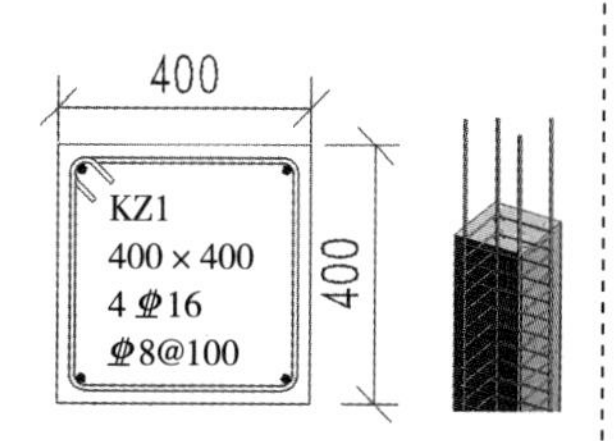

图 2-1-22　柱的钢筋示意图

（四）专业结构软件计算钢筋生成

在钢筋混凝土结构物中创建钢筋，由专业结构软件自动生成，比如盈建科软件。下面介绍由其他的结构软件生成钢筋后，如何导入模型中的操作。

打开“竹园轩”项目，单击“插入”选项卡——“链接”面板——“链接 Revit”工具，找到 Revit 软件“结构样板”创建的结构模板文件，使用“对齐”工具，使结构模板项目文件与“竹园轩”项目文件①轴与Ⓐ轴对齐。“竹园轩”柱梁板模板如图 2–1–23 左图所示，结构模板链接前后效果如图 2–1–23 所示。

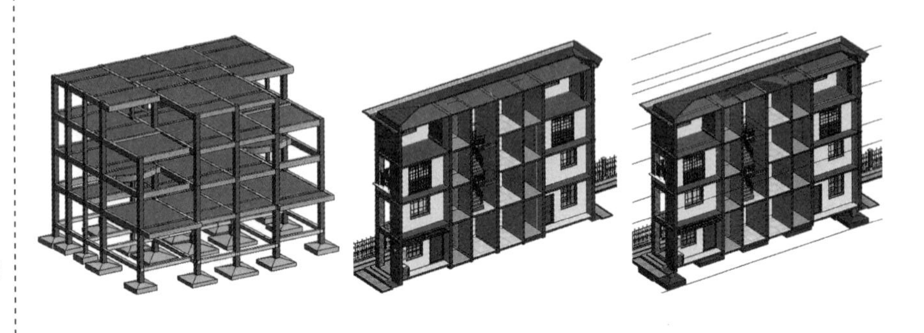

图 2–1–23 结构模板链接前后效果

再次单击“插入”选项卡——“链接”面板——“链接 Revit”工具，找到盈建科生成的结构钢筋项目文件，使用“对齐”工具，使结构钢筋项目文件与“竹园轩”项目文件①轴与Ⓐ轴对齐。盈建科软件生成的“竹园轩”钢筋如图 2–1–24 左图所示，“竹园轩”钢筋链接前后效果，如图 2–1–24 所示。

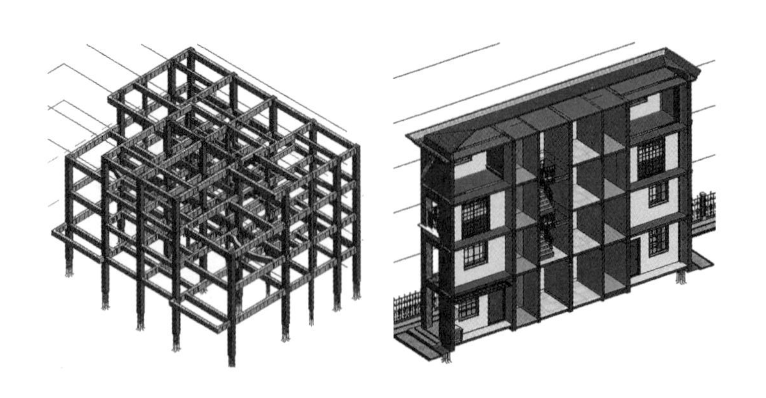

图 2–1–24 “竹园轩”钢筋链接前后效果

六、任务后：知识拓展应用

扫描目录前二维码学习相关内容。

七、评价与展示

学生任务清单（含课程评价）2.1

<table>
<tr><td rowspan="3">前期导入</td><td>任务名称</td><td colspan="5"></td></tr>
<tr><td>学生姓名</td><td></td><td>班级</td><td></td><td>学号</td><td></td></tr>
<tr><td>完成日期</td><td colspan="2"></td><td>完成效果</td><td colspan="2">（教师评价及签字）</td></tr>
<tr><td rowspan="2">明确任务</td><td>任务目标</td><td colspan="5"></td></tr>
<tr><td>任务实施</td><td colspan="4"></td><td>成果提交</td></tr>
<tr><td>自学简述</td><td>课前布置</td><td colspan="5">主要根据老师布置的网络学习任务，说明自己学习了什么？查阅了什么？</td></tr>
<tr><td rowspan="2">学习复习</td><td>不足之处</td><td colspan="5"></td></tr>
<tr><td>提问</td><td colspan="5">自己想和老师探讨的问题</td></tr>
<tr><td rowspan="4">过程评价</td><td>自我评价
（5 分）</td><td>课前学习</td><td>实施方法</td><td>职业素质</td><td>成果质量</td><td>分值</td></tr>
<tr><td></td><td></td><td></td><td></td><td></td><td></td></tr>
<tr><td>教师评价
（5 分）</td><td>时间观念</td><td>能力素养</td><td>成果质量</td><td>分值</td><td></td></tr>
<tr><td></td><td></td><td></td><td></td><td></td><td></td></tr>
</table>

情境引入：2022年冬奥会，是一场科技与体育融合的赛事。冬奥会的体育馆在建设过程中，又运用了哪些“黑科技”呢？由于奥运场馆对场所空调效能、设备参数偏差、施工质量要求高，系统采用“全空气＋除湿系统”形式，导致空调效果的实现难度大，尤其冰面风速和温度值的控制非常困难。因此，该项目采用BIM技术进行管线深化设计、复核计算、模拟调试等应用，以满足现场使用功能及设计要求。

· 运用BIM技术进行管线设备设计的优势是什么？
· 如何运用BIM技术创建给水排水系统？
· 如何运用BIM技术创建风管系统？

项目二　装饰建模

一、学习任务描述

建筑装饰工程是在原有建筑的基础上，根据功能的需要，对其内部空间进行装饰和布置，以提供更为舒适的活动空间和场所。本部分主要是针对“竹园轩”的客厅与厨房部分进行有关装饰，包括吊顶以及家具等各构件的布置与组合。

本项目创建“竹园轩”项目的装饰工程部分模型。

建议：在创建模型之前，列出所需族的清单，先完成所需的三维与二维族，再创建装饰构件。

二、任务目标

1. 创建“竹园轩”项目的楼地面装饰构件
2. 创建“竹园轩”项目的吊顶装饰构件
3. 创建“竹园轩”项目的客厅、厨房家具等装饰构件

三、思维导图

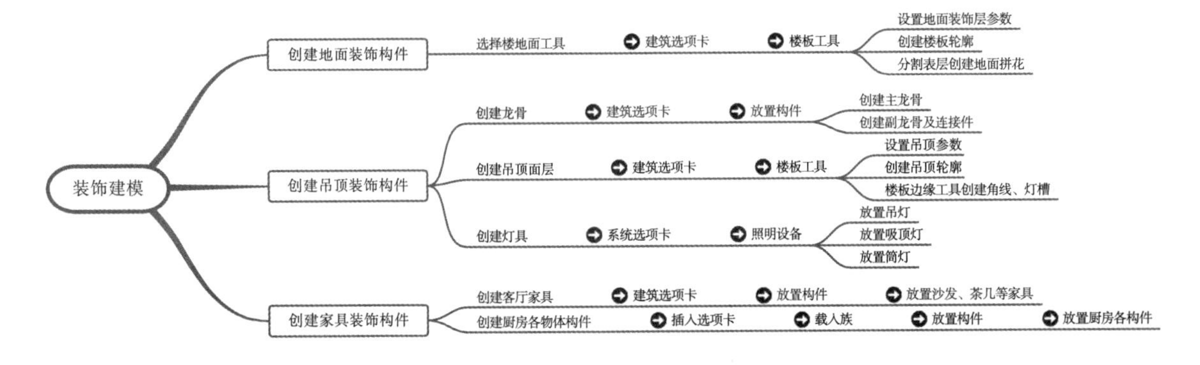

四、任务前：思考并明确学习任务

1. 学习任务一：如图 2-2-1 所示，了解成“竹园轩”装饰楼地面，熟悉楼板分割的操作。

2. 学习任务二：如图 2-2-2 所示，创建“竹园轩”客厅与厨房吊顶，熟悉复杂的吊顶构件创建操作。

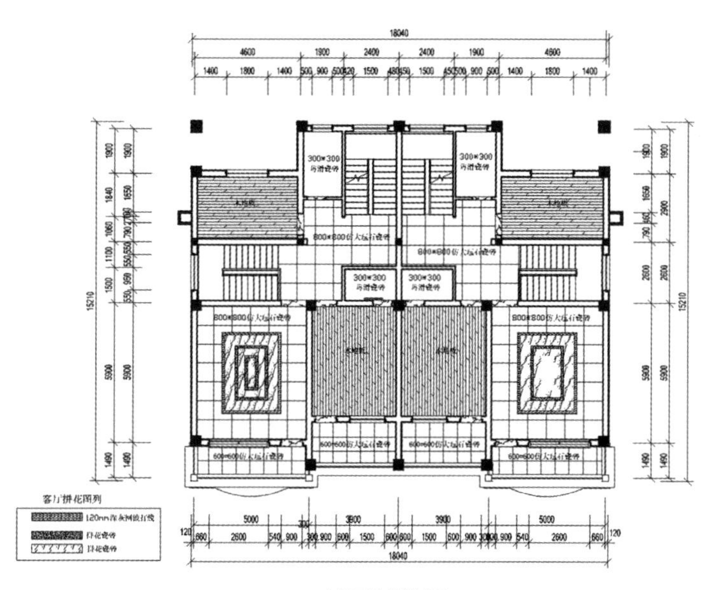

图 2-2-1　地面铺装图

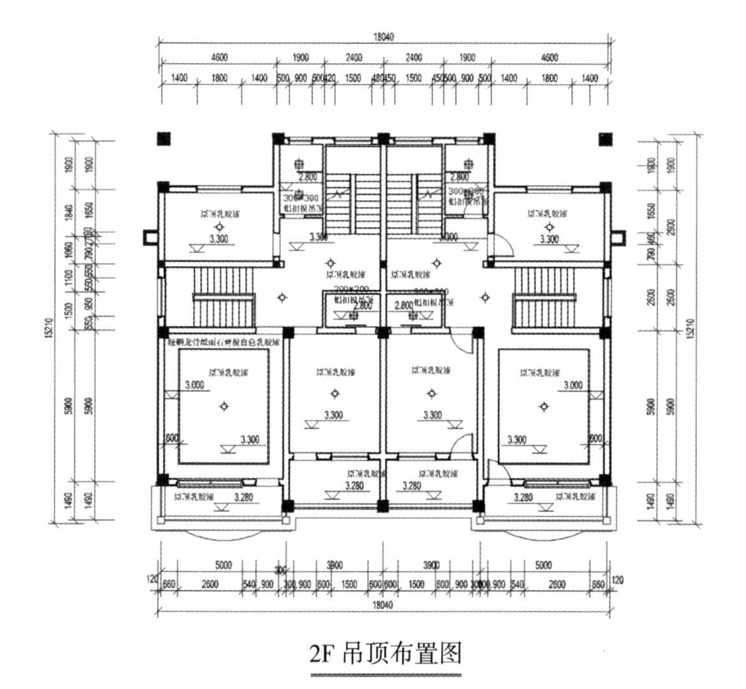

图 2-2-2　吊顶布置图

3. 学习任务三：如图 2-2-3 所示，创建“竹园轩”客厅与厨房家具装饰构件，熟悉族与构件的操作。

五、任务中：任务实施

建筑装饰是为保护建筑物的主体结构、完善建筑物的物理性能、使用功能和美化建筑物，采用装饰装修材料或饰物对建筑物的内外表面及空间进行的各种处理过程，为人类的生活与工作提供更舒适的空间环境。

学习任务一：创建地面装饰构件——客餐厅、卧室地面

建筑模型创建完成后，接下来创建客厅、厨房的室内装饰模型，依照楼地面→吊顶→家具构件的顺序依次创建，地面装饰层使用“楼板：建筑”工具来创建，如图 2-2-4 所示。

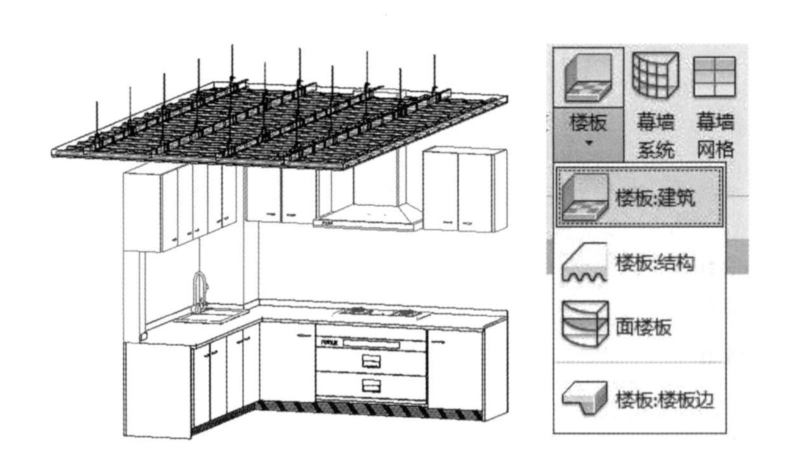

图 2-2-3　厨房构件三维示意图（左）
图 2-2-4　楼板工具（右）

操作步骤：

1. 打开“竹园轩项目 .rvt”项目文件，切换至 2F 楼层平面视图，导入“2F 地面铺装详图 .dwg”文件，对齐轴网。

2. 选择楼板工具

单击“建筑”选项卡——“构建”面板——“楼板”工具，选择“楼板：建筑”选项，Revit 2023 自动切换至“修改 | 创建楼层边界”上下文选项卡，进入创建楼板边界模式，Revit 2023 将淡显视图中的其他图元。

3. 定义客厅楼地面装饰层名称

在“属性”面板 /“类型选择器”中选择楼板类型为“常规 -150mm”，点击“编辑类型”按钮打开“类型属性”对话框，复制出名称为“2F_ 装饰 _ 客厅拼花地面”的楼板类型。

4. 定义客厅楼地面装饰层的结构参数

根据大理石瓷砖楼面改造要求，如图 2-2-5 所示，设置客厅楼地面结构参数。

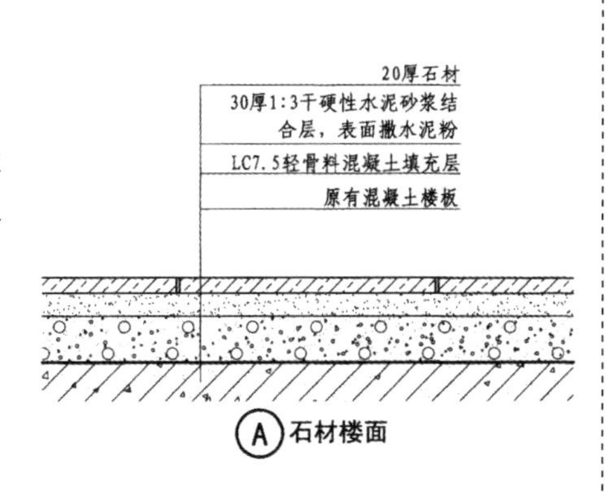

图2-2-5　客厅地面结构图

单击类型参数列表／“结构”参数后／“编辑”按钮，弹出“编辑部件”对话框，该对话框内容与基本墙族类型中的“编辑部件”对话框相似。如图 2-2-6 所示，单击“插入”按钮两次插入新层，调整新插入层的位置，修改各层功能、厚度，分别设置这两个层的材质。

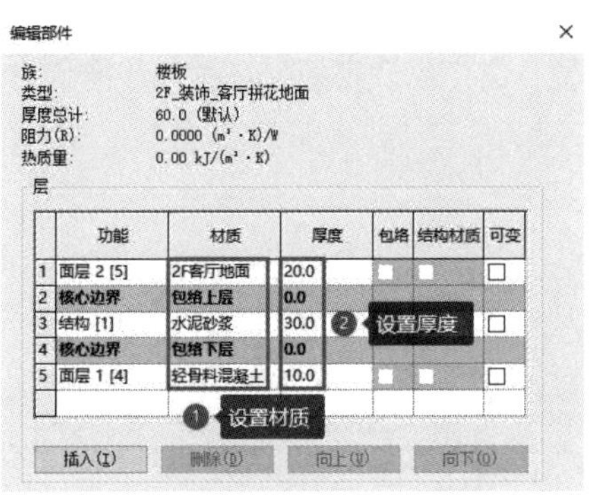

图2-2-6　客厅地面结构设置

5. 创建客厅楼地面装饰层

如图 2-2-7 所示，确认“绘制”面板—绘制状态为“边界线”，绘制方式为“拾取线”；设置选项栏中的偏移值为 0；设置“标高”为“2F”，“自标高的高度偏移”为“60”。单击鼠标左键，分别拾取导入的“2F 地面铺装详图 .dwg”的客厅地面边界。注意楼板边界线必须综合运用线编辑方式使其首尾相接，否则会提示错误而不能完成边界线草图编辑模式。

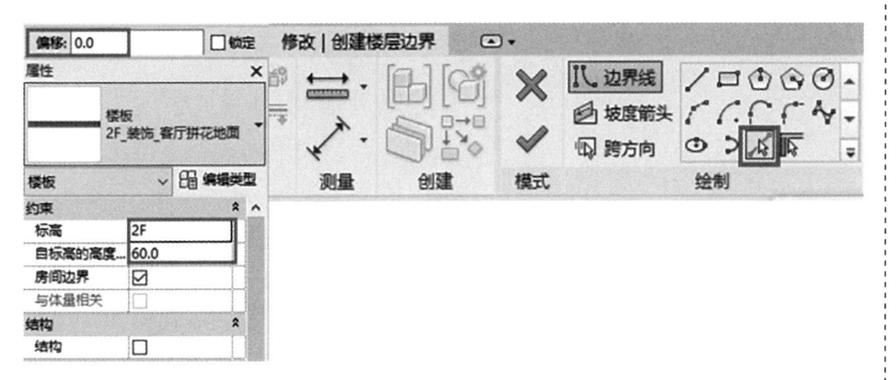

图2-2-7　客厅地面参数

6. 创建客厅楼地面装饰层拼花

选择“2F_装饰_客厅地面”楼板，选择“修改／楼板”选项卡中的“创建零件”命令，点击“分割零件”，运用“编辑草图”工具，通过拾取 CAD 轮廓线创建拼花图案轮廓，连续点击 ，完成拼花图案的编辑，如图 2-2-8 所示。注意不能勾选“通过原始分类的材质”才能对分割出来

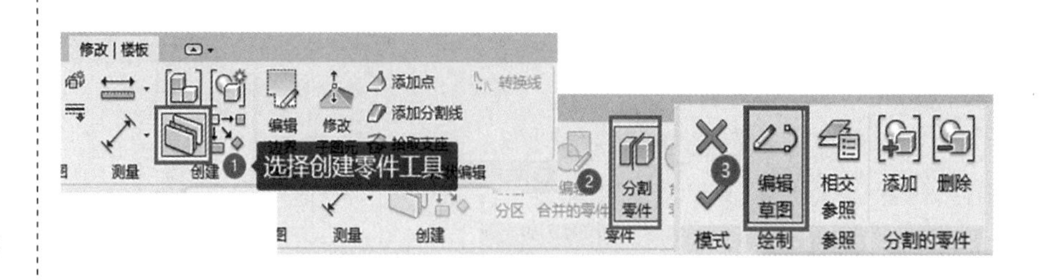

图2-2-8 分割地面拼花

的各个面进行单独的材质调整。

7. 拼花材质的赋予

单击分割出来的零件面拾取对象，选择“属性”面板中的“材质”选项，将“默认楼板”修改为所需的材质，如图 2-2-9 所示。

图2-2-9 材质赋予

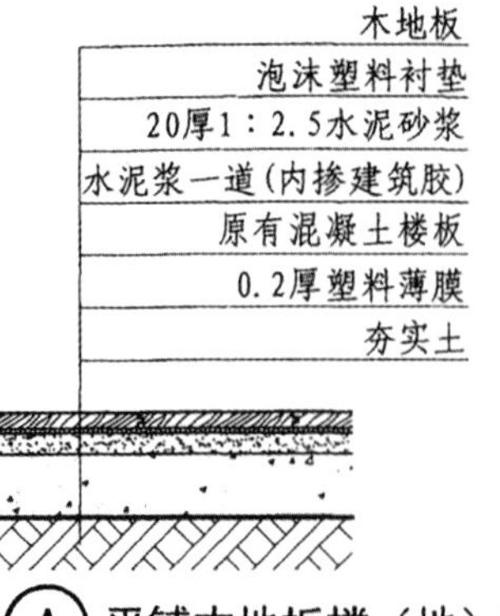

图2-2-10 木地板楼地面结构

8. 创建卧室木地板装饰层

沿用“客厅楼地面装饰层拼花”的创建方法，创建命名为“2F_装饰_卧室木地板地面”的卧室楼地面装饰层模型。其结构设置如图 2-2-10 所示。

学习任务二：创建吊顶装饰构件——厨房铝扣板吊顶、客厅石膏板造型吊顶

吊顶是装饰工程造型较为复杂的部位，主要由龙骨、面层、装饰构件三大部分组成。依照龙骨→面层→其他装饰构件→灯具的顺序依次创建。创建吊顶时，由于造型的复杂性，建议使用“楼板：建筑”工具来创建吊顶面层，

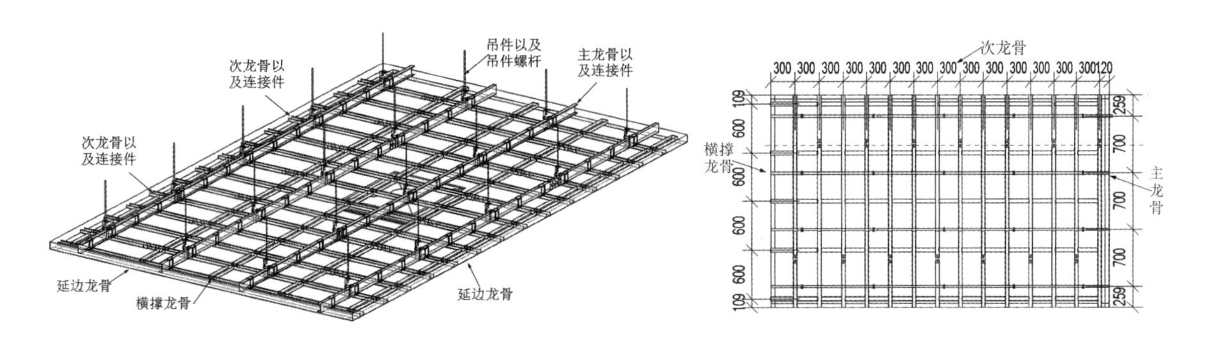

图 2-2-11　厨房吊顶示意

使用“楼板：楼板边”创建灯槽、角线。

（一）创建厨房铝扣板吊顶

“竹园轩”厨房吊顶示意，如图 2-2-11 所示。

操作步骤：

1．制作轻钢龙骨构件族

点击 Revit“文件”菜单按钮——“新建”——“族”——选择族样板文件——“公制常规模型”，进入族编辑模式。分别制作吊杆、吊件螺杆，主龙骨、主龙骨连接件，次（覆面）龙骨、次龙骨连接件，横撑龙骨，主、次龙骨吊挂件，延边龙骨、自攻钉，如图 2-2-12 所示。

2．在项目中载入吊顶构件族

切换到 1F 视图，单击“插入”选项卡——“从库中载入”面板——

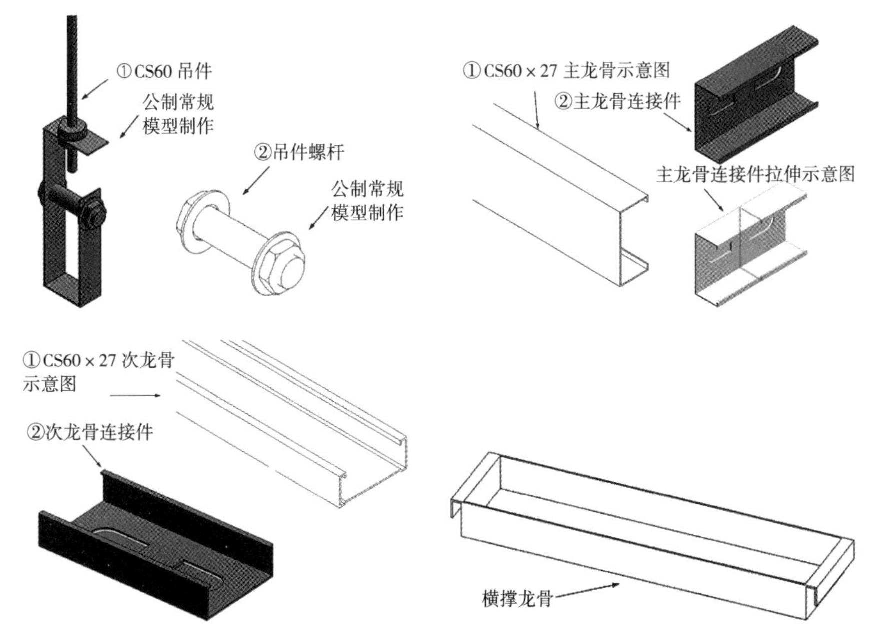

图 2-2-12　龙骨构件族

“载入族”，在“竹园轩”文件夹中找到“吊顶”文件夹，载入吊杆、吊件螺杆，主龙骨、主龙骨连接件，次（覆面）龙骨、次龙骨连接件，横撑龙骨，主、次龙骨吊挂件，延边龙骨、自攻钉族文件。

3. 创建龙骨模型

分别添加吊杆、吊件螺杆，延边龙骨、自攻钉构件，主龙骨、主龙骨连接件，次（覆面）龙骨、次龙骨连接件，横撑龙骨。

“竹园轩”吊顶的组合示意，如图 2-2-13 所示。

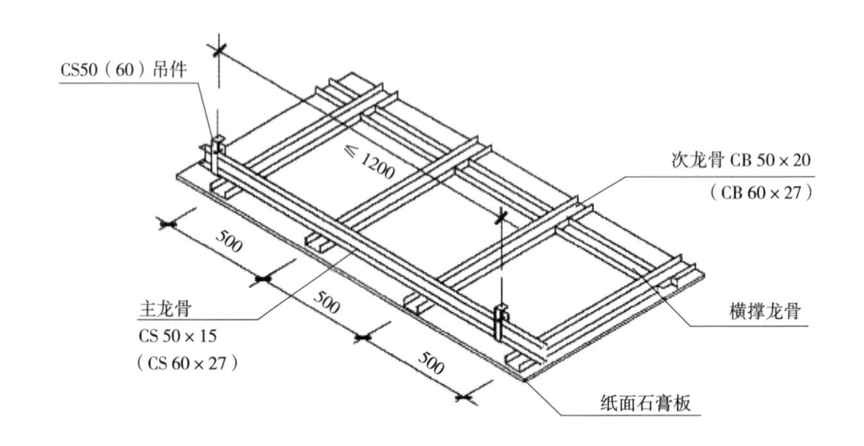

图 2-2-13 吊顶的组合示意图

（1）添加延边龙骨

在 1F 视图中，单击“建筑”选项卡——“构建”面板——“构件”按钮中“放置构件”选项，在属性面板中选择延边龙骨构件，移动鼠标至“竹园轩”厨房位置的①轴与Ⓖ轴附近单击，向右移动鼠标至②轴单击鼠标左键，确认放置延边龙骨，单击“修改”面板中“对齐”命令，将延边龙骨对齐至 1F 内墙核心层表面位置，依次添加其他方向的延边龙骨。

（2）添加吊杆

在 1F 视图中，绘制如图 2-2-14 所示的参照平面确定吊件的位置，单击“建筑”选项卡——“构建”面板——“构件”按钮中“放置构件”选项，在属性面板中选择“吊杆”构件，在属性面板设置吊件的限制条件为标高 2F，偏移量为 −280mm，鼠标捕捉参照平面的交点添加吊杆，然后利用修改面板中“阵列”命令工具，添加其他位置的吊杆。

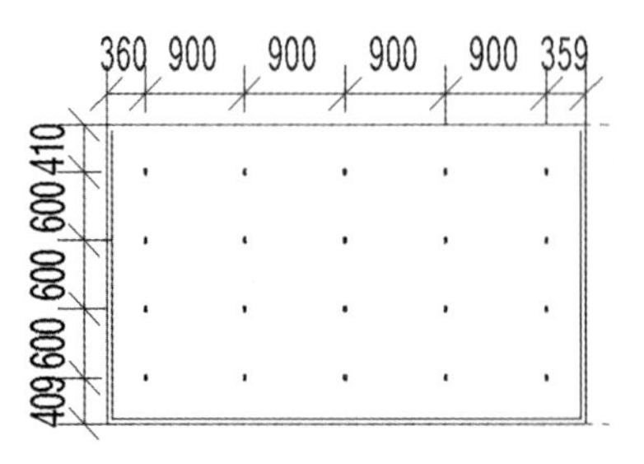

图 2-2-14 吊件的位置

（3）添加主龙骨以及主龙骨连接件

单击“建筑”选项卡——“构建”面板——“构件”按钮中“放置构件”选项，在属性面板中选择主龙骨构件，鼠标在①轴位置的延边龙骨上单击，确认主龙骨的起始点位置，向右移动鼠标，在主龙骨 2/3 的位置单击鼠标左键，完成一根主龙骨的创建，单击“对齐”命令将主龙骨与吊件平面位置对齐，切换到三维视图，再次单击“对齐”命令将主龙骨与吊件进行面对面对齐，复制生成另一端的主龙骨，再次利用“放置构件”，添加主龙骨的连接件，单击“修改”面板中“对齐”命令，对齐主龙骨与主龙骨连接件的平面位置，切换到三维视图，再次利用“对齐”命令将主龙骨以及主龙骨连接件进行面对面对齐。再次利用“放置构件”，在距离延边龙骨位置 300mm 处添加主龙骨的挂件，并进行挂件与主龙骨上表面的对齐，复制生成等距离 300mm 的其他位置的挂件，选择主龙骨、主龙骨连接件以及挂件，阵列生成等距离的其他主龙骨、主龙骨连接件以及挂件，如图 2-2-15 所示。注意相邻主龙骨之间的连接位置必须错开。

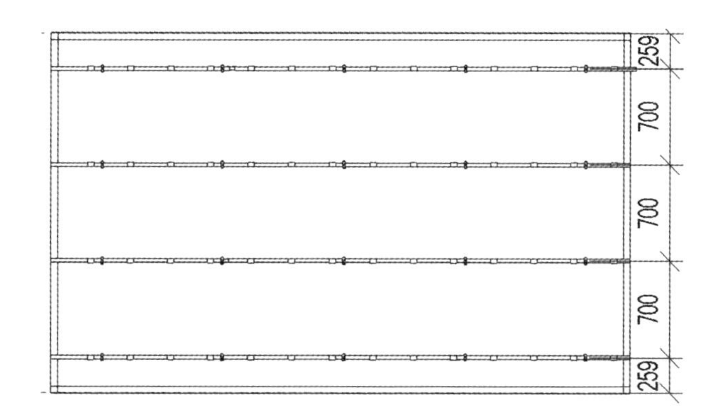

图 2-2-15　主龙骨以及主龙骨连接件位置

（4）添加次龙骨以及次龙骨连接件

单击“建筑”选项卡——“构建”面板——“构件”按钮中“放置构件”选项，在属性面板中选择次龙骨构件，鼠标在距离①轴 300mm 位置的延边龙骨上单击，确认次龙骨的起始点位置，向下移动鼠标，在次龙骨 2/3 的位置单击鼠标左键，完成一根次龙骨的创建，单击“对齐”命令将次龙骨与主龙骨挂件平面位置对齐，切换到三维视图，再次单击“对齐”命令将次龙骨与主龙骨挂件进行面对面对齐，复制生成另一端的次龙骨，再次利用“放置构件”，添加次龙骨的连接件，并将次龙骨以及次龙骨连接件进行面对面对齐。选择次龙骨以及次龙骨连接件，阵列生成等距离的其他次龙骨以及次龙骨连接件，如图 2-2-16 所示。注意相邻次龙骨之间的连接位置必须错开。

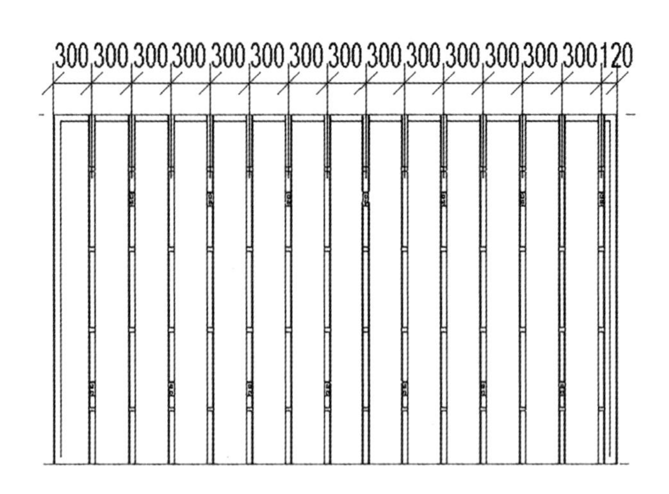

图 2-2-16　次龙骨以及次龙骨连接件位置

4. 创建铝扣板面层

单击“建筑”选项卡——“构建”面板——“构件”——“放置构件”命令，在属性面板中选择铝扣板构件，将标高设置为 1F，相对标高偏移设定为 2.9m，依照次龙骨位置放置，完成铝扣板的创建。

5. 创建吸顶灯

用参照平面工具定位吸顶灯的位置，单击“系统”选项卡——“电气”面板——“照明设备”命令，在属性面板中选择吸顶灯 680mm × 610mm 的类型，定义吸顶灯的约束条件，单击鼠标左键，放置吸顶灯，然后用“修改”面板中“对齐”命令对齐到参照平面位置，完成吸顶灯的放置。

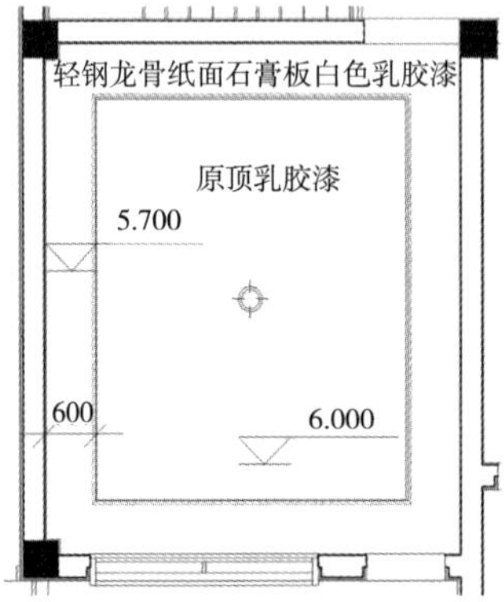

（二）创建客厅吊顶

“竹园轩”客厅吊顶平面示意，如图 2-2-17 所示。

图 2-2-17　客厅吊顶平面示意

操作步骤：

1. 创建客厅吊顶龙骨

按照图纸要求，沿用客厅吊顶龙骨的创建方法，依次创建客厅吊顶主龙骨、次龙骨。

2. 创建石膏板吊顶层

单击“建筑”选项卡——“构建”面板——“楼板”命令，点击“编辑类型”按钮打开“类型属性”对话框，复制出名称为“2F_ 装饰 _ 客厅吊顶”的楼板类型。在属性面板中定义核心层材质为 12mm 的石膏板，面层涂料材质为白色乳胶漆，如图 2-2-18 所示，用拾取线的绘制方式添加吊顶轮廓，将标高设置为 2F，自标高的高度偏移量设置为 5400mm，单击

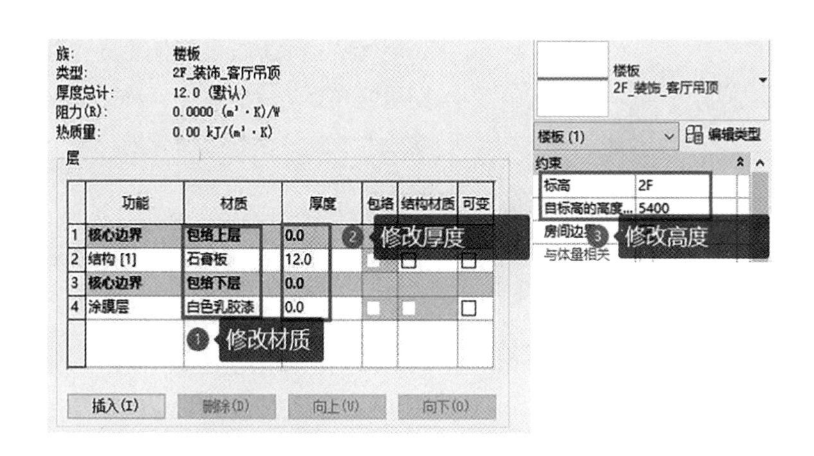

图 2-2-18　客厅吊顶面层结构

完成编辑模式，完成添加吊顶的创建。

3. 创建灯槽、角线轮廓族

点击 Revit “文件”菜单按钮——“新建”——“族”——选择族样板文件——“公制常规轮廓”，进入族编辑模式。导入灯槽、角线截面 CAD 文件，分别制作客厅灯槽、客厅角线轮廓族，各族如图 2-2-19 所示。

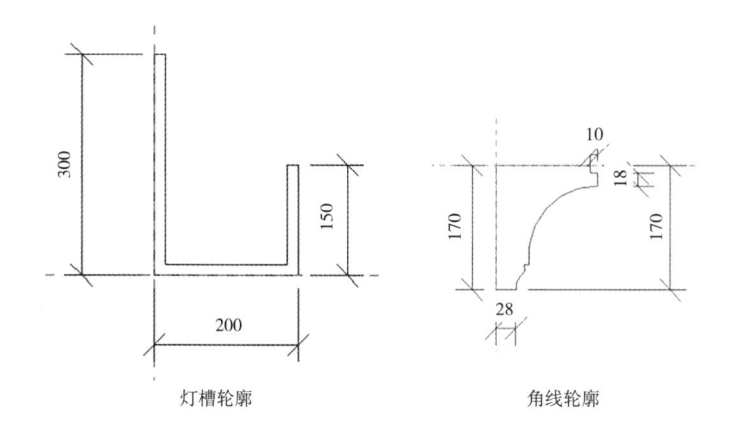

图 2-2-19　灯槽、角线轮廓族

4. 在项目中载入轮廓族

单击“插入”选项卡——“从库中载入”面板——“载入族”，在“竹园轩”文件夹中找到“吊顶”文件夹，载入客厅灯槽、客厅角线轮廓族文件。

5. 创建灯槽、阴角线

单击“建筑”选项卡——“构建”面板——“楼板”——“楼板：楼板边”命令，点击“编辑类型”按钮打开“类型属性”对话框，分别复制出名称为“2F_装饰_客厅吊顶灯槽”“2F_装饰_客厅吊顶角线”的楼板边类型。在属性面板中选择轮廓族，材质为白色乳胶漆，

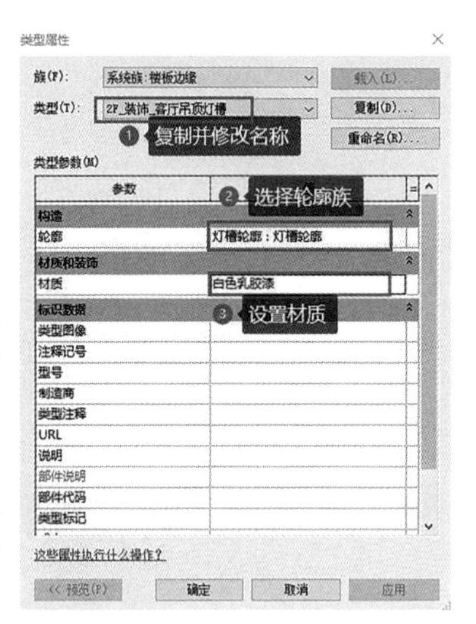

图 2-2-20 灯槽、角线轮廓族

如图 2-2-20 所示。将鼠标放置到需要创建的楼板边缘位置，自动拾取楼板边缘线，放置并调整楼板边缘位置，完成添加灯槽与角线的创建。

6. 创建灯具

单击“插入”选项卡——“载入族”命令，载入所需的吊灯族。

单击“建筑”选项卡——“构建”面板——“放置构件”命令，在“编辑类型”中选择客厅吊灯构件族，打开“类型属性”对话框，复制出名称为“2F_装饰_客厅吊灯”的类型。将标高设置为 4F，自标高的高度偏移量设置为 −150mm，完成吊灯的创建。

学习任务三：创建家具装饰构件——柜体及其他物品

地面、吊顶模型创建完成后，需对“竹园轩”项目的客厅、厨房家具等细节部分的模型进行创建，先独立制作各类家具等细节模型族，再通过放置构件的方法进行创建。

（一）厨房部分

操作步骤：

1. 制作厨房内各种物品构件族

点击 Revit “文件”菜单按钮——“新建”——“族”——选择族样板文件——“公制常规模型”，进入族编辑模式。分别制作地柜台面、地柜、水槽、燃气灶、吊柜、抽油烟机族文件。

2. 在项目中载入厨房内各种物品构件族

切换到 1F 楼层平面视图，单击“插入”选项卡——“从库中载入”面板——“载入族”，在“竹园轩”文件夹中找到“吊顶”文件夹，载入地柜台面、地柜、水槽、燃气灶、吊柜、抽油烟机族文件。

3. 分别添加地柜、地柜台面、水槽、燃气灶、吊柜、抽油烟机等构件。

（1）添加地柜

在 1F 视图中，单击“建筑”选项卡——“构建”面板——“构件”按钮中“放置构件”选项，在属性面板中选择地柜，鼠标在Ⓔ轴以及①轴附近单击确认橱柜的放置位置，单击“对齐”命令，将地柜分别对齐墙的核心层表面，完成地柜的添加。

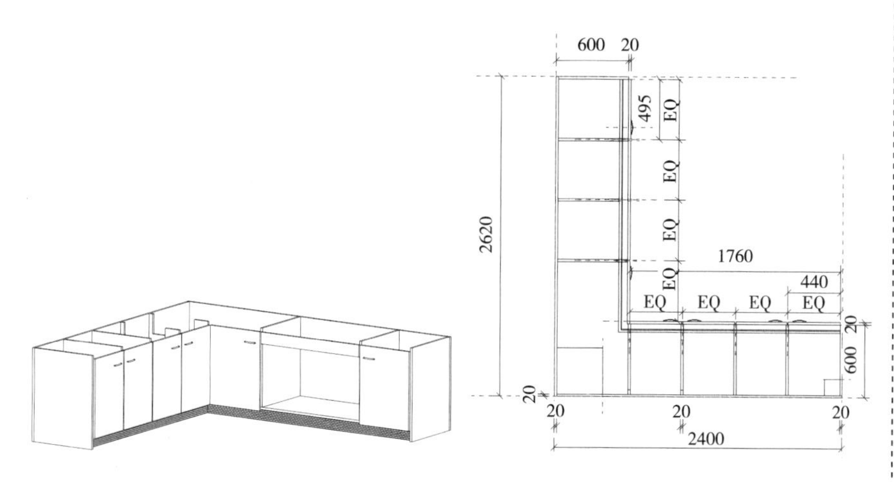

图 2-2-21　地柜的三维效果图以及有关尺寸示意

地柜的三维效果图以及有关尺寸示意，如图 2-2-21 所示。

（2）添加地柜台面

在 1F 楼层平面视图中，单击“构件”工具的中“放置构件”选项，在属性面板中选择地柜台面构件，鼠标捕捉地柜的角点，点击鼠标放置地柜台面构件，因为在定义厨房各构件族时，本书已经考虑了高度因素，所以，不需要考虑限制条件。

地柜台面的三维效果图以及有关尺寸示意，如图 2-2-22 所示。

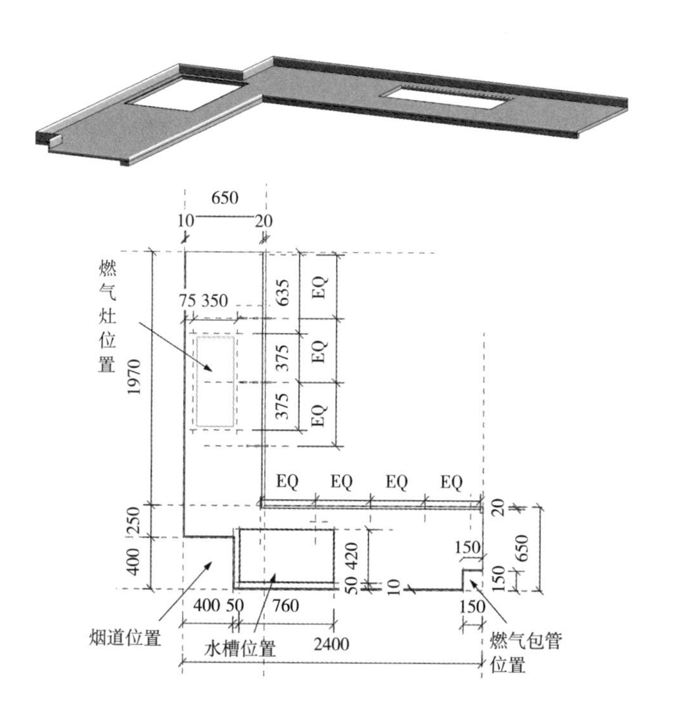

图 2-2-22　地柜台面的三维效果图以及有关尺寸示意

（3）添加厨房水槽

在 1F 楼层平面视图中，单击“参照平面”工具绘制参照平面，定位水槽的平面位置，单击“构件”工具的中“放置构件”选项，在属性面板中选择水槽构件，放置水槽，运用对齐命令，精确定位水槽的位置。水槽的三维效果图以及有关尺寸示意，如图 2-2-23 所示。

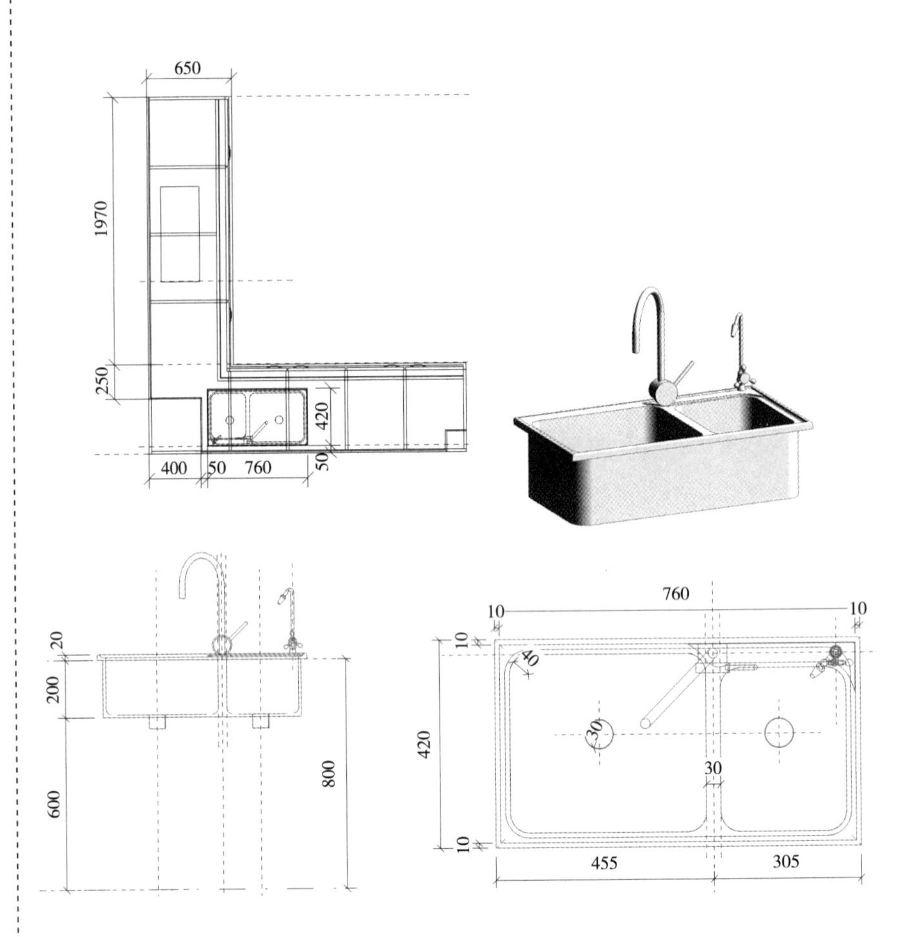

图 2-2-23 水槽的三维效果图以及有关尺寸示意

（4）添加厨房灶台

在 1F 楼层平面视图中，单击“参照平面”工具绘制参照平面，定位灶台的平面位置，单击“构件”工具的中“放置构件”选项，在属性面板中选择灶台构件，放置灶台，运用对齐命令，精确定位灶台的位置。灶台的三维效果图以及有关尺寸示意，如图 2-2-24 所示。

（5）添加吊柜

在 1F 楼层平面视图中，单击“参照平面”工具绘制参照平面，定位灶台的平面位置，单击“构件”工具的中“放置构件”选项，在属性面板

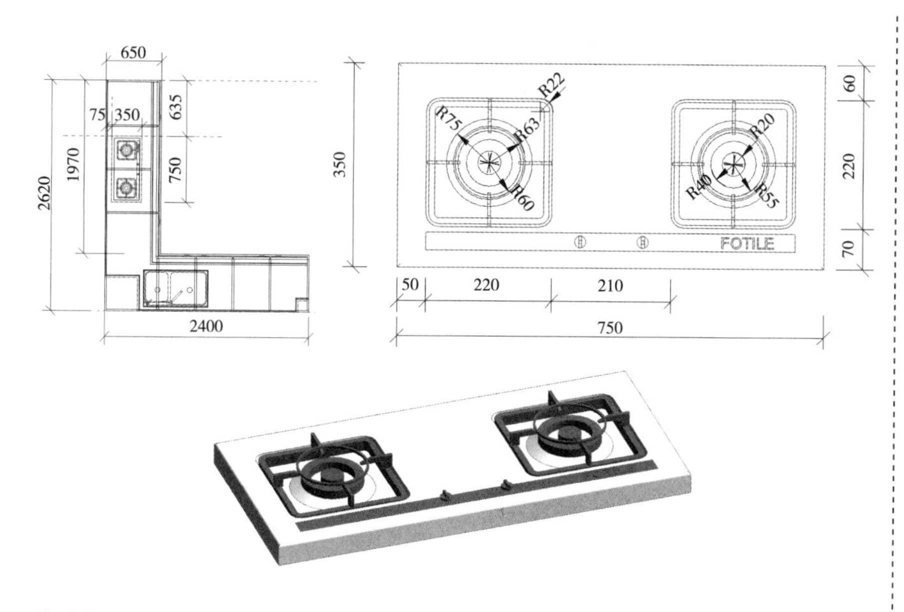

图 2-2-24　灶台的三维效果图以及有关尺寸示意

中选择吊柜构件，放置吊柜，运用对齐命令，精确定位吊柜的位置。在属性面板中，设置楼层平面的视图深度，显示吊柜的投影。吊柜的三维效果图以及有关尺寸示意，如图 2-2-25 所示。

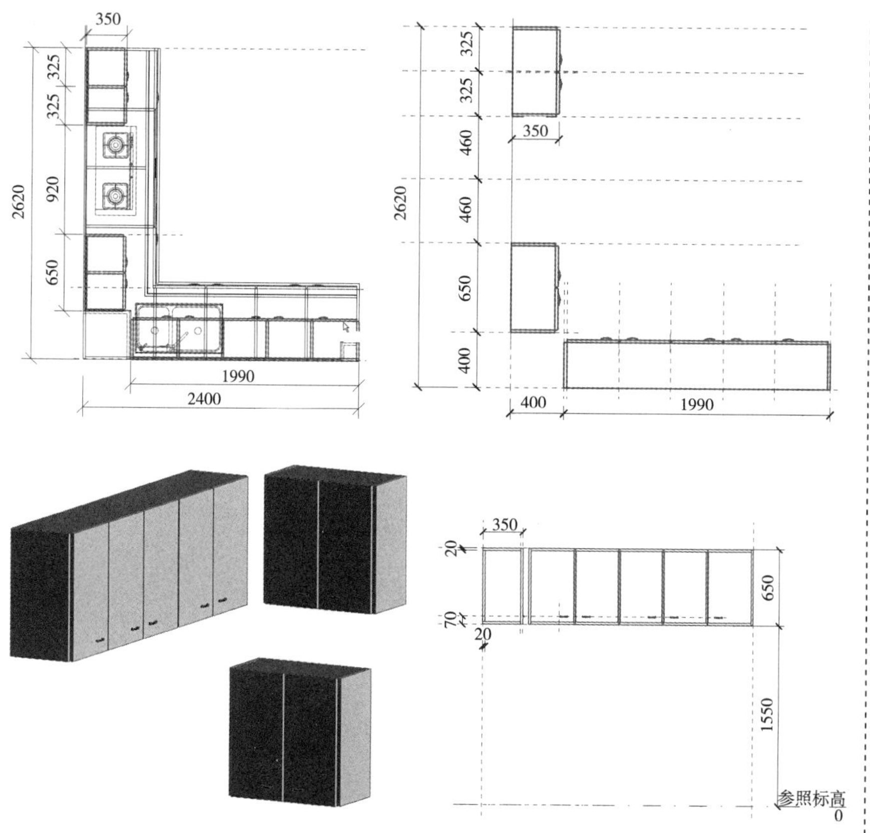

图 2-2-25　吊柜的三维效果图以及有关尺寸示意

（6）添加厨房抽油烟机

在 1F 楼层平面视图中，单击“参照平面”工具绘制参照平面，定位抽油烟机的平面位置，单击“构件”工具中的“放置构件”选项，在属性面板中选择抽油烟机构件，放置抽油烟机，运用对齐命令，精确定位抽油烟机的位置。灶台的三维效果图以及有关尺寸示意，如图 2-2-26 所示，其中金属网罩是单独的常规模型。

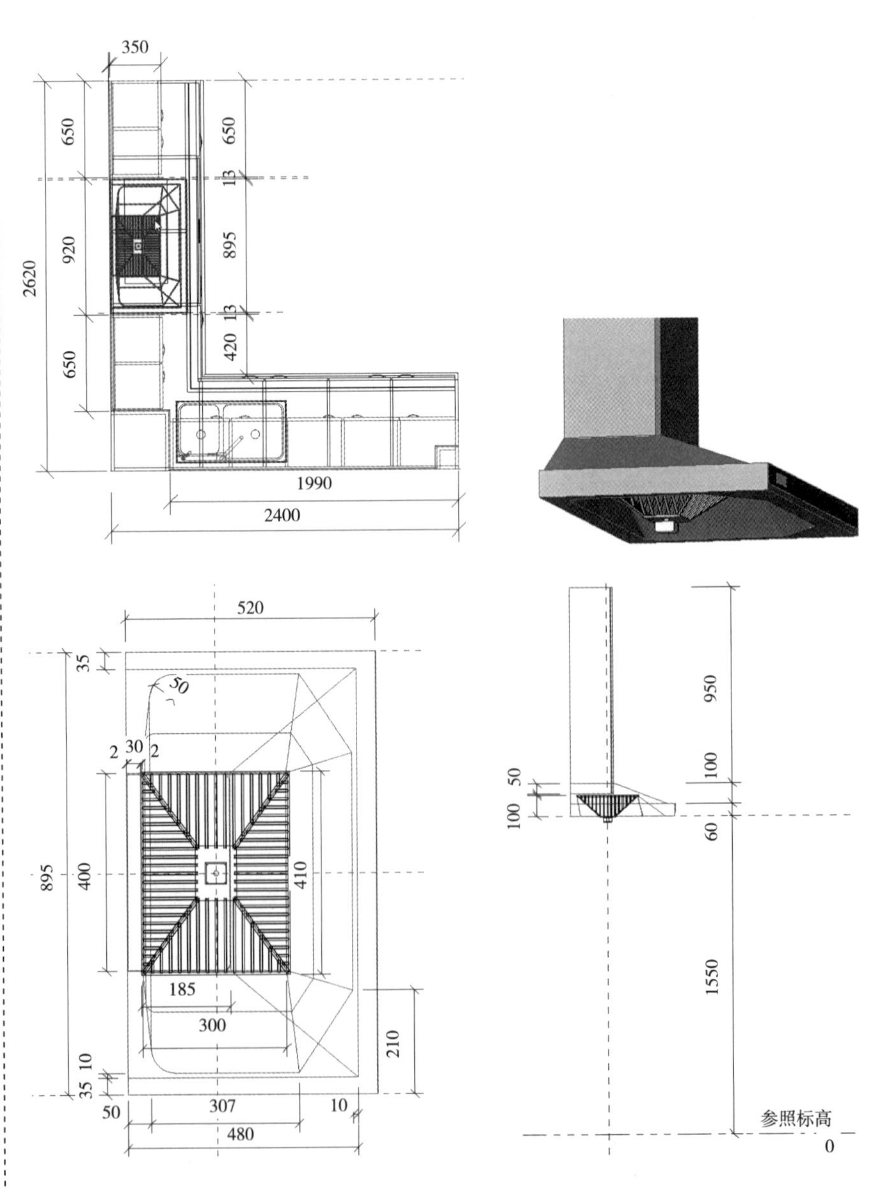

图 2-2-26 灶台的三维效果图以及有关尺寸示意

（二）客厅部分

操作步骤：

1. 制作沙发、茶几、电视柜等各种构件族

点击 Revit “文件” 菜单按钮—— “新建” —— “族” ——选择族样板文件—— “公制常规模型”，进入族编辑模式。分别制作沙发、茶几、电视柜等族文件。

2. 在项目中载入客厅内各种物品构件族

切换到 2F 楼层平面视图，单击 “插入” 选项卡—— “从库中载入” 面板—— “载入族”，在 “竹园轩” 文件夹中找到 “客厅” 文件夹，载入沙发、茶几、电视柜等族文件。

3. 分别添加沙发、茶几、电视柜等构件。

4. 制作客厅踢脚线模型

单击 “建筑” 选项卡—— “构建” 面板—— “内建模型” 命令，选择族类型为常规模型，设置名称为 “2F_ 装饰 _ 客厅木质踢脚线”，设置工作平面为 “标高：2F”，点击放样工具，单击绘制路径按钮，用拾取线的方式绘制踢脚线路径，注意路径必须综合运用线编辑方式使其首尾相接，否则会提示错误而不能完成路径编辑，路径绘制完成后，单击✔按钮退出路径的编辑。

完成路径编辑后，点击编辑轮廓按钮，选择南立面视图，绘制踢脚线截面图，连续点击✔按钮，退出放样命令，在属性面板中修改材质为 “木制踢脚线”，点击完成模型，完成踢脚线内建模型的创建。注意截面图也可以通过选择预先制作公制轮廓族进行绘制，如图 2–2–27 所示。

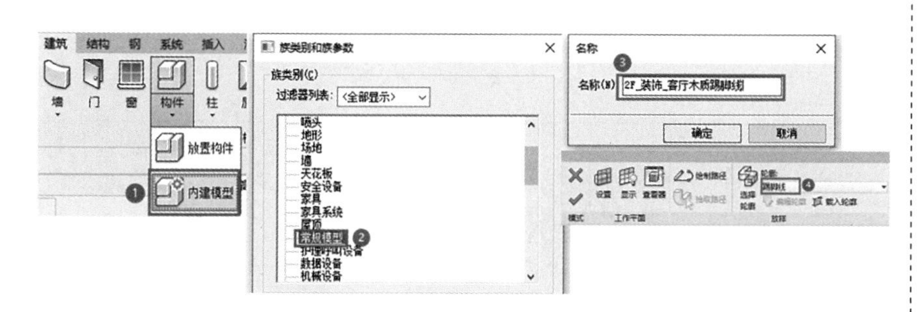

图2–2–27　创建踢脚线

六、任务后：知识拓展应用

扫描目录前二维码学习相关内容。

七、评价与展示

<table>
<tr><td colspan="7">学生任务清单（含课程评价）2.2</td></tr>
<tr><td rowspan="3">前期导入</td><td>任务名称</td><td colspan="5"></td></tr>
<tr><td>学生姓名</td><td></td><td>班级</td><td></td><td>学号</td><td></td></tr>
<tr><td>完成日期</td><td colspan="2"></td><td>完成效果</td><td colspan="2">（教师评价及签字）</td></tr>
<tr><td rowspan="3">明确任务</td><td>任务目标</td><td colspan="5"></td></tr>
<tr><td rowspan="2">任务实施</td><td colspan="4" rowspan="2"></td><td>成果提交</td></tr>
<tr><td></td></tr>
<tr><td>自学简述</td><td>课前布置</td><td colspan="5">主要根据老师布置的网络学习任务，说明自己学习了什么？查阅了什么？</td></tr>
<tr><td rowspan="2">学习复习</td><td>不足之处</td><td colspan="5"></td></tr>
<tr><td>提问</td><td colspan="5">自己想和老师探讨的问题</td></tr>
<tr><td rowspan="4">过程评价</td><td>自我评价（5分）</td><td>课前学习</td><td>实施方法</td><td>职业素质</td><td>成果质量</td><td>分值</td></tr>
<tr><td></td><td></td><td></td><td></td><td></td><td></td></tr>
<tr><td>教师评价（5分）</td><td>时间观念</td><td>能力素养</td><td>成果质量</td><td>分值</td><td></td></tr>
<tr><td></td><td></td><td></td><td></td><td></td><td></td></tr>
</table>

项目三　机电建模

一、学习任务描述

Autodesk Revit 2023 提供七种样板文件来创建不同类别的模型，其中管道样板是专门为创建给水排水系统模型设置的样板，电气样板是专门为创建电力系统模型设置的样板，机械样板是可以同时创建给水排水与风管系统模型的样板，而系统样板可以综合创建风管、管道、电力三种类型的样板。在 Autodesk Revit 2023 中，既可以在建筑模型中创建机电模型，也可以创建独立的机电模型。在大型项目工作中，通常运用 Autodesk Revit 2023 协作工具对建筑、结构、机电的独立模型进行协同工作。

与建筑、结构模型的创建不同，机电模型在创建前，需要先设定给水排水、风管、电缆桥架子系统，设置布管系统配置，其中的管件必须在项目中载入所需的管件族，才能在项目中使用。

由于机电模型中常常包含多种不同系统，为了方便快速地区分不同系统模型，通常创建新的视图过滤器对视图显示样式进行控制。

本项目创建“竹园轩”项目的给水排水系统、暖通风管系统模型。

建议：建筑模型与机电模型分别独立建模，通过协同工作的方式进行建模与模型调整工作。

二、任务目标：创建给水排水管道、暖通风管系统模型

1. 创建“竹园轩”项目的给水排水管道系统模型
2. 创建“竹园轩”项目的暖通风管系统模型

三、思维导图

四、任务前：思考并明确学习任务

1. 学习任务一：为“竹园轩”项目创建如图 2-3-1 所示的给水排水系统，熟悉如何创建排水与给水系统模型。

2. 学习任务二：创建暖通风管系统

实训：为“竹园轩”项目创建如图 2-3-2 所示的暖通风管系统，熟悉如何创建暖通风管系统模型。

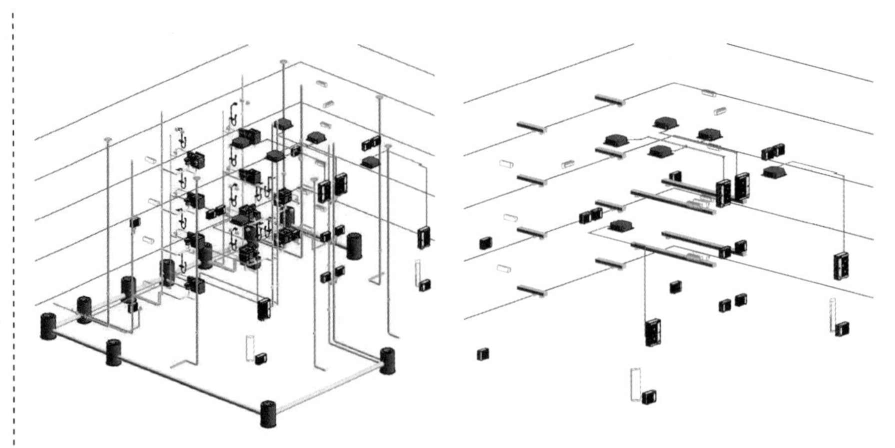

图 2-3-1 “竹园轩”给水排水系统（左）
图 2-3-2 “竹园轩”暖通系统（右）

五、任务中：任务实施

学习任务一：创建水系统——给水与排水

打开 Autodesk Revit 2023，运用系统样板创建“竹园轩机电”项目，在项目中逐一添加给水排水模型以及卫生器具。如果按照项目分工合作协同工作的原则，先将“竹园轩建筑”项目链接到新建的“竹园轩机电”模型中，复制“竹园轩建筑”项目的标高轴网部分。下面先介绍项目协同工作下给水排水模型的建模操作。

操作步骤：

1. 新建给水排水项目

单击“文件”菜单／“新建”／项目／“系统样板”，新建项目，命名为“竹园轩机电”。如图 2-3-3 所示。

2. 复制标高与轴网

单击“载入”选项卡——“链接”面板——“链接 revit”命令，链接“竹园轩建筑”项目。把“竹园轩建筑”项目链接到新建的“竹园轩机电”项目中。

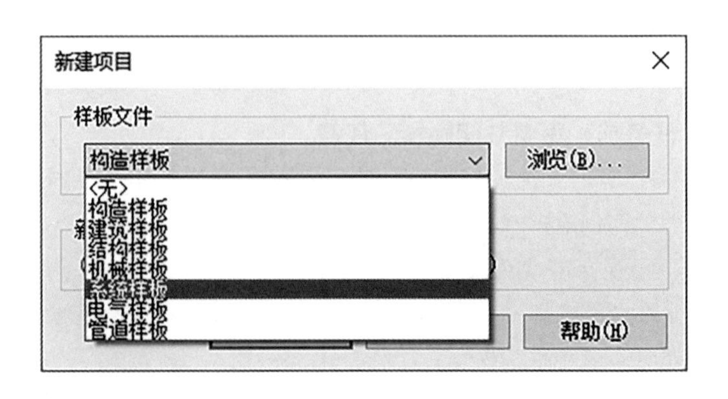

图2-3-3 选择模型样板

复制标高：打开“卫浴立面：南”视图，单击“协作”选项卡——“坐标”面板——“复制／监视”命令选项“选择链接”，单击链接“竹园轩”项目，单击“工具”面板——“选项”命令，修改标高的有关属性。单击“复制”选项，选择所有标高，勾选选项栏中“多个”选项复制所有的标高，隐藏链接的“竹园轩”项目，显示新建项目文件的标高，操作如图 2-3-4 所示。

复制轴网：单击“视图”选项卡——“创建”面板——“平面视图”命令选项“楼层平面”，在打开的“新建楼层平面”对话框中，单击“编

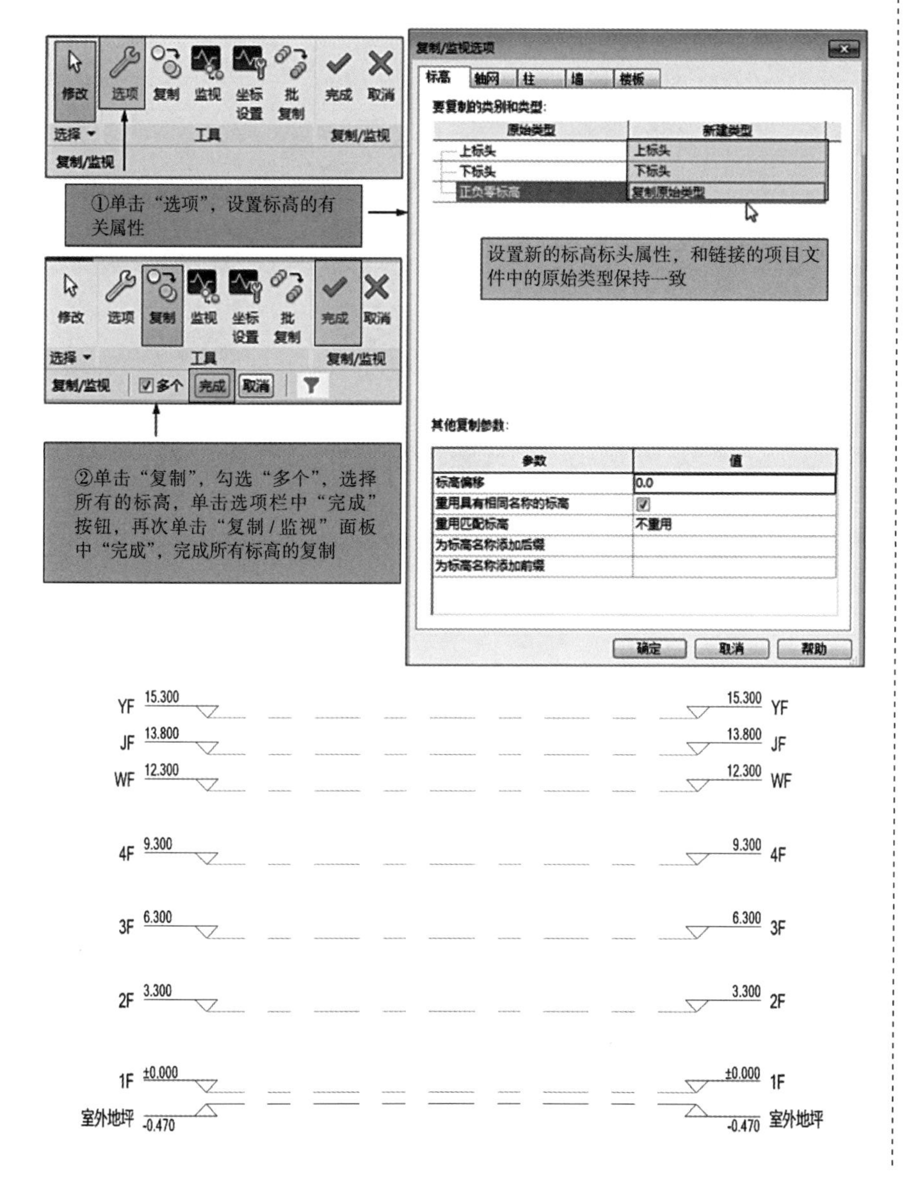

图 2-3-4　复制标高

辑类型"，修改"查看应用到新视图的样板"，将样板改为卫浴平面，点击"确定"，随后框选所需楼层，点击"确定"为所选标高创建对应的卫浴楼层平面视图。

在"卫浴楼层平面图：1F"视图，按照复制标高的方法，单击"协作—复制监视"命令等操作将复制"竹园轩建筑"项目的轴网部分，操作如图 2-3-5 所示。

图 2-3-5　复制轴网

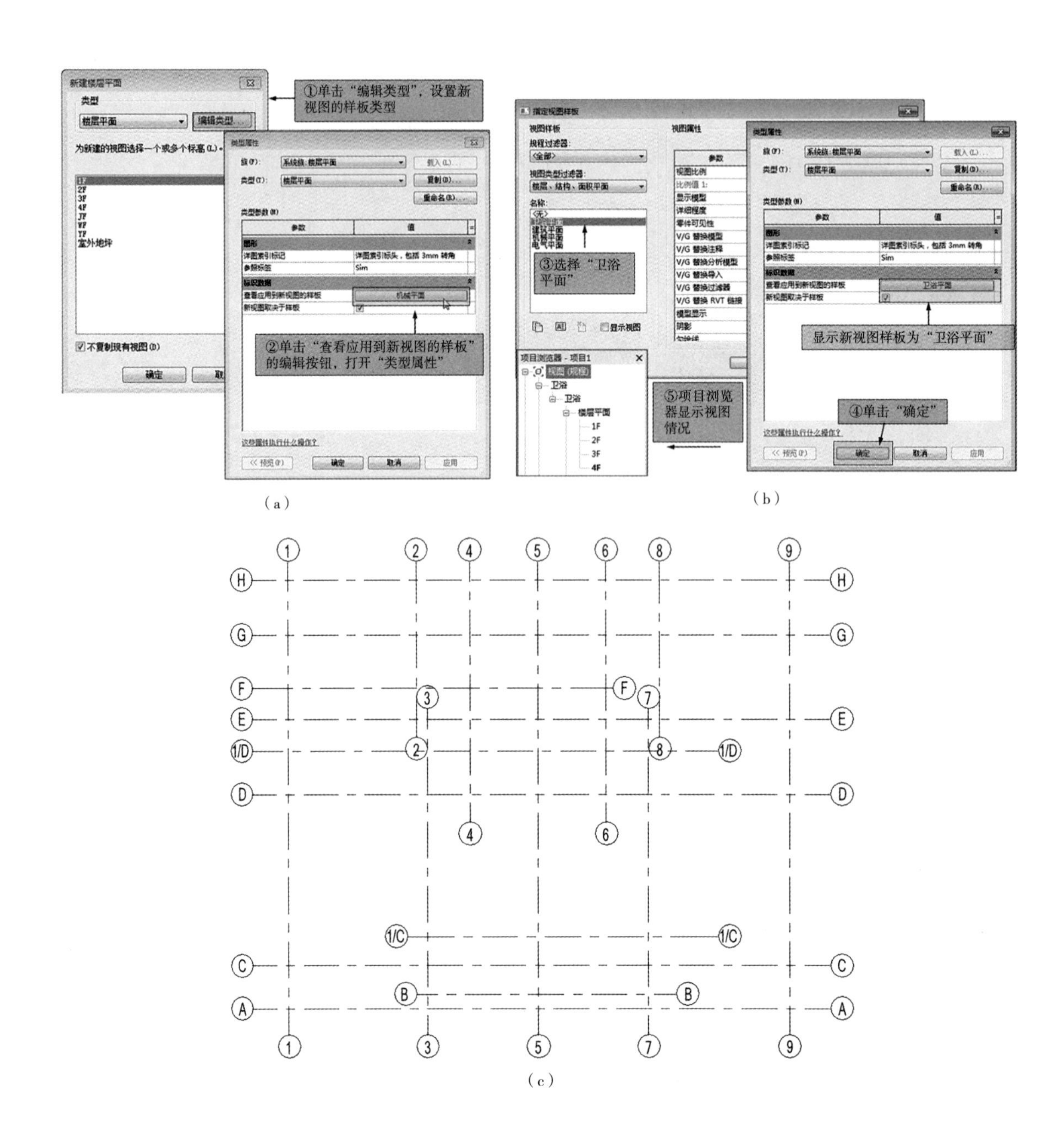

3. 新建给水排水子系统

展开“项目浏览器”中的“族”选项，单击“族”选项卡——“管道系统”，分别复制系统中的“家用冷水”“卫生设备”系统类型，并将复制出来的三个子系统，分别重命名为“给水系统”“污水系统”“雨水系统”，如图 2–3–6 所示。

4. 载入并创建卫生器具

在“插入”选项卡中，单击“载入族”命令，单击路径“China/MEP/ 卫生器具 / 洗脸盆”等分别载入洗脸盆、蹲便器、淋浴柱以及洗衣机等卫生器具。

打开“楼层平面：1—卫浴”平面视图，在“系统”选项卡中，单击“卫浴装置”命令，在属性面板中选择“洗脸盆 – 梳洗台”卫浴族，单击“编辑类型”按钮，复制创建“1F–WY– 梳妆台”卫浴族，修改相关参数后，点击“确定”，如图 2–3–7 所示。退出类型属性对话框。按以上步骤分别创建洗脸盆、坐便器、花洒构件模型。

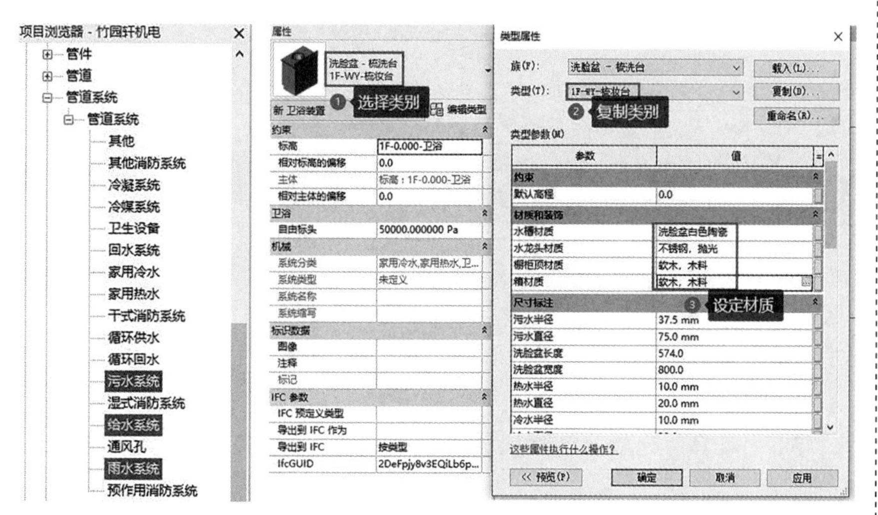

图 2–3–6　创建管道系统（左）
图 2–3–7　创建卫浴附件（右）

5. 载入管道及管件族

单击“载入”选项卡——“从库中载入”面板——“载入族”命令，单击路径“China/MEP/ 水管管件 /GBT 5836 PVC–U/ 承插类型”，选择选择需要的管件，将各管件载入到项目中，如图 2–3–8 所示。

6. 创建排水管道系统

（1）设置管道参数：单击“系统”选项卡——“管道”命令，单击“属性”面板“编辑类型”，复制当前管道，修改名称为“1F_ 给排水 _ 污水”，单击布管系统配置中“编辑”，编辑“竹园轩”排水管道的类型属

图 2-3-8　载入卫浴管道附件族

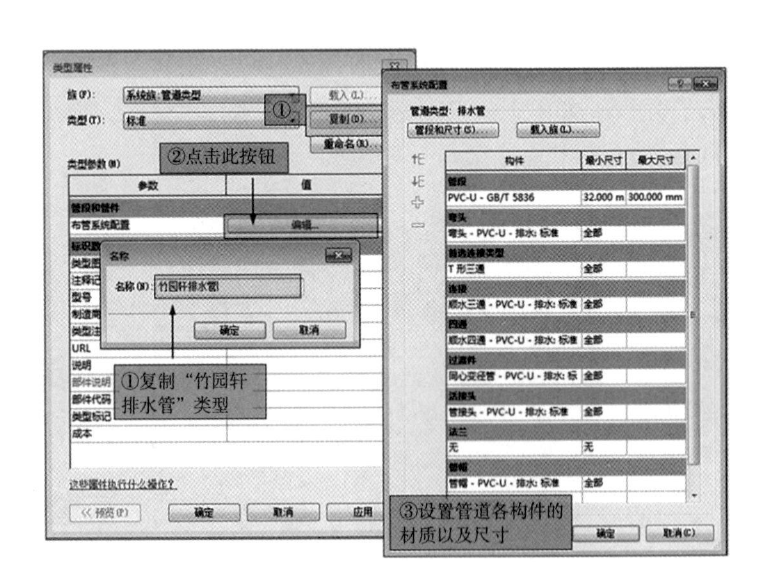

图 2-3-9　管道参数设置

性参数。（注意：一般污水管使用 PVC-U 材质，给水管道使用 PE 材质）。管道参数设置操作如图 2-3-9 所示。

（2）创建水平方向排水管道：将“视图控制栏”中“视图样式”设置为“精细”“真实”，在选项栏中确定管道的“直径”为 150mm、高度偏移量为 −900mm，在属性面板中设置管道的系统类型，移动鼠标确定管道起点位置，移动鼠标绘制总排水管道，可点击工具栏中的“继承高程”“添加垂直”方便画图。管道系统类型设置操作如图 2-3-10 所示。

（3）创建厕所排水管道：修改入户排水管径为 100mm，绘制Ⓗ轴、Ⓔ轴间的入户排水管道，点击蹲便器卫生器具，查看排水管管径 100mm，绘制与蹲便器具相连的排水管道。切换到三维视图，添加直管，选择蹲便器，单击“创建管道”提示符，在选项栏中修改偏移值“−500mm”，单

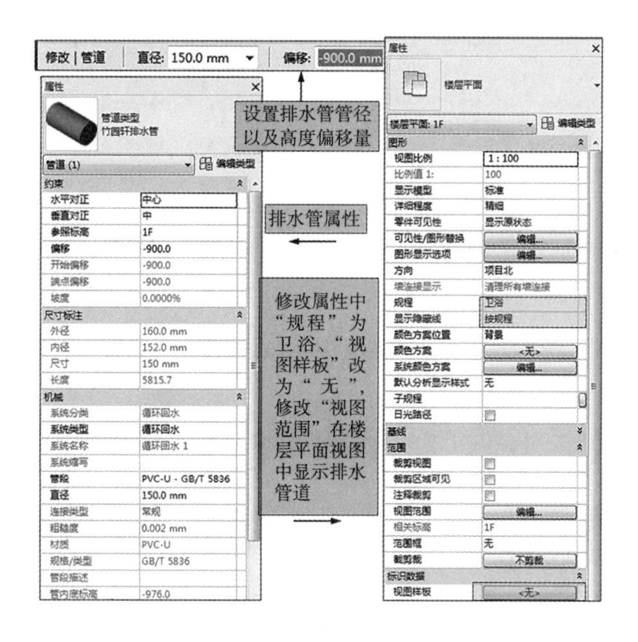

图 2-3-10　管道系统类型设置

击"应用"按钮，添加直管。载入"存水弯"构件，单击"建筑"选项卡——"构建"面板——"构件"命令的"放置构件"选项，添加"存水弯"构件，按键盘的空格键，调整"存水弯"的方向，以及单击"修改"面板中"旋转"命令，旋转存水弯至正确位置。选择存水弯，单击"连接到"命令，选择对应的排水管，将存水弯连接到相应的排水管，操作如图 2-3-11 所示。

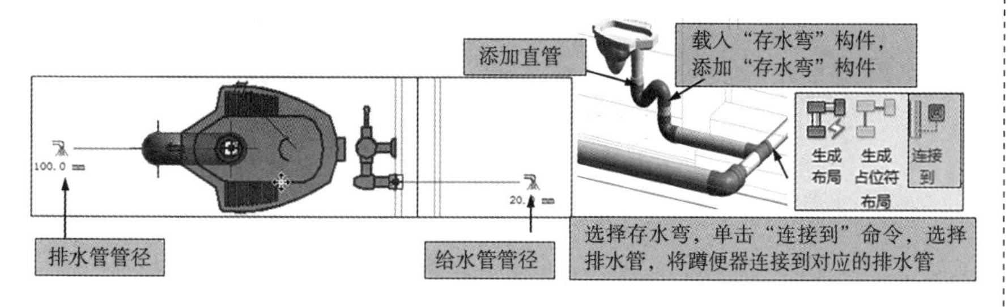

图 2-3-11　创建厕所排水管道

（4）创建洗脸盆排水管道：查看洗脸盆的排水管径，单击"管道"命令，在"选项栏"中修改排水管径为 50mm，绘制②轴、④轴间与洗脸盆相连的排水管道，点击"洗脸盆"卫生器具，单击"连接到"命令，将洗脸盆与相连的排水管道相连，操作如图 2-3-12 所示。

（5）创建水槽排水管道：

1）自定义卫生器具的管径参数："竹园轩"项目中厨房的水槽是作者自己自建，族类别为"常规模型"，修改族类别为"卫浴装置"，单击"创

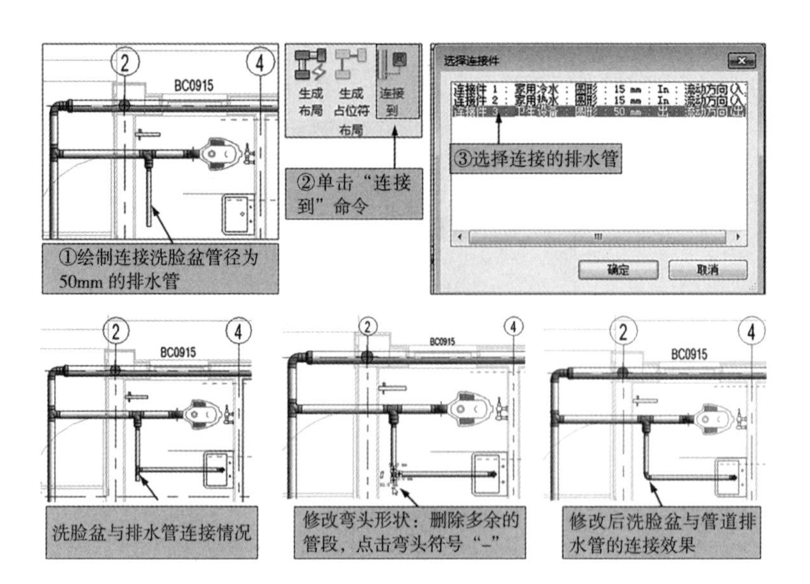

图 2-3-12　创建洗脸盆排水管道

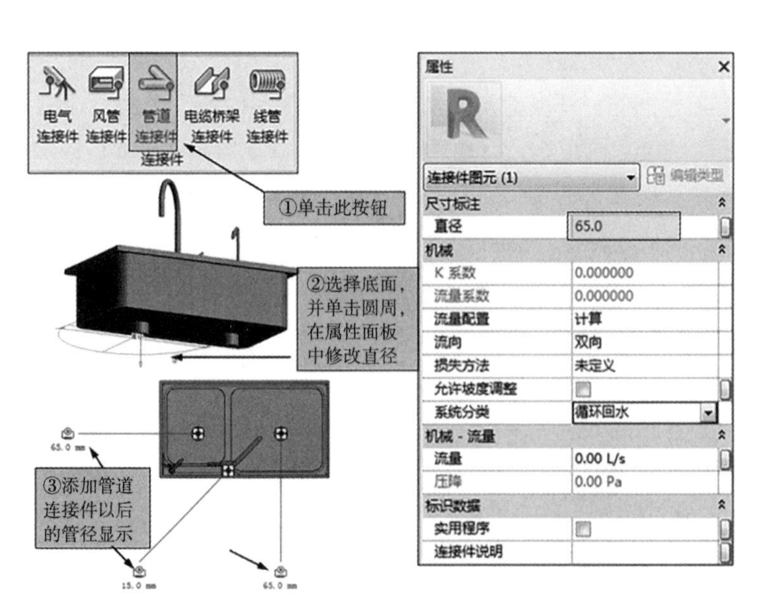

图 2-3-13　自定义卫生器具的管径参数

建”选项卡——“连接件”面板——“管道连接件”命令给水槽添加管道连接，并设置管径参数。操作如图 2–3–13 所示。单击“建筑”选项卡——“构建”面板——“构件”命令的“放置构件”选项，在项目中放置水槽构件。

2）创建新的管段尺寸：单击“管道”命令，在属性面板中，单击“编辑类型”打开“类型属性”对话框，单击“布管系统配置”的“编辑”按钮，打开“布管系统配置”对话框，单击“管段和尺寸”按钮，进行新建尺寸操作，操作如图 2–3–14 所示。

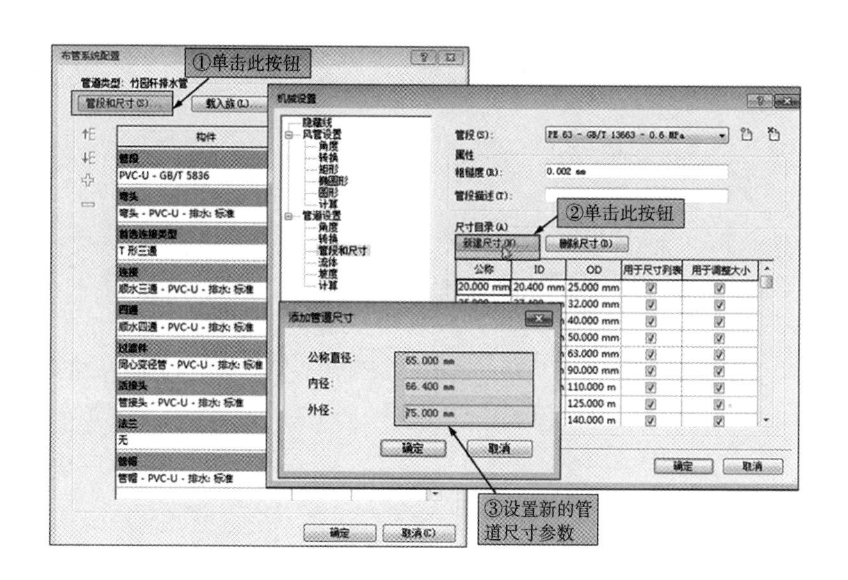

图 2-3-14　创建新的管段尺寸

3）创建水槽排水管：单击“管道”命令，在“选项栏”中修改排水管径为 65mm，绘制①轴、②轴间与水槽相连的排水管道，点击“水槽”卫生器具，单击“连接到”命令，将水槽与相应的排水管道相连。

创建完 1F 排水管系统，如图 2-3-15 所示。

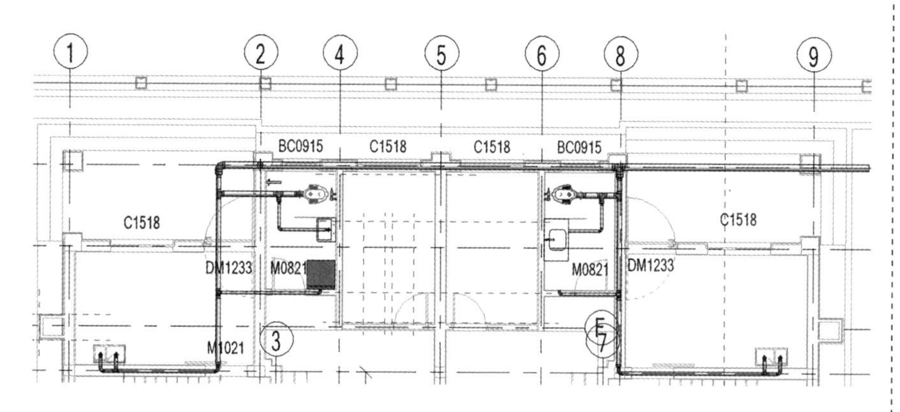

图 2-3-15　1F 排水管系统

（6）创建立管

单击“管道”命令，鼠标移动到墙中心线位置单击鼠标左键，确定立管的起点位置，在“选项栏”中修改偏移量为 12000mm，终点数值，单击“应用”即完成立管的绘制。

（7）创建另一侧的排水管

打开“楼层平面：1—卫浴”平面视图，框选所有构件，单击“过滤器”按钮，选择管道构件，点击“确定”按钮自动选择所创建的排水管道，单击“修改”面板中的“镜像”命令，创建“竹园轩”另一侧的排水管道。

（8）创建其他楼层的排水管

切换到“2F”楼层视图，在“选项栏”中修改偏移量为 −200mm，鼠标移动到墙的中心线位置单击鼠标确定排水管的起点，移动鼠标绘制排水管，并依次连接 2F 楼层的卫生器具。复制完成后，再次全部选择 2F 所有排水管模型，单击“编辑类型”打开“类型属性”对话框，复制并重命名为“2F_给排水_污水”。运用同样的方法创建“竹园轩”其他楼层的排水管道。注意，用复制的方法创建的管道系统模型，细节处如连接点等常出现错误，需仔细检查调整。

7. 创建给水管道系统

（1）设置管道参数：在“卫浴楼层平面图：1F”视图，单击“系统”选项卡——“卫浴与管道”面板——“管道”命令，单击“属性”面板“编辑类型”，复制当前管道，修改命名为“1F_给排水_给水”，单击布管系统配置中的“编辑”，编辑“竹园轩”给水管道的类型属性参数，给水管段使用“PE100—GB/T13363—1.6MPa”材质。

（2）创建水平方向总给水管道：将“视图控制栏”中“视图样式”设置为“精细”“真实”，在选项栏中确定管道的“直径”为 40mm、高度偏移量为 −700mm，在属性面板中设置管道的系统类型，一般给水管类型有“家用冷水”，移动鼠标确定管道起点位置，移动鼠标绘制总给水管道。

（3）创建立管：单击“管道”命令，鼠标移动到墙中心线位置单击鼠标左键，确定立管的起点位置，在“选项栏”中修改偏移量为 13000mm，终点数值，单击“应用”即完成立管的绘制。

（4）创建第一层横向给水管：单击“管道”命令，在“选项栏”中修改排水管径为 25mm，在“选项栏”中修改偏移量为 2850mm，绘制②轴、④轴间的一根给水管道。

（5）创建卫生器具给水管：查看每个卫生器具的给水管径，单击“管道”命令，在“选项栏”中修改排水管径为每个卫生器具的给水管径，单击“连接到”命令，将给水管与卫生器具相连。

1F 给水管道系统平面图，如图 2−3−16 所示。

依此方式绘制 2F 给水管道系统，选择 2F 给水管道系统，复制并利用“剪贴板”面板中“粘贴”命令选项“与选定的标高对齐”，选择 3F、4F 标高，创建“竹园轩”其他楼层的给水管道。“竹园轩”给水排水管道示意图，如图 2−3−17 所示。

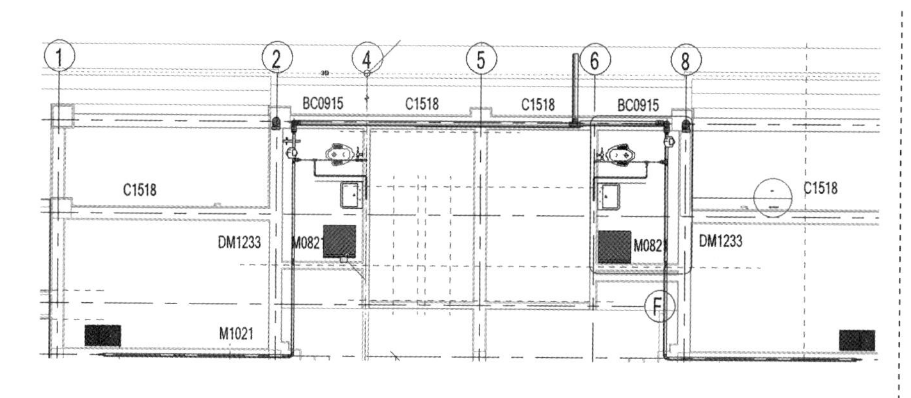

图 2-3-16　1F 给水管道系统平面图

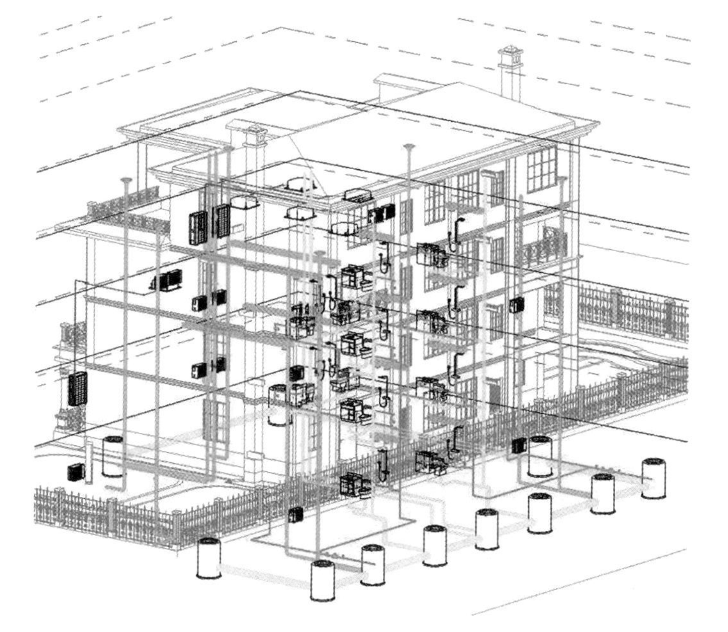

图 2-3-17　“竹园轩”给水排水管道示意

学习任务二：创建风管系统——暖通

打开上一任务所创建的“竹园轩机电”项目，在项目中逐一添加暖通风管模型与风管附件模型。下面介绍暖通风管模型的建模操作。

操作步骤：

1. 新建暖通风管系统

展开“项目浏览器”中的“族”选项，单击“族”选项卡——“风管系统”，复制系统中的“排风”系统类型，并将复制出来的子系统重命名为“卫生间排风”，如图 2-3-18 所示。

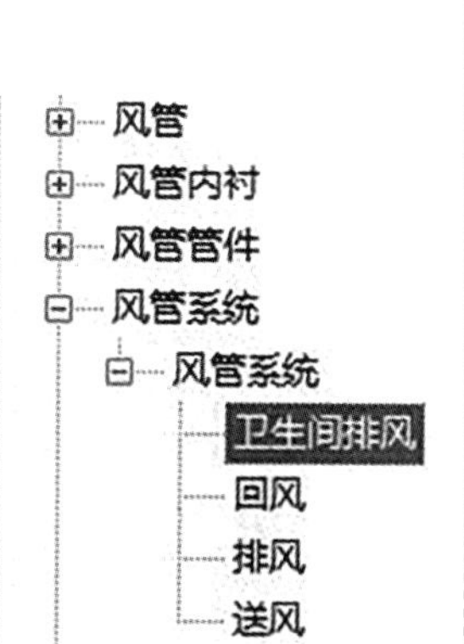

图 2-3-18　创建“竹园轩”卫生间排风系统

2. 载入风口、立式空调等构件

在“插入”选项卡中，单击“载入族”命令，单击路径“China/MEP/ 空气调节 / 组合

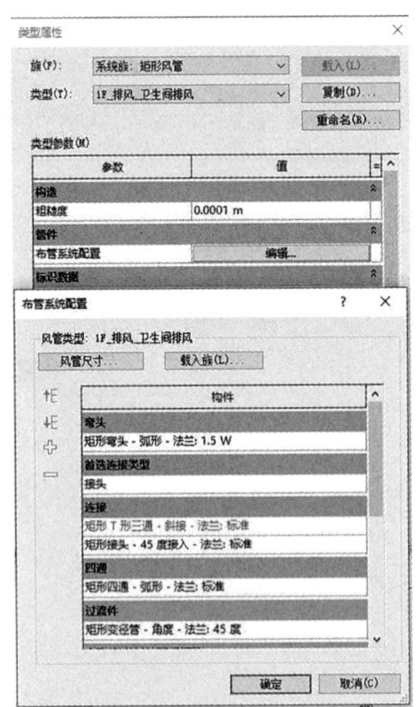

图 2-3-19　设置卫生间排风管道系统参数

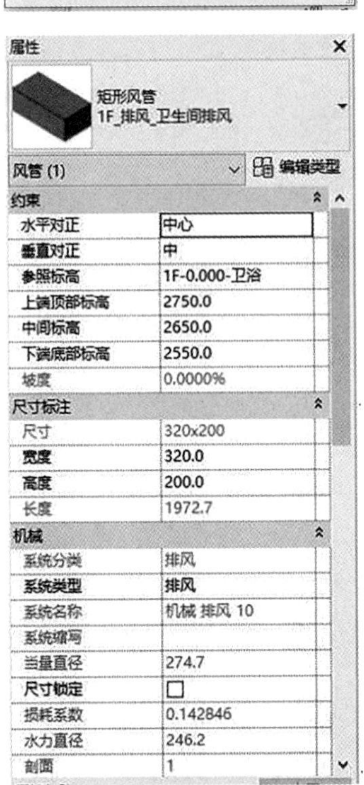

图 2-3-20　设置卫生间排风管道参数

式空调机组 /AHU- 吊装式 -1500-10000 CMH”等分别载入空调、风口等构件与管道附件。

3. 创建风管系统

设置风道参数：单击“系统”选项卡——“风管”命令，单击“属性”面板“编辑类型”，复制当前管道，修改名称为“1F_ 排风 _ 卫生间排风”，单击布管系统配置中的“编辑”，编辑“竹园轩”排风管道的类型属性参数，其设置操作如图 2-3-19 所示。

创建排风管道：将“视图控制栏”中“视图样式”设置为“精细”“真实”，在选项栏中确定风管的“宽度”为 320mm、高度为 200mm，上端顶部标高为 2750mm，中间标高为 2650mm，下端底部标高为 2550mm，单击鼠标左键确定管道起点位置，移动鼠标绘制管道，可点击工具栏中的“自动连接”方便画图，设置操作如图 2-3-20 所示。

4. 创建空调

在“楼层平面：2—卫浴”平面视图，单击“系统”选项卡——“机械设备”命令，选择 AHU- 吊装式 -1500-10000 CMH 构件族，点击“编辑类型”按钮打开“类型属性”对话框，复制出名称为“2F_ 风管 _ 吊装式空调”的类型。调整标高为 2F，相对标高偏移为 5400mm，移动鼠标到合适位置，单击鼠标左键，放置空调构件，完成空调的创建。

六、任务后：知识拓展应用

扫描目录前二维码学习相关内容。

七、评价与展示

<table>
<tr><th colspan="7">学生任务清单（含课程评价）2.3</th></tr>
<tr><td rowspan="3">前期导入</td><td>任务名称</td><td colspan="5"></td></tr>
<tr><td>学生姓名</td><td></td><td>班级</td><td></td><td>学号</td><td></td></tr>
<tr><td>完成日期</td><td colspan="2"></td><td>完成效果</td><td colspan="2">（教师评价及签字）</td></tr>
<tr><td rowspan="3">明确任务</td><td>任务目标</td><td colspan="5"></td></tr>
<tr><td rowspan="2">任务实施</td><td colspan="4" rowspan="2"></td><td>成果提交</td></tr>
<tr><td></td></tr>
<tr><td>自学简述</td><td>课前布置</td><td colspan="5">主要根据老师布置的网络学习任务，说明自己学习了什么？查阅了什么？</td></tr>
<tr><td rowspan="2">学习复习</td><td>不足之处</td><td colspan="5"></td></tr>
<tr><td>提问</td><td colspan="5">自己想和老师探讨的问题</td></tr>
<tr><td rowspan="4">过程评价</td><td>自我评价
（5 分）</td><td>课前学习</td><td>实施方法</td><td>职业素质</td><td>成果质量</td><td>分值</td></tr>
<tr><td></td><td></td><td></td><td></td><td></td><td></td></tr>
<tr><td>教师评价
（5 分）</td><td>时间观念</td><td>能力素养</td><td>成果质量</td><td>分值</td><td></td></tr>
<tr><td></td><td></td><td></td><td></td><td></td><td></td></tr>
</table>

3

Mokuaisan　Zu Yu Tiliang

模块三　族与体量

情境引入：“竹园轩”项目特色类型的窗户，是需要通过单独建族来实现的。住房和城乡建设部发布了关于行业标准《铝合金门窗工程技术规范（局部修订条文征求意见稿）》公开征求意见的通知。其中，修订了铝合金材料、玻璃以及建筑设计等。

· 运用 BIM 技术如何确定窗户洞口的类型、方向和尺寸，从而实现精准建模？

· 运用 BIM 技术如何设置窗户的铝合金材料以及玻璃，在萌芽中解决建筑耗能问题，实现建筑的绿色节能设计？

· 如何通过参数化设计，以适应不同类型的窗户设计，从而实现知识的迁移？

族基础

族是 Revit 中一个非常重要的构成要素，其开放性和灵活性在设计时能实现 Revit 软件参数化的建模设计。用户可以通过使用相关的族工具将一些标准图元和自定义图元添加到模型中，以及能对图元进行相应的控制，以便用户轻松地修改设计和更高效地管理项目。

一、族的概述

族分为系统族、可载入族和内建族。其中项目中创建的大多数图元都是系统族或可载入族，用户可以组合可载入族来创建嵌套和共享族。

1. 系统族

系统族可用于创建基本建筑图元，项目中表示高度的标高和平面定位的轴网等都是系统族，是在 Revit 中预定义的，用户不能将其从外部文件中载入到项目中，也不能将其保存到项目之外的位置。系统族只能在项目文件图元的“类型属性”对话框中复制新的族类型，并设置其各项参数后保存到项目文件中，然后在后续的设计中直接从类型选择器中选择使用。比如，用空间方法定位的标高，就是系统族，只能复制新的标高类型。操作如图 3-0-1 所示。

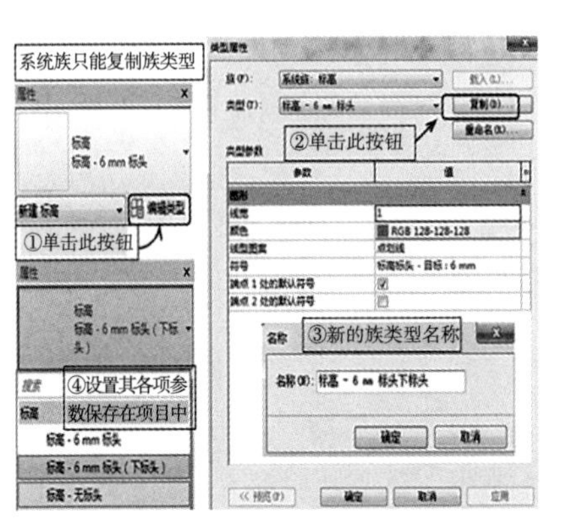

图 3-0-1　系统族复制新的族类型

2. 可载入族

可载入族具有高度可自定义的特征，因此它们是用户在 Revit 中经常创建和修改的族，不同于系统族，

可载入族是在外部 .rft 文件中创建的，并可保存在本地或者载入项目中。

3. 内建族

内建族适用于创建当前项目专用的独特图元的构件。在创建内建族时，用户可以参照项目中其他已有的图形，且当所参照的图形发生变化时，内建族可以相应地自动调整更新。

二、族编辑器

无论是可载入族还是内建族，族的创建和编辑都是在族编辑器中创建几何图形，然后设置族参数和族类型。族编辑器是 Revit 中的一种图形编辑模式，使用户能够创建并修改可引入到项目中的族。族编辑器与项目环境有相同的外观，但选项卡和面板因所要编辑的族类型不同而异。用户可以使用族编辑器来创建和编辑可载入的族以及内建图元，且用于打开族编辑器的方法取决于要执行的操作。

1. 通过项目编辑族

打开一个项目文件，并在绘图区域中选择一个族实例，然后在激活打开的“修改”选项卡中单击“编辑族”按钮，即可进入编辑族的模式

提示：用户也可以通过双击相应的族图元来进入编辑族的模式。

2. 在项目外部编辑可载入族

单击软件左上角的应用程序菜单按钮，在展开的下拉列表中选择“打开／族”选项，系统将打开“打开”对话框，如图 3-0-2 所示。此时，浏览到包含所要编辑的可载入族文件，然后单击“打开”按钮，即可进入编辑族的模式。

图 3-0-2　在项目外部编辑可载入族

3. 使用样板文件创建可载入族

单击软件左上角的应用程序菜单按钮，在展开的下拉列表中选择“打开／族”选项，系统将打开“打开”对话框，如图3–0–3所示。此时，浏览到包含所要编辑的可载入族文件，然后单击“打开”按钮，即可进入编辑族的模式。

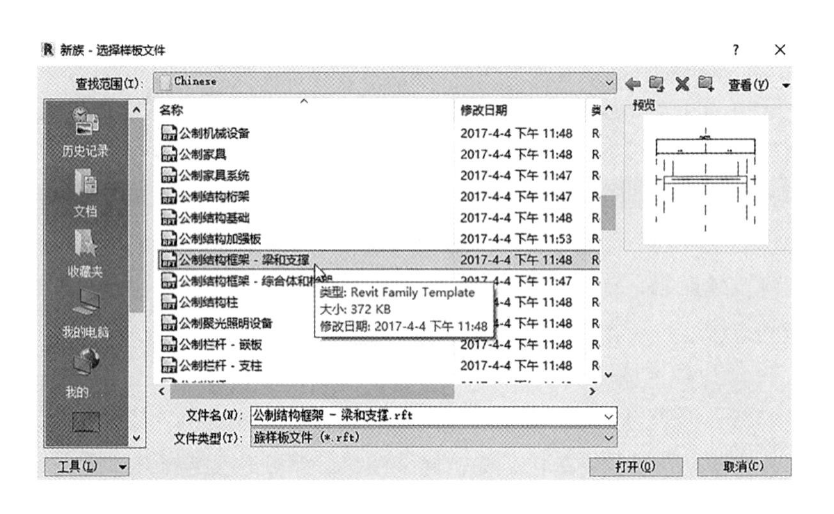

图3–0–3　使用样板文件创建可载入族

4. 内建族的创建

单击“建筑”选项卡——“构建”面板——“构件”的下拉菜单，选择“内建模型”命令，（此处的“内建模型”和“内建族”）是同一个概念。

系统将打开“族类别和族参数”对话框，在该对话框中选择合适的族类别，这里我们选择“常规模型”，常规模型的约束条件最少。并单击“确定”按钮。在名称对话框中输入内建图元的名称，单击确定按钮，即可进入创建内建图元的模式。

5. 编辑内建图元

（1）在图形中选择桥面板，系统自动切换到“修改／常规模型”上下文选项卡，单击“模型”面板——“在位编辑”按钮，选择模型，系统自动切换到“修改／放样”上下文关联选项卡，单击“模式”面板——“编辑放样”命令，选择“绘制路径”，切换到路径所在的视图中对路径进行修改，单击“模式”面板——“完成编辑模式”按钮，完成路径的修改；单击“放样”面板——“编辑轮廓”选项，切换到轮廓所在的视图中对轮廓进行修改，单击“模式”面板——“完成编辑模式”按钮，完成轮廓的修改；单击“模式”面板——“完成编辑模式”按钮，完成桥面常规模型的放样操作修改。单击“在位编辑器”面板——“完成模型”按钮，完成桥面模型的创建修改。

编辑内建族还包括下面的操作：

（2）复制内建族：单击“修改”上下文选项卡下“剪贴板”面板中的“复制－粘贴”按钮，单击视图放置内建族图元。

（3）删除内建族：在项目浏览器中展开“族”和族类别，选择内建族的族类型。（也可以在项目中，选择内建族图元。）然后单击鼠标右键，在弹出的快捷菜单中选择“删除”命令。

（4）查看项目中的内建族：可以使用项目浏览器查看项目中使用的所有内建族。展开项目浏览器的“族”，此时显示项目中所有族类别的列表。该列表中包含项目中可能包含的所有内建族、标准构建族和系统族。

项目一　自定义建筑族

一、学习任务描述

族是一个包含通用属性（也称参数）集和相关图形表示的图元组。属于一个族的不同图元的部分或全部参数可能有不同的值，但是参数（名称与含义）的集合是相同的。创建桥墩族、桥台族，族中的每一个类型都具有相关的图形表示和一组相同的参数，称为族类型参数。比如定义桩柱式桥墩族，可以对桩的长度赋予一个长度参数，对于相同类型的桥墩，用户可以轻松地修改设计，更高效地管理项目。

二、任务目标

1. 立面窗的创建（放样命令）
2. 百叶窗族的创建
3. 排水沟族的创建

三、思维导图

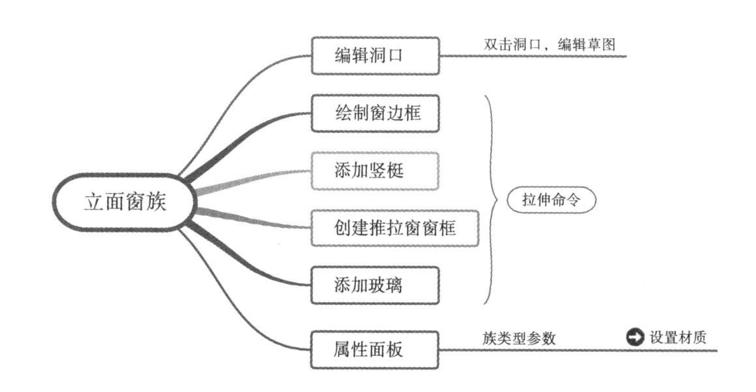

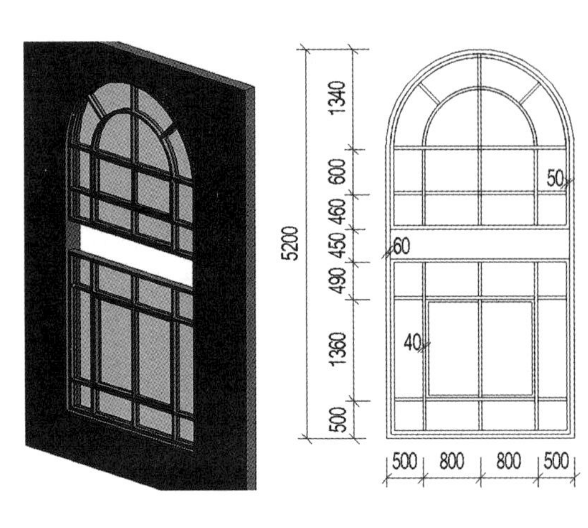

图 3-1-1 立面视图

四、任务前：思考并明确学习任务

1. 学习任务一：立面窗的创建（放样命令）

实训：根据立面窗的视图（图 3-1-1），创建立面窗，熟悉族命令。

2. 学习任务二：创建全参数窗族

实训：创建百叶窗族。

创建百叶窗族有两种方式，可以通过公制常规模型创建模型，以构件形式插入项目中，也可以通过窗族，以创建窗的方式插入项目中。下面主要介绍创建窗族的方式。

3. 学习任务三：排水沟族的创建

实训：创建排水沟族，熟悉族参数的定义。

排水沟族包括三部分：排水沟垫层、排水沟身以及盖板。盖板采用常规模型族创建，其他部分采用“基于线的公制常规模型”创建，把盖板载入排水沟族中，关联两部分创建完成排水沟族。

五、任务中：任务实施

学习任务一：立面窗的创建（放样命令）

操作步骤：

1. 打开族编辑器

点击 Revit “文件”菜单按钮——“新建”——“族”——选择族样板文件——“公制窗”，进入族编辑模式。单击“创建”选项卡——“属性”面板——“族类型”工具，修改窗的宽度为 2600mm，高度为 5200mm。

2. 绘制参照平面、编辑洞口

设置“参照平面：中心（前／后）”为工作平面，转到“立面：内部”视图。单击“创建”选项卡——“基准”面板——“参照平面”命令，绘制参照平面。选择洞口，单击“洞口”面板——“编辑草图”命令，选择“绘制”面板中“起点、终点、半径弧”，结合使用“修改／延伸为角”命令编辑洞口顶部为弧形，如图 3-1-2 所示。

3. 创建窗边框

设置“参照平面：中心（前／后）”为工作平面，转到“立面：内部”视图。单击“创建”选项卡——“形状”面板——“拉伸”工具命令，确认绘制方式为“拾取线”，在选项栏中设置偏移量为 60，利用“修改／延伸为角”命令，完成拉伸轮廓的创建，在属性面板中设置起点 −180，

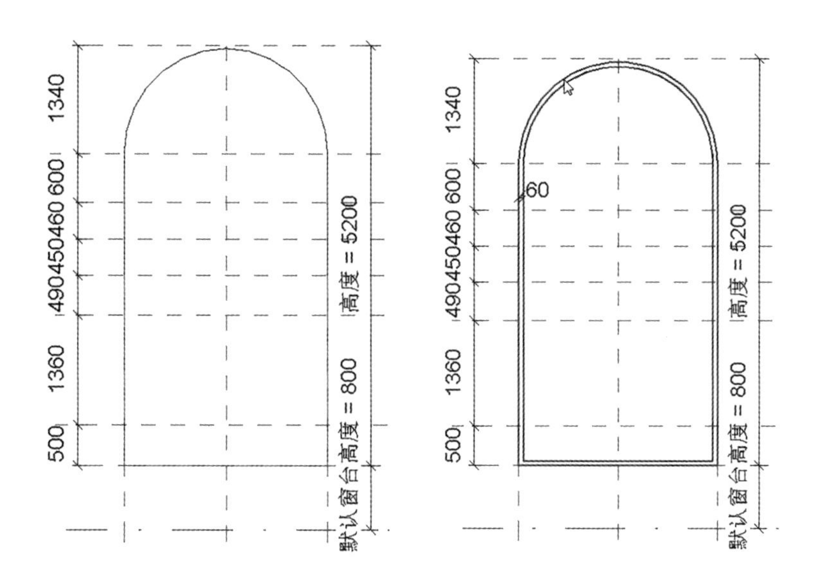

图 3-1-2　参照平面以及编辑洞口

终点 120。选择窗外部边框，在属性面板中关联材质参数。窗边框示意如图 3-1-3 所示。

4. 创建窗竖梃

在“参照平面：中心（前／后）”的工作平面的“内部”视图中，单击“创建”选项卡——“形状”面板——“拉伸”工具命令，确认绘制方式为“拾取线”，在选项栏中设置偏移量为 50，在属性面板中设置起点 −60，终点 60，以同样的操作，绘制其他位置的窗框。选择窗框竖梃，在属性面板中关联材质参数。窗竖梃示意如图 3-1-4 所示。

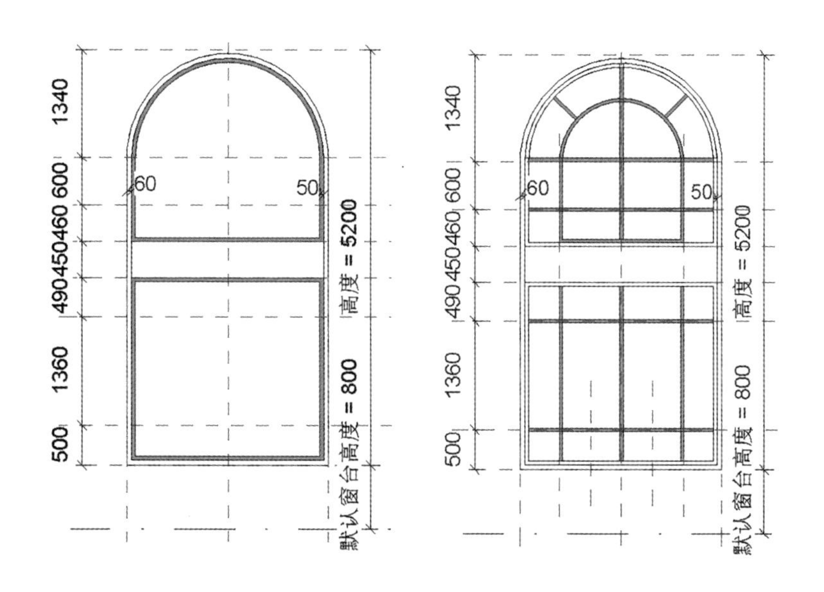

图 3-1-3　窗边框示意（左）
图 3-1-4　窗竖梃示意（右）

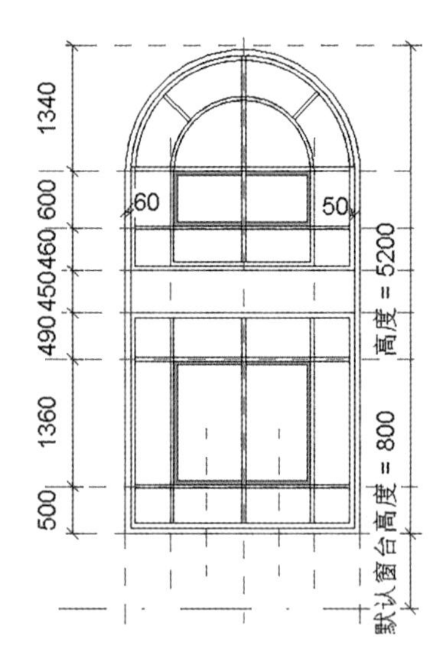

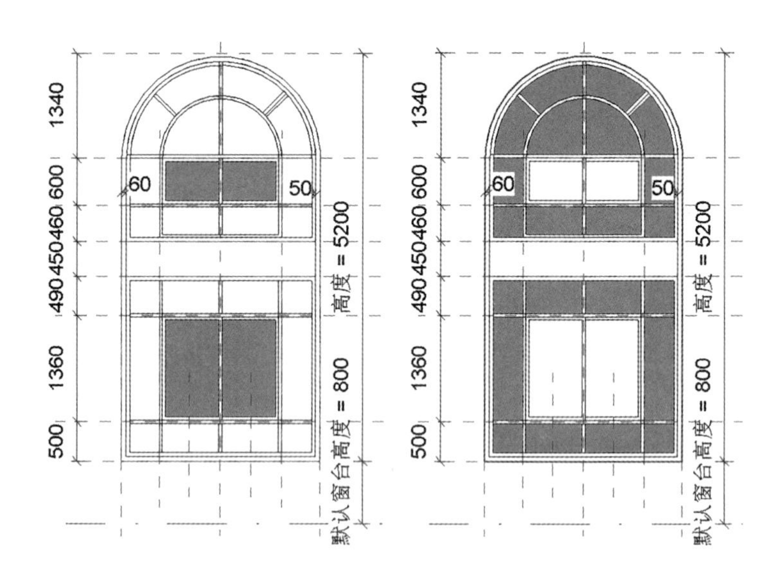

图 3-1-5 推拉窗框示意（左）
图 3-1-6 窗玻璃示意（右）

5. 创建推拉窗窗框

同样采用拉伸命令创建推拉窗窗框，并定义推拉窗窗框材质。绘制参照平面，与 0 中间参照平面各偏移 20，内部框架厚度为 40，左侧框架拉伸终点为 0，拉伸起点为 −40，右侧内部框架拉伸终点为 40，拉伸起点为 0。选择推拉内部框架，在属性面板中关联材质参数。推拉窗框示意如图 3-1-5 所示。

6. 创建玻璃

同样采用拉伸命令创建玻璃，玻璃厚度为 10，左侧中间玻璃拉伸终点为 −15，拉伸起点为 −25，右侧玻璃拉伸终点为 25，拉伸起点为 15。选择玻璃，在属性面板中关联材质参数。

其他位置玻璃拉伸终点为 5，拉伸起点为 −5。窗玻璃示意如图 3-1-6 所示。

7. 保存该窗族

点击 Revit 文件菜单按钮下拉列表——“另存为”——“族”，打开“另存为”对话框，保存窗族。

学习任务二：百叶窗族的创建

（一）创建百叶片族

操作步骤：

1. 打开族编辑器

点击 Revit“文件”菜单按钮——“新建”——“族”——选择族样板文件——“公制常规模型”，进入族编辑模式。

双击项目浏览器中“立面（立面 1）视图：左视图”，打开该视图。单击“创建”选项卡——“基准”面板——“参照线”命令，从原点处绘制参照线，并使参照线左端点分别与两正交参照平面锁定。

2. 定义百叶片的参数

单击“注释”选项卡——“尺寸标注”面板——“角度”命令，标注参照线与默认参照平面之间的角度，选择该尺寸，单击“标签尺寸标注”面板——“添加参数”命令按钮，打开“参数属性”对话框，在“参数分组方式”文本框中选择“数据”方式，在“名称”文本框中输入“百叶片角度”，选择参数为“类型”，定义“百叶角度”标签。操作如图 3-1-7 所示。

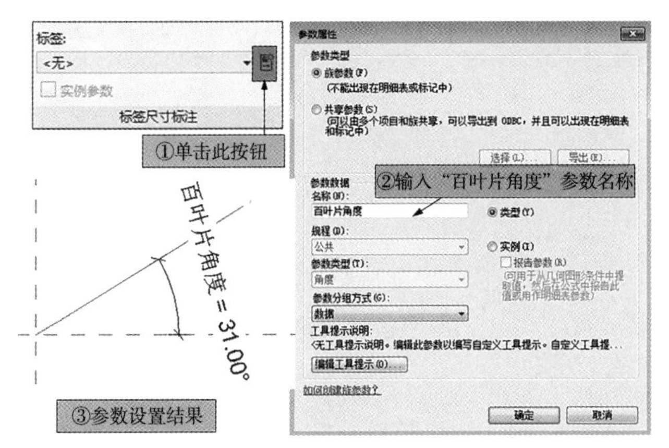

图 3-1-7　百叶片角度参数定义

3. 创建百叶片

单击“创建”选项卡——“工作平面”面板——“设置”工具命令按钮，设置参照线工作平面。单击“创建”选项卡——“形状”面板——“拉伸”工具命令按钮，创建百叶片。标注长度方向的尺寸，选择该尺寸，单击“标签尺寸标注”面板——“添加参数”命令按钮，打开“参数属性”对话框，在“名称”文本框中输入“百叶片宽度”，定义“百叶宽度”标签。同样定义“百叶片厚度”参数标签。切换至“前立面”视图中，设置“百叶片长度”参数。百叶片厚度、长度、宽度参数如图 3-1-8 所示。

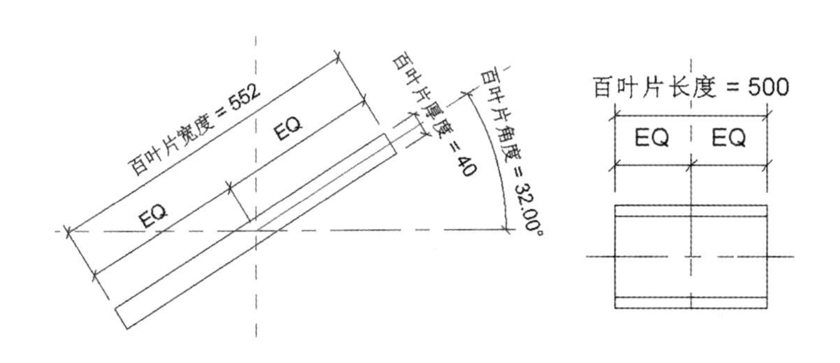

图 3-1-8　百叶片厚度、长度、宽度参数

图 3-1-9　百叶片材质参数

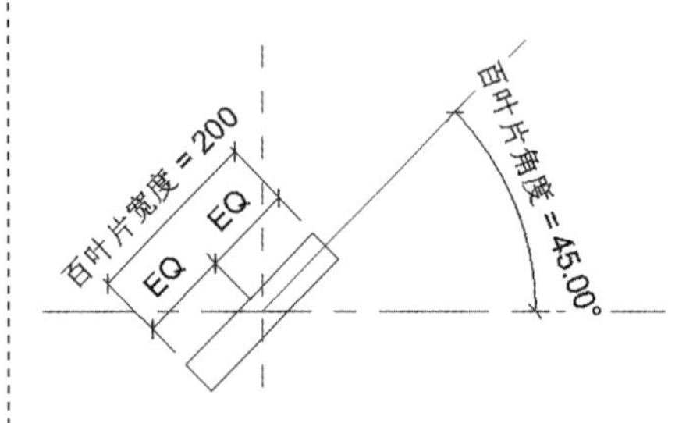

图 3-1-10　百叶片参数驱动

建立百叶片材质，添加材质的操作如图 3-1-9 所示。

4. 参数驱动

单击“属性”面板——“族类型”命令按钮，打开“族类型”对话框，修改百叶片角度为 45°，百叶片角度参数如图 3-1-10 所示。

5. 点击 Revit“文件”菜单按钮——“另存为”——“族”，打开“另存为”对话框，保存百叶片族。

（二）创建窗族

操作步骤：

1. 打开族编辑器

点击 Revit“文件”菜单按钮——“新建”——“族”——选择族样板文件——“公制窗”，进入族编辑模式。

2. 设置工作平面

单击“创建”选项卡——“工作平面”面板——“设置”命令按钮，打开“工作平面”对话框，设置“参照平面：中心（前／后）”为工作平面，设置工作平面的操作如图 3-1-11 所示。

3. 创建窗框

单击“创建”选项卡——“形状”面板——“拉伸”工具命令按钮，窗框的宽度为 40，创建窗框，具体操作如图 3-1-12 所示。

4. 定义窗框缩进以及窗框厚度、添加“窗框材质”参数

切换到三维视图，标注墙的厚度，并标注墙的厚度参数，定义墙的厚

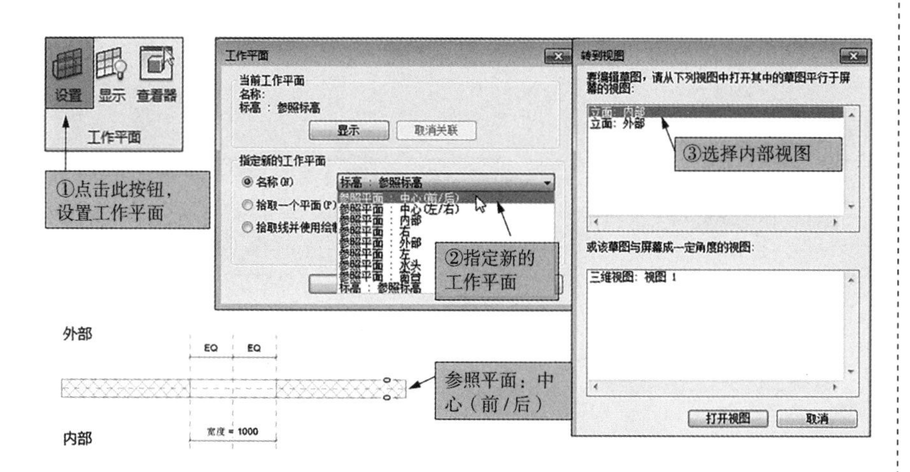

图 3-1-11　工作平面设置

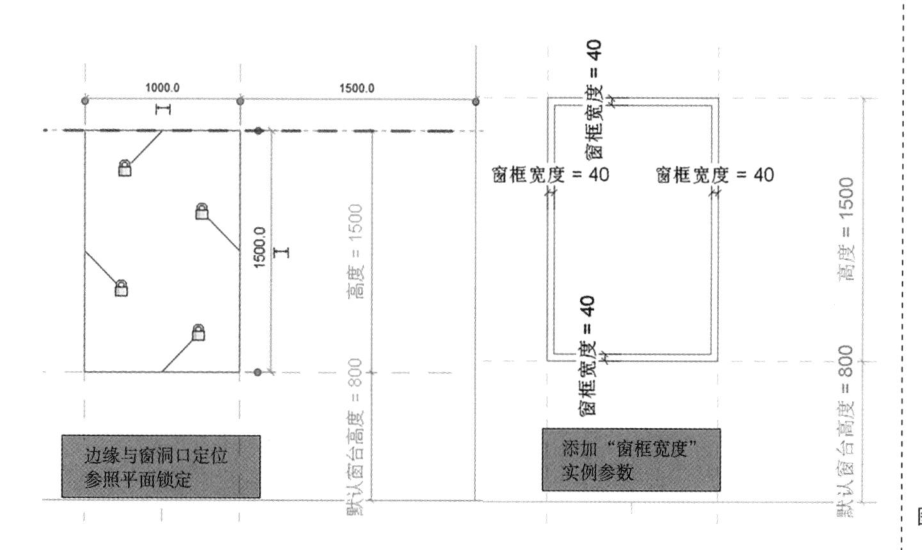

图 3-1-12　创建窗框

度参数，并设定为报告参数。定义墙的厚度参数如图 3-1-13 所示。

切换到"楼层平面：参照标高"视图中，绘制参照平面，定义"窗框缩进"标签以及"窗框厚度"参数标签。应用公式：窗框缩进 =（墙体厚度 − 窗框厚度）/2。窗框缩进以及窗框厚度参数如图 3-1-14 所示。

5. 创建百叶片构件

（1）切换到"立面：内部"视图，单击"插入"选项卡——"从库中载入"面板——"载入族"工具命令按钮，载入百叶片族。

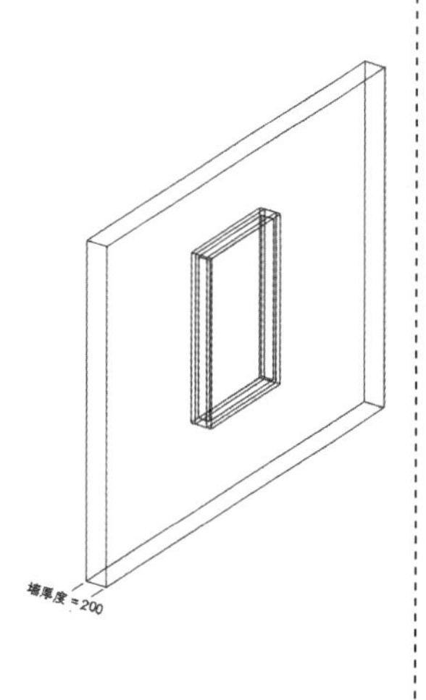

图 3-1-13　墙的厚度参数

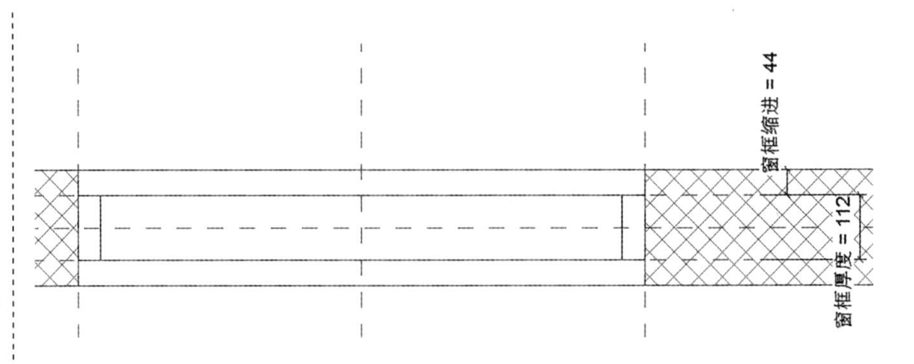

图 3-1-14　窗框缩进以及窗框厚度参数

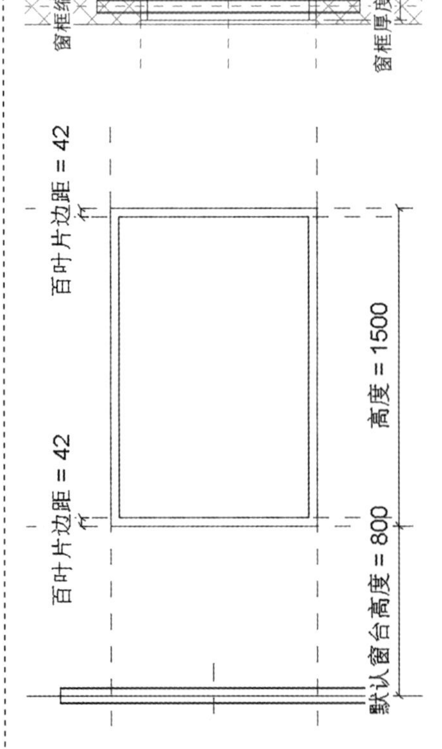

图 3-1-15　创建百叶片

图 3-1-16　百叶片边距参数

（2）切换到“楼层平面：参照标高”视图，单击“创建”选项卡——“模型”面板——“构件”工具命令按钮，创建百叶片构件，如图 3-1-15 所示。

（3）复制底部与顶部百叶片的参照平面，并定义“百叶片边距”参数。单击“创建”选项卡——“属性”面板——“族类型”工具命令，分别创建“百叶片长度”“百叶片宽度”“百叶片厚度”“百叶片角度”“百叶片材质”等参数，并赋予一个初始值。输入百叶片边距的计算公式：“百叶片宽度 /2*sin（百叶片角度）+（百叶片厚度）/2*cos（百叶片角度）+2+ 窗框宽度”。百叶片边距参数如图 3-1-16 所示。

（4）选择百叶片构件，单击属性面板中“编辑类型”，打开“类型属性”对话框，将百叶片各参数与窗族中百叶片各参数进行关联，参数关联操作如图 3-1-17 所示。

单击“属性”面板——“族类型”工具命令按钮，打开“族类型”对话框，设置百叶片长度、宽度与窗各参数之间的关系，如图 3-1-18 所示。

（5）切换到“立面：内部”视图，单击“修改”面板——“阵列”工具命令按钮，勾选选项栏中“成组并关联”“项目数：2”以及“最后一个”选项，阵列百叶片。单击“修改”面板——“对齐”工具命令按钮，对齐百叶片的中间位置与百叶片边距参照平面。阵列操作如图 3-1-19 所示。

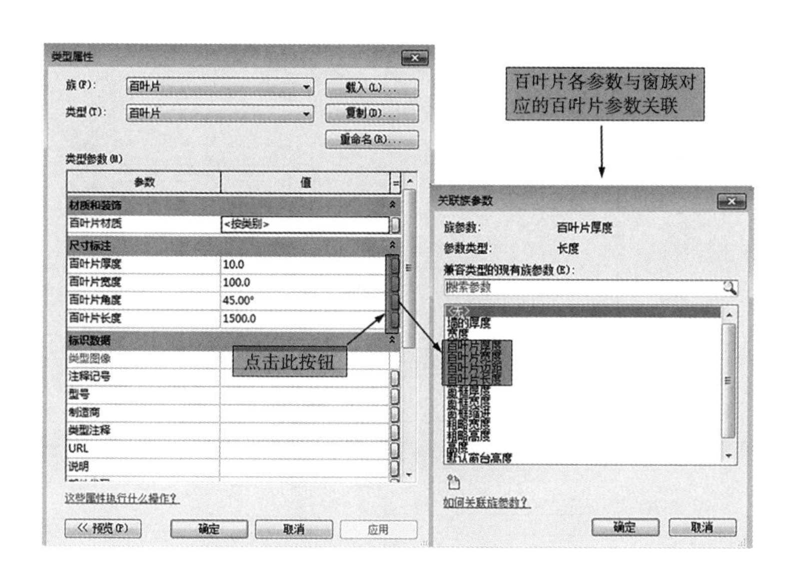

图 3-1-17　参数关联操作

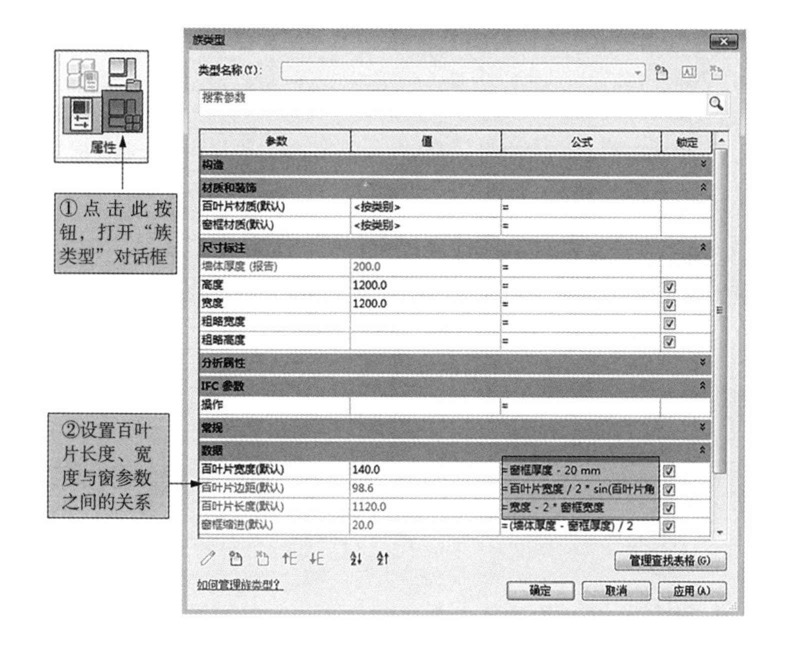

图 3-1-18　定义百叶片参数与窗参数的关系

（6）创建百叶片的数量参数

选择百叶片，单击选项栏中“标签”文本框，添加百叶片数量参数。

（7）驱动百叶片的数量参数

单击“属性”面板——“族类型”工具命令按钮，修改窗参数，驱动百叶片数量，如图 3-1-20 所示。

（8）点击 Revit“文件”菜单按钮——“另存为”——“族”，打开“另存为”对话框，保存窗族。

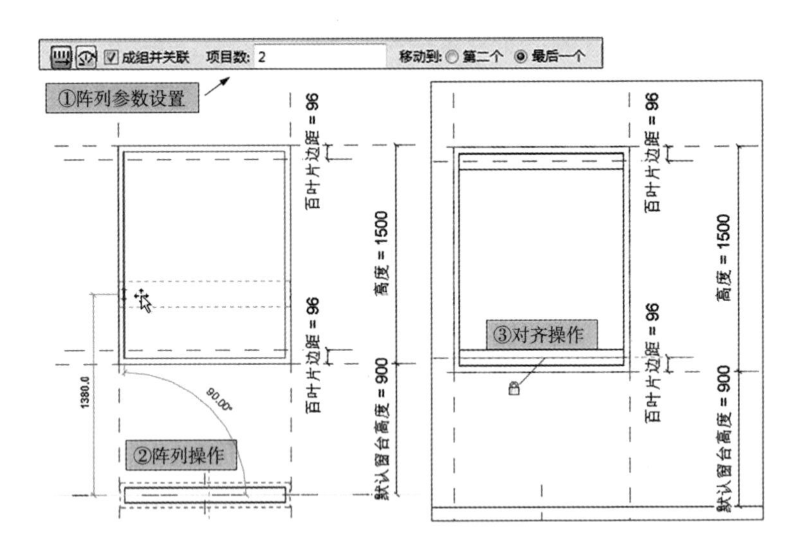

图 3-1-19　百叶片阵列操作

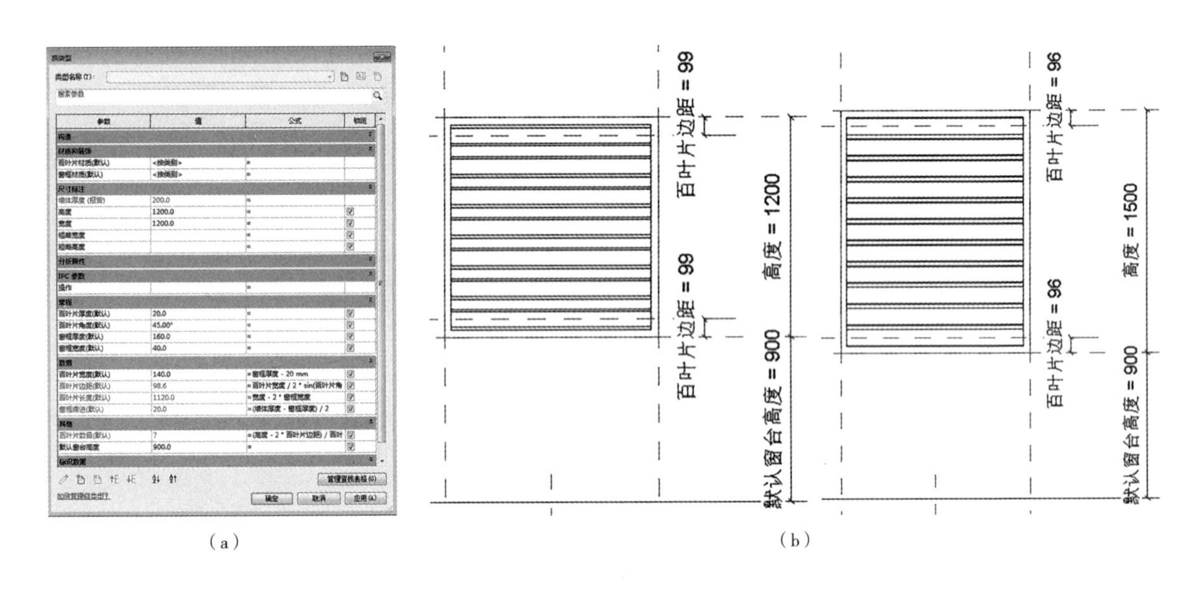

图 3-1-20　百叶片的数量参数驱动

学习任务三：排水沟族的创建

（一）创建沟盖板族

排水沟示意如图 3-1-21 所示。

操作步骤：

1. 打开族编辑器

点击 Revit “文件” 菜单下拉列表——“新建”——“族”——选择族样板文件——“公制常规模型”，进入族编辑模式。

双击项目浏览器中“楼层平面：参照标高”打开该视图。单击“创建”选项卡——“基准”面板——“参照平面”命令，绘制参照平面。

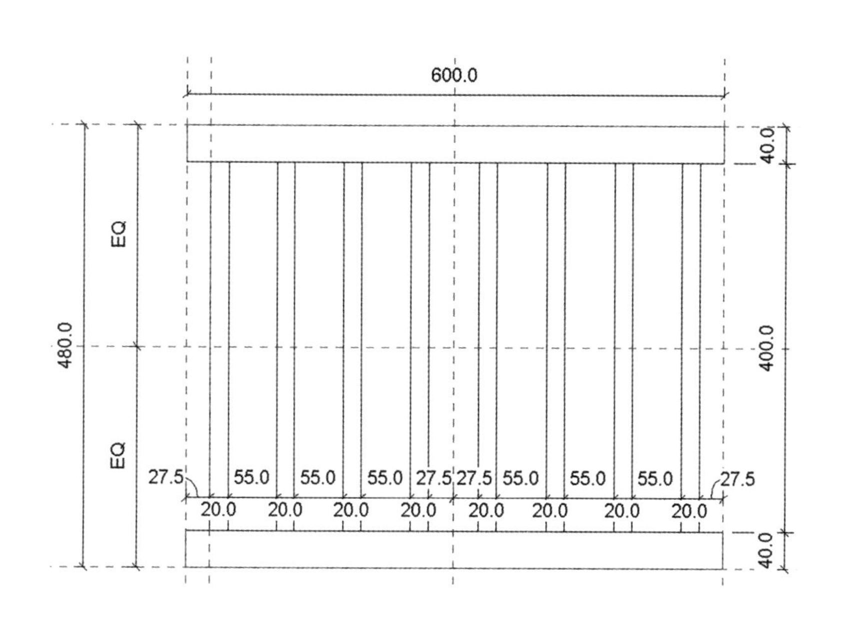

图 3-1-21　排水沟示意

2. 创建盖板族

单击“创建”选项卡——“形状”面板——“拉伸”命令，创建盖板，操作如图 3-1-22 所示。

3. 添加盖板材质，操作如图 3-1-23 所示。

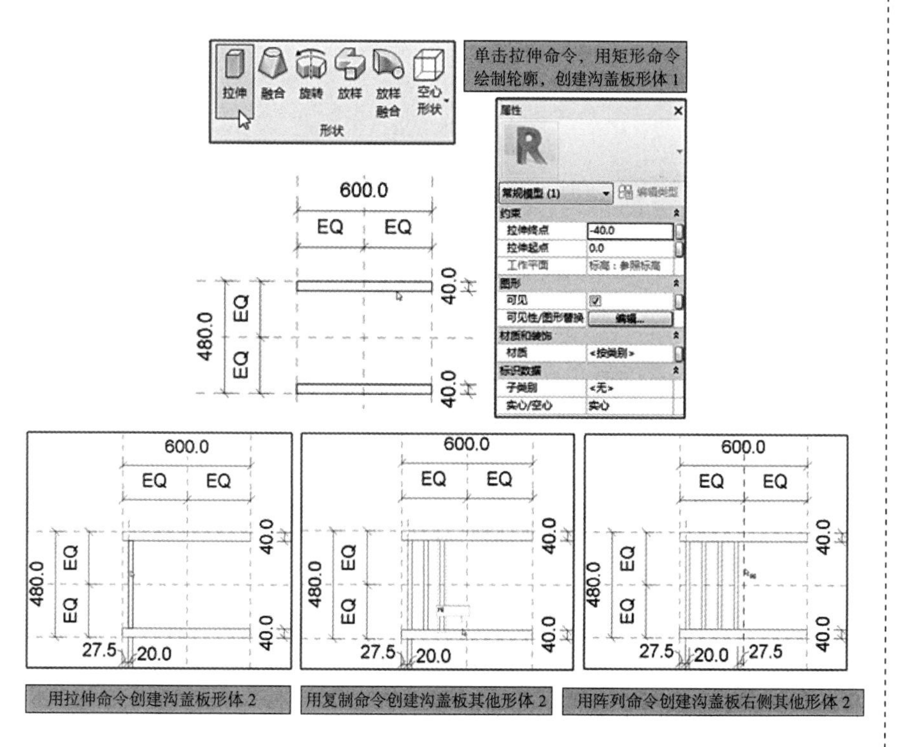

图 3-1-22　创建盖板族

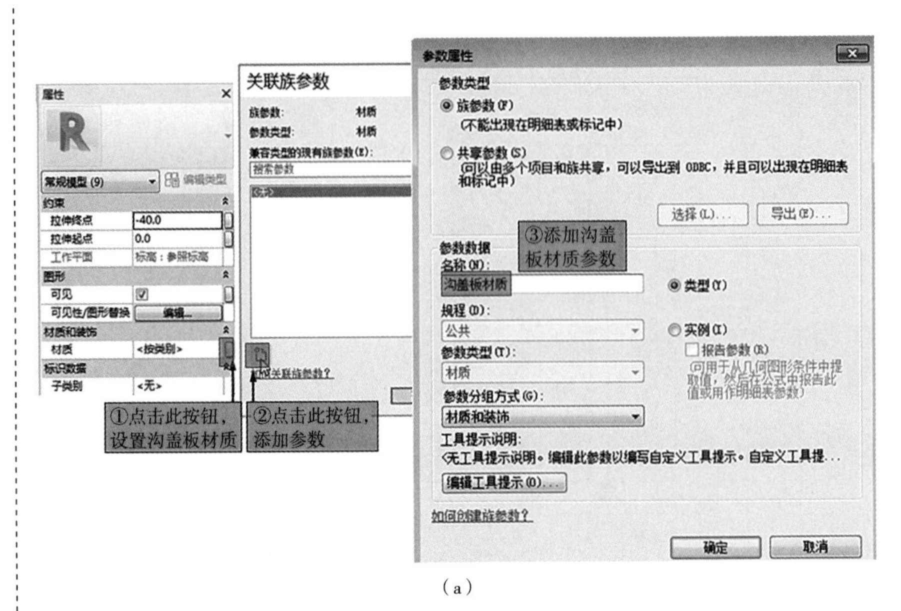

（a）

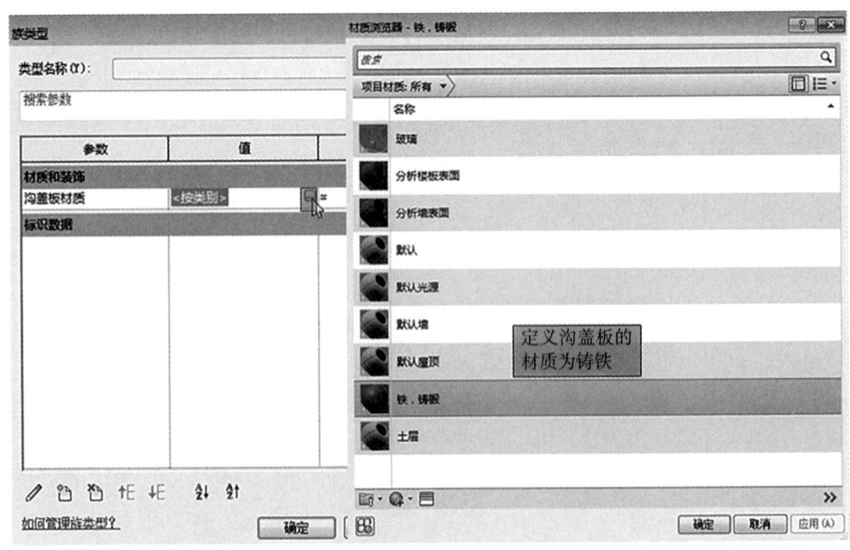

（b）

图 3-1-23　添加盖板材质

4. 保存盖板族

点击 Revit 文件菜单下拉列表——“另存为”——“族”，打开“另存为”对话框，保存沟盖板族。

（二）创建排水沟

操作步骤：

1. 打开族编辑器

点击 Revit 文件菜单按钮下拉列表——“新建”——“族”——选择族样板文件——“基于线的公制常规模型”，进入族编辑模式。

双击项目浏览器中“楼层平面：参照标高”打开该视图。单击“创建”选项卡——“基准”面板——“参照平面”命令，绘制如图 3–1–24 所示的参照平面。

图 3–1–24　参照平面图

2. 设置工作平面

单击“创建”选项卡——“工作平面”面板——“设置”命令按钮，打开“工作平面”对话框，设置“参照平面：左”为工作平面，转换到“立面：左”视图，设置工作平面的操作如图 3–1–25 所示。

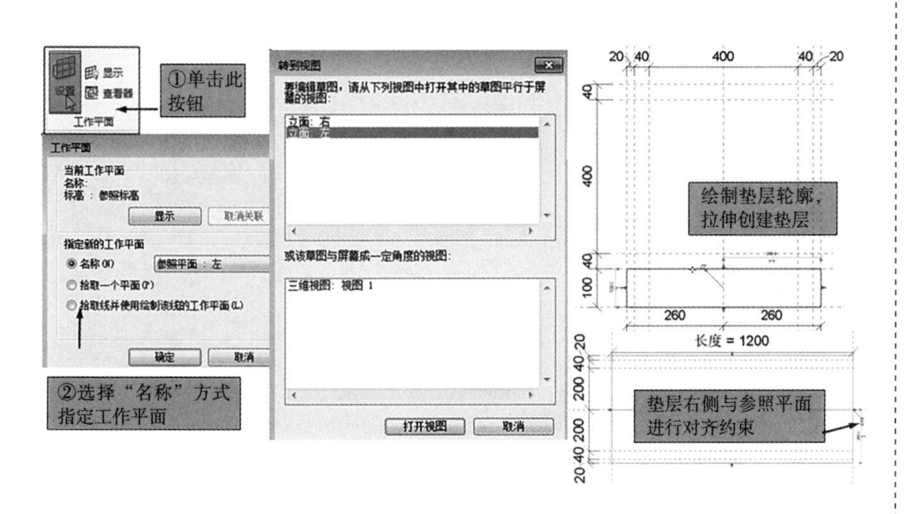

图 3–1–25　工作平面设置

以同样的操作，创建排水沟上部结构，如图 3–1–26 所示。

3. 添加材质

按照上述操作，添加排水沟垫层材质为沙垫层，添加排水沟身的材质为预制混凝土。

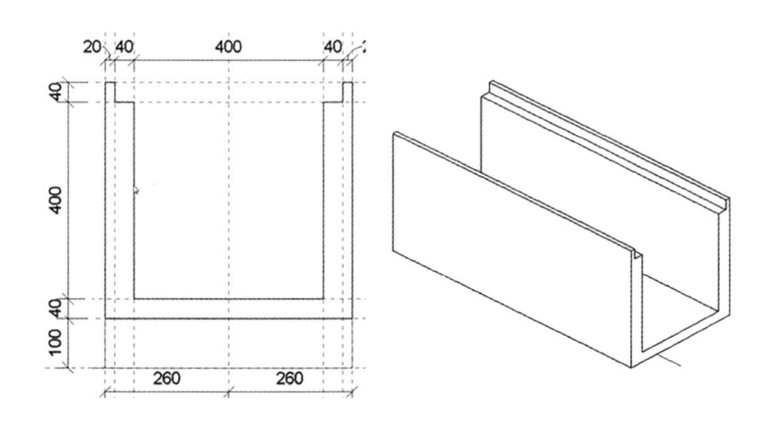

图 3–1–26　排水沟上部结构

4. 创建排水沟

（1）载入排水沟盖板，并添加排水沟构件，操作如图 3-1-27 所示。

（2）关联沟盖板材质，操作如图 3-1-28 所示。

图 3-1-27　添加排水沟构件

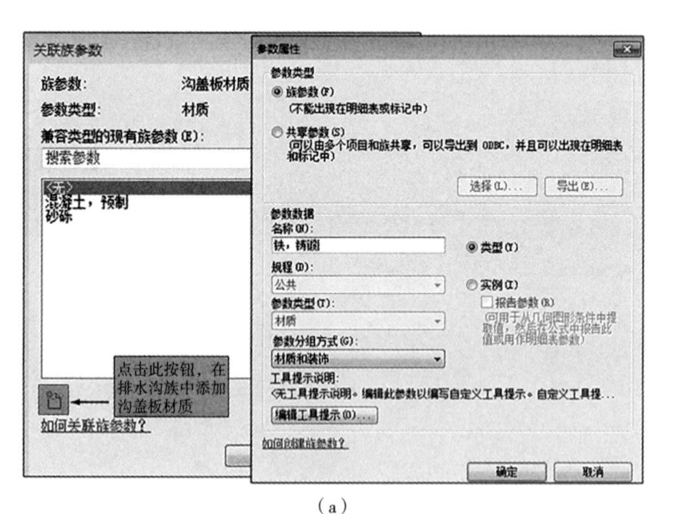

（a）

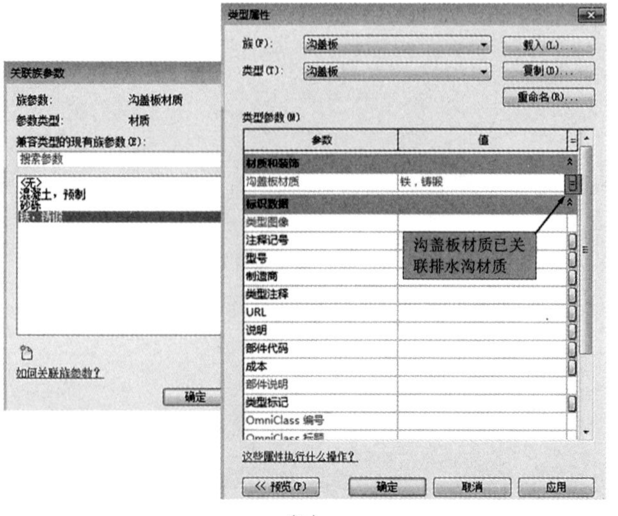

（b）

图 3-1-28　沟盖板材质关联

（3）定义沟盖板数量参数

单击“修改”面板——“阵列”工具命令按钮，阵列生成沟盖板，选择沟盖板数量，定义沟盖板数量参数。单击“属性”面板——“族类型”工具命令按钮，打开族类型对话框，设置参数 A 与盖板数量 N 之间的关系，操作如图 3–1–29 所示。

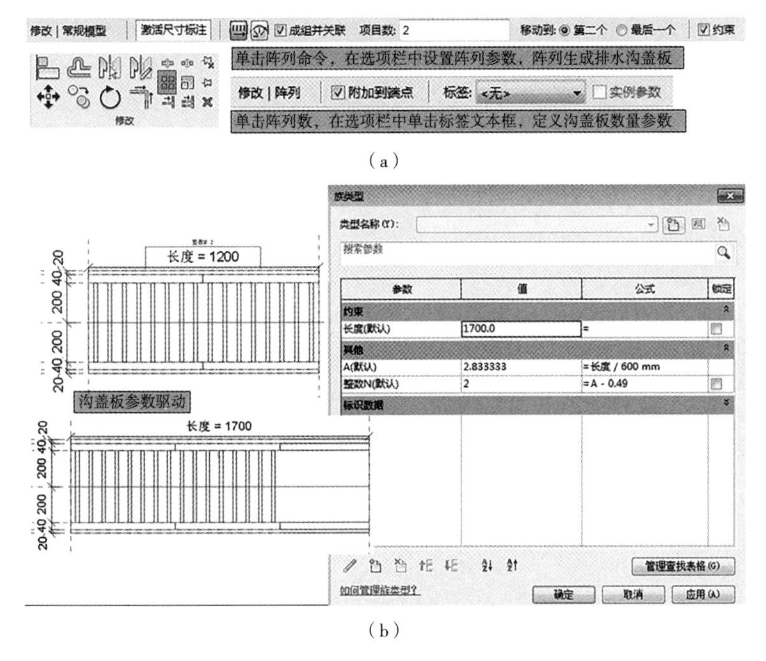

（a）

（b）

图 3–1–29　沟盖板数量参数

5. 点击 Revit 文件菜单按钮下拉列表——“另存为”——“族”，打开“另存为”对话框，保存排水沟族。

六、任务后：知识拓展应用

知识点：构建族在项目中的使用

1. 载入族

在创建桥涵模型时，先创建桥涵构件族，单击“插入”选项卡下“从库中载入”面板中的“载入族”按钮，载入到项目中。

在族编辑器中创建或修改族后，用户还可以通过单击“族编辑器”面板中的“载入到项目中”按钮，将该族载入到一个或多个打开的项目中。

2. 查看和使用项目或样板中的构件族

单击展开项目浏览器中的“族”列表，直接点选图元拉到项目中，或者单击项目中的构件族，在“属性”面板中修改图元类型。

单击展开项目浏览器中的“族”列表，用鼠标右键单击构件族，在弹出的快捷菜单中选择“创建实例”命令，此时在项目中创建该实例。

七、评价与展示

<table>
<tr><td colspan="7">学生任务清单（含课程评价）3.1</td></tr>
<tr><td rowspan="3">前期导入</td><td>任务名称</td><td colspan="5"></td></tr>
<tr><td>学生姓名</td><td></td><td>班级</td><td></td><td>学号</td><td></td></tr>
<tr><td>完成日期</td><td colspan="2"></td><td>完成效果</td><td colspan="2">（教师评价及签字）</td></tr>
<tr><td rowspan="3">明确任务</td><td>任务目标</td><td colspan="5"></td></tr>
<tr><td rowspan="2">任务实施</td><td colspan="4" rowspan="2"></td><td>成果提交</td></tr>
<tr><td></td></tr>
<tr><td>自学简述</td><td>课前布置</td><td colspan="5">主要根据老师布置的网络学习任务，说明自己学习了什么？查阅了什么？</td></tr>
<tr><td rowspan="2">学习复习</td><td>不足之处</td><td colspan="5"></td></tr>
<tr><td>提问</td><td colspan="5">自己想和老师探讨的问题</td></tr>
<tr><td rowspan="4">过程评价</td><td>自我评价
（5 分）</td><td>课前学习</td><td>实施方法</td><td>职业素质</td><td>成果质量</td><td>分值</td></tr>
<tr><td></td><td></td><td></td><td></td><td></td><td></td></tr>
<tr><td>教师评价
（5 分）</td><td>时间观念</td><td>能力素养</td><td>成果质量</td><td>分值</td><td></td></tr>
<tr><td></td><td></td><td></td><td></td><td></td><td></td></tr>
</table>

项目二　体量

一、学习任务描述

在 Autodesk Revit 2023 中设计项目，可以从标高和轴网开始，根据标高和轴网信息建立墙、门、窗等模型构件；也可以先建立概念体量模型，体量是指建筑模型的初始设计中使用的三维形状，通过体量研究，可以使用造型形成建筑模型概念，从而探究设计的理念。概念设计完成后，再根据概念体量生成标高、墙、门、窗等三维构件模型，最后再加轴网、尺寸标注等注释信息，完成整个项目。

Revit 为创建概念体量而开发了一个操作界面，这个界面专门用来创建概念体量。概念设计环境其实是一种族编辑器，在该环境中，可以使用内建和可载入的体量族图元来创建概念设计。

Revit 提供了两种创建体量的方式：内建体量，用于表示项目独特的体量形式；可载入体量族，当一个项目中放置体量的多个实例或者多个项目中需要使用同一体量族时，通常使用可载入体量族。

1. 内建体量

在项目文件中，单击“体量与场地”选项卡——“概念体量”面板——“内建体量”按钮，Revit 显示“体量－显示体量已启用”对话框，单击关闭按钮，在打开的名称对话框中，输入体量名称，单击确定按钮，即可进入概念体量族编辑器，如图 3−2−1 所示。

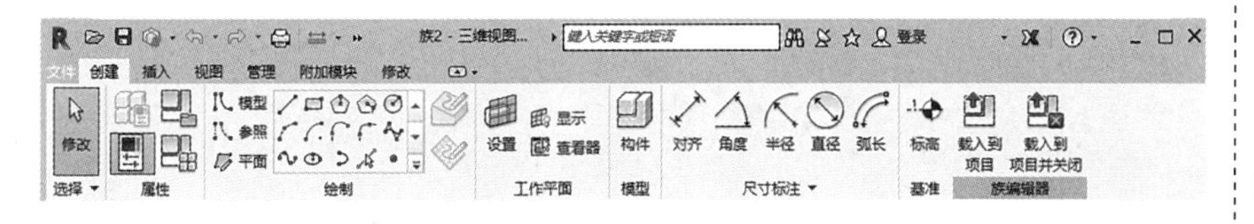

图 3−2−1　概念体量族编辑器

单击“创建”选项卡——“绘制”面板中的工具，即可创建体量模型，完成体量模型绘制后，单击“在位编辑器”面板——“完成体量”按钮，完成内建体量。

2. 可载入体量族

可载入体量族与族文件相似，属于独立的文件。可以通过单击“应用程序菜单”——“新建”命令，建立体量族文件，从而进入概念体量族编辑器绘制体量模型，先创建模型造型轮廓线，再生成相应的几何形体。

完成体量模型的绘制后，保存体量族文件，然后在项目文件中，使用“体量场地”选项卡中的“放置体量”工具，将体量族文件载入到项目文件中放置后使用。

两者的区别：内建体量和可载入体量族的体量模型的创建方法完全一样，两者的区别在于一个是项目内，一个是项目外。

（一）定义概念体量

无论是内建体量还是可载入体量族，其概念设计环境就是一种族编辑器。可载入的概念体量是通过新建独立的体量族文件来建立体量模型。

方法为：单击“文件”菜单，选择“新建”——“概念体量”命令，打开“新概念体量－选择样板文件”对话框，如图 3-2-2（a）所示。选择“概念体量”文件夹中的“公制体量”族样板文件，单击“打开”按钮，新建体量族文件，进入体量族编辑器界面，如图 3-2-2（b）所示。

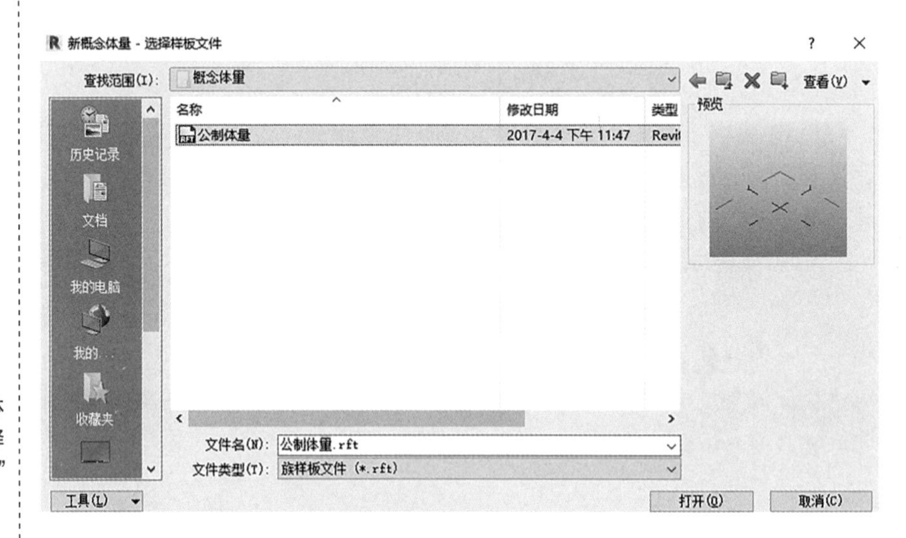

图 3-2-2（a）“新概念体量－选择样板文件”对话框

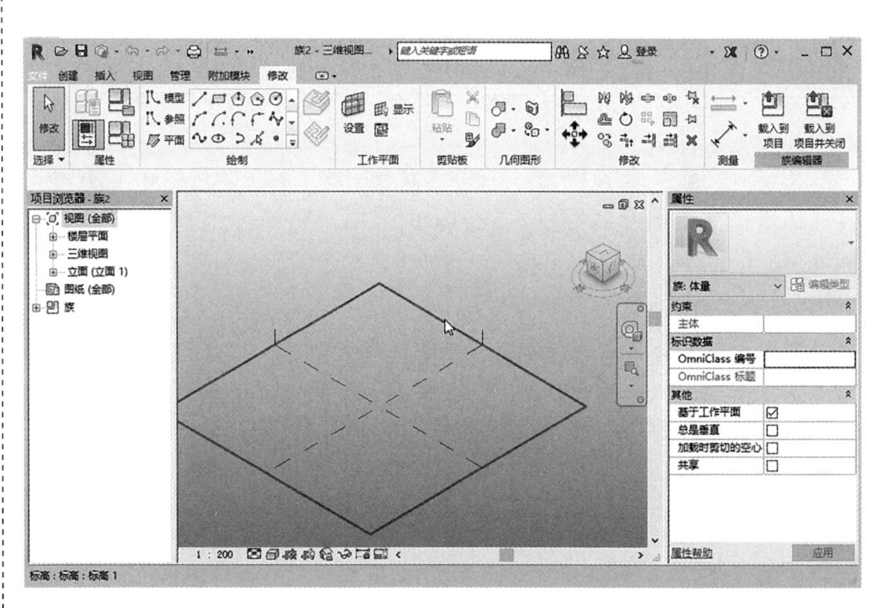

图 3-2-2（b）体量族编辑器界面

（二）概念体量模式下的工作界面

1."创建"选项卡（图 3-2-3）

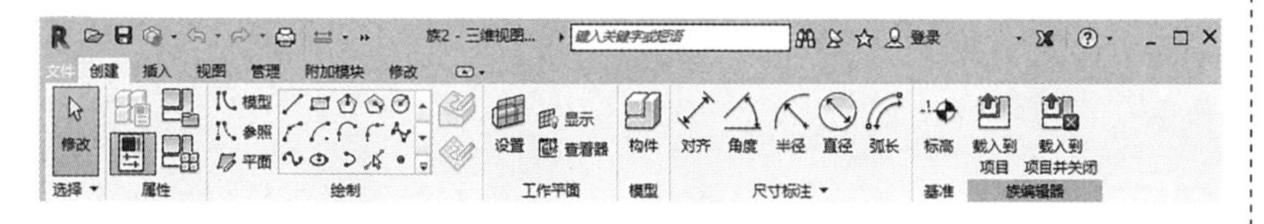

图 3-2-3 "创建"选项卡

选择：其中的修改命令是默认开启的。

属性：用于给体量赋予材质等各种属性。

绘制：用于绘制生成体量所需要的截面、路径、参照平面与参照线。

工作平面：可以设置当前的功能工作平面，高亮显示当前的工作平面以及弹出与当前工作平面垂直的视图。

模型：其中的构件命令可以允许用户载入构件。

尺寸标注：用于标注各种尺寸。

基准：其中的标高命令可以添加新标高。

2."插入"选项卡（图 3-2-4）

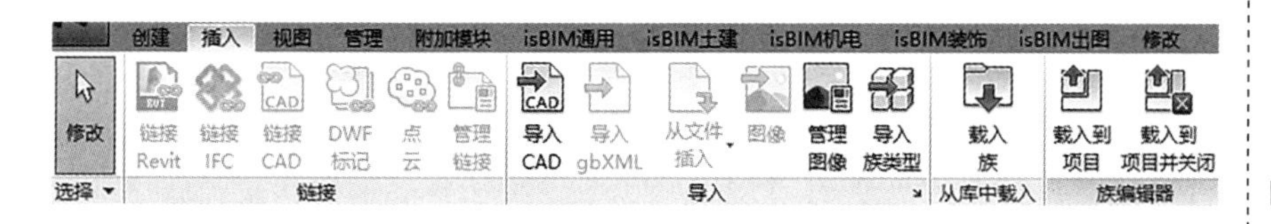

图 3-2-4 "插入"选项卡

其中的链接与导入命令允许用户导入 CAD 图作为建模的参照，同时用户也可以导入其他软件生成的模型作为体量。

3."修改"选项卡（图 3-2-5）

图 3-2-5 "修改"选项卡

剪切板：可以将选中的对象复制到剪切板，并选择用不同的方式粘贴它们。

几何图形：可以给体量的面做简单着色处理并提供体量间的布尔运算。

测量：可以测量点到点的距离（在三维状态下不可用），也可以进行对齐标注。

修改：提供"移动""复制""修剪""镜像""旋转""对齐""偏移"

和“拆分”操作。

（三）概念体量模式下的工作平面

在体量编辑器中，Revit 提供了默认的标高，以及默认相交的参照平面，如图 3–2–6 所示。其中，标高与参照平面的交点被认为是体量的原点。

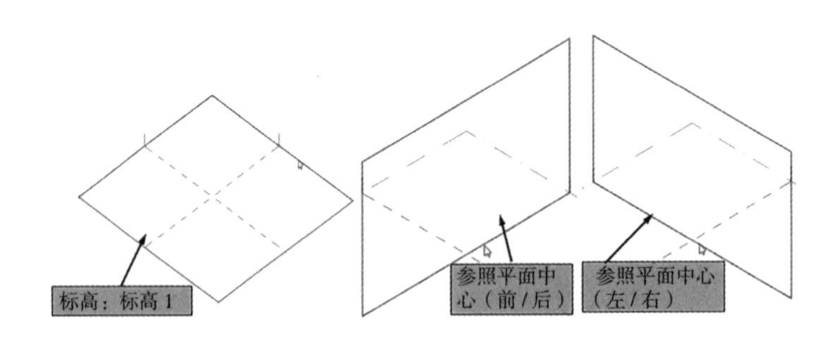

图 3–2–6　默认的标高工作平面

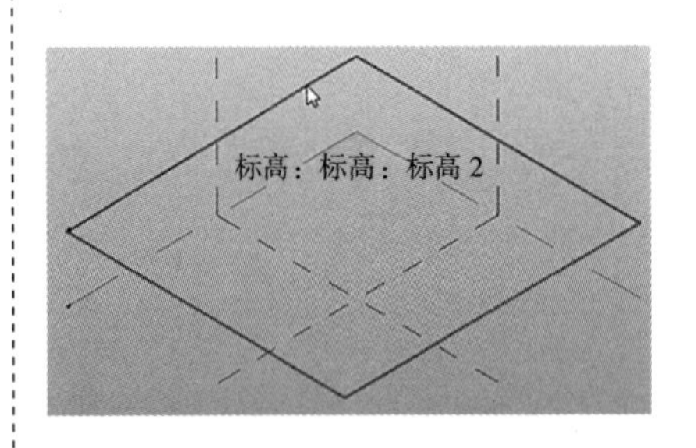

图 3–2–7　标高 2 工作平面

双击项目浏览器“立面一南”打开南立面视图，单击“创建”选项卡——“基准”面板——“标高”命令，系统自动切换到“修改 / 放置标高”上下文选项卡。移动鼠标，根据光标与已有标高之间的临时尺寸标注，建立一个新的标高 2，按 Esc 键两次，退出标高放置状态，即可开始建立体量模型。标高 2 的工作平面如图 3–2–7 所示。

要绘制体量模型，首先必须指定工作平面。单击“工作平面”面板——“显示”按钮后，直接单击某一个平面，即可显示已经激活的工作平面。当单击不同的参照平面或标高后，将显示不同的工作平面。

注意：当创建造型轮廓线时，工作平面有两个选项：在面上绘制、在工作平面上绘制。单击“标高：标高 1”为工作平面，单击“矩形”命令，选择“在面上绘制”选项，鼠标移到长方体的上表面，即可在长方体上表面上创建矩形轮廓线。选择“在工作平面上绘制”，则所绘制的矩形在设定的工作面上。操作如图 3–2–8 所示。

提示：在概念体量建模环境的默认视图中，标高会作为线以三维形式显示在立方体背面周围，而参照平面在概念体量建模环境的三维视图中，可以作为三维图元来编辑。

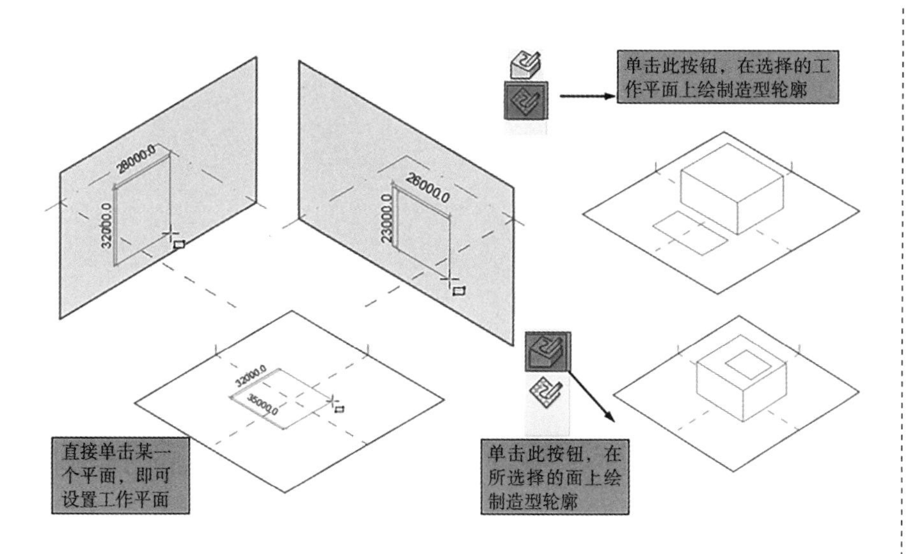

图 3-2-8 “在面上绘制”与“在工作平面上绘制”的区别

注意：在族编辑模式下，设置工作平面的操作是单击“创建”选项卡——“工作平面”面板——“设置”命令，打开“工作平面”对话框，指定新的工作平面为“拾取一个平面”的方式，点击确认按钮，拾取某一参照平面作为工作平面，在转换视图对话框中选择对应的视图。

（四）体量常用的建模操作

体量常用的建模操作有创建实心形状与创建空心形状，不管是创建实心形状还是空心形状，在Revit中有五种基本的体量建模方式，分别是“拉伸”“旋转”“放样”“融合”“放样融合”（表 3-2-1）。下面将分别介绍这五种基本建模方式的概念与操作方法。

体量建模方法　　　　**表 3-2-1**

拉伸	基于一个平面，以固定的截面拉伸固定的高度而形成体量的方式，比如桩基、立柱等的建模
旋转	以固定的截面绕某一轴旋转而形成体量的方式，比如圆锥体的建模
放样	即一个固定截面沿一路径延伸以形成符合路径走向的条状形体，比如桥面板的创建方式
融合	自然连接有高差的两个平面的闭合截面而形成体量的方式，顶面和底面形状不同的异形柱的形状
放样融合	沿着指定路径，将路径两端不同形状自然连接而成体量的方式

二、任务目标

1. 创建独立基础族
2. 创建体量大厦

三、思维导图

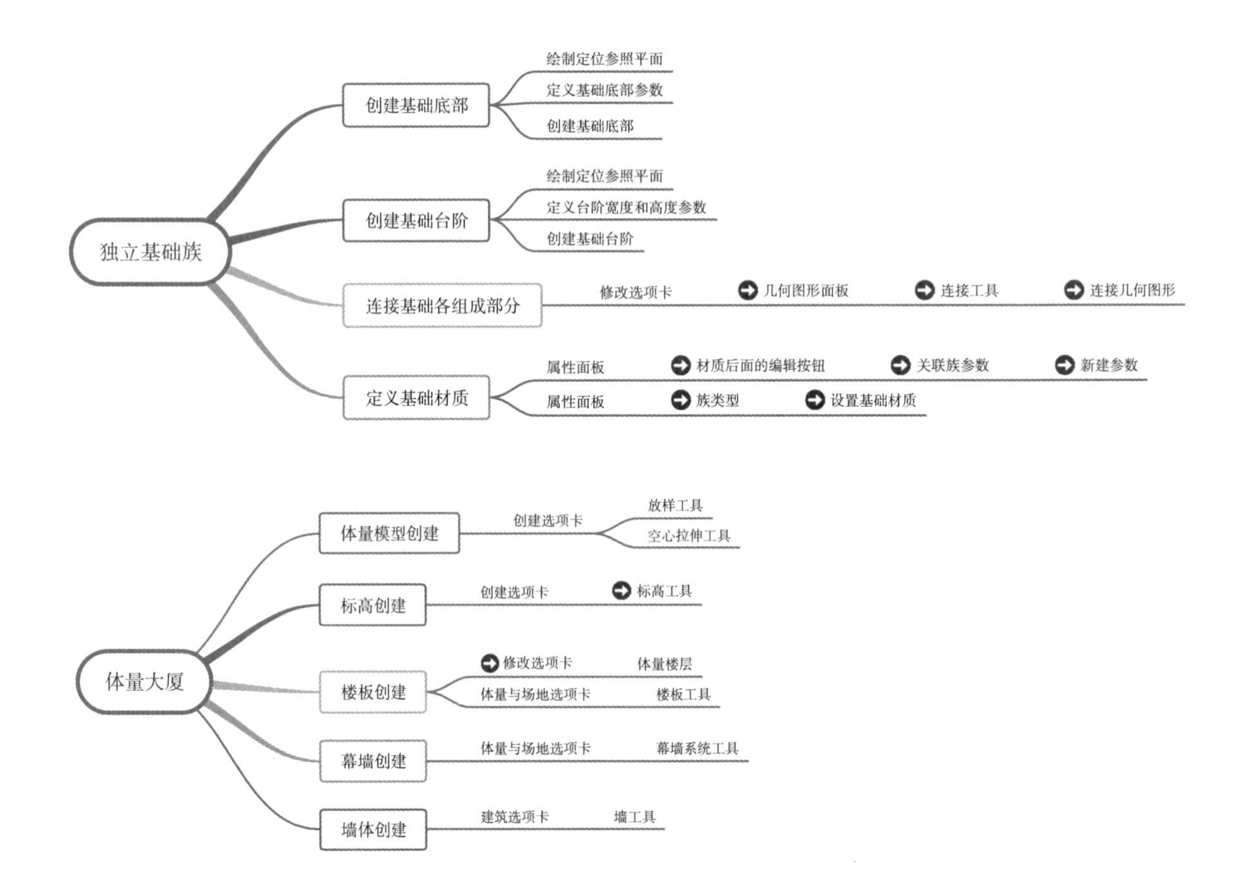

四、任务前：思考并明确学习任务

1. 学习任务一：创建独立基础族

实训：创建图 3-2-9 基础的体量模型，熟悉体量建模的方法。

2. 学习任务二：创建体量大厦

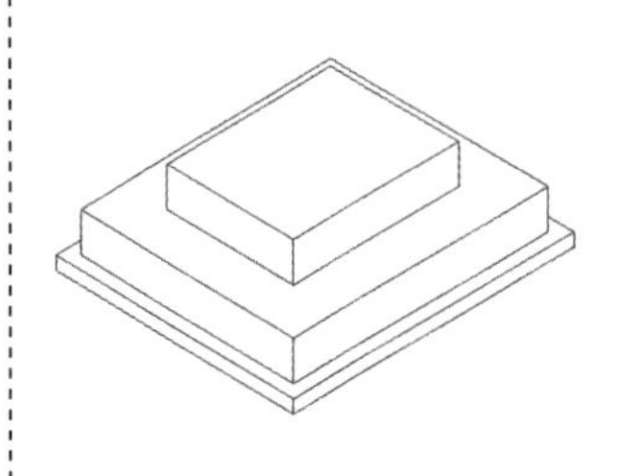

图3-2-9　基础

对于特殊造型的建筑物，如图 3-2-10 所示的大厦，Revit 一般运用体量建模的方式，使用造型形成概念模型，从而探究设计理念，概念设计完成后，然后再添加其他的建筑图元，比如添加楼层、楼板以及幕墙等建筑图元。

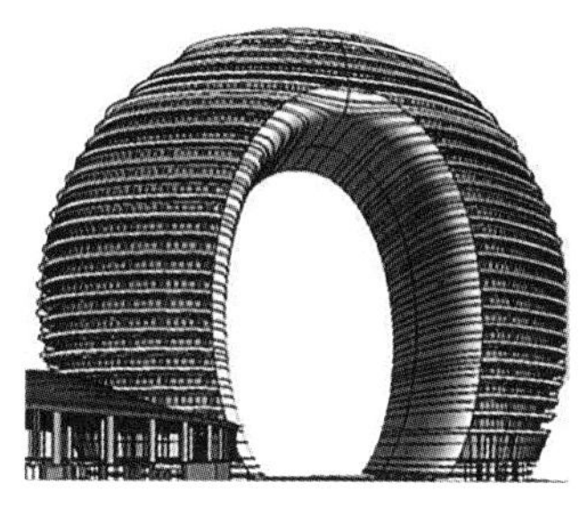

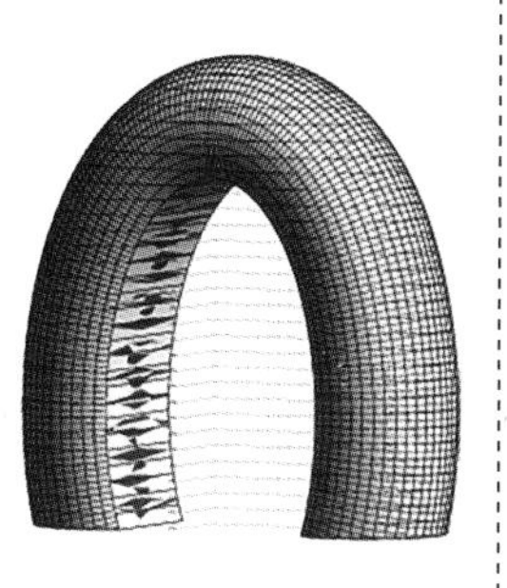

图 3-2-10　体量大厦

实训：创建一个参数化“体量大厦”模型，创建幕墙系统，类型网格 1 固定距离 3000mm，网格 2 固定距离 2000mm，竖梃为矩形竖梃 50mm × 150mm。创建基本墙，常规 -200mm。创建楼板，常规 -150mm，共 30 层，层高 4m。熟悉概念体量建模的理念。

五、任务中：任务实施

学习任务一：创建独立基础族

操作步骤：

（一）创建基础底部

1. 打开族编辑器

点击 Revit“文件”菜单下拉列表——“新建”——“概念体量”——选择族样板文件——“公制体量”，进入族编辑模式。

2. 绘制定位的参照平面以及定义基础参数

双击项目浏览器中“楼层平面：标高 1”，打开该视图。单击“创建”选项卡——“绘制”面板——“参照平面”命令，绘制参照平面，并定义族参数，操作如图 3-2-11 所示。

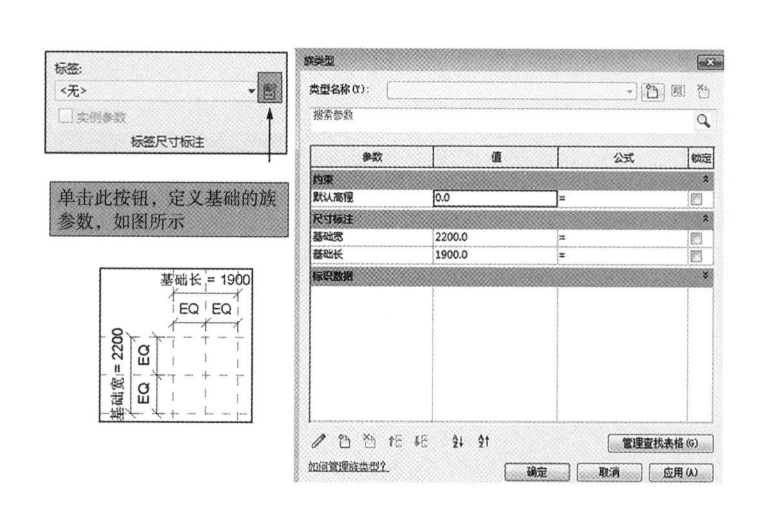

图 3-2-11　基础参数定义

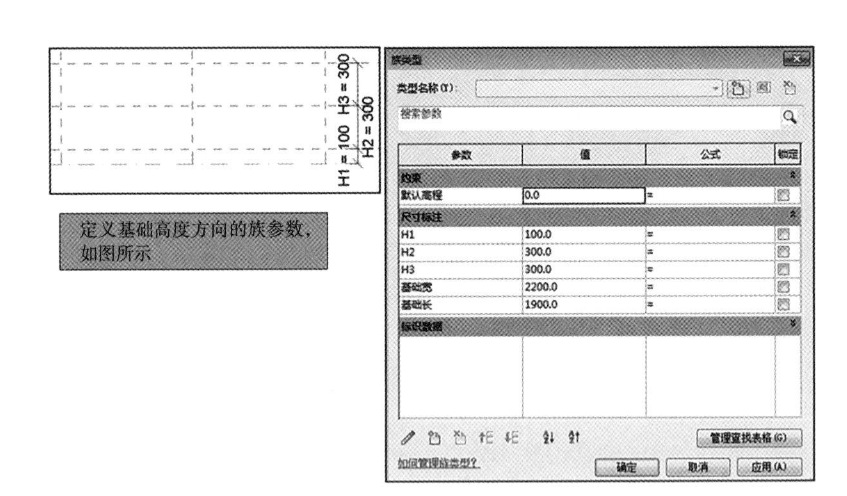

图 3-2-12　基础高度参数定义

双击项目浏览器中“立面：南”，打开该视图。单击“创建”选项卡——“绘制”面板——“参照平面”命令，绘制参照平面，并定义高度方向的族参数，操作如图 3-2-12 所示。

3. 创建基础下部分

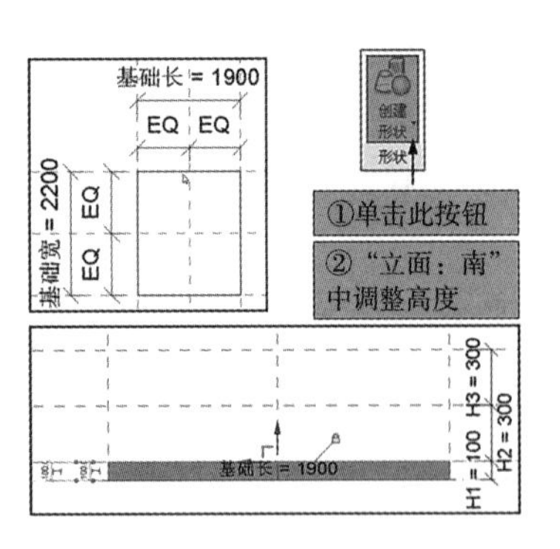

图 3-2-13　高度的约束

打开“标高 1”视图，单击“创建”选项卡——“绘制”面板——“矩形”命令，创建基础底部截面，选择基础底部截面，单击“形状”面板——“创建形状”命令的下拉菜单中“实形形状”选项，创建基础底部，切换到“立面：南”视图，调整基础的高度，并与高度方向的参照平面建立约束关系，操作如图 3-2-13 所示。

（二）创建基础台阶部分

切换到“楼层平面：标高 1”，打开该视图。绘制参照平面，并定义台阶宽参数。单击“创建”选项卡——“绘制”面板——“矩形”命令，创建基础第二级台阶截面，选择该截面，单击“形状”面板——“创建形状”命令的下拉菜单中“实形形状”选项，创建基础底部，切换到“立面：南”视图，调整第二级台阶的高度，并与高度方向的参照平面建立约束关系，依照上述操作，定义第三级台阶宽 2，创建第三级台阶，操作如图 3-2-14 所示。

（三）连接基础各组成部分，操作如图 3-2-15 所示。

（四）定义基础的材质

1. 单击属性面板中材质项，关联族参数，操作如图 3-2-16 所示。

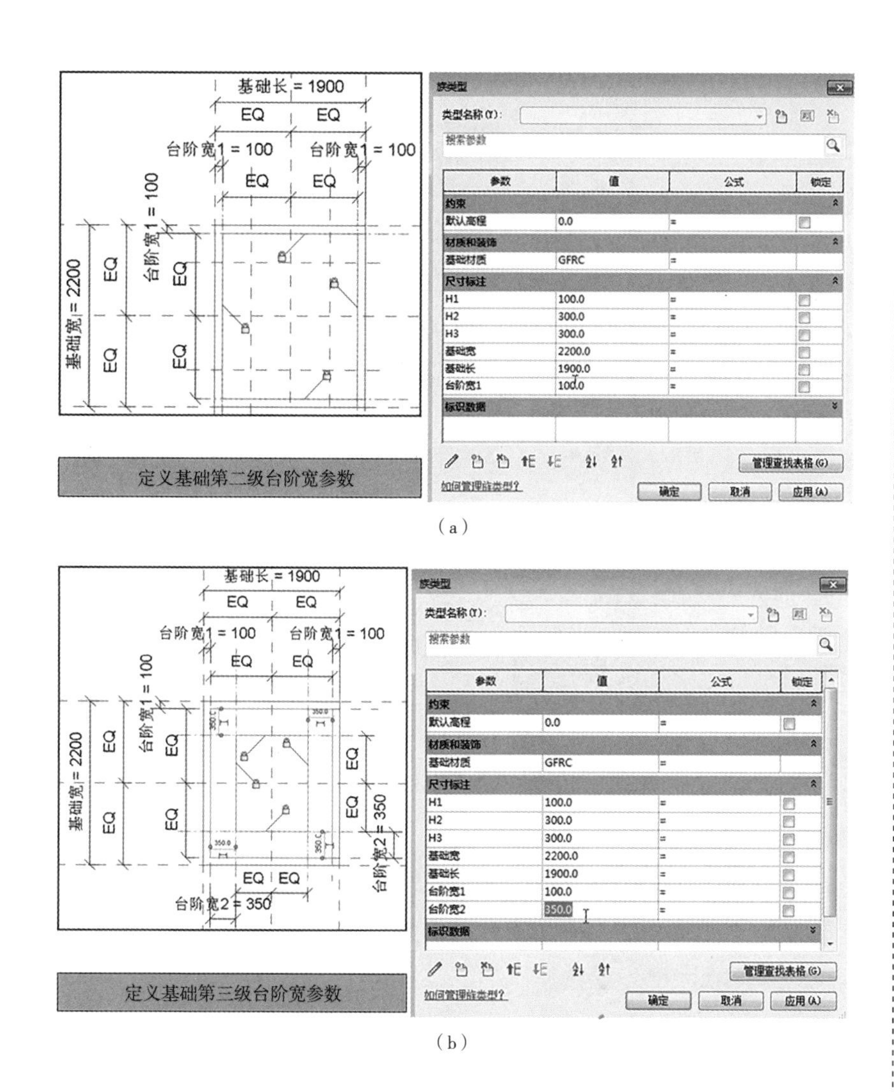

（a）

（b）

图 3-2-14　台阶参数定义

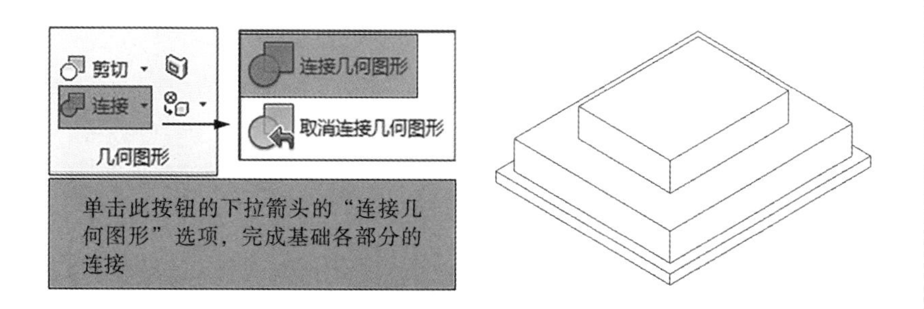

图 3-2-15　连接操作

2. 单击“属性”面板中族类型命令，打开“类型族”对话框，定义基础材质为“混凝土”，操作如图 3-2-17 所示。

3. 保存独立基础板族

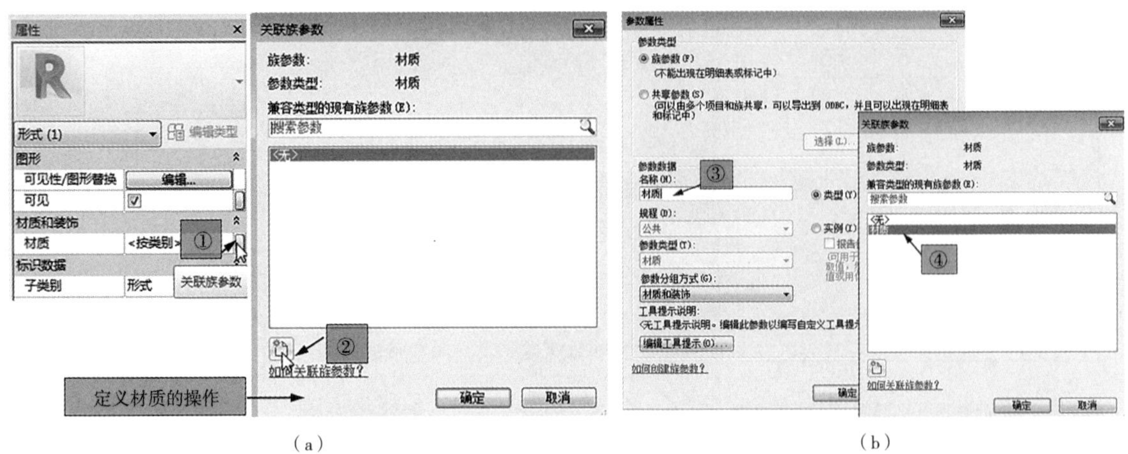

图 3-2-16　族参数关联

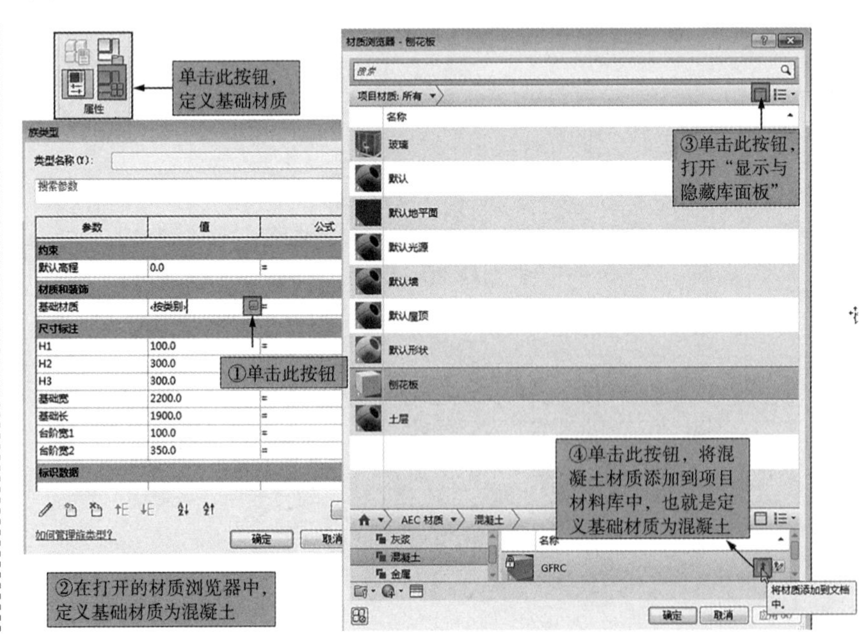

图 3-2-17　定义材质参数

学习任务二：创建体量大厦

操作步骤：

（一）创建“体量大厦”模型

1. 打开族编辑器

单击 Revit“文件”菜单下拉列表——“新建”——“概念体量”——选择族样板文件——“公制体量”，进入族编辑模式。

2. 切换到“立面（立面 1）：南”视图中，绘制四个参照平面，用椭圆命令以及修剪命令完成路径，在“立面（立面 1）：东”视图中为截面形状，大厦路径与截面形状如图 3-2-18 所示。

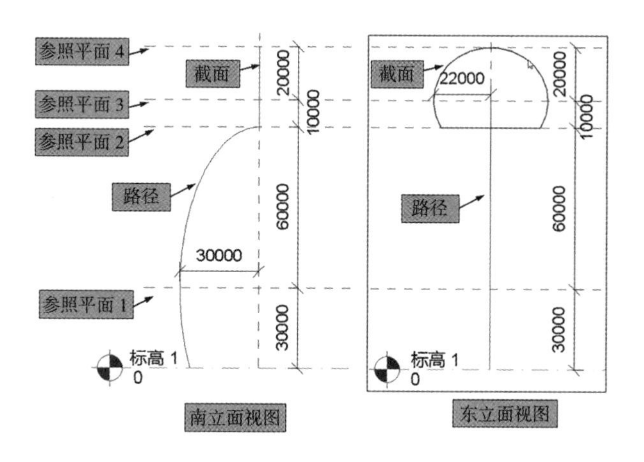

图 3-2-18　大厦路径与截面形状

3. 切换到“三维视图”，选择路径线与截面，单击“形状”面板——“创建形状”命令的下拉菜单中“实形形状”选项，创建体量左侧部分。

4. 切换到“立面：南”视图中，运用“镜像”命令，完成创建体量右侧部分。绘制矩形截面，运用“创建形状”命令的下拉菜单中“空心形状”选项，空心剪切使体量底部平整。操作如图 3-2-19 所示。

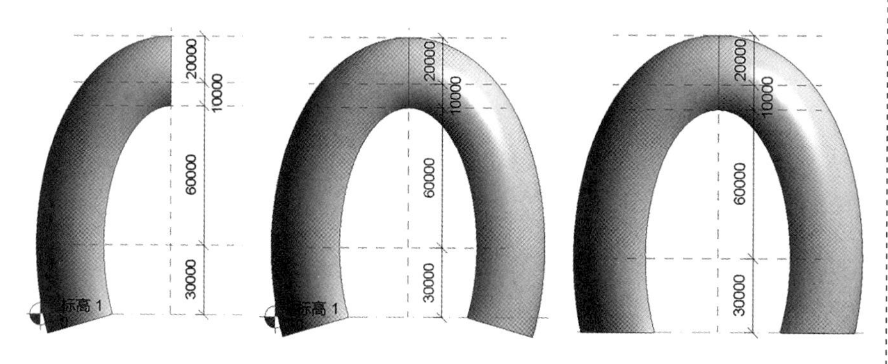

图 3-2-19　大厦镜像以及底部空心剪切操作

5. 单击“几何图形”面板——“连接”命令的下拉菜单中“连接几何图形”选项，选择左侧体量、右侧体量，单击鼠标右键，连接体量左右两半成为一个整体。

6. 单击“属性”面板——“族类型”命令，定义体量大厦材质参数，材质定义如图 3-2-20 所示。

7. 单击“文件”菜单——“另存为”命令，保存体量大厦体量族。

（二）创建幕墙系统、基本墙以及楼板等建筑图元

1. 新建项目，建筑样板

点击 Revit“文件”菜单下拉列表——“新建”——“项目”——选择“建筑样板”，新建项目文件。

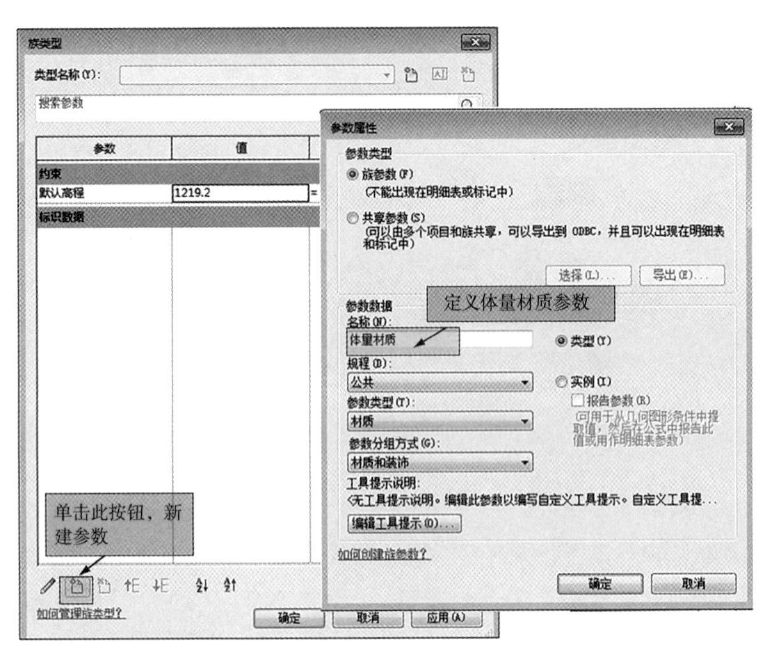

（a）

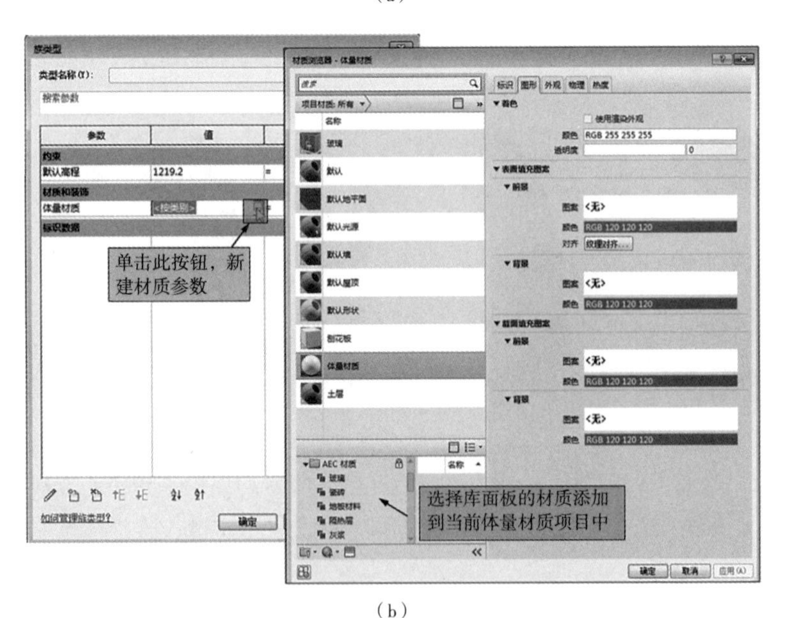

（b）

图3-2-20　定义体量材质

2. 载入体量大厦族

单击“插入”选项卡——“从库中载入”面板——“载入族”命令将“体量大厦”载入到“大厦”项目；单击“建筑”选项卡——“构建”面板——“构件”命令中下拉列表“放置构件”，默认体量为不可见的，单击“体量和场地”选项卡——“概念体量”面板——“按视图设置显示体

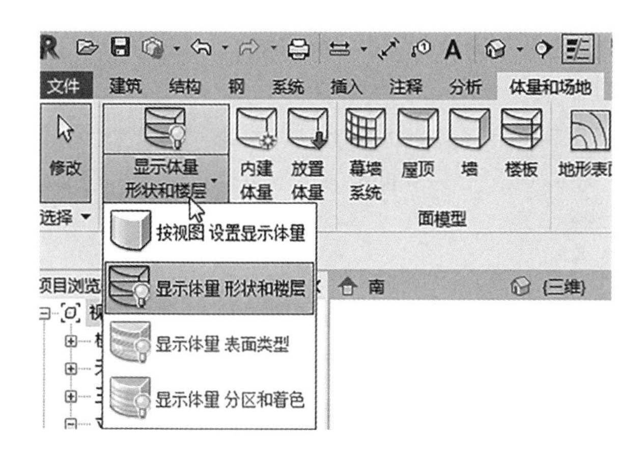

图 3-2-21　显示体量命令

量”命令中下拉列表“显示体量　形状和楼层”选项，如图 3-2-21 所示，即可显示体量。

3. 创建标高

切换到“立面：南”视图中，选择默认的标高 2，单击“修改”面板中的“阵列”命令，在选项栏中取消成组并关联，项目数 29，移动到“第二个”，标高间距为 4000mm，创建出共 30 个标高。

4. 创建楼层

选择体量，系统自动切换到“修改 | 体量”上下文关联选项卡，单击“模型”面板——“体量楼层”命令，选择全部 30 个标高，创建体量楼层，如图 3-2-22 所示。

5. 创建体量楼板

单击“体量和场地”选项卡——“面模型”面板——“楼板”命令，选择全部 30 个标高，在属性栏内选择“常规 -150mm”楼板，单击“创

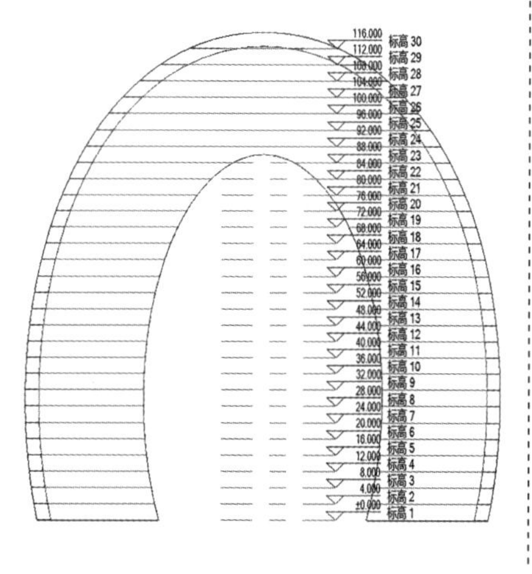

图 3-2-22　创建体量楼层

建楼板”命令，为体量大厦创建出体量楼板。

6. 创建体量墙

单击“体量和场地”选项卡——“面模型”面板——“墙”命令，在属性面板中，墙为“常规 -200mm”，选择体量内表面，创建出体量墙。

7. 创建幕墙

单击“体量和场地”选项卡——“面模型”面板——“幕墙系统”命令，在属性面板中，复制创建名称为“2000mm×3000mm”的幕墙，修改相关参数，单击“创建系统”命令，即可创建出面幕墙。幕墙的参数设置以及显示效果如图 3-2-23 所示。

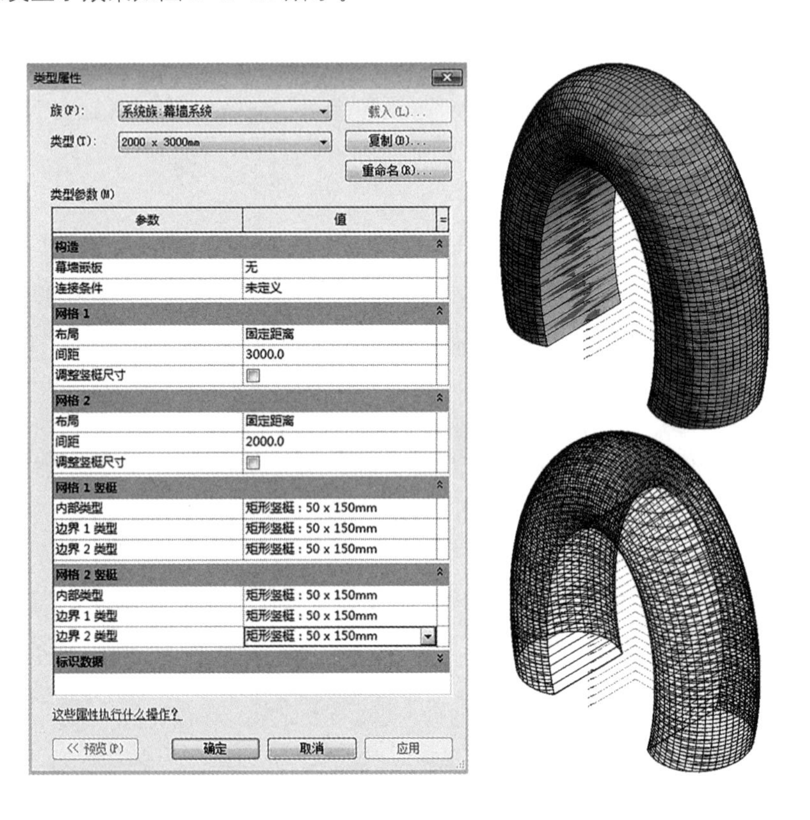

图 3-2-23 幕墙的参数设置以及显示效果

8. 单击“文件”菜单——“另存为”命令，保存大厦项目。

六、任务后：知识拓展应用

扫描目录前二维码学习相关内容。

七、评价与展示

学生任务清单（含课程评价）3.2

<table>
<tr><td rowspan="3">前期导入</td><td>任务名称</td><td colspan="5"></td></tr>
<tr><td>学生姓名</td><td></td><td>班级</td><td></td><td>学号</td><td></td></tr>
<tr><td>完成日期</td><td colspan="2"></td><td>完成效果</td><td colspan="2">（教师评价及签字）</td></tr>
<tr><td rowspan="3">明确任务</td><td>任务目标</td><td colspan="5"></td></tr>
<tr><td rowspan="2">任务实施</td><td colspan="4" rowspan="2"></td><td>成果提交</td></tr>
<tr><td></td></tr>
<tr><td>自学简述</td><td>课前布置</td><td colspan="5">主要根据老师布置的网络学习任务，说明自己学习了什么？查阅了什么？</td></tr>
<tr><td rowspan="2">学习复习</td><td>不足之处</td><td colspan="5"></td></tr>
<tr><td>提问</td><td colspan="5">自己想和老师探讨的问题</td></tr>
<tr><td rowspan="4">过程评价</td><td>自我评价
（5分）</td><td>课前学习</td><td>实施方法</td><td>职业素质</td><td>成果质量</td><td>分值</td></tr>
<tr><td></td><td></td><td></td><td></td><td></td><td></td></tr>
<tr><td>教师评价
（5分）</td><td>时间观念</td><td>能力素养</td><td>成果质量</td><td>分值</td><td></td></tr>
<tr><td></td><td></td><td></td><td></td><td></td><td></td></tr>
</table>

BIM
应用篇

BIM

Yingyong Pian

4

Mokuaisi Revit Zhong Jianmo De Yingyong

模块四　Revit 中建模的应用

情境引入：贵州飞龙湖乌江大桥建设过程中，创新性地采用了 BIM 技术，通过构建工程三维模型，同时引入时间维度，实现从工程规划、勘察设计、施工建设到运营维护的全生命周期管理。BIM 技术的应用，为施工阶段提供了完善的施工图纸，预计减少设计变更 30 余项，节约现场返工时间超过 3 个月。

· 针对结构复杂、专业繁多、参与单位众多、图纸变更频繁的情况，为什么运用 BIM 技术创建项目施工图有利于资料的协同管理?

· 施工图的制图规范有哪些?

· 如何运用 BIM 技术创建施工图?

项目一　施工图的创建

一、学习任务描述

要在 Autodesk Revit 2023 中创建施工图，就必须根据施工图表达设置各视图属性，控制各类模型对象的显示，修改各类模型图元在各视图中的截面、投影的线型、打印线宽、颜色等图形信息。

二、任务目标

1. 管理对象样式
2. 视图控制
3. 管理视图与创建视图
4. 绘制平面图
5. 创建详图索引及详图视图
6. 统计门窗明细表及材料
7. 布置与导出图纸

三、思维导图

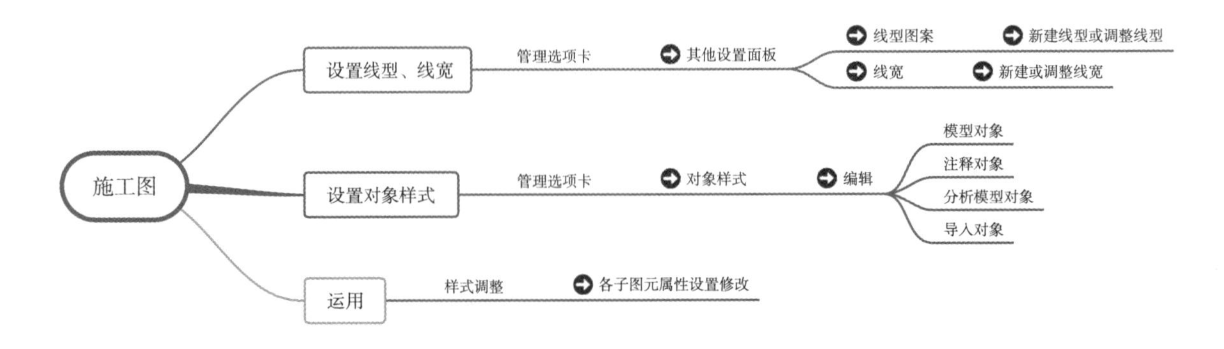

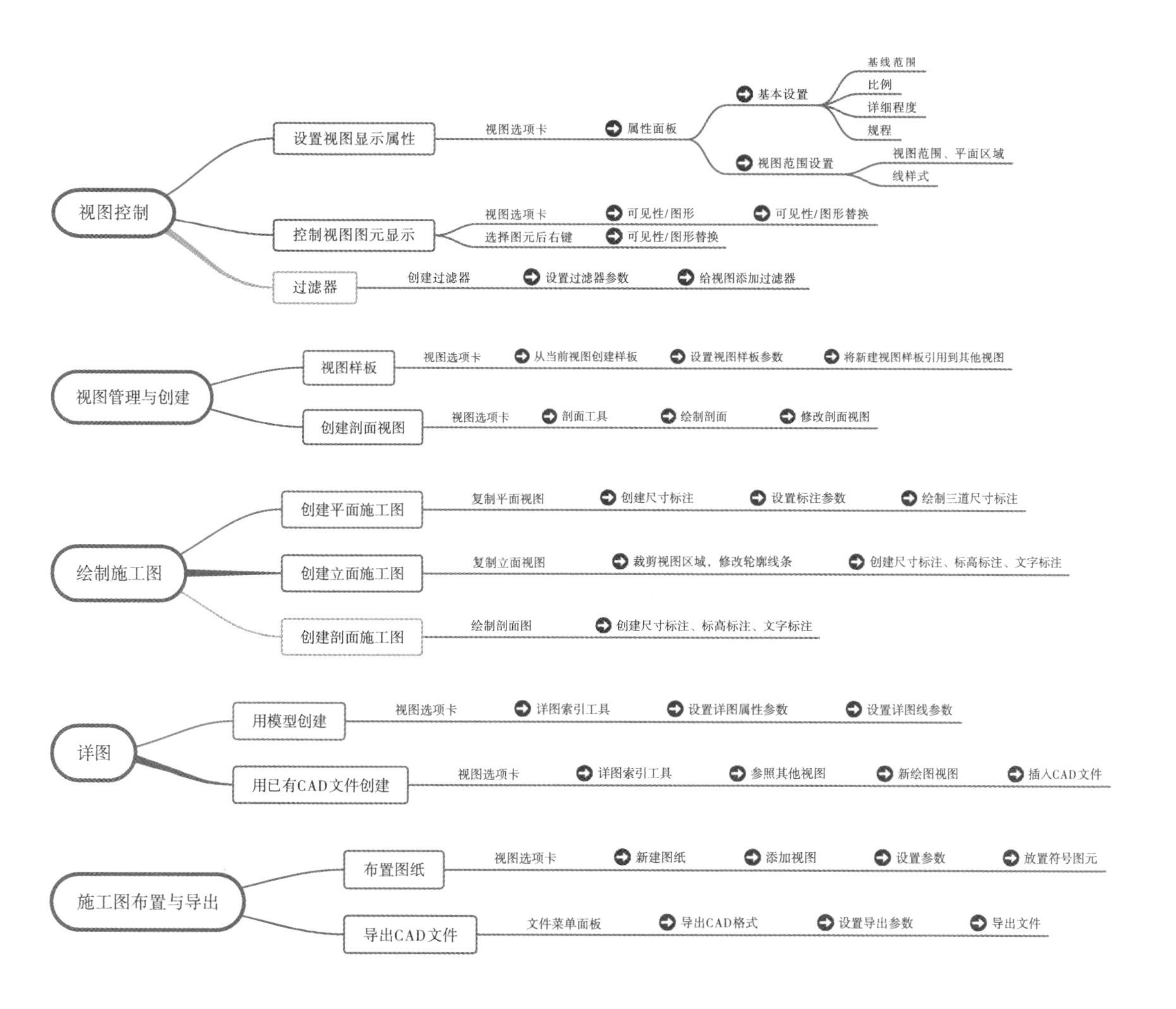

四、任务前：思考并明确学习任务

1. 学习任务一：设置“竹园轩”项目各类对象线宽、线型等
2. 学习任务二：控制“竹园轩”项目模型各视图窗口对象的显示状态
3. 学习任务三：创建与使用“竹园轩”项目视图样板
4. 学习任务四：创建“竹园轩”项目 1F 平面图
5. 学习任务五：创建“竹园轩”项目 1F 卫生间详图
6. 学习任务六：布置与导出“竹园轩”项目施工图

五、任务中：任务实施

学习任务一：管理对象样式

Autodesk Revit 2023 采用对象类别与子类别系统组织和管理建筑信息模型中的信息。在 Autodesk Revit 2023 中，各图元实例都隶属于“族”，

而各种“族”则隶属于不同的对象类别，如窗图元实例都属于“窗”对象类别，而每一个“窗”对象，都由更详细的“子类别”图元构成，窗对象由一系列“子类别”图元构成，如洞口、玻璃、框架／竖梃等。

单击“管理”选项卡——“对象样式”，打开对象样式对话框，“对象样式”工具可以全局查看和控制当前项目中“对象类别”和“子类别”的线宽、线颜色等。单击“视图”选项卡——“可见性图形／替换”，“可见性／图形替换”，则可以在各个视图中对图元进行针对性的可见性控制、显示替换等操作。通过设置 Autodesk Revit 2023 中线型、线宽等属性，在视图中控制各类模型对象在视图投影线或截面线的图形表现。“线宽”和“线型”的设置适合于所有类别的图元对象。如图 4-1-1 所示。

以“竹园轩”项目为例，设置项目模型图元的线宽、线型与颜色等，熟悉设置线型与线宽的方法与操作步骤。

操作步骤：

1. 创建并运用新的线型图案

打开“竹园轩”项目文件，切换至 F1 楼层平面视图，在“管理”选项卡的“设置”面板中单击“其他设置”下拉列表，在列表中选择“线型图案”选项，打开“线型图案”对话框，在“线型图案”对话框中显示了当前项目中所有可用线型图案名称和线型图案预览，如图 4-1-2 所示。单击“新建”按钮，弹出“线型图案属性”对话框。在“名称”栏中输入“GB 轴网线”，作为新线型图案的名称；设置第 1 行类型为“划线”，值

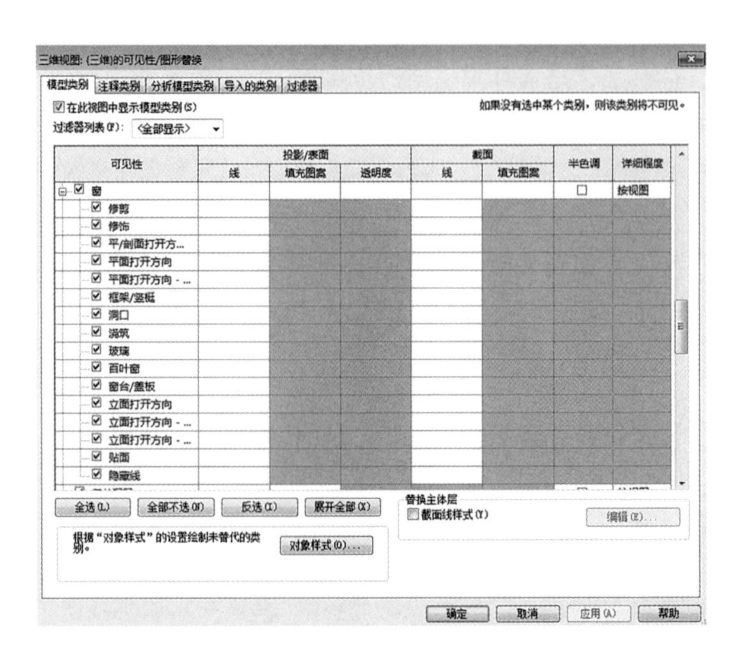

图 4-1-1　可见性图形控制

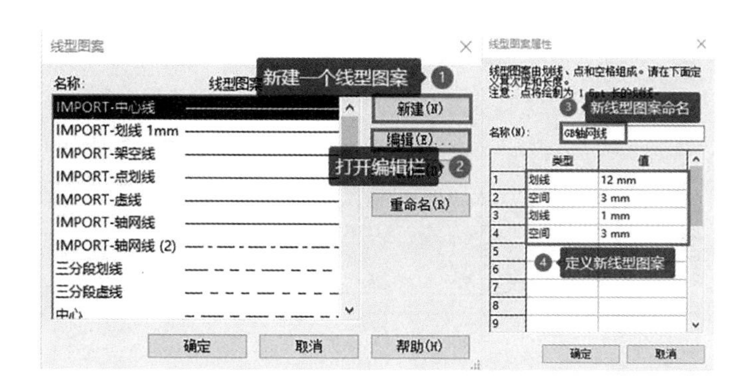

图 4-1-2　创建新线型

为 12mm；设置第 2 行类型为“空间”，值为 3mm；设置第 3 行类型为“划线”，值为 1mm；设置第 4 行类型为“空间”，值为 3mm。设置完成后单击“确定”按钮，返回“线型图案”对话框。再次单击“确定”按钮退出“线型图案”对话框，如图 4-1-2 所示。

选择 F1 楼层平面视图中的轴线，打开“类型属性”对话框。单击“轴线中段”后的选项，选择为“自定义”，选择“轴线中段填充图案”线型为上一步中创建的“GB 轴网线”线型名称，其余参数设置，如图 4-1-3 所示。

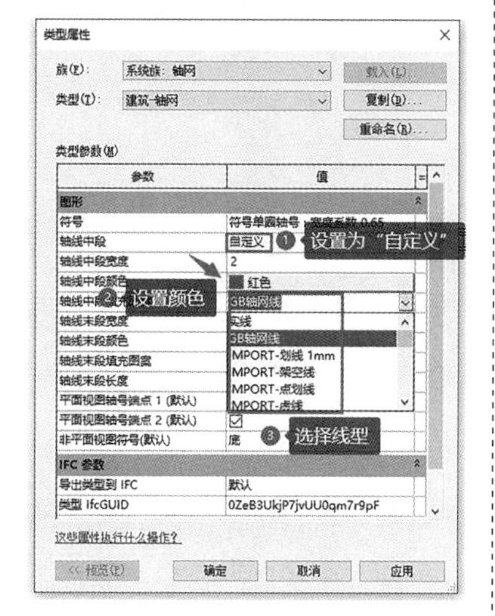

图 4-1-3　定义轴网

注意：“轴线中段宽度”值的“2”并不代表其宽度是 2mm，而是线宽代号。单击“确定”按钮，退出“类型属性”对话框，Autodesk Revit 2023 将使用“GB 轴网线”重新显示所有轴网图元。

2. 修改模型线宽

单击“管理”选项卡——“设置”面板——“其他设置”下拉列表，在弹出的列表中选择打开“线宽”对话框，如图 4-1-4 所示，可以分别对模型线宽、透视视图线宽和注释线宽进行设置。Autodesk Revit 2023 共为每种类型的线宽提供了 16 个设置值。在“模型线宽”选项卡中，代号 1~16 代表视图中各线宽的代号，可以分别指定各代号线宽在不同视图比例下的线的打印宽度值。单击“添加”按钮，可以添加视图比例，并在该视图比例下指定各代号线宽的值。

	1:10	1:20	1:50	1:100	1:200	1:500
1	0.1400 mm	0.1400 mm	0.1400 mm	0.1400 mm	0.1400 mm	0.1400 mm
2	0.1750 mm	0.1750 mm	0.1750 mm	0.1750 mm	0.1750 mm	0.1750 mm
3	0.2500 mm	0.2500 mm	0.2500 mm	0.2500 mm	0.2500 mm	0.2500 mm
4	0.5000 mm	0.5000 mm	0.5000 mm	0.5000 mm	0.5000 mm	0.5000 mm
5	0.6000 mm	0.6000 mm	0.6000 mm	0.6000 mm	0.6000 mm	0.6000 mm
6	0.7500 mm	0.7500 mm	0.7500 mm	0.7500 mm	0.7500 mm	0.7500 mm
7	1.0000 mm	1.4000 mm	1.4000 mm	1.0000 mm	0.8000 mm	0.8000 mm
8	1.0000 mm	2.0000 mm	2.0000 mm	1.4000 mm	1.0000 mm	1.0000 mm
9	4.0000 mm	2.8000 mm	2.8000 mm	2.0000 mm	1.4000 mm	1.4000 mm
10	5.0000 mm	4.0000 mm	4.0000 mm	2.8000 mm	2.0000 mm	1.4000 mm
11	6.0000 mm	5.0000 mm	5.0000 mm	4.0000 mm	2.8000 mm	2.0000 mm
12	7.0000 mm	6.0000 mm	6.0000 mm	5.0000 mm	4.0000 mm	2.8000 mm
13	8.0000 mm	7.0000 mm	7.0000 mm	6.0000 mm	5.0000 mm	4.0000 mm
14	9.0000 mm	8.0000 mm	8.0000 mm	7.0000 mm	6.0000 mm	5.0000 mm
15	9.0000 mm	9.0000 mm	9.0000 mm	8.0000 mm	7.0000 mm	6.0000 mm
16	9.0000 mm	9.0000 mm	9.0000 mm	9.0000 mm	8.0000 mm	7.0000 mm

图 4-1-4 设置线宽

提示： Revit 材质中设置的“表面填充图案”和“截面填充图案”采用的是模型线宽设置中代号为 1 的线宽值。

切换至“透视视图线宽”和“注释线宽”选项卡，选项中分别列举了模型图元对象在透视图中显示的线宽和注释图元，如尺寸标注、详图线等二维对象的线宽设置，同样以 1~16 代号代表不同的线宽，如图 4-1-5 所示，将“注释线宽”的各编号下线宽值进行修改，例如，轴网线宽为“2”，表示各比例下打印宽度值为 0.175mm（细线），单击“确定”按钮，退出“线宽”对话框。保存该文件查看最终结果。

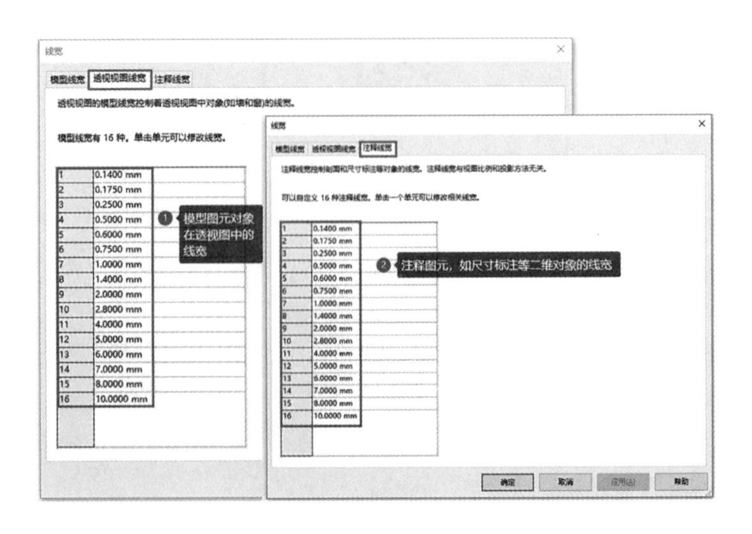

图 4-1-5 透视视图与注释元图线宽

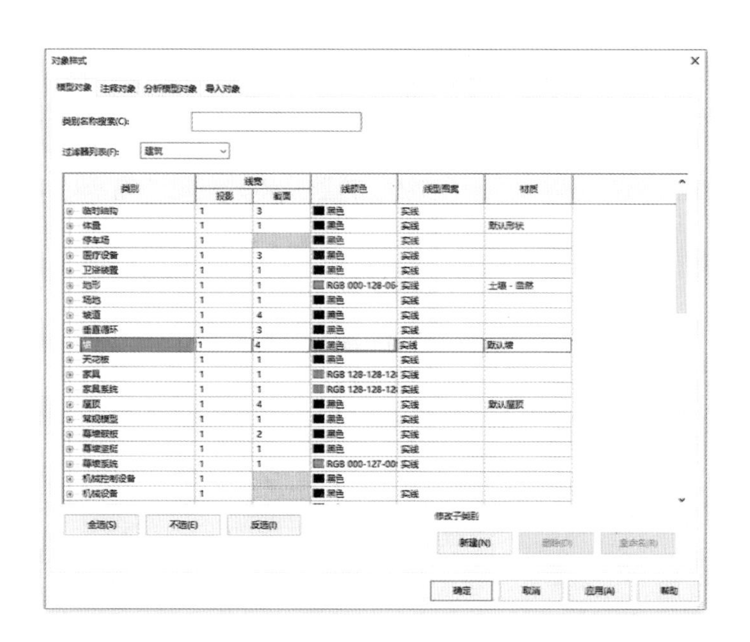

图 4-1-6　**建筑规程中的模型对象样式**

3. 设置楼梯类别的对象样式

单击“管理”选项卡——“设置”面板——“对象样式”按钮，打开“对象样式”对话框，如图 4-1-6 所示。该对话框中根据图元对象类别分为模型对象、注释对象、分析模型对象和导入对象 4 个选项卡，分别用于控制模型对象类别、注释对象类别、分析模型对象类别和导入对象类别的对象样式。

选择“模型对象”选项卡，浏览至“楼梯”类别，确认“楼梯”类别“投影”线宽代号为 2，修改“截面”线宽代号为 2，即楼梯投影和被剖切时其轮廓图形均显示和打印为中粗线（参见上一节线宽设置中模型线宽设置）；单击颜色按钮，修改其颜色为“蓝色”，确认“线型图案”为“实线”，如图 4-1-7 所示。单击“确定”按钮，退出“对象样式”对话框。视图中楼梯修改为新的显示样式。

4. 修改楼梯路径中文字颜色设置

切换至“注释对象”标签，浏览至“楼梯路径”，单击“楼梯路径”类别前“+”，展开楼梯子类别，分别修改“文字（向上）”子类别“线颜色”为“红色”，“文字（向下）”子类别“线颜色”为“红色”，单击“确定”，退出“对象样式”对话框，观察视图注释的文字变为红色了。并注意修改后，其他视图也有了相应变化。

5. 修改室外散水的对象样式，掌握如何调整各类别对象在视图中的显示样式

切换至默认三维视图，打开“对象样式”对话框，展开“模型对象”选项卡中“墙”类别，单击“修改子类别”栏中的“新建”按钮，弹出如

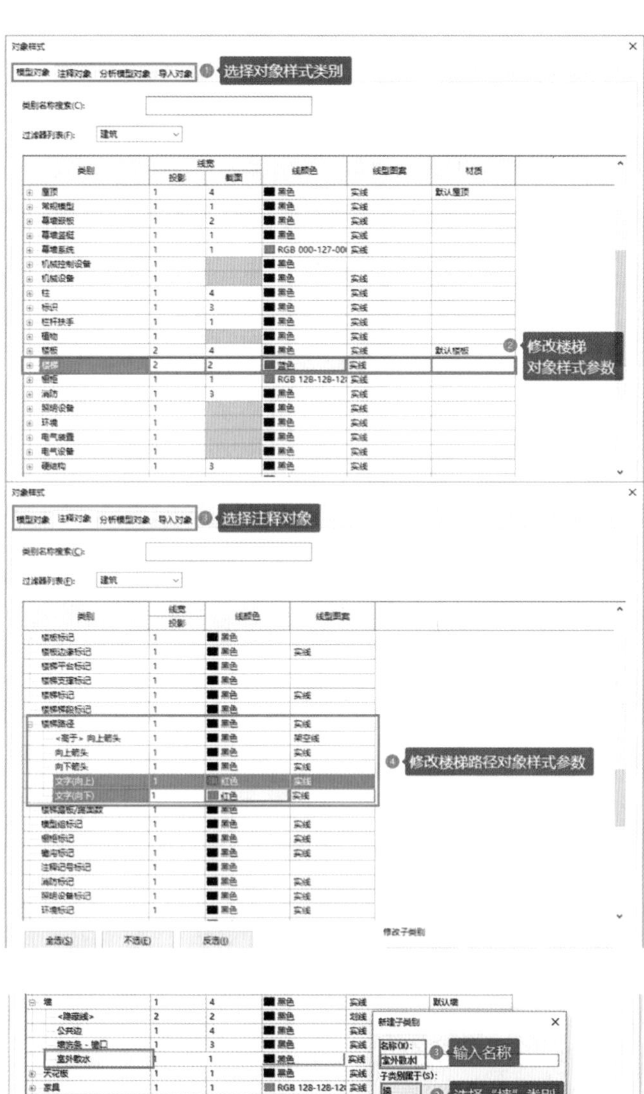

图 4-1-7　修改楼梯对象样式

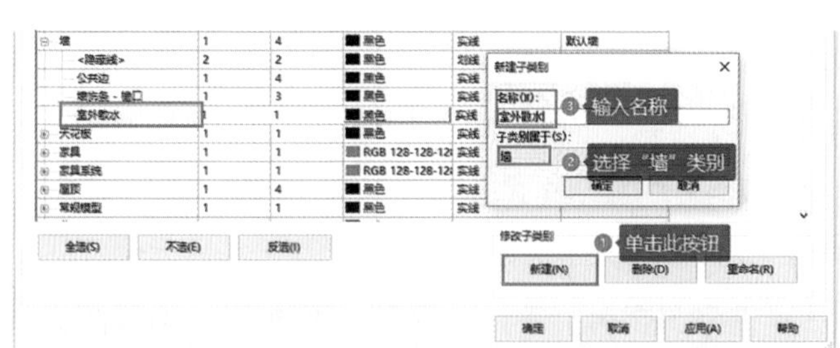

图 4-1-8　新建墙的子类别

图 4-1-8 所示的“新建子类别”对话框，在“名称”文本框中输入“室外散水”，作为子类别名称；确认“子类别属于”墙类别。完成后单击“确定”按钮返回“对象样式”对话框。

在墙类别中新添加了名称为“室外散水”的新子类别，修改“室外散水”子类别“投影线宽”线宽代号为 2，修改“截面线宽”线宽代号为 3；修改“线颜色”为“黄色”，线型图案为“实线”，如图 4-1-9 所示。设置完成后单击“确定”按钮，退出“对象样式”对话框。

过滤器列表(F)：建筑

类别	线宽		线颜色	线型图案	材质
	投影	截面			
⊞ 垂直循环	1	3	黑色	实线	
⊟ 墙	1	4	黑色	实线	默认墙
<隐藏线>	2	2	黑色	划线	
公共边	1	4	黑色	实线	
墙饰条 - 檐口	1	3	黑色	实线	默认墙
室外散水	2	3	黄色	实线	

修改“室外散水”对象样式

图 4-1-9　修改“室外散水”对象样式

选择任意散水模型图元，打开“类型属性”对话框，如图 4-1-10 所示，修改“墙的子类别”参数为“室外散水”，该子类别是上一步操作中新添加的子类别。完成后单击“确定”按钮，退出“类型属性”对话框，注意观察视图中散水边缘投影线的变化。

提示：Autodesk Revit 2023 允许为任何模型对象类别和绝大多数注释对象类别创建“子类别”，但不允许在项目中新建对象类别，对象类别被固化在“规程”中。使用族编辑器自定义族时，可以在族编辑器中为该族中各模型图元创建该族所属对象的子类别。在项目中载入带有自定义的子类别族时，族中的子类别设置也将同时显示在项目中对应的对象类别下。

可以针对特定视图或视图中特定图元指定对象显示样式。

选择需要修改的图元，单击鼠标右键，在弹出的菜单中选择“替换视图中的图形—按图元”选项，可以打开“视图专用图元图形”对话框。如图 4-1-11 所示，可以分别修改各线型的可见性、线宽、颜色和线型图案。

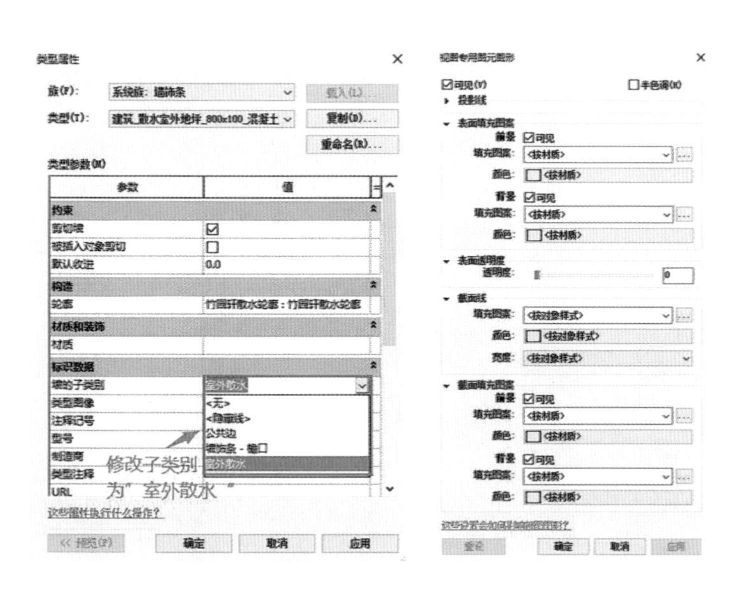

图 4-1-10　使用“室外散水”对象样式（左）

图 4-1-11　视图专用图元图形对话框（右）

学习任务二：视图控制

在 Autodesk Revit 2023 中，视图是查看项目的窗口，视图按显示类别可以分为平面视图、剖面视图、详图索引视图、绘图视图、图例视图和明细表视图共 6 大类。除明细表视图以明细表的方式显示项目的统计信息外，这些视图显示的图形内容均来自项目三维建筑设计模型的实时剖切轮廓截面或投影，可以包含尺寸标注、文字等注释类信息。用户可以根据需要控制各视图的显示比例、显示范围，设置视图中对象类别和子类别的可见性。

以“竹园轩”项目为例，修改“竹园轩”视图属性，学习设置 Autodesk Revit 2023 视图属性的方法，了解基线视图的应用。

操作步骤：

1. 修改视图显示属性

使用视图“属性”面板，可以调整视图的显示范围、显示比例等属性。

2. 底图的有关设置

“底图”视图是在当前平面视图下显示的另一个平面视图，比如，在二层平面图中看到一层平面图的模型图元，就可以把一层设置为“底图”视图，“底图”视图会在当前视图中以半色调显示，以便和当前视图中的图元区别。“底图”除了可以是楼层平面视图外，还可以是天花板视图，在开启“底图”视图后，可以通过定义视图实例参数中的“基线方向”，指定在当前视图中显示该视图相关标高的楼层平面或是天花板平面，如图 4-1-12 所示。

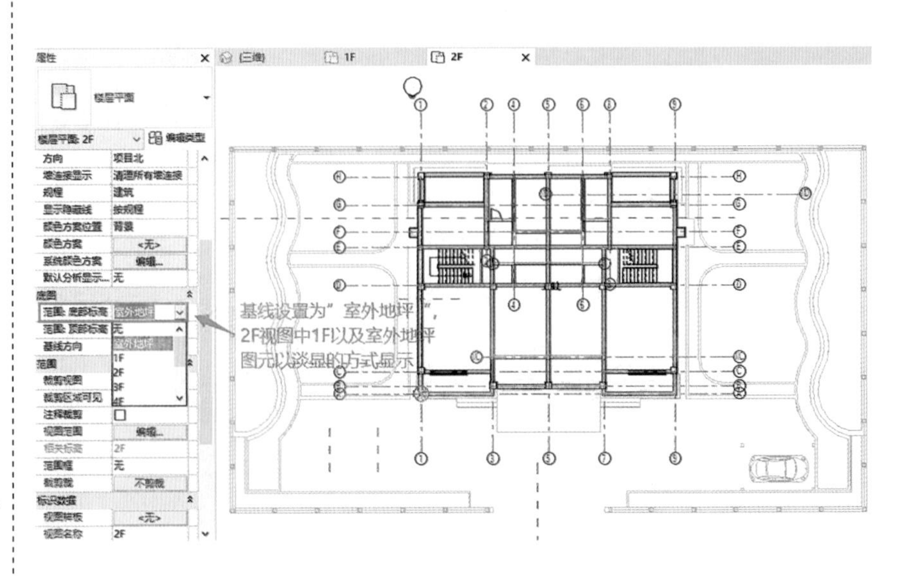

图 4-1-12　1F、2F 平面视图的显示

3. 视图比例、规程设置

设置“底图”为“无”，即在当前视图中不显示基线视图。确认“视图比例”为 1：200，“显示模型”为“标准”；确认视图“规程”为“建筑”，不修改其他参数，如图 4-1-13 所示。

“规程”即项目的专业分类。项目视图的规程有“建筑”“结构”“机械”“电气”和“协调”。Autodesk Revit 2023 根据视图规程亮显属于该规程的对象类别，并以半色调的方式显示不属于本规程的图元对象，或者不显示不属于本规程的图元对象。比如，选择“电气”将淡显建筑和结构类别的图元，选择“结构”将隐藏视图中的非承重墙。

单击“管理”选项卡——“设置”面板——“其他设置”下拉列表，在列表中选择“半色调／基线”选项，打开如图 4-1-14 所示“半色调／基线”对话框。在该对话框中，可以设置替换基线视图的线宽、线型填充图案、是否应用半色调显示，以及半色调的显示亮度等。“半色调”的亮度设置同时将影响不同规程，以及“显示模型”方式为“作为基线”显示时图元对象在视图中的显示方式。

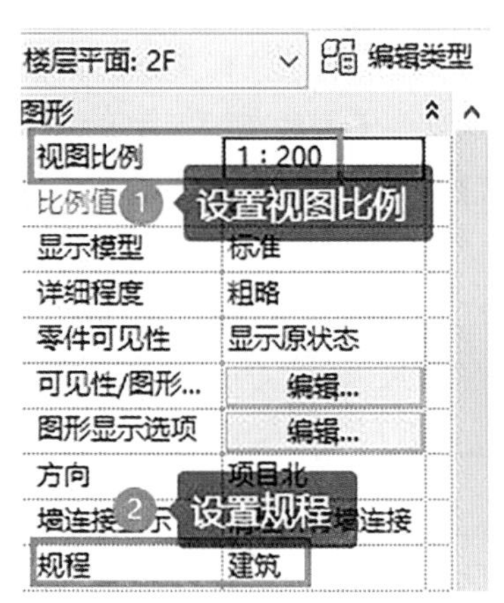

图 4-1-13　设置视图比例、规程（左）
图 4-1-14　半色调／基线对话框（右）

4. 视图详细程度设置

视图“详细程度”决定在视图中显示模型的详细程度，视图详细程度从粗略、中等到详细，依次更为精细，可以显示模型的更多细节。以墙对象为例，如图 4-1-15 所示为“竹园轩”项目中类型为“建筑_外墙 1F_240_外墙砖蘑菇石”图元在粗略和精细视图详细程度下的显示状态。墙在粗略视图详细程度下仅显示墙表面轮廓截面，而在精细视图详细程度下将显示墙“编辑结构”对话框中定义的所有墙结构截面。同时注意在“竹园轩”项目中与外墙相连的建筑柱详细程度随墙显示的变化而自动

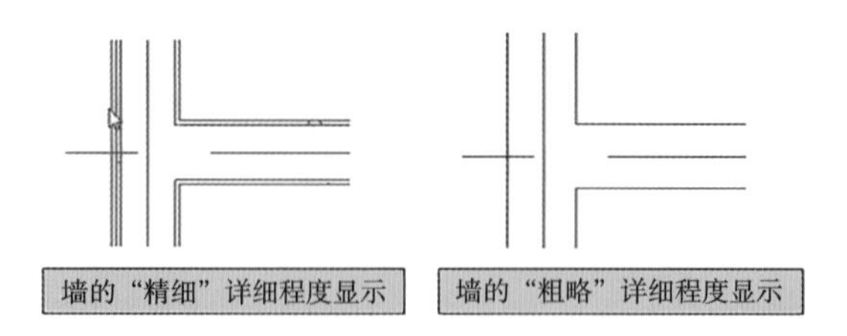

图 4-1-15　墙的详细程度显示

变化。对于使用族编辑器自定义的可载入族，可以在定义族时指定不同的详细程度下显示的模型对象。

5. 视图范围设置

在 Autodesk Revit 2023 中，每个楼层平面视图和天花板平面视图都具有“视图范围”视图属性，该属性也称为可见范围。

如图 4-1-16 所示，从立面视图角度显示平面视图的视图范围：顶部①、剖切面②、底部③、偏移量④、主要范围⑤和视图深度⑥。“主要范围”由“顶部平面”“底部平面”用于指定视图范围的最顶部和最底部的位置，“剖切面”是确定视图中某些图元可视剖切高度的平面，这 3 个平面用于定义视图范围的主要范围。

“视图深度”是视图主要范围之外的附加平面，可以设置视图深度的标高，以显示位于底裁剪平面之下的图元，默认情况下该标高与底部重合，“主要范围”的“底”不能超过“视图深度”设置的范围。主要范围和视图深度范围外的图元不会显示在平面视图中，除非设置视图实例属性

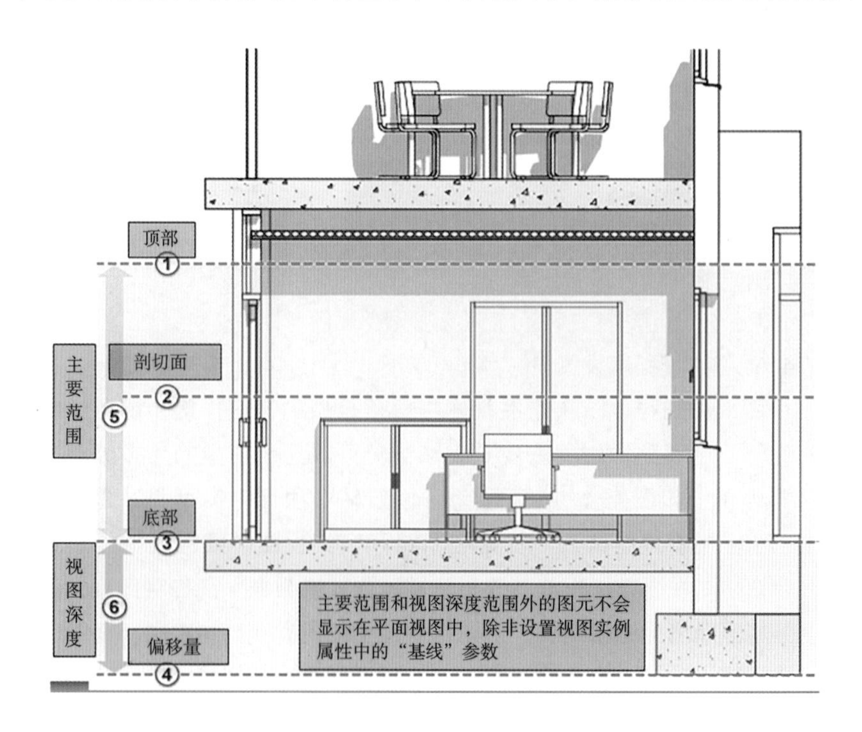

图 4-1-16　视图范围示意

中的"基线"参数。

在平面视图中，Autodesk Revit 2023 将使用"对象样式"中定义的投影线样式绘制属于视图"主要范围"内未被"剖切面"截断的图元，使用截面线样式绘制被"剖切面"截断的图元；对于"视图深度"范围内的图元，使用"线样式"对话框中定义的"<超出>"线子类别绘制。注意并不是"剖切面"平面经过的所有主要范围内的图元对象都会显示为截面，只有允许剖切的对象类别才可以绘制为截面线样式。

以"竹园轩"项目为例，调整 1F 楼层平面视图视图深度，观察散水样式的显示，理解视图深度的设置。

（1）切换至 1F 楼层平面视图，视图中仅显示 1F 标高之上的模型投影和截面，未显示室外散水等低于 1F 标高的图元构件。按出图要求，这些内容都显示在 1F 标高（即一层平面图）当中。视图范围设置如图 4–1–17 所示。

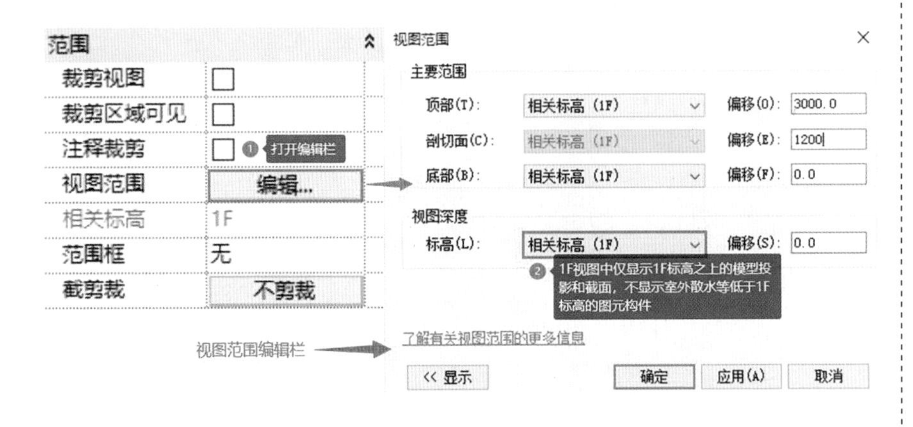

图 4–1–17　不显示室外散水的视图范围的设置

（2）打开视图"属性"对话框，单击实例参数范围参数分组中"视图范围"后的"编辑"按钮，打开"视图范围"对话框。设置"主要范围"栏中"底部"标高为"标高之下（室外地坪）"，设置"偏移"量为 0，修改"视图深度"栏中"标高"为"标高之下（室外地坪）"，设置"偏移"量为 0，其他参数不变，如图 4–1–18 所示。单击"确定"按钮，退出"视图范围"对话框。注意 Autodesk Revit 2023 在 1F 楼层平面视图中投影显示"室外地坪"标高中散水等模型投影，视图中散水显示为对象样式设置的颜色，但以红色虚线显示这些模型投影。

图 4–1–18　显示室外散水的视图范围的设置

（3）单击“管理”选项卡——“设置”面板——“其他设置”下拉列表，在列表中选择“线样式”选项，打开“线样式”对话框，单击“线”前面的“+”，展开“线子类别”，如图 4-1-19 所示，修改线“＜超出＞”子类别线宽代号为 1，修改“线颜色”为“红色”，修改“线型图案”为“实线”。设置完成后单击“确定”按钮，退出“线样式”对话框。注意“室外地坪”标高中模型在当前视图中散水等均显示为黑色细线。

图 4-1-19　室外散水按超出子类型显示的视图范围设置

在“线样式”对话框中，可以新建用户自定义的线子类别，带尖括号的子类别为系统内置线子类别，Autodesk Revit 2023 不允许用户删除或重命名系统内置子类别。在视图中使用“线处理”工具或“详图线”工具在绘制二维详图时可使用线子类别。

6. 平面区域工具

切换至 2F 楼层平面视图，隐藏楼板，单击“视图”选项卡——“创建”面板——“平面视图”下拉列表中的“平面区域”工具，在“竹园轩”车库位置范围内用矩形命令绘制平面区域，打开平面区域“属性”对话框中的“视图范围”，如图 4-1-20 所示修改视图范围。

单击“完成编辑模式”，完成后在 2F 楼层平面视图中显示位于 1F 标高的环境车的投影，如图 4-1-21 所示。

图 4-1-20　平面区域的视图范围设置

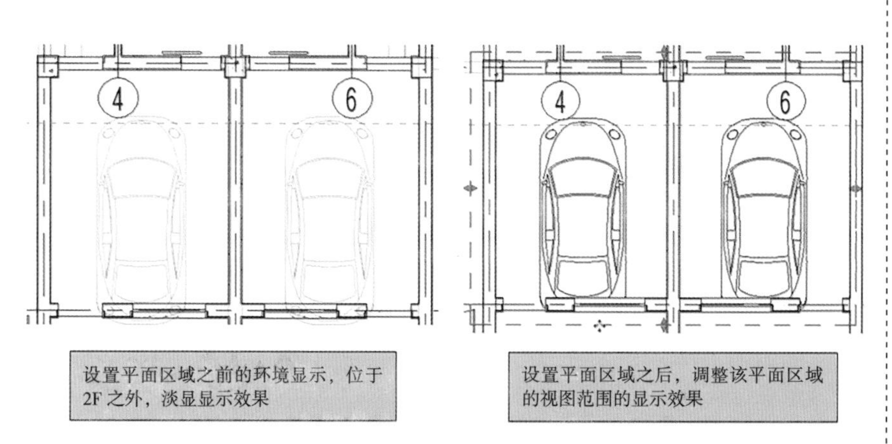

图 4-1-21　平面区域的显示

7. 控制视图图元显示

可以控制图元对象在当前视图中的显示或隐藏，用于生成符合施工图设计需要的视图。可以按对象类别控制对象在当前视图中的显示或隐藏，也可以显示或隐藏所选择图元。在“竹园轩”项目中，1F 楼层平面视图中显示了包括 RPC 构件在内的图元，首层楼梯样式显示不符合中国施工图制图标准。需调整视图中各图图元对象的显示，以满足施工图纸的要求。

方法一：设置可见性 / 图形

切换至 1F 楼层平面视图，单击“视图”选项卡——“图形”面板中——“可见性／图形”工具（可见性/图形），打开“可见性／图形替换”对话框。与“对象样式”对话框类似，“可见性／图形替换”对话框中有模型类别、注释类别、分析模型类别、导入的类别和过滤器 5 个选项卡。

确认当前选项卡为“模型类别”，在“可见性”列表中显示了当前规程中所有模型对象类别，取消勾选“专用设备”“家具”“常规模型”和“植物”等不需要在视图中显示的类别。Autodesk Revit 2023 将在当前视图中隐藏未被选中的对象类别和子类别中所有图元，为后面的施工图作好准备。

方法二：右键操作——在视图中隐藏

切换至 1F 视图，选择任意 RPC 植物，单击鼠标右键，在弹出的菜单中选择〞在视图中隐藏—类别〞选项，如图 4–1–22 所示，隐藏视图中的植物对象类别。使用相同的方式隐藏施工图中不需要显示的对象类别。

注意：在视图中隐藏类别，是把整个视图中的该类别图元全部隐藏。

西立面视图中，除了左右两端的轴线需显示在施工图中外，其他轴线都须隐藏。选择需要隐藏的轴线，单击鼠标右键，在弹出的菜单中选择〞在视图中隐藏—图元〞选项，如图 4–1–23 所示，隐藏所选择轴线。切换至其他立面视图，使用相同的方式根据立面施工图出图要求隐藏视图中的图元。

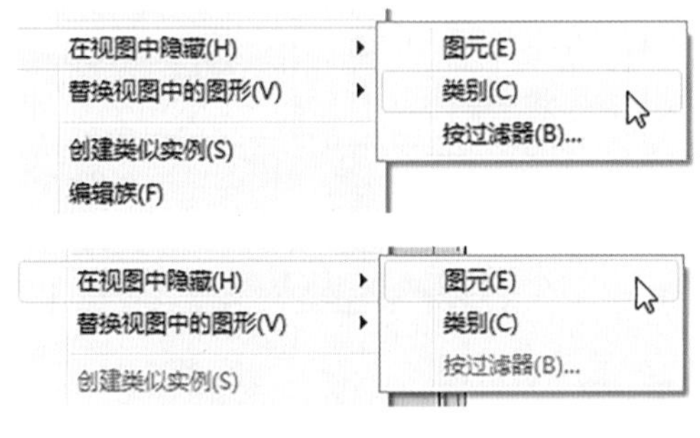

图 4–1–22　在视图中隐藏类别

图 4–1–23　在视图中隐藏图元

隐藏图元后，可单击视图控制栏中的〞显示隐藏的图元〞按钮，Autodesk Revit 2023 将淡显其他图元并以红色显示已隐藏的图元。选择隐藏图元，单击鼠标右键，从弹出的菜单中选

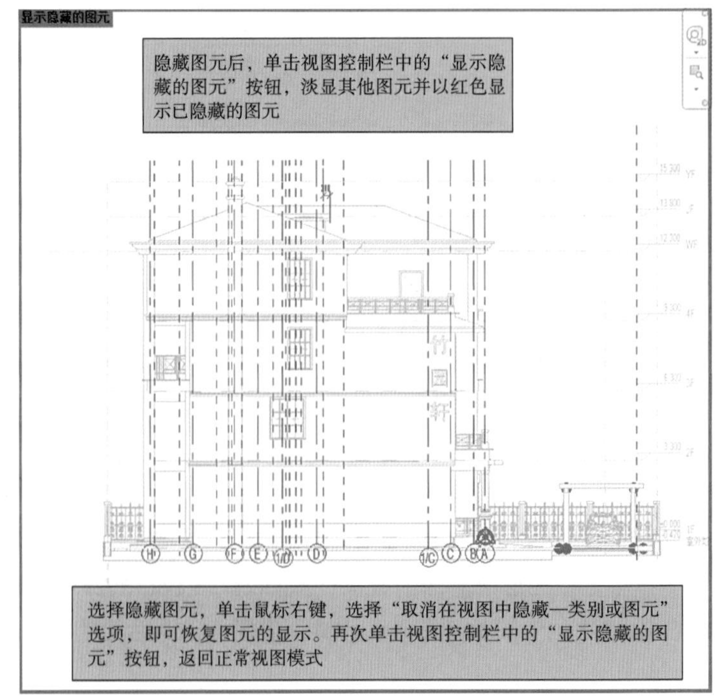

图 4–1–24　隐藏的图元操作

择“取消在视图中隐藏一类别或图元”选项，即可恢复图元的显示。再次单击视图控制栏中的“显示隐藏的图元”按钮，返回正常视图模式，操作如图 4-1-24 所示。

在前面介绍建模过程中，多次使用视图显示控制栏中的“临时隐藏／隔离”工具隐藏或隔离视图中对象。与“可见性／图形”工具不同的是，“临时隐藏／隔离”工具临时隐藏的图元在重新打开项目或打印出图时仍将被打印出来，而“可见性／图形”工具则是在视图中永久隐藏图元。要将“临时隐藏／隔离”的图元变为永久隐藏，可以在“临时隐藏／隔离”选项列表中选择“将隐藏／隔离应用于视图”选项。

8. 视图过滤器

在 Autodesk Revit 2023 中，除使用上一小节中介绍的图元控制方法外，还可以根据图元对象参数条件，使用视图过滤器按指定条件控制视图中图元的显示。以墙对象为例，创建“竹园轩”外墙以及内墙过滤器，熟悉过滤器的使用。

切换至 1F 楼层平面视图，单击“视图”选项卡——“复制视图”下拉选项列表，在列表中选择“复制视图”选项 复制视图，以 1F 视图为基础复制新建名称为“1F 副本 1”的楼层平面视图，自动切换至该视图。不选择任何图元，修改属性面板“标识数据”参数分组中“视图名称”为“1F_外墙”。

单击“视图”选项卡——“过滤器”工具 过滤器，弹出“过滤器”对话框。如图 4-1-25 所示，选择原有的“内部”过滤器，单击“过滤器”对话框中的“复制”按钮，单击右键重命名为“外墙”。在类别栏对象类别列表中选择“墙”对象类别，设置过滤器规则列表中“过滤条件”为“功能”，判断条件为“等于”，值为“外部”，过滤条件取决于所选择对象类别中可用的所有实例和类型参数。

使用类似的方式，新建名称为“内墙”的过滤器，选择对象类别为

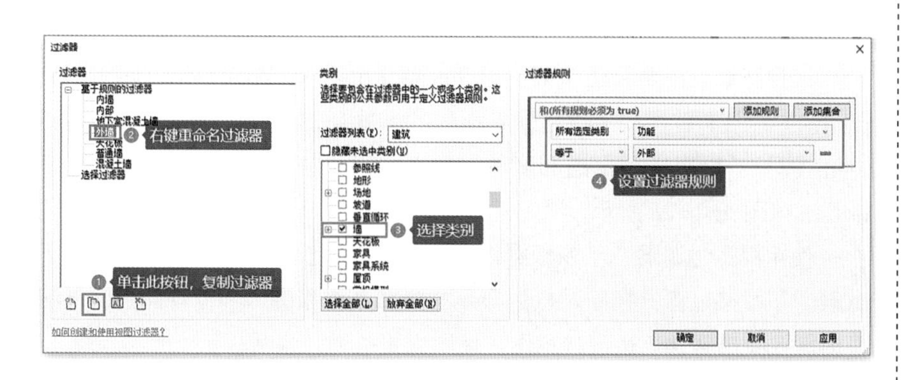

图 4-1-25　过滤器对话框

“墙”，设置过滤条件为“功能”，判断条件为“等于”，值为“内部”。设置完成后单击“确定”按钮完成过滤器设置。

单击“视图”选项卡——“可见性／图形替换”工具，打开对话框，切换至“过滤器”选项卡，单击“添加”按钮，弹出“添加过滤器”对话框，如图 4–1–26 所示，在对话框中列出了项目中已定义的所有可用过滤器。按住键盘 Ctrl 键选择“外墙”“内墙”过滤器，单击“确定”按钮，退出“添加过滤器”对话框。

在“可见性／图形替换”对话框中列出已添加的过滤器。设置“外墙”过滤器中“截面填充图案”颜色为“红色”，填充图案为“实体填充”；勾选名称为“内墙”过滤器中“半色调”选项。完成后单击“确定”按钮，退出“可见性／图形替换”对话框。

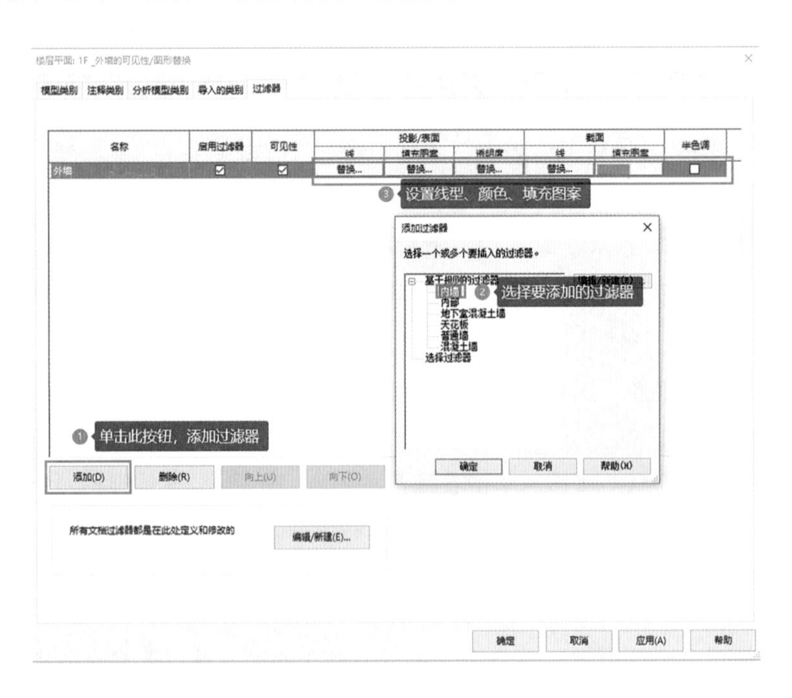

图 4–1–26　可见性／图形替换对话框

切换到 1F 楼层平面视图，外墙显示效果如图 4–1–27 所示。

切换至默认三维视图，复制该视图并重命名为“3D 外墙过滤”，打开“可见性／图形替换”对话框，按类似的方式添加“外墙”过滤器。勾选“半色调”，“投影／表面透明度”设为 50%，单击“确定”完成设置，三维视图如图 4–1–28 所示。

使用视图过滤器，可以根据任意参数条件过滤视图中符合条件的图元对象，并可按过滤器控制对象的显示、隐藏及线型等。利用视图过滤器可根据需要突出强调表达设计意图，使图纸更生动、灵活。

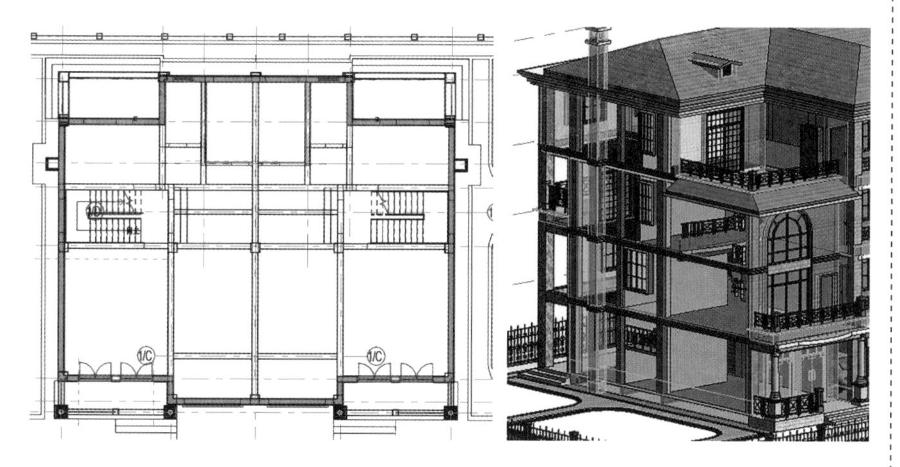

图 4-1-27　外墙过滤器使用后外墙显示效果（左）
图 4-1-28　半色调设置后三维视图显示效果（右）

在任何视图上单击鼠标右键，即可调出复制视图菜单。使用“复制视图”功能，可以复制任何视图生成新的视图副本，各视图副本可以单独设置可见性、过滤器、视图范围等属性。复制后新视图中将仅显示项目模型图元，使用“复制视图”列表中的“带细节复制”还可以复制当前视图中所有的二维注释图元，生成的视图副本将作为独立视图，在原视图中添加尺寸标注等注释信息时不会影响副本视图，反之亦然。如果希望生成的视图副本与原视图实时关联，可以使用“复制作为相关”的方式复制新建视图副本。“复制作为相关”的视图副本中将实时显示主视图中的任何修改，包括添加二维注释信息，这在对较大尺度的建筑，如工业厂房进行视图拆分时将非常高效。

学习任务三：管理视图与创建剖面视图

如果有多个同类型的视图需要按相同的可见性或图形替换设置，可以使用 Autodesk Revit 2023 提供的视图样板功能将设置快速应用到其他视图。

操作步骤：

1. 新建视图样板

切换至 2F 楼层平面视图，单击“视图”选项卡的“图形”面板中“视图样板”下拉选项列表，在列表中选择“从当前视图创建样板”选项  从当前视图创建样板，在弹出的“新视图样板”对话框中输入“竹园轩 – 标准层”作为视图样板名称，完成后单击“确定”按钮，退出“新视图样板”对话框。

弹出“视图样板”对话框，如图 4-1-29 所示，Autodesk Revit 2023 自动切换视图样板“视图类型过滤器”为“楼层、结构、面积平面”类型，并在名称列表中列出当前项目中该显示类型所有可用的视图样板。在

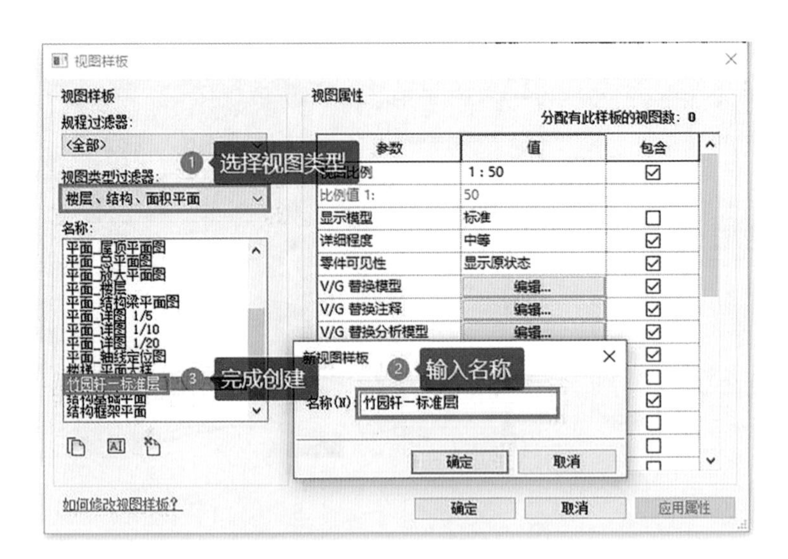

图 4-1-29 视图样板

对话框“视图属性”板块中列出了多个与视图属性相关的参数，比如“视图比例”“详细程度”等，且这些参数继承了“2F”楼层平面中的设置。当创建了视图样板后，可以在其他平面视图中使用此视图样板，达到快速设置视图显示样式的目的。单击“视图样板”对话框中的“确定”按钮，完成视图样板设置。

2. 视图样板的使用

方法一：切换至 3F 楼层平面视图，该视图仍然显示“基线”视图以及参照平面、立面视图符号、剖面视图符号等对象类别，在“视图”选项卡的“图形”面板中单击“视图样板”下拉工具列表，在列表中选择“将样板属性应用于当前视图”选项，弹出的“应用视图样板”对话框如图 4-1-30 所示，确认“视图类型过滤器”为“楼层、结构、面积平面”，在名称列表中选择上一步中新建的“竹园轩－标准层”视图样板。完成后单击“确定”按钮，将视图样板应用于当前视图。3F 视图将按视图样板中设置的视图比例、视图详细程度、“可见性／图形替换”设置等显示当前视图图形。

提示： 应用视图样板后，Autodesk Revit 2023 不会自动修改“属性”面板中“基线”的设置，因此，必须手动调整“基线”，以确保视图中显示正确的图元。

方法二：在项目浏览器中，用鼠标右键单击楼层平面视图中 4F 视图名称，在弹出的菜单中选择“应用样板属性”选项，打开“应用视图样

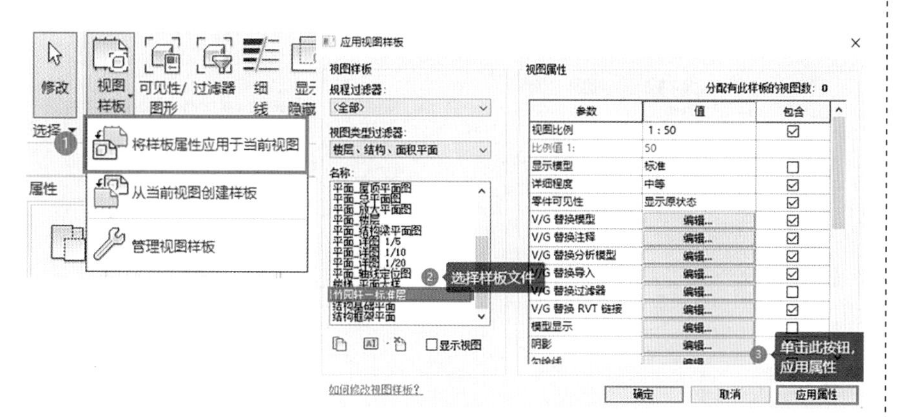

图 4-1-30　应用视图样板

板”对话框，勾选对话框底部的“显示视图”选项，在名称列表中除列出已有视图样板外，还将列出项目中已有平面视图名称，如图 4-1-31 所示。选择“3F”楼层平面视图，单击“确定”按钮，将 3F 视图作为视图样板应用于 4F 楼层平面视图，则 4F 视图按 3F 视图的设置重新显示视图图形。

使用视图样板可以快速根据视图样板设置修改视图显示属性。在处理大量施工图纸时，无疑将大大提高工作效率。Autodesk Revit 2023 提供了“三维视图、漫游”“天花板平面”“楼层、结构、面积平面”“渲染、绘图视图”和“立面、剖面、详图视图”等多类不同显示类型的视图样板，在使用视图样板时，应根据不同的视图类型选择合适类别的视图样板。

在 Autodesk Revit 2023 中，如果某个视图中的“视图属性”定义了视图样板，则视图样板与当前视图属性单向关联，即如果修改了“视图样板”里的设置，则此样板的视图会根据样板设置发生变化，但是如果在视图中定义了视图样板，则无法单独修改视图的样式，对话框中的参数将显示为灰色，如图 4-1-32 所示。

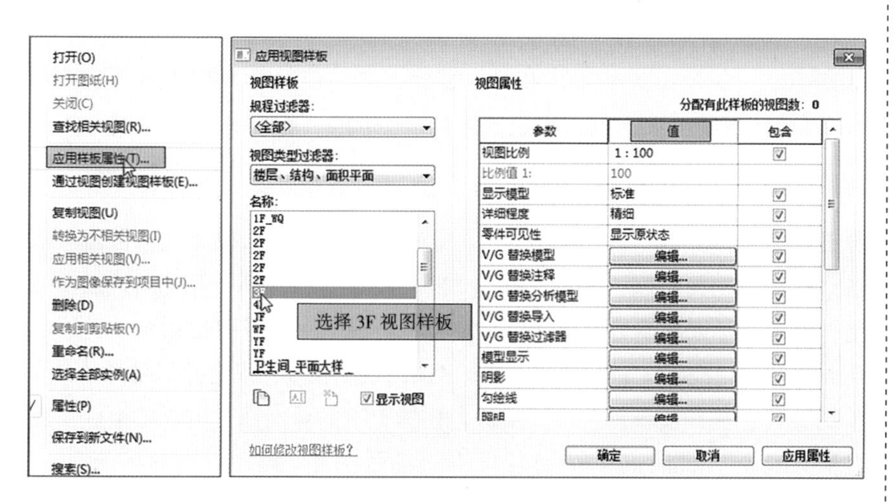

图 4-1-31　应用样板属性

图 4-1-32　无法修改视图样式

3. 创建剖面视图

Autodesk Revit 2023 可以根据设计需要创建剖面、立面及其他任何需要的视图。以“竹园轩”项目为例，创建“竹园轩”竖向剖面视图，熟悉剖面视图的创建。

切换至 1F 楼层平面视图，单击“视图”选项卡——“剖面”工具，进入“剖面”上下文关联选项卡。在类型列表中选择“剖面：建筑剖面－国内符号”作为当前类型，确认选项栏中“比例”值为“1∶100”，不勾选“参照其他视图”选项，设置偏移量为 0。在中间楼梯段下方Ⓐ轴坡道外侧空白处单击作为剖面线起点，沿垂直向上方向移动鼠标光标直到“竹园轩”Ⓗ轴外墙散水外侧空白位置，由于剖切从下往上，剖切视图方向从右向左，如果希望从左往右显示视图方向，应单击“翻转剖面”符号⇆，翻转视图方向。剖切线还可以转折，点击“剖面”面板中的“拆分线段”工具 拆分线段，鼠标随即变成“✎”形状，在剖切线上需要转折剖切的位置单击鼠标左键，拖动鼠标到北向楼梯左边梯段（②轴右边）位置，单击鼠标完成剖面绘制，同时，显示“剖面图造型操纵柄”及视图范围“拖曳”符号，可以精确修改剖切位置及视图范围，生成视图名称为“剖面 1”剖面视图，完成后按 Esc 键两次，退出剖面绘制模式。双击“剖面符号”蓝色标头或者在“项目浏览器”中的“视图”下的“剖面”中双击相应视图名称，Revit Architecture 将为该剖面生成剖面视图，如图 4-1-33 所示。

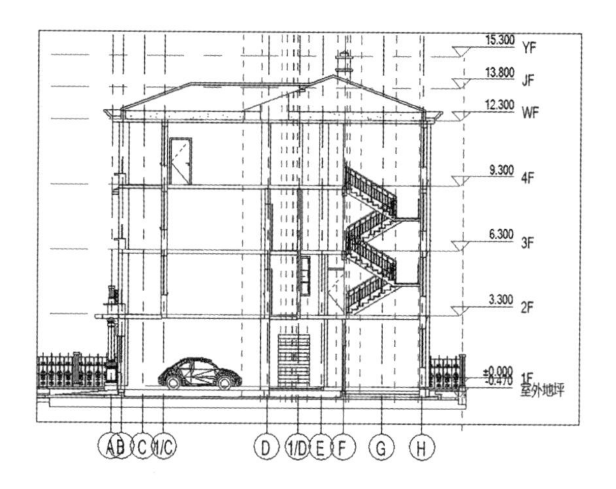

图 4-1-33　剖面视图

生成剖面视图后，隐藏视图中参照平面类别、轴线、裁剪区域、RPC 构件等不需要显示的图元，如图 4-1-34 所示。

注意：剖面“属性”面板中，调整该“视图比例”为“1 ∶ 100”；修改默认视图“详细程度”为“粗略”；修改“当比例粗略度超过下列值时隐藏”参数中比例值为“1 ∶ 500”，即当在可以显示剖面符号的视图中（如楼层平面视图），当比例小于 1 ∶ 500 时，将隐藏剖面视图符号。取消勾选“裁剪区域可见”选项；“远剪裁偏移”值显示了当前剖面视图中视图的深度，即在该值范围内的模型都将显示在剖面视图中，不修改其他参数，单击“确定”按钮应用设置值。进一步修改剖面视图，为后续的绘制剖面图作好准备。

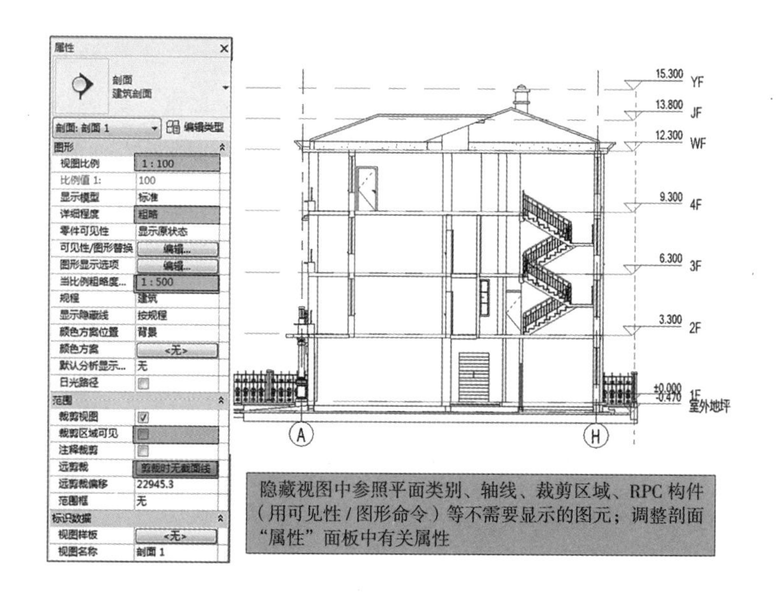

图 4-1-34　修改、细化剖面视图

学习任务四：绘制平立剖施工图

在 Autodesk Revit 2023 中完成项目视图设置后，可以在视图中添加尺寸标注、高程点、文字、符号等注释信息，进一步完成施工图设计中需要的注释内容。

在施工图设计中，按视图表达的内容和性质分为平面图、立面图、剖面图和大样详图等几种类型。前面内容中，已经完成楼层平面视图、立面视图和剖面视图的视图显示及视图属性的设置。以“竹园轩”为例，创建 1F 平面图、南立面图。

Autodesk Revit 2023 提供了对齐、线性、角度、半径、直径、弧长等不同形式的尺寸标注，如图 4-1-35 所示，其中对齐尺寸标注用于沿相互平行的图元参照（如平行的轴线之间）之间标注尺寸，而线性尺寸标注用于标注选定的任意两点之间的尺寸线。

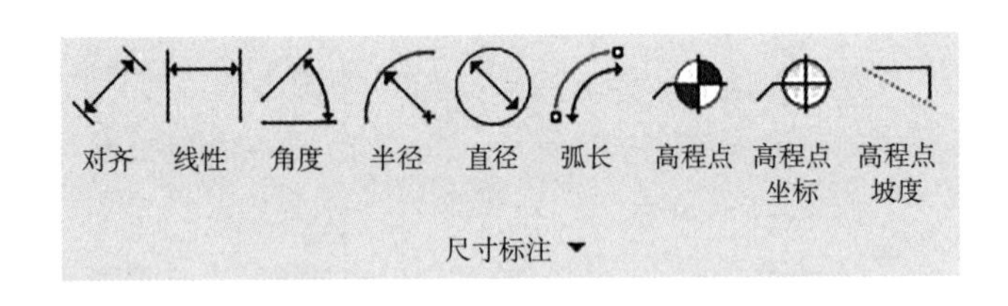

图 4-1-35　尺寸标注

操作步骤：

1. 设置尺寸标注类型属性

切换至 1F 楼层平面视图，注意设置视图控制栏中该视图比例为 1：100。拖动各方向的轴线控制点，调整此视图中的轴线长度并对齐，以方便进行尺寸标注，单击“注释”选项卡——“尺寸标注”面板——“对齐”标注工具，自动切换至“放置尺寸标注”上下文关联选项卡，此时“尺寸标注”面板中的“对齐”标注模式被激活。

（1）图形部分参数设置

确认当前尺寸标注类型为“线性尺寸标注样式：对角线 -3mm RomanD”，打开尺寸标注“类型属性”对话框，如图 4-1-36 所示。确认图形参数分组中尺寸“标记字符串类型”为“连续”；“记号”为“对角线 3mm”；设置“线宽”参数线宽代号为 1，即细线；设置“记号线宽”为 3，即尺寸标注中记号显示为粗线；确认“尺寸界线控制点”为“固定尺寸标注线”；设置“尺寸界线长度”为 8mm；“尺寸界线延伸”长度为 2mm；即尺寸界线长度为固定的 8mm，且延伸 2mm；设置“颜色”为“蓝色”；确认“尺寸标注线捕捉距离”为 8mm，其他参数如图 4-1-36 所示。

注意： 尺寸标注中“线宽”代号取自于“线宽”设置对话框“注释线宽”选项卡中设置的线宽值。

（2）文字参数设置

文字参数分组中，设置“文字大小”为 3.5mm，该值为打印后图纸上标注尺寸文字高度；设置“文字偏移”为 0.5mm，即文字距离尺寸标注线为 0.5mm；设置“文字字体”为“仿宋”；“文字背景”为“透明”；确认“单位格式”参数为“1235 [mm]（默认）”，即使用与项目单位相同的标注单位显示尺寸长度值；取消勾选“显示洞口高度”选项；确认“宽度系数”值为 1，即不修改文字的宽高比，如图 4-1-37 所示。完成后单击“确定”按钮，完成尺寸标注类型参数设置。

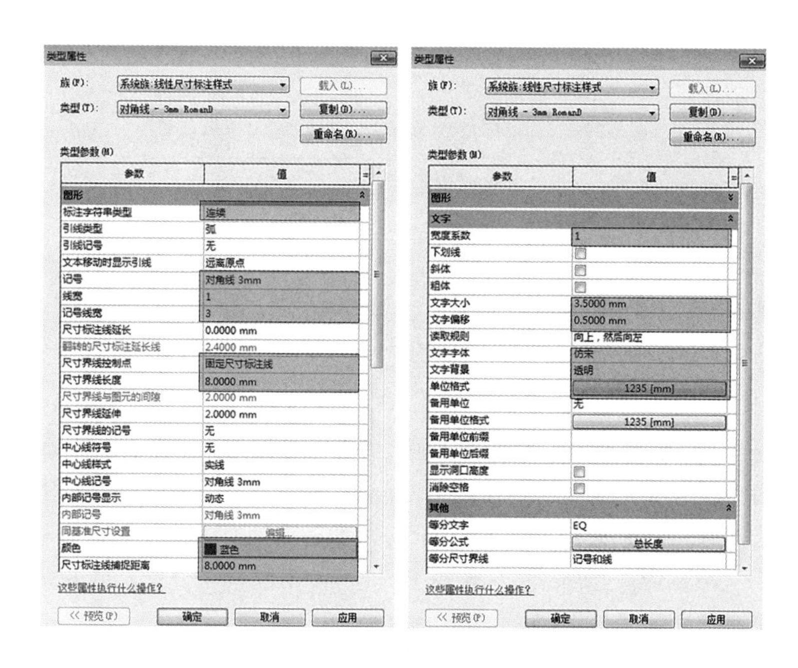

图 4-1-36　尺寸标注类型属性（左）
图 4-1-37　尺寸标注类型文字设置（右）

注意： 当标注门、窗等带有洞口的图元对象时“显示洞口高度”选项将在尺寸标注线旁显示该图元的洞口高度。

2. 尺寸标注

（1）创建第一道门窗平面定位尺寸标注

确认选项栏中的尺寸标注，默认捕捉墙位置为“参照核心层表面”，尺寸标注“拾取”方式为“单个参照点”，如图 4-1-38 所示，依次单击“竹园轩”入口处轴线、幕墙外侧、门等位置，Autodesk Revit 2023 在所拾取点之

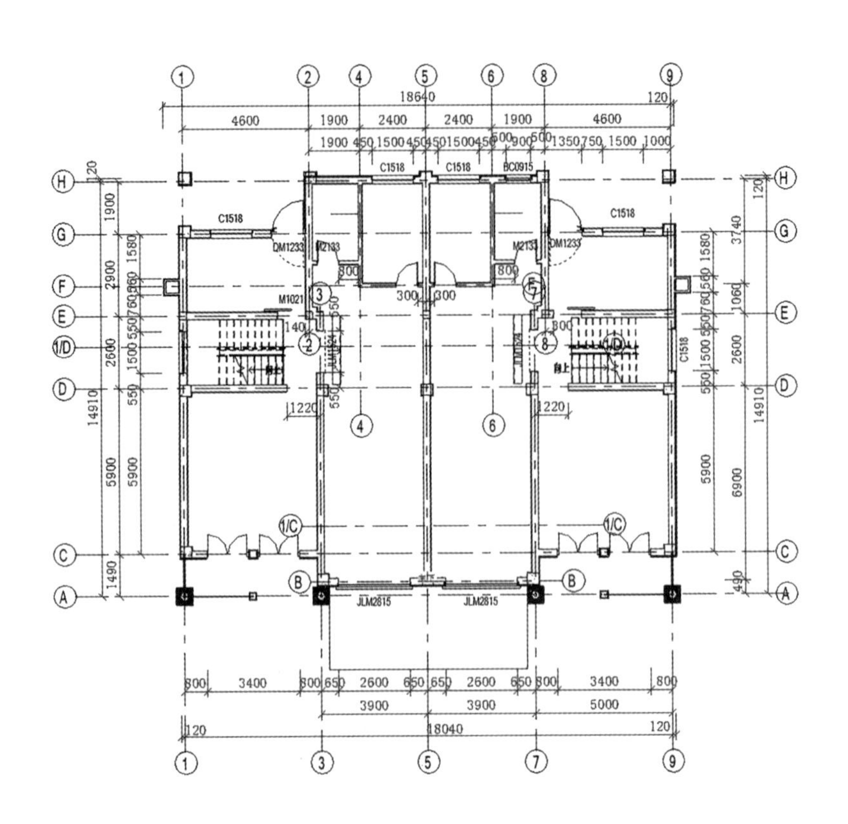

图 4-1-38 标注尺寸后 1F 平面视图

间生成尺寸标注预览，拾取完成后，向下方移动鼠标指针，当尺寸标注预览完全位于“竹园轩”南侧时，单击视图任意空白处完成第一道尺寸标注线。

（2）创建第二道轴网尺寸标注

继续使用“对齐尺寸”标注工具，依次拾取①～⑨轴，拾取完成后移动尺寸标注预览至上一步创建的尺寸标注线下方；稍上下移动鼠标指针，当距已有尺寸标注距离为尺寸标注类型参数中设置的“尺寸标注线捕捉距离”时，Autodesk Revit 2023 会磁吸尺寸标注预览至该位置，单击放置第二道尺寸标注。

（3）创建第三道总尺寸标注

继续依次单击①轴、①轴左侧垂直方向墙核心层外表面、⑨轴及⑨轴右侧外墙核心层外表面，创建第三道尺寸标注。完成后按 Esc 键两次，退出放置尺寸标注状态。

适当放大⑨轴右侧第三道尺寸标注线，选择第三道尺寸标注线，Autodesk Revit 2023 给出尺寸标注线操作控制夹点，按住“拖拽文字”操作夹点，向右移动鼠标指针，移动尺寸标注文字位置至尺寸界线右侧，取消勾选“引线”选项，去除尺寸标注文字与尺寸标注原位置间引线，尽量使文字不重叠，完成后按 Esc 键，退出修改尺寸标注状态。

（4）完成其他位置的尺寸标注

添加尺寸标注后，将在标注图元间自动添加尺寸约束。可以修改尺寸标注值，修改图元对象之间的位置。选择要修改位置的图元对象，与该图元对象相关联的尺寸标注将变为蓝色，用与使用临时尺寸标注类似的方式修改尺寸标注值，将移动所选图元至新的位置。

使用尺寸标注的“EQ”等分约束保持窗图元间自动等分。选择尺寸标注，在尺寸标注下方出现“锁定”标记单击该标记，可将该段尺寸标注变为锁定状态 S，将约束该尺寸标注相关联的图元对象。当修改具有锁定状态的任意图元对象位置时，Autodesk Revit 2023 会移动所有与之关联的图元对象，以保持尺寸标注值不变。将松散标记的尺寸标注解锁后，所有参照的几何图形也随之解锁，并取消约束。

3. 设置立面裁剪视图区域

切换至南立面视图，打开视图实例属性中的“裁剪视图”和“裁剪区域”可见选项。调节裁剪区域，显示“竹园轩”全部模型并裁剪室外地坪下方地坪部分，如图 4–1–39 所示。

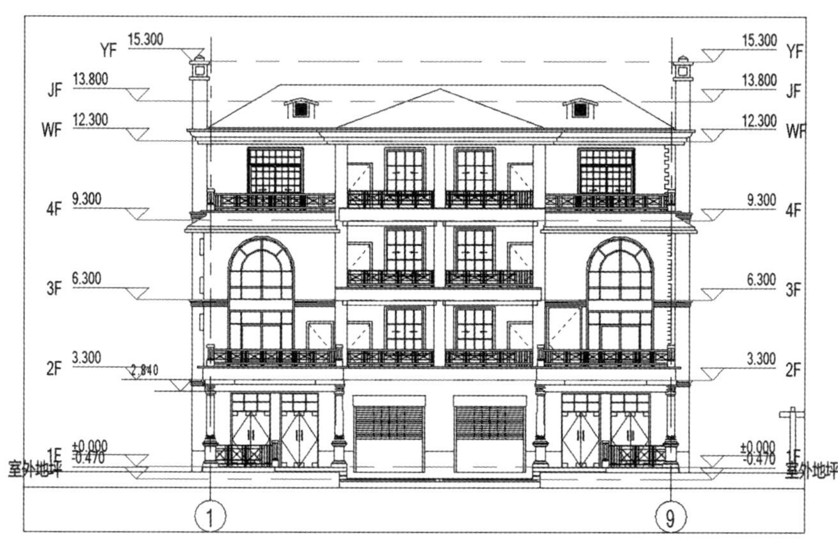

图 4–1–39 裁剪立面视图

4. 设置立面轮廓中粗线表示

单击“修改”选项卡——“视图”面板——“线处理”工具，系统自动切换至“线处理”上下文关联选项卡，设置“线样式”类型为“宽线”；在南立面视图中沿立面投影外轮廓依次单击，修改视图中投影对象边缘线类型为“宽线”，完成后按 Esc 键，退出线处理模式。单击“视图”选项卡——“细线”粗线显示模式，则立面轮廓显示为中粗线。

5. 创建立面图的三道尺寸标注

使用对齐标注工具，确定当前尺寸标注类型为“线性尺寸标注样式：对角线 -3mm RomanD”，标注立面标高、窗安装位置，作为立面第一道尺寸标注线；标注各层标高间距离，作为立面第二道尺寸标注线；标注室外地坪标高、1F 标高和 YF 标高作为第三道尺寸标注线。继续细化标注其他需要在立面中标注的尺寸，如图 4-1-40 所示。

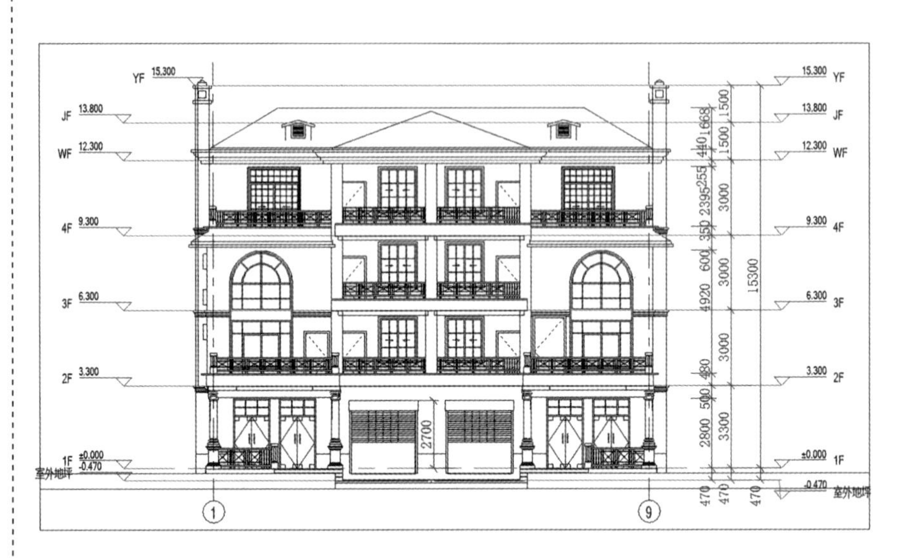

图 4-1-40 标高及门窗洞口尺寸

6. 标注窗户等标高

使用“高程点”工具，设置当前类型为“三角形（项目）”，拾取生成立面各层窗底部、顶部标高，如图 4-1-41 所示。

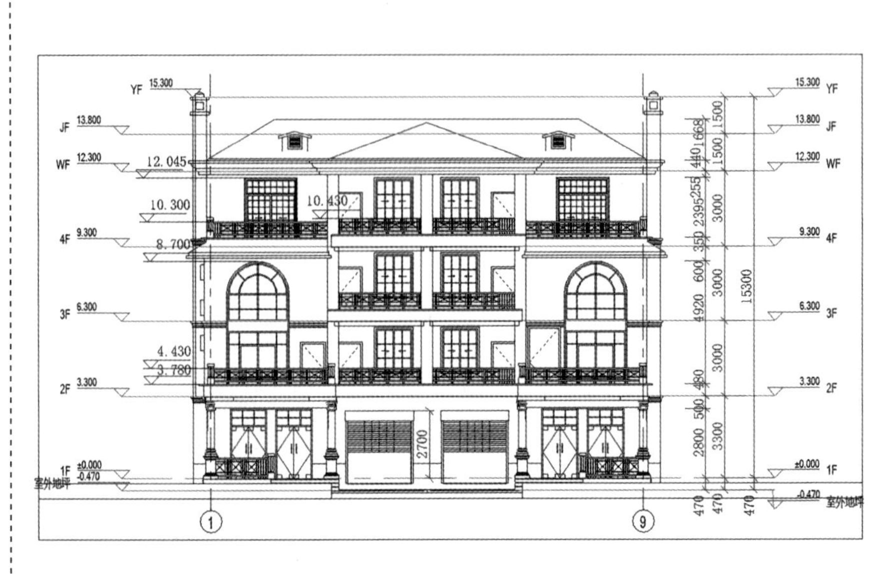

图 4-1-41 标高及门窗洞口高度

7. 设置标高线的样式

由于立面图中一般不标出标高线中间线段，因此，应对中间线段进行隐藏。单击“管理”菜单——“其他设置＼线型图案”工具 线型图案，调出“线型图案”对话框，单击“新建”按钮，设置名称为“BG”的线型图案属性。

注意： 线型图案属性中的“空间”数值需要试验，使其显示情形符合要求。点击任意标高线，在“属性”面板中，单击“编辑类型”，调出“类型属性”对话框，修改“线型图案”为刚才创建的“BG”线型，单击“确定”，隐藏标高线中间线段，如图 4-1-42 所示。

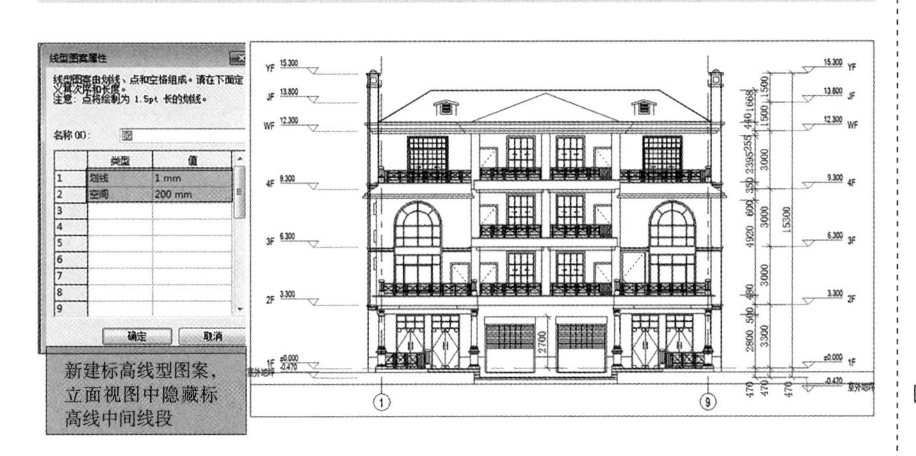

图 4-1-42　隐藏标高线中间线段

8. 标注立面做法文字

（1）设置文字属性参数

单击“注释”选项卡——“文字”工具，系统自动切换至“放置文字”上下文关联选项卡，设置当前文字类型为“3.5mm 仿宋”；打开文字“类型属性”对话框，修改图形参数分组中的“引线箭头”为“实心点 3mm”，设置“线宽”代号为 1，其他参照如图 4-1-43 所示，完成后单击“确定”按钮，退出“类型属性”对话框。

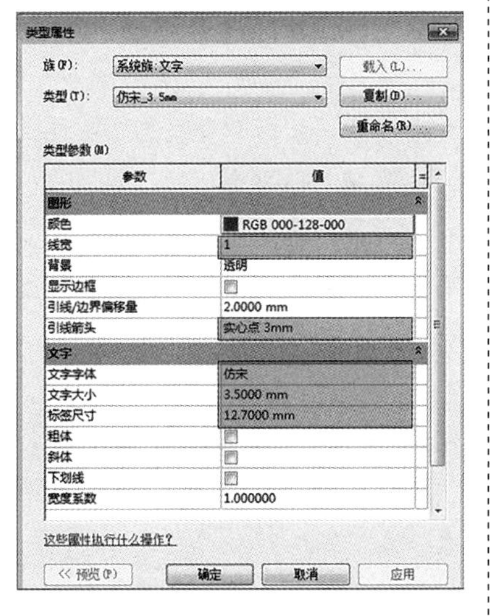

图 4-1-43　设置文字类型属性

（2）设置文字对齐方式

如图 4-1-44 所示，在“放置文字”上下文关联选项卡中，设置“对齐”面板中文字水平对齐方式为“左对齐”，设置“引线”面板中文字引

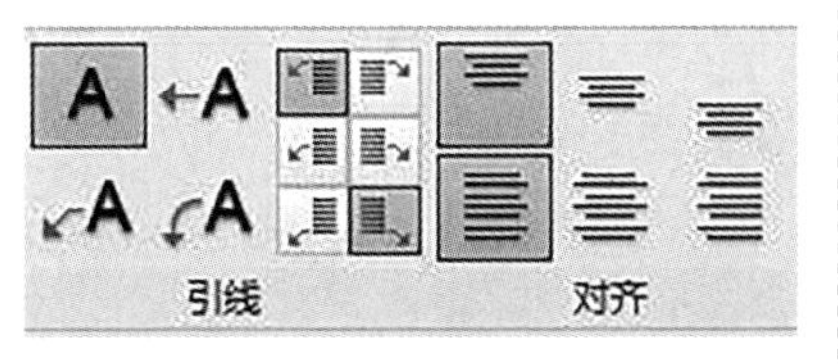

图 4-1-44　设置文字对齐方式

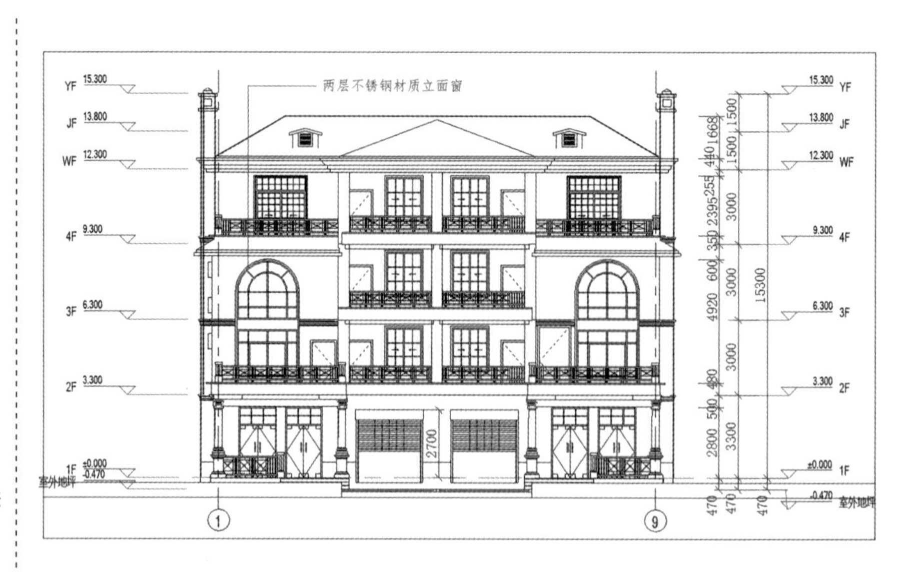

图 4-1-45 注释立面做法文字

线方式为“二段引线”。

（3）标注立面做法文字

在西立面视图中，在百叶窗位置单击鼠标作为引线起点，垂直向上移动鼠标指针，绘制垂直方向引线，在女儿墙上方单击生成第一段引线，再沿水平方向向右移动鼠标并单击绘制第二段引线，进入文字输入状态；输入“两层不锈钢材质立面窗”，完成后单击空白处任意位置，完成文字输入，完成后结果如图 4-1-45 所示。

9. 创建剖面标注尺寸、高程点

切换至剖面 1 视图，调节视图中轴线、轴网。使用对齐尺寸标注工具，确认当前标注类型为“线性尺寸标注样式：对角线 -3mm RomanD”，标注楼梯各梯段高度等，按如图 4-1-46 所示添加尺寸标注。使用“高程点”工具，确认当前高程点类型为“三角形（项目）”；依次拾取楼梯休息平台顶面位置，添加楼梯休息平台高程点标高。

10. 替换楼梯标注

方法一：用设置前缀的方式进行标注替换。选择 2F 第一梯段创建的楼梯尺寸，单击标注文字，弹出“尺寸标注文字”对话框，设置前缀为“150*10=1500”，完成后单击“确定”按钮，退出“尺寸标注文字”对话框，修改后尺寸显示为“150*10=1500”，如图 4-1-47 所示。

方法二：也可以用文字替换的方式进行标注值替换，按同样的方法打开“尺寸标注文字”对话框，设置尺寸标注值方式为“以文字替换”，并在其后文字框中输入“150*10=1500”，完成后单击“确定”按钮，退出“尺寸标注文字”对话框，Autodesk Revit 2023 将以文字替代尺寸标注值，如图 4-1-48 所示。

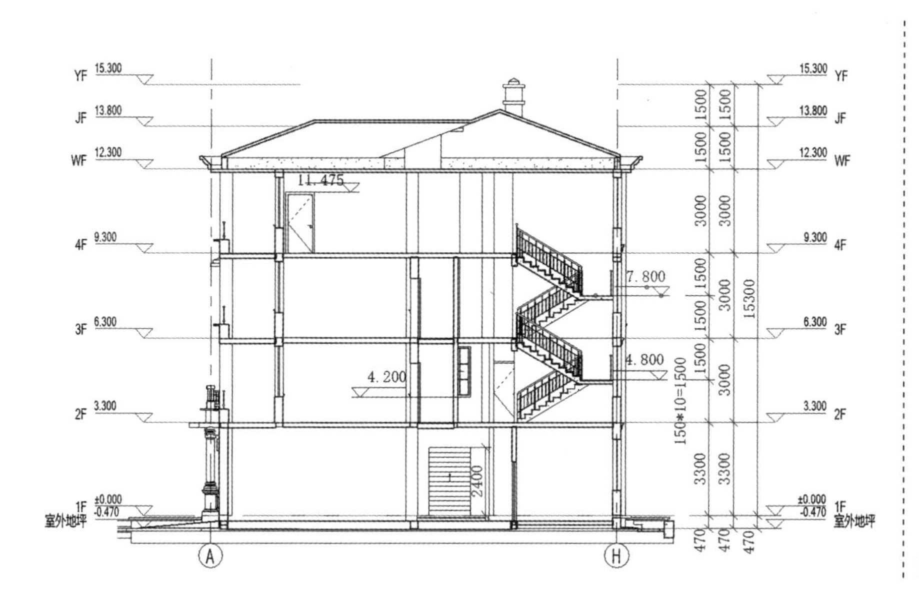

图 4-1-46　标注剖面尺寸

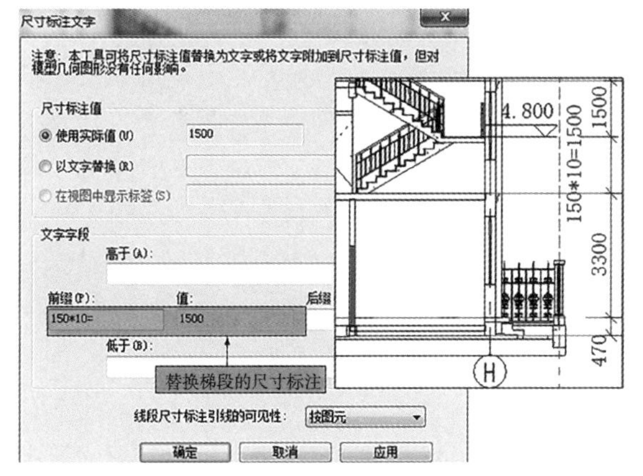

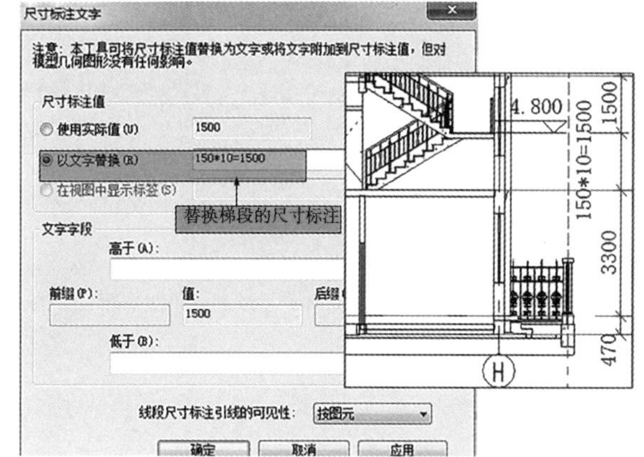

图 4-1-47　替换梯段剖面尺寸标注（左）
图 4-1-48　文字替代尺寸标注（右）

学习任务五：创建详图索引及详图视图

Autodesk Revit 2023 提供了“详图索引”工具，可以将现有视图进行局部放大用于生成索引视图，并在索引视图中显示模型图元对象。而有些节点大样由于无法用三维表达或者可以利用已有的 DWG 图纸，Autodesk Revit 2023 生成的详图视图中也支持二维图元的方式绘制或者直接导入 DWG 图形文件，以满足出图的要求。

以“竹园轩”为例，使用详图索引工具为“竹园轩”项目生成索引详图，创建完成详图。

操作步骤：

1. 切换至 1F 楼层平面视图，单击“视图”选项卡——“详图索引”命令（详图索引），系统自动切换至“详图索引”上下文关联选项卡。

2. 在属性面板中选择当前详图索引类型为“楼层平面”，单击“编辑类型”，打开“类型属性”对话框，修改“族”为“系统族：详图视图”，单击“复制”按钮，复制出名称为“竹园轩－详图视图索引”的新详图索引名称。如图 4-1-49 所示，修改“详图索引标记”为“详图索引标头，包括 3mm 转角”，设置“剖面标记”为“无剖切号”，修改“参照标签”为“参照”。完成后单击“确定”按钮，退出“类型属性”对话框。

注意：“剖面标记”参数用于控制详图索引，并为剖切面显示在“相交视图”时的标记样式中。

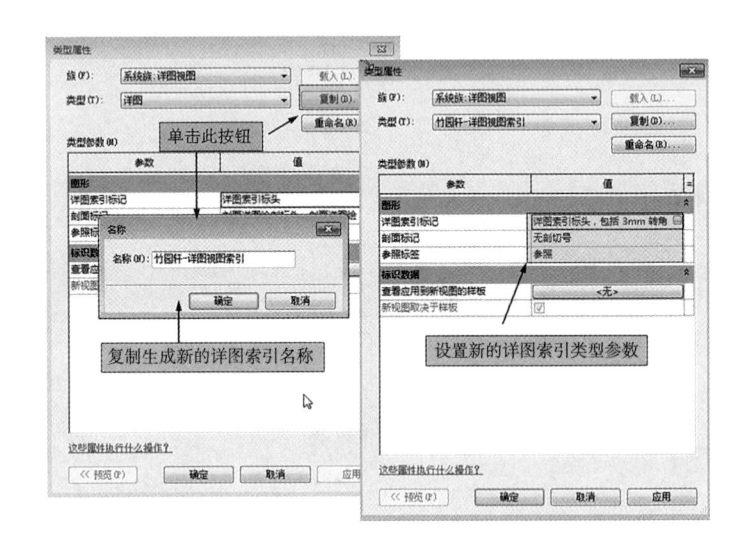

图 4-1-49 设置详图视图索引

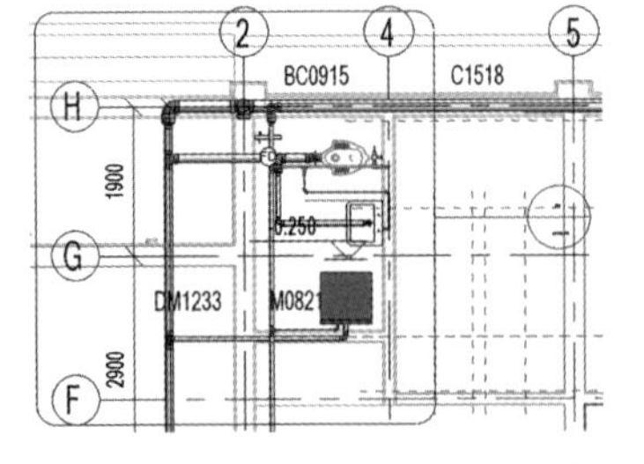

图 4-1-50 绘制详图索引范围

3. 确认当前索引类型为上一步中新建的“竹园轩－详图视图索引”；不勾选“参数其他视图”选项。适当放大“竹园轩”部分卫生间，以如图 4-1-50 所示位置作为对角线绘制索引范围。Autodesk Revit 2023 在项目浏览器中自动创建“详图视图”视图类别，并创建名称为“详图 0”的详图视图。生成视图后，可以通过“属性”面板或视图控制栏及视图样板的方式调节详图索引视图的比例。

提示：在项目浏览器中，Autodesk Revit 2023 将根据视图的类型名称组织视图类别，例如，在本例中，由于使用的详图索引的类型名称为“竹园轩－详图视图索引”，因此在项目浏览器中将生成“详图视图（竹园轩－详图视图索引）”视图类别。

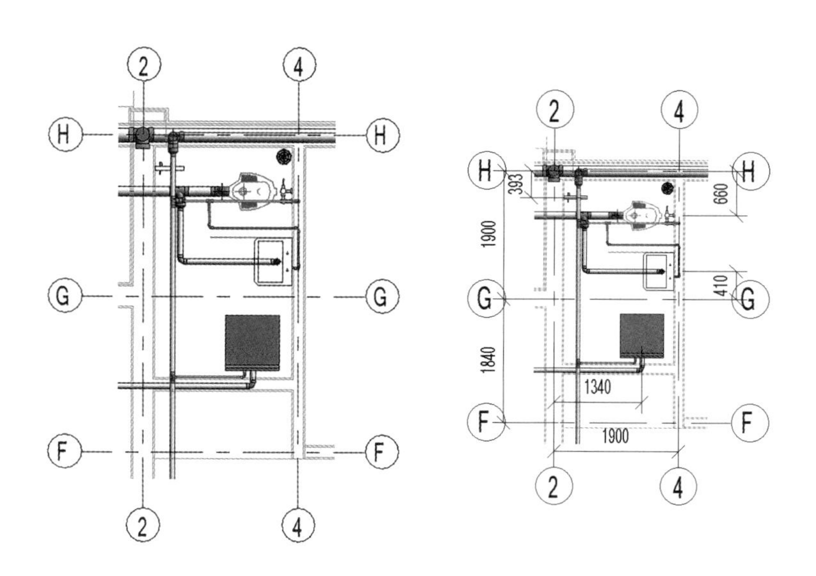

图 4-1-51 绘制详图折断线（左）
图 4-1-52 绘制卫生间详图（右）

4. 切换至“详图 0”视图。精确调节视图裁剪范围框，在视图中仅保留卫生间部分。单击底部视图控制栏中的“隐藏裁剪区域”按钮，关闭视图裁剪范围框。使用“详图构件”工具，选择“注释”菜单下“详图”面板中“构件”下“详图构件”工具 详图构件，并在“属性”面板中选择类型为“折断线：折断线”，按空格键将折断线翻转 90°，单击Ⓜ轴左侧被详图索引截断的外墙位置放置折断线详图，按 Esc 键退出放置详图构件模式。如图 4-1-51 所示，选择放置的详图构件，通过拖曳范围夹点修改折断线形状。使用类似的方式在其他被打断的墙位置添加“折断线”。

5. 载入族库文件夹中“\China\ 建筑 \ 卫生器具 \2D\ 常规卫浴 \ 地漏 2D.rfa”族文件，并放置到合适位置，注意放置时的标高应为 F1，否则在视图中看不到此构件。

6. 使用按类别标记、尺寸标注来标注该详图视图，配合使用详图线、自由标高符号等二维工具，完成卫生间大样的标注，结果如图 4-1-52 所示。

注意：注释对象必须位于“注释裁剪”范围框内才会显示。

7. 不选择任何图元，“属性”面板中将显示当前视图属性。如图 4-1-53 所示，确定实例参数图形参数分组中的“显示在”选项为“仅父视图”，修改标识数据参数分组中的“视图名称”为“卫生间大样”，修改“视图样板”为“建筑平面图 - 详图视图”，单击“应用”按钮应用上述设置。

显示在	仅父视图
当比例粗略度...	1 : 100
规程	建筑
显示隐藏线	按规程
颜色方案位置	背景
颜色方案	<无>
默认分析显示...	无
日光路径	☐
范围	
裁剪视图	☑
裁剪区域可见	☐
注释裁剪	☑
远剪裁	不剪裁
远剪裁偏移	1800.0
远剪裁设置	与父视图相同
父视图	F1
范围框	无
标识数据	
视图样板	建筑平面 - 详图
视图名称	卫生间大样

图 4-1-53 编辑详图视图属性

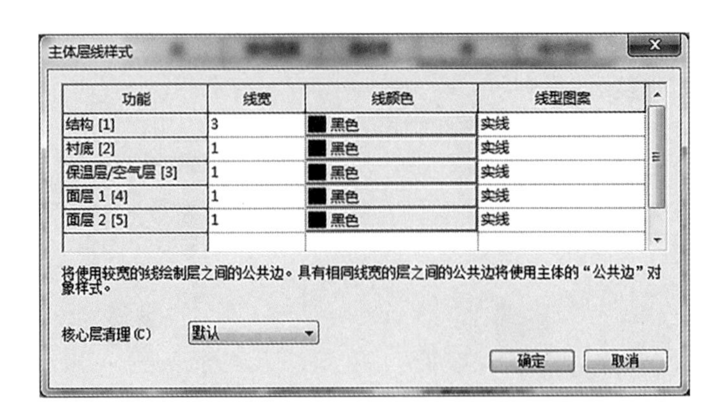

图 4-1-54　主体层线样式设置

8. 在“视图”选项卡的“图形”面板中单击“视图样板”下拉列表中的“管理视图样板”工具，打开“视图样板”对话框，选择“建筑平面－详图视图”样板，单击“V/G替换模型”后的“编辑”按钮，打开此视图样板的“可见性／图形替换”对话框，勾选“替换主体层”栏中的“截面线样式”选项，使其后的“编辑”按钮变得可用。单击“编辑”按钮，打开“主体层线样式”对话框，修改“结构[1]”功能层“线宽”代号为3，即显示为粗线，修改其他功能层的“线宽”代号为1，即显示为细线；确认“线颜色”均为黑色，“线型图案”均为“实线”。设置完成后单击两次“确定”按钮，返回“视图样板”对话框。主体层线样式设置如图4-1-54所示。采用同样的方法和参数设置对“建筑剖面－详图模式”样板进行修改，为后面的剖面详图绘制作准备。

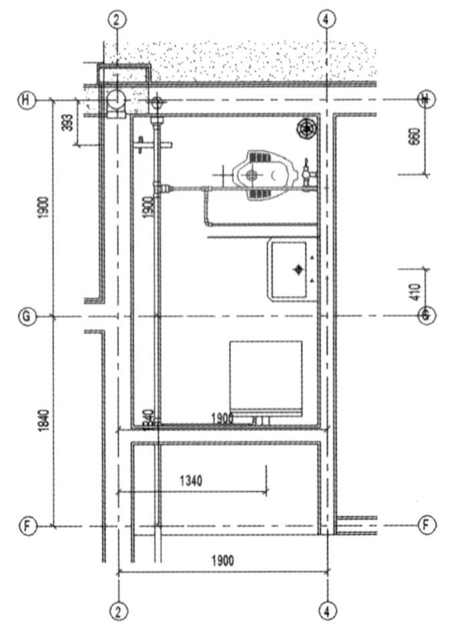

图 4-1-55　卫生间大样详图

9. 切换至刚创建的“卫生间大样”详图视图，如图4-1-55所示，在项目浏览器中的“卫生间大样”视图名称上单击鼠标右键，从弹出的菜单中选择“应用默认视图样板”。应用后“卫生间大样”详图视图将按视图样板内的设置重新生成图面表达，墙、结构柱等将被正确填充。

10. 绘制视图及DWG详图

打开剖面图，单击“详图索引”工具，确认当前详图索引类型为“详图视图：竹园轩－详图视图索引”，打开其“类型属性”对话话

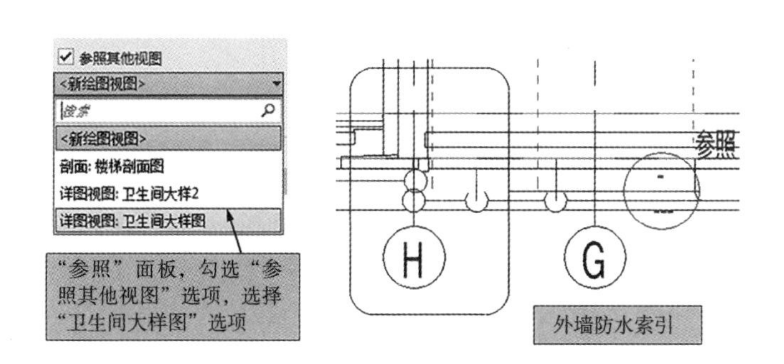

图 4-1-56　外墙防水索引

框，修改“详图索引标记”为“详图索引标头，包括 3mm 转角半径”，设置“剖面标记”为“无剖切号”，修改“参照标签”为“参照”，完成后单击确定按钮，退出“类型属性”对话框。在“参照”面板中，勾选“参照其他视图”选项，在视图列表中选择“<新绘图视图>”选项。

在Ⓗ轴散水位置绘制详图索引范围，Autodesk Revit 2023 会自动建立“绘图视图（详图）”视图类别，并将生成的索引视图组织在该视图类别中，修改该视图名称为“外墙防水做法构造大样”，如图 4-1-56 所示。

切换至“外墙防水索引”视图，目前新绘图视图中的内容为空白。在“插入”选项卡的“导入”面板中单击“导入 CAD”按钮（导入 CAD），打开“导入 CAD 格式”对话框。确认对话框底部“文件类型”为“DWG 文件”，打开“外墙防水做法构造大样 .dwg”文件，设置“颜色”为“黑白”，即将原 DWG 图形各图元颜色转换为黑色，设置“导入单位”为“毫米”，其他选项采用默认值，如图 4-1-57 所示。单击“打开”按钮，导入 DWG 文件。导入 DWG 文件后的效果如图 4-1-58 所示。

图 4-1-57　导入 DWG 文件设置

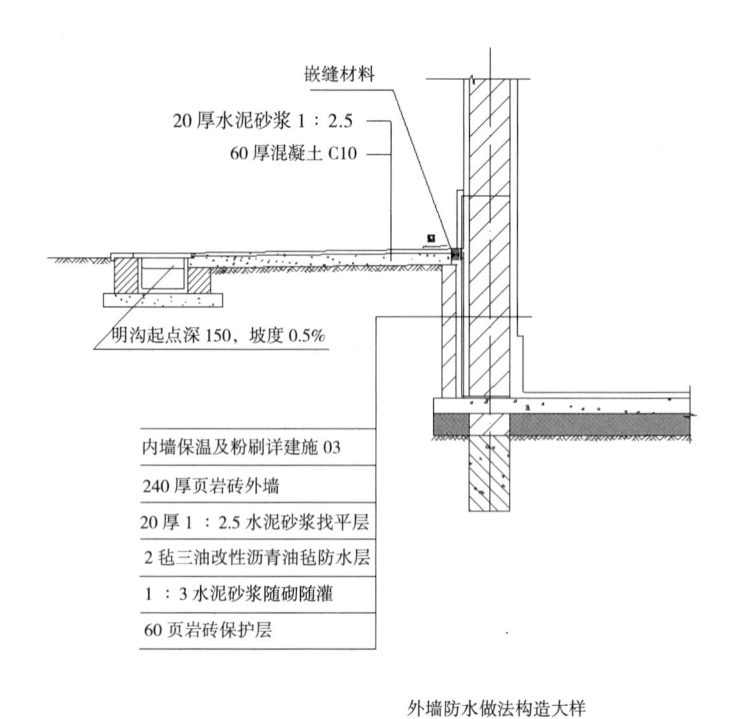

图 4-1-58　导入的外墙防水做法构造 DWG 文件

注意：Autodesk Revit 2023 会按原 DWG 文件中图形内容大小显示导入的 DWG 文件。视图比例仅会影响导入图形的线宽显示，而不会影响 DWG 图形中尺寸标注、文字等注释信息的大小。

学习任务六：布置与导出图纸

使用 Autodesk Revit 2023 的“新建图纸”工具可以为项目创建图纸视图，指定图纸使用的标题栏族（图框）并将指定的视图布置在图纸视图中形成最终施工图档。

以“竹园轩”为例，完成“竹园轩”项目 CAD 图纸的创建。

操作步骤：

1. 新建图纸

单击“视图”选项卡——“图纸”工具，弹出“新建图纸”对话框，如图 4-1-59 所示，单击“载入”按钮，载入“China\ 标题栏 \ A0 公制 .rfa”族文件。确认“选择标题栏”列表中选择“A0 公制”，单击“确定”按钮，以 A0 公制标题栏创建新图纸视图，并自动切换至该视图，该视图组织在“图纸（全部）”视图类别中。在项目样板中默认已经创建两个默认图纸视图，因此该图纸视图自动命名为“J0-1-未命名”。

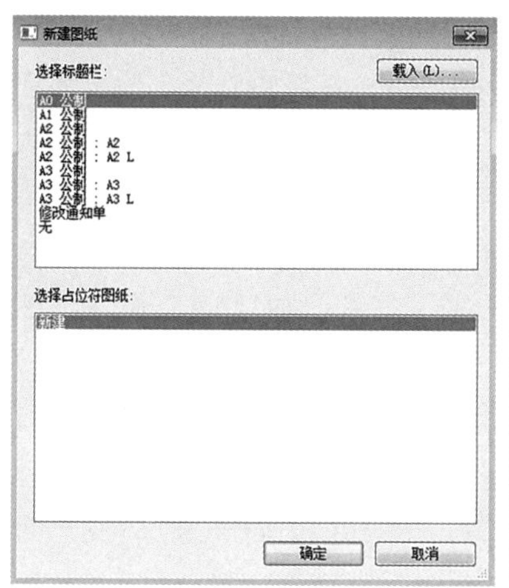

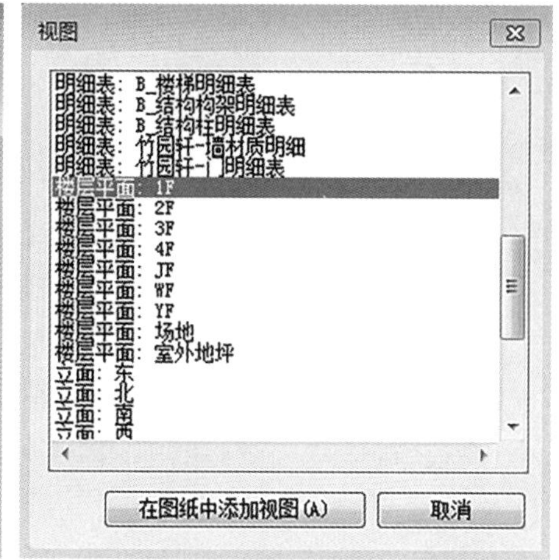

图 4-1-59 新建图纸对话框（左）
图 4-1-60 选择视图（右）

2. 添加视图

单击“视图”选项卡——“视图”工具，弹出“视图”对话框，在视图列表中列出当前项目中所有可用视图，如图 4-1-60 所示，选择“楼层平面：1F”，单击“在图纸中添加视图”按钮，Autodesk Revit 2023 给出 1F 楼层平面视图范围预览，确认选项栏“在图纸上旋转”选项为“无”，当显示视图范围完全位于标题栏范围内时，单击放置该视图。

注意：在图纸中添加视图时，也可以通过直接拖曳选择视图方式进行添加。

打开本视图的“剪裁视图”功能，让剪裁框去除多余的图元信息，使图面更加规整。

注意：本视图中的“剪裁视图”已在“1F”楼层平面视图中设置。

载入“China\标题栏\视图标题.rfa”族文件。选择图纸视图中的视口标题，打开“类型属性”对话框，复制新建名称为“竹园轩－视图标题”的新类型；修改类型参数“标题”使用的族为“视图标题”族，确认“显示标题”选项为“是”，取消勾选“显示延伸线”选项，其他参数如图 4-1-61 所示，完成后单击“确定”按钮，退出“类型属性”对话框。

此时视口标题类型修改为如图 4-1-62 所示的样式。选择视口标题，按住并拖动视口标题至图纸中间位置。

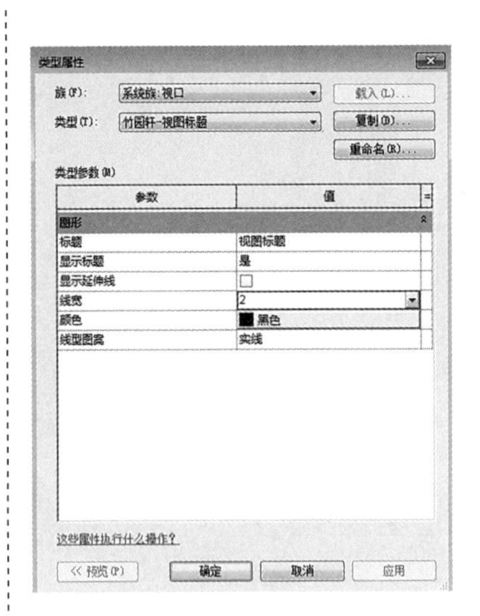

图 4-1-61　视图标题属性

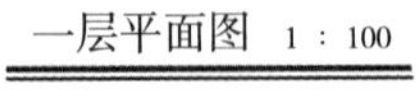

一层平面图　1：100

图 4-1-62　视口标题样式

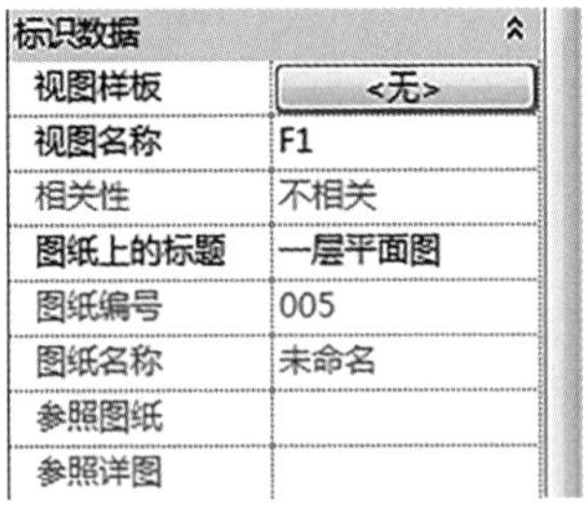

标识数据	
视图样板	<无>
视图名称	F1
相关性	不相关
图纸上的标题	一层平面图
图纸编号	005
图纸名称	未命名
参照图纸	
参照详图	

图 4-1-63　修改标题名称

3. 修改视口属性

在新建的图纸中选择刚放入的视口，打开视口“属性”对话框，修改“图纸上的标题”为“一层平面图”，注意“图纸编号”和“图纸名称”参数已自动修改为当前视图所在图纸信息，如图 4-1-63 所示，单击“应用”按钮完成设置，注意图纸视图中视口标题名称同时修改为“一层平面图”。

在“注释”选项卡的“详图”面板中单击“符号”工具，进入“放置符号”上下文选项卡。设置当前符号类型为“指北针”，在图纸视图左下角空白位置单击放置指北针符号。拖曳已编辑好的 F2 楼层平面视图，并相应修改标题名称，输入其他相关信息，完成本视图，如图 4-1-64 所示。

4. 设置导出 CAD 文件参数

单击“应用程序菜单”按钮，在列表中选择“导出—选项—导出设

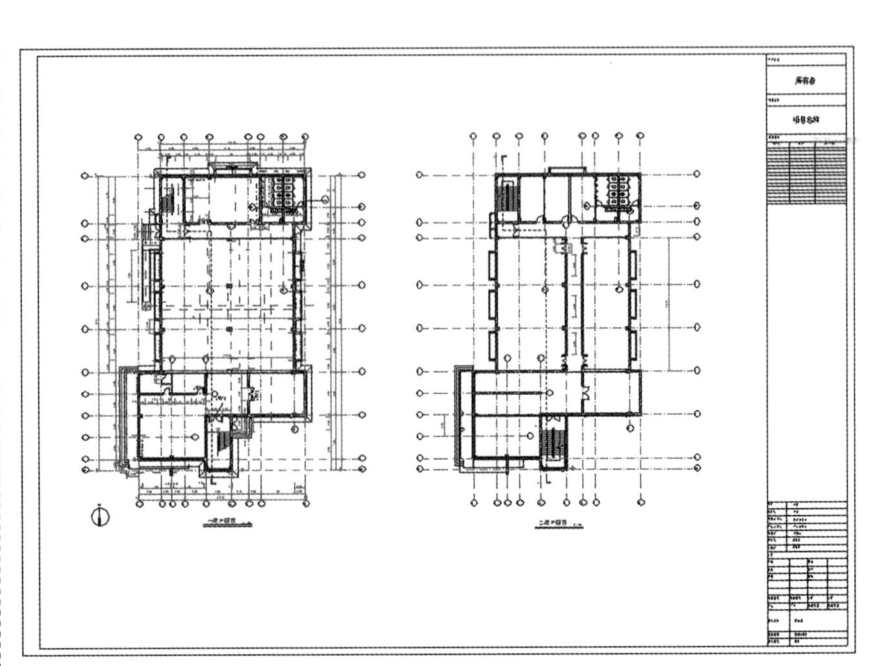

图 4-1-64　施工图纸

图 4-1-65　修改 DWG/DXF 导出设置——层

置 DWG/DXF" 选项，打开 "修改 DWG/DXF 导出设置" 对话框，如图 4-1-65 所示，在该对话框中可以分别对 Revit 模型导出为 CAD 时的图层、线型、填充图案、字体、CAD 版本等进行设置。在 "层" 选项卡列表中指定各类对象类别及其子类别的投影和截面图形在导出 DWG/DXF 文件时对应的图层名称及线型颜色 ID。

进行图层配置有两种方法，一是根据要求逐个修改。二是采用图层映射标准的方式。单击 "根据标准加载图层" 下拉列表按钮，Autodesk Revit 2023 中提供了 4 种国际图层映射标准，也可以从外部加载图层映射标准文件。选择 "从以下文件加载设置"，在弹出的对话框中选择 "scene\chapter20\Other\exportlayers-Revit-tangent.txt" 配置文件，然后退出选择文件对话框。

提示：可以单击"另存为"按钮将图层映射关系保存为独立的配置文本文件。

5. 继续在 "修改 DWG/DXF 导出设置" 对话框中选择 "填充图案" 选项卡，打开填充图案映射列表。默认情况下，Revit 中的填充图案在导出为 DWG 时选择的是 "自动生成填充图案"，即保持 Revit 中的填充样式方法不变，但是如混凝土、钢筋混凝土这些填充图案在导出为 DWG 后会出现无法被 AutoCAD 识别为内部填充图案，从而造成无法对图案进行编辑的情况，要避免这种情况可以单击填充图案对应的下拉列表，选择合适的 AutoCAD 内部填充样式即可，如图 4-1-66 所示。

6. 导出 CAD 文件

单击 "应用程序菜单" 按钮，在列表中选择 "导出—CAD 格式—

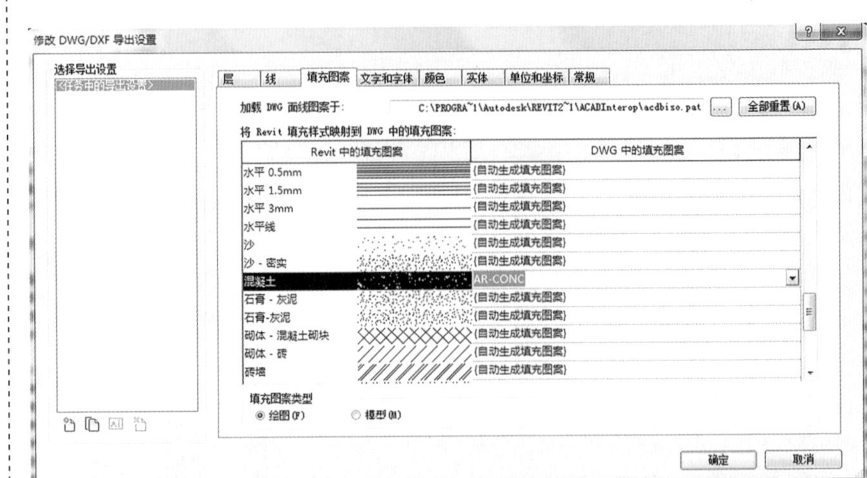

图 4-1-66　修改 DWG/DXF 导出设置——填充图案

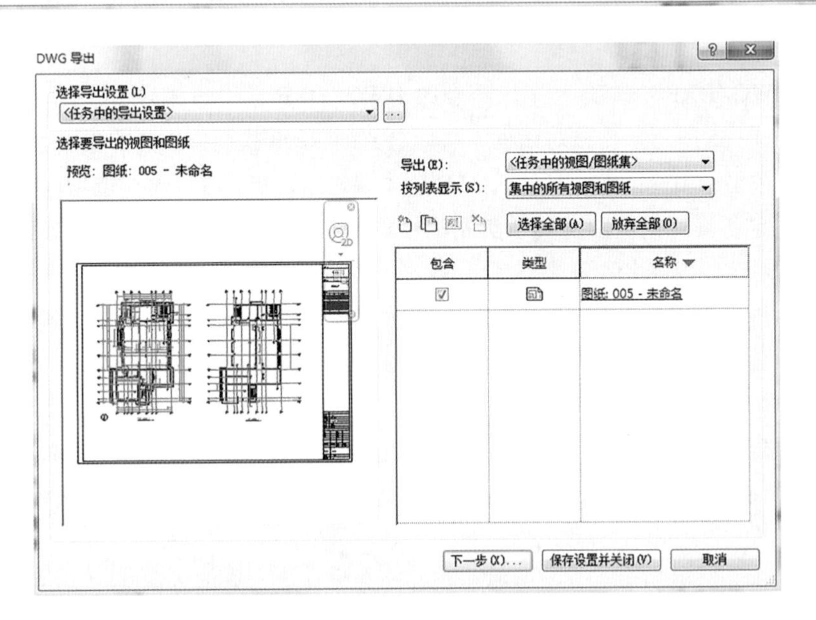

图 4-1-67　DWG 导出

DWG”，打开“DWG 导出”对话框，如图 4-1-67 所示，对话框左侧顶部的“选择导出设置”确认为“〈任务中的导出设置〉”，即前几个步骤进行的设置，在对话框右侧“导出”中选择“〈任务中的视图／图纸集〉”，在“按列表显示”中选择“集中的所有视图和图纸”，即显示当前项目中的所有图纸，在列表中勾选要导出的图纸即可。双击图纸标题，可以在左侧预览视图中预览图纸内容。Autodesk Revit 2023 还可以使用打印设置时保存的“设置 1”快速选择图纸或视图。

完成后单击“下一步”按钮，打开“导出 CAD 格式”对话框，如图 4-1-68 所示，指定文件保存的位置、DWG 版本格式和命名的规则，单击“确定”按钮，即可将所选择图纸导出为 DWG 数据格式。如果希望

图 4-1-68　导出 CAD 格式

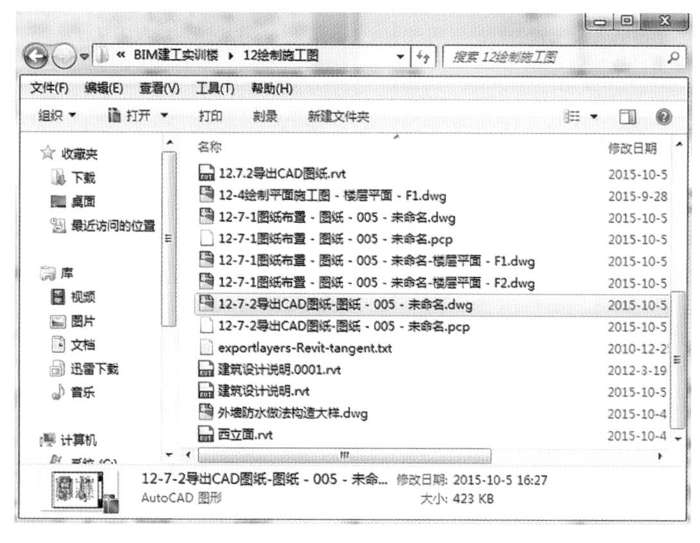

图 4-1-69　导出 CAD 图纸文件列表

导出的文件采用 AutoCAD 外部参照模式，请勾选对话框中的"将图纸上的视图和链接作为外部参照导出"，此处设置为不勾选。

7. 如图 4-1-69 所示为导出后的 DWG 图纸列表，导出后会自动命名。

提示：导出时，Autodesk Revit 2023 还会生成一个与所选择图纸、视图同名的 .pep 文件。该文件用于记录导出 DWG 图纸的状态和图层转换的情况，使用记事本可以打开该文件。

六、任务后：知识拓展应用

扫描目录前二维码学习相关内容。

七、评价与展示

学生任务清单（含课程评价）4.1

<table>
<tr><td colspan="2">任务名称</td><td colspan="5"></td></tr>
<tr><td colspan="2">学生姓名</td><td></td><td>班级</td><td></td><td>学号</td><td></td></tr>
<tr><td colspan="2">完成日期</td><td colspan="2"></td><td>完成效果</td><td colspan="2">（教师评价及签字）</td></tr>
<tr><td>前期导入</td><td>课前布置</td><td colspan="5">主要根据老师布置的网络学习任务，说明自己学习了什么？查阅了什么？</td></tr>
<tr><td rowspan="3">课中学习</td><td>任务目标</td><td colspan="5"></td></tr>
<tr><td rowspan="2">任务实施</td><td colspan="4" rowspan="2"></td><td>成果提交</td></tr>
<tr><td></td></tr>
<tr><td rowspan="2">复盘总结</td><td>不足之处</td><td colspan="5"></td></tr>
<tr><td>提问</td><td colspan="5">自己想和老师探讨的问题</td></tr>
<tr><td rowspan="4">过程评价</td><td>自我评价
（5 分）</td><td>课前学习</td><td>实施方法</td><td>职业素质</td><td>成果质量</td><td>分值</td></tr>
<tr><td></td><td></td><td></td><td></td><td></td><td></td></tr>
<tr><td>教师评价
（5 分）</td><td>时间观念</td><td>能力素养</td><td>成果质量</td><td>分值</td><td></td></tr>
<tr><td></td><td></td><td></td><td></td><td></td><td></td></tr>
</table>

项目二 模型的渲染与漫游

一、学习任务描述

在传统二维模式下进行方案设计时无法很快地校验和展示建筑的外观形态，对于内部空间的情况更是难以直观地把握。在 Revit Architecture 中我们可以实时地查看模型的透视效果，形成非常逼真的图像，创建漫游动画、进行日光分析等，Revit Architecture 软件集成了 Mental Ray 渲染引擎，可以生成建筑模型的照片级真实渲染图像，无需导出到其他软件，便于展示设计的最终效果，使设计师在与甲方进行交流时能充分表达其设计意图。

二、任务目标

1. 渲染
2. 漫游动画

三、思维导图

四、任务前：思考并明确学习任务

1. 学习任务一：渲染

在 Revit Architecture 中，用户可以通过以下流程进行渲染操作：创建渲染三维视图——指定材质渲染外观——定义照明——配景设置——渲染设置以及渲染图像——保存渲染图像。渲染的图像使人更容易想象三维建筑模型的形状和大小，并且渲染图像最具真实感，能清晰地反映模型的结构形状。

2. 学习任务二：漫游动画

在 Revit Architecture 中还可以使用“漫游”工具制作漫游动画，让项目展示更加身临其境，下面使用“漫游”工具在建筑物的外部创建漫游动画。

五、任务中：任务实施

学习任务一：渲染模型——效果图制作与输出

在进行渲染之前需根据表现需要添加相机，以得到各个不同的视点。创建好相机后，可以启动渲染器对三维视图进行渲染。为了得到更好的渲染效果，需要根据不同的情况调整渲染设置，例如，调整分辨率、照明等，同时为了得到更好的渲染速度，也需要进行一些优化设置。

以“竹园轩”室外视图为例，介绍在 Autodesk Revit 2023 中进行渲染的一般过程。

操作步骤：

1. 创建相机

切换至 2F 楼层平面图，单击“视图”选项卡中——“三维视图”工具下拉列表——“相机”工具。勾选选项栏中的“透视图”选项，设置偏移量为 1750，即相机的高度为 1750mm，如图 4–2–1 所示。

> **提示：** 不勾选选项栏中的“透视图”选项，视图会变成正交视图，即轴测图。

图 4–2–1　相机工具

移动光标至绘图区域中，在如图 4–2–2 所示位置单击鼠标，放置相机视点，向右上方移动鼠标指针至“目标点”位置，单击鼠标生成三维透视图。

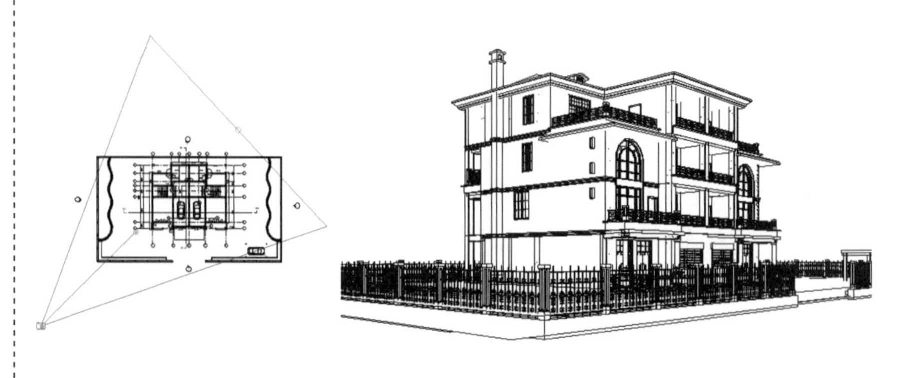

图 4–2–2　设置相机位置

被相机三角形包围的区域就是可视的范围，其中三角形的底边表示远端的视距，如果在如图 4–2–3 所示的“属性”对话框中不勾选“远剪裁激活”选项，则视距变为无穷远，将不再与三角形底边距离相关。在该对话框中，还可以设置相机的视点高度（相机高度）、目标高度（视线终点高度）等参数。同时常常在透视图中显示视图范围裁剪框，按住并拖动视图范围框的 4 个蓝色圆点可以修改视图范围。

范围	
裁剪视图	☑
裁剪区域可见	☑
远剪裁激活	☑
远剪裁偏移	66044.3
范围框	无
剖面框	☐
相机	
渲染设置	编辑...
锁定的方向	☐
投影模式	透视图
视点高度	1750.0
目标高度	1750.0
相机位置	指定

图 4–2–3　设置相机属性

💡 **提示：如果相机在平面或立面等二维视图中消失后，可以在“项目浏览器”中相机所对应的三维视图上单击鼠标右键，从弹出的菜单中选择“显示相机”命令，即可在视图中重新显示相机。**

2. 渲染设置及图像输出

切换至三维透视图模式，单击视图控制栏中的“渲染”按钮，打开“渲染”对话框。“渲染”对话框中各参数功能和用途说明如图 4–2–4 所示。

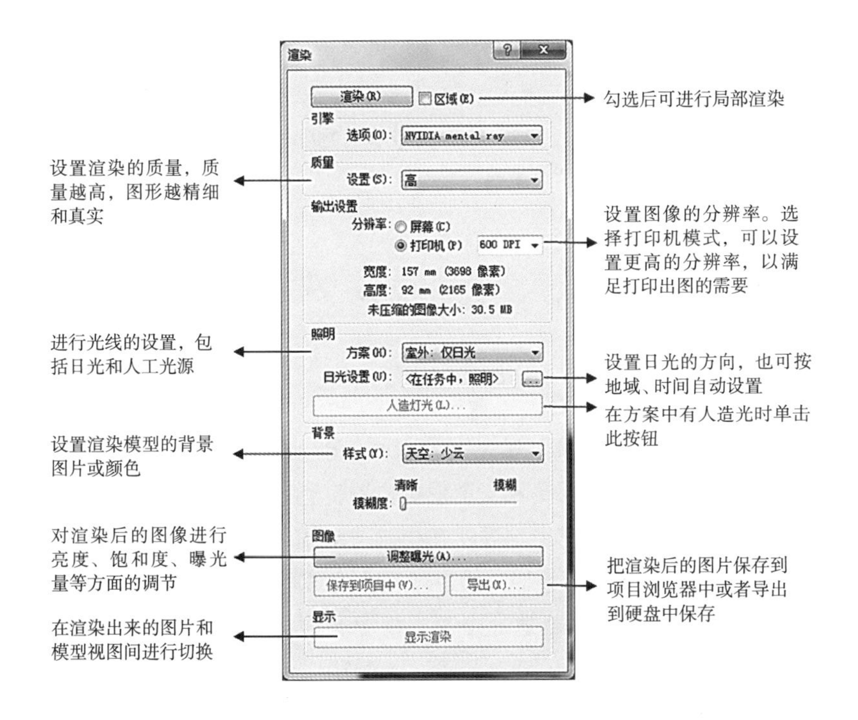

图 4–2–4　渲染面板设置

提示：在渲染设置对话框中，“日光设置”参数取决于当前视图采用的“日光和阴影”中的日光设置。

设置完成后，单击〝渲染〞按钮即可进行渲染，单击〝保存到项目中〞按钮可以将渲染结果保存到项目中。也可单击〝导出〞按钮，保存图片。

学习任务二：漫游——视频制作与输出

操作步骤：

1. 接上个任务练习。切换至1F楼层平面视图，单击〝视图〞选项卡中——〝三维视图〞工具下拉列表——〝漫游〞工具，如图4-2-5所示。

图4-2-5　漫游工具

2. 在出现的〝修改 | 漫游〞选项卡中勾选选项栏中的〝透视图〞选项，设置偏移量为1750，即视点的高度为1750mm，设置基准标高为2F，如图4-2-6所示。

修改 | 漫游　☑透视图　比例: 1 : 100　偏移: 1750.0　自 2F

图4-2-6　漫游参数

3. 移动鼠标指针至绘图区域中，如图4-2-7所示，依次单击放置漫游路径中关键帧相机位置。在关键帧之间，Revit Architecture将自动创建平滑过渡，同时每一帧也代表一个相机位置，也就是视点的位置。如果某一关键帧的基准标高有变化，可以在绘制关键帧时修改选项栏中的基准标高和偏移值，可形成上下穿梭的漫游效果。完成后按Esc键完成漫游路径，Revit Architecture将自动新建〝漫游〞视图类别，并在该类别下建立〝漫游1〞视图。

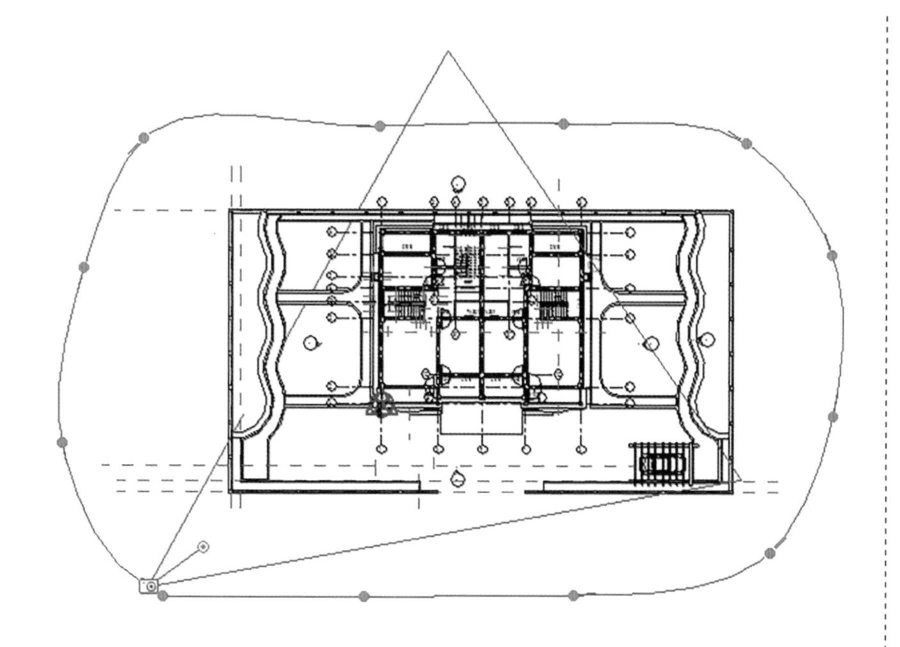

图4-2-7　漫游路径编辑

💡 **提示：**如果漫游路径在平面或立面等视图中消失后，可以在项目浏览器中对应的漫游视图名称上单击鼠标右键，从弹出的菜单中选择“显示相机”命令，即可重新显示路径。

4. 路径绘制完毕后，一般还需进行适当的调整。在平面图中选择漫游路径，进入“修改|相机”上下文选项卡，单击“漫游”面板中的“编辑漫游”工具，漫游路径将变为可编辑状态，选项栏中共提供了 4 种方式用于修改漫游路径，分别是控制活动相机、编辑路径、添加关键帧和删除关键帧。

5. 在不同的编辑状态下，绘图区域的路径会发生相应变化，如果修改控制方式为“活动相机”，路径会出现红色圆点，表示关键帧呈现相机位置及可视三角范围。

6. 按住并拖动路径中的相机图标或单击如图 4-2-8 所示“漫游”面板中的控制按钮，可以使相机在路径上移动，分别控制各关键帧处相机的视距、目标点高度、位置、视线范围等。

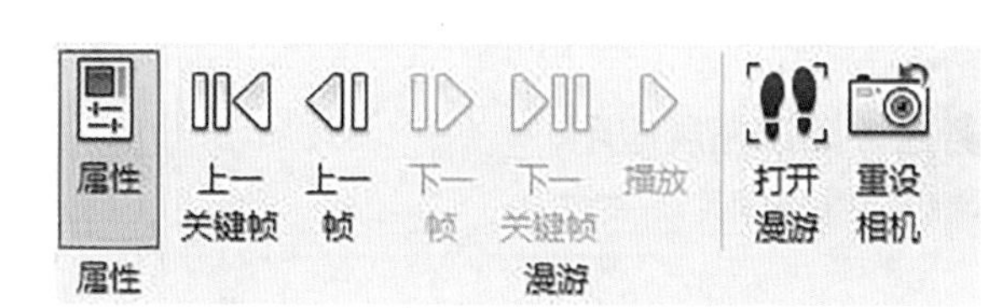

图4-2-8　漫游控制工具栏

💡**提示：**在“活动相机”编辑状态下，如果位于关键帧时，能够控制相机的视距、目标点高度、位置、视线范围，但对于非关键帧只能控制视距和视线范围。另外请注意，在整个漫游过程中只有一个视距和视线范围，不能对每帧进行单独设置。

7. 打开“实例属性”对话框，单击其他参数分组中“漫游帧”参数后的按钮，打开“漫游帧”对话框。如图 4-2-9 所示，可以修改“总帧数”和“帧／秒”值，以调节整个漫游动画的播放时间。漫游动画总时间 = 总帧数 ÷ 帧率（帧／秒）。

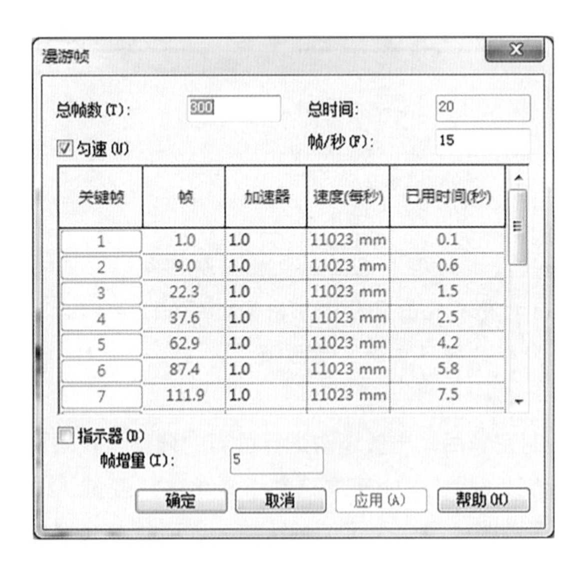

关键帧	帧	加速器	速度(每秒)	已用时间(秒)
1	1.0	1.0	11023 mm	0.1
2	9.0	1.0	11023 mm	0.6
3	22.3	1.0	11023 mm	1.5
4	37.6	1.0	11023 mm	2.5
5	62.9	1.0	11023 mm	4.2
6	87.4	1.0	11023 mm	5.8
7	111.9	1.0	11023 mm	7.5

图4-2-9　漫游帧对话框

8. 整个路径和参数编辑完成后，切换至漫游视图，选择漫游视图中的剪裁边框，将自动切换至“修改｜相机”上下文选项卡，单击“漫游”面板中的“编辑漫游”按钮，打开漫游控制栏，单击“播放”回放完成的漫游。预览满意后，单击“应用程序菜单”按钮，在列表中选择“导出—漫游和动画—漫游”选项，在出现的对话框中设置导出视频文件的大小和格式，设置完毕后确定保存的路径即可导出漫游动画。

使用漫游工具，可以更加生动地展示设计方案，并输出为独立的动画文件，方便非 Revit 用户使用和播放漫游结果。在输出漫游动画时，可以选择渲染的方式输入更为真实的漫游结果。

六、任务后：知识拓展应用

扫描目录前二维码学习相关内容。

七、评价与展示

学生任务清单（含课程评价）4.2

<table>
<tr><td colspan="2">任务名称</td><td colspan="5"></td></tr>
<tr><td colspan="2">学生姓名</td><td></td><td>班级</td><td></td><td>学号</td><td></td></tr>
<tr><td colspan="2">完成日期</td><td colspan="2"></td><td>完成效果</td><td colspan="2">（教师评价及签字）</td></tr>
<tr><td>前期导入</td><td>课前布置</td><td colspan="5">主要根据老师布置的网络学习任务，说明自己学习了什么？查阅了什么？</td></tr>
<tr><td rowspan="3">课中学习</td><td>任务目标</td><td colspan="5"></td></tr>
<tr><td rowspan="2">任务实施</td><td colspan="4" rowspan="2"></td><td>成果提交</td></tr>
<tr><td></td></tr>
<tr><td rowspan="2">复盘总结</td><td>不足之处</td><td colspan="5"></td></tr>
<tr><td>提问</td><td colspan="5">自己想和老师探讨的问题</td></tr>
<tr><td rowspan="4">过程评价</td><td>自我评价
（5 分）</td><td>课前学习</td><td>实施方法</td><td>职业素质</td><td>成果质量</td><td>分值</td></tr>
<tr><td></td><td></td><td></td><td></td><td></td><td></td></tr>
<tr><td>教师评价
（5 分）</td><td>时间观念</td><td>能力素养</td><td>成果质量</td><td>分值</td><td></td></tr>
<tr><td></td><td></td><td></td><td></td><td></td><td></td></tr>
</table>

项目三　模型信息的统计与提取

一、学习任务描述

Autodesk Revit 2023 所创建的模型是数字化模型，不仅可以通过模型创建二维图纸，还能根据用户需求，按对象类别统计模型图元信息，自动创建信息详表、分析图，方便用户实时掌握各类信息数据。

使用“明细表／数量”工具可以直接统计各类模型图元信息，生成详表；“建筑—房间”各工具可直接生成房间空间分析图，并通过颜色进行区分标识。

二、任务目标

1. 门窗及材料明细
2. 房间空间分析

三、思维导图

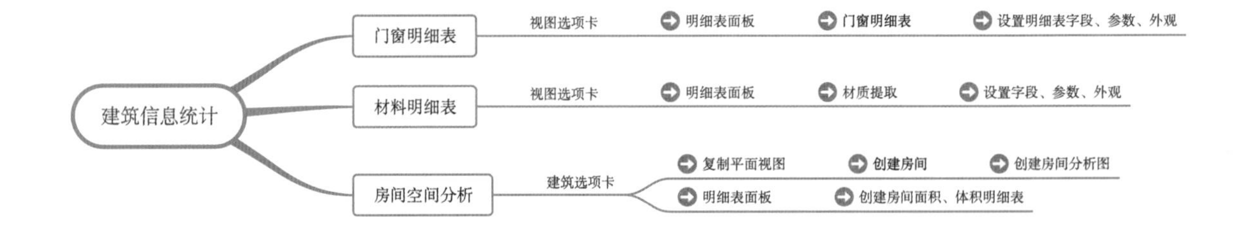

四、任务前：思考并明确学习任务

1. 学习任务一：提取“竹园轩”项目的门窗及材料明细表
2. 学习任务二：创建“竹园轩”项目 1F 楼层房间空间分析图

五、任务中：任务实施

学习任务一：提取统计模型信息——门窗及材料明细表

使用“明细表／数量”工具可以按对象类别统计并列表显示项目中各类模型图元信息，例如，可以统计项目中所有门、窗图元的宽度、高度、数量等。

以“竹园轩”为例，创建明细表，提取“竹园轩”门窗及材料信息。

操作步骤：

1. 创建门窗明细表

（1）定义任意类别的明细表

单击“视图”选项卡——“明细表”工具下拉列表，在列表中选择

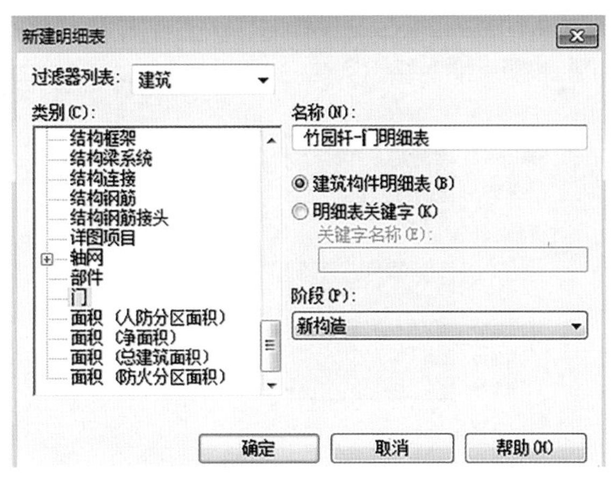

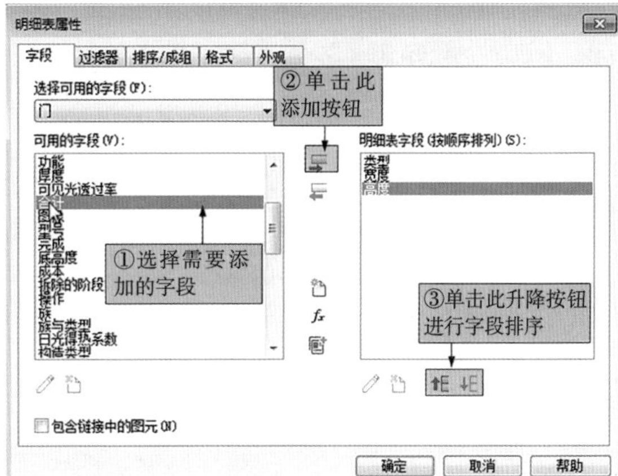

图 4-3-1　新建门明细表（左）
图 4-3-2　门明细表属性：字段（右）

“明细表／数量”工具，弹出“新建明细表”对话框，如图 4–3–1 所示，在“类别”列表中选择“门”对象类型，即本明细表将统计项目中门对象类别的图元信息；修改明细表名称为“竹园轩－门明细表”，确认明细表类型为“建筑构件明细表”，其他参数默认，单击“确定”按钮，打开“明细表属性”对话框。

（2）定义明细表中的字段

如图 4–3–2 所示，在“明细表属性”对话框的“字段”选项卡中，“可用的字段”列表中显示门对象类别中所有可以在明细表中显示的实例参数和类型参数，依次在列表中选择“类型”“宽度”“高度”“注释”“合计”和“框架类型”参数，单击“添加”按钮，添加到右侧的“明细表字段”列表中。在“明细表字段”列表中选择各参数，单击“上移”或“下移”按钮，调节字段顺序，该列表中从上至下的顺序反映了明细表从左至右各列的显示顺序。

注意：并非所有图元实例参数和类型参数都能作为明细表字段。族中自定义的参数中，仅使用共享参数才能显示在明细表中。

（3）定义明细表的排序属性

切换至“排序／成组”选项卡，设置“排序方式”为“类型”，排序顺序为“升序”；不勾选“逐项列举每个实例”选项，即 Autodesk Revit 2023 将按门“类型”参数值在明细表中汇总显示各已选字段，如图 4–3–3 所示。

（4）设置明细表外观

切换至“外观”选项卡，如图 4–3–4 所示，确认勾选“网格线”选项，设置网格线样式为“细线”；勾选“轮廓”选项，设置轮廓线样式为

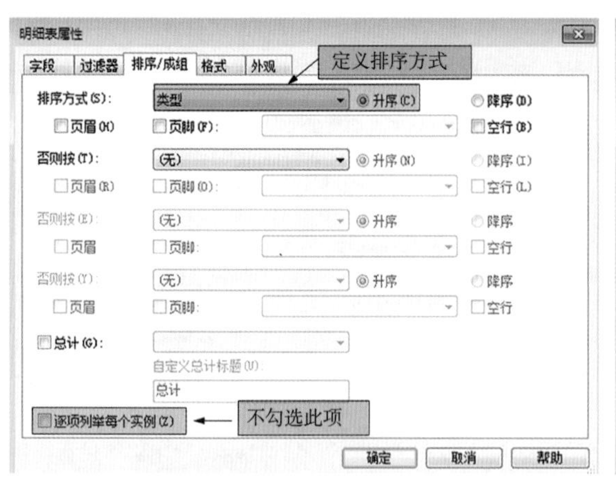

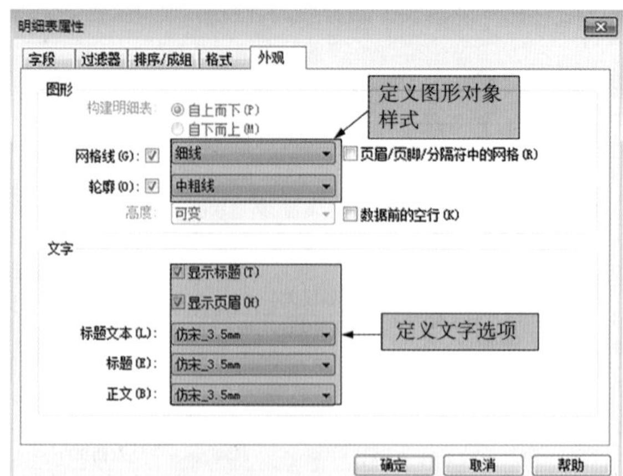

图 4-3-3　门明细表属性：排序 / 成组（左）

图 4-3-4　门明细表属性：外观（右）

<竹园轩-门明细表>

A	B	C	D
类型	宽度	高度	合计
1F_M_M-1_平开	800	2100	4
1F_M_M-2_单扇	1000	2100	2
1F_M_M-3_地弹	1200	2700	2
1F_M_M-4_JLM15	1500	2400	2
1F_M_M-5_JLM26	2600	2500	2
2F_M_M-1_平开	800	2100	2
2F_M_M-2_平开	900	2100	8
2F_M_M-3_推拉	800	2100	2
3F_M_M-1_平开	800	2100	2
3F_M_M-2_平开	900	2100	8
3F_M_M-3_推拉	800	2100	2
3F_M_M-4_推拉	2100	2700	2
4F_M_M-1_平开	800	2100	2
4F_M_M-2_平开	900	2100	4
4F_M_M-3_推拉	2100	2700	2

图 4-3-5　竹园轩 - 门明细表

“中粗线”，取消勾选“数据前的空行”选项；确认勾选“显示标题”和“显示页眉”选项，分别设置“标题文本”“标题”和“正文”样式为“仿宋_3.5mm”，单击“确定”按钮，完成明细表属性设置。

（5）浏览明细表视图

Autodesk Revit 2023 自动按指定字段建立名称为“竹园轩－门明细表”新明细表视图，并自动切换至该视图，如图 4-3-5 所示，并自动切换至“修改明细表 / 数量”上下文关联选项卡。仅当将明细表放置在图纸上后，“明细表属性”对话框“外观”选项卡中定义的外观样式才会发挥作用。

（6）修改页眉

在明细表视图中可以进一步编辑明细表外观样式，如图 4-3-6 所示，按住并拖动鼠标左键选择“宽度”和“高度”列页眉，右击鼠标，调出光标菜单，选择“使页眉成组” **使页眉成组**，合并生成新表头单元格。

（7）创建新的页眉

单击合并生成的新表头行单元格，进入文字输入状态，输入“尺寸”作为新页眉行名称，如图 4-3-7 所示。

提示： 单击表头各单元格名称，进入文字输入状态后，可以根据设计需要修改各表头名称。

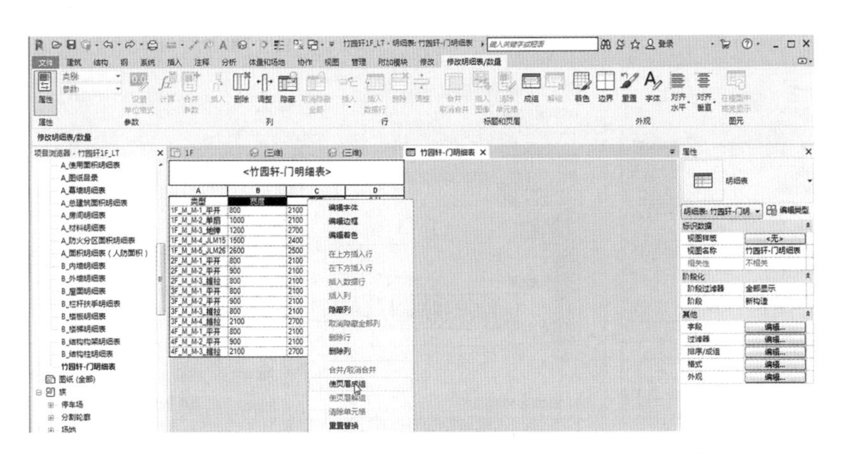

图4-3-6 页眉成组

<竹园轩-门明细表>

A	B	C	D	E	F
	尺寸				
类型	宽度	高度	注释	框架类型	合计
1F_M_M-1_平开	800	2100			4
1F_M_M-2_单扇	1000	2100			2
1F_M_M-3_地弹	1200	2700			2
1F_M_M-4_JLM15	1500	2400			2
1F_M_M-5_JLM26	2600	2500			2
2F_M_M-1_平开	800	2100			2
2F_M_M-2_平开	900	2100			8
2F_M_M-3_推拉	800	2100			2
3F_M_M-1_平开	800	2100			2
3F_M_M-2_平开	900	2100			8
3F_M_M-3_推拉	800	2100			2
3F_M_M-4_推拉	2100	2700			2
4F_M_M-1_平开	800	2100			2
4F_M_M-2_平开	900	2100			4
4F_M_M-3_推拉	2100	2700			2

图4-3-7 设置成组页眉表头

选择行后，可以单击“明细表”面板中“删除”按钮来删除明细表中的门类型，但要注意 Autodesk Revit 2023 将同时从项目模型中删除图元，请谨慎操作。其他操作不再赘述。

（8）在明细表中添加计算公式，从而利用公式计算窗洞口面积

在竹园轩－门明细表的“属性”对话框中，单击“字段”选项卡后的“编辑”按钮，可以调出“明细表属性”对话框。单击“计算值”按钮，弹出“计算值”对话框，如图 4-3-8 所示，输入字段名称为“洞口面积”，设置“类型”为“面积”，单击“公式”后的“…”按钮，打开“字段”对话框，选择“宽度”及“高度”字段，形成“宽度 * 高度”公式，然后单击“确定”按钮，返回“明细表属性”对话框，修改“洞口面积”字段位于列表最下方，单击“确定”按钮，返回明细表视图。

（9）洞口面积显示结果

如图 4-3-9 所示，Autodesk Revit 2023 将根据当前明细表中各窗宽度和高度值计算洞口面积，并按项目设置的面积单位显示洞口面积。

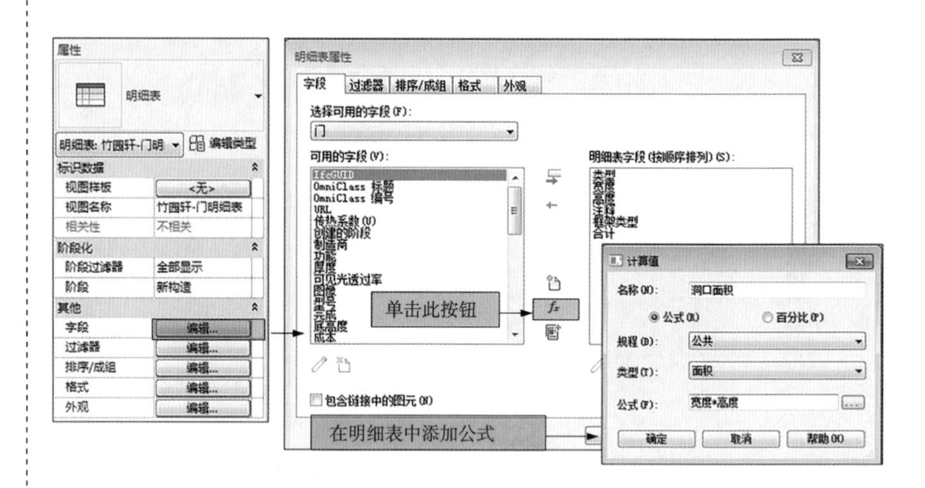

图 4-3-8　设置洞口面积字段

<竹园轩-门明细表>

A	B	C	D	E	F	G
类型	尺寸		注释	框架类型	合计	洞口面积
	宽度	高度				
1F_M_M-1_平开	800	2100			4	1.68
1F_M_M-2_单扇	1000	2100			2	2.10
1F_M_M-3_地弹	1200	2700			2	3.24
1F_M_M-4_JLM15	1500	2400			2	3.60
1F_M_M-5_JLM26	2600	2500			2	6.50
2F_M_M-1_平开	800	2100			2	1.68
2F_M_M-2_平开	900	2100			8	1.89
2F_M_M-3_推拉	800	2100			2	1.68
3F_M_M-1_平开	800	2100			2	1.68
3F_M_M-2_平开	900	2100			8	1.89
3F_M_M-3_推拉	800	2100			2	1.68
3F_M_M-4_推拉	2100	2700			2	5.67
4F_M_M-1_平开	800	2100			2	1.68
4F_M_M-2_平开	900	2100			4	1.89
4F_M_M-3_推拉	2100	2700			2	5.67

图 4-3-9　添加并计算洞口面积

Autodesk Revit 2023 中，“明细表／数量”工具生成的明细表与项目模型相互关联，明细表视图中显示的信息源自 BIM 模型数据库。可以利用明细表视图修改项目中模型图元的参数信息，以提高修改大量具有相同参数值的图元属性时的效率。

2. 创建墙材质明细表

（1）单击“视图”选项卡——“明细表”工具下拉列表，在列表中选择“材质提取”工具 材质提取，弹出“新建材质提取”对话框，如图 4-3-10 所示，在“类别”列表中选择“墙”类别，输入明细表名称为“竹园轩－墙材质明细”，单击“确定”按钮，打开“材质提取属性”对话框，该对话框与上文介绍的“明细表属性”对话框非常相似。

（2）添加材质字段以及确定排序方式

依次添加“材质：名称”和“材质：体积”至明细表字段列表中，然

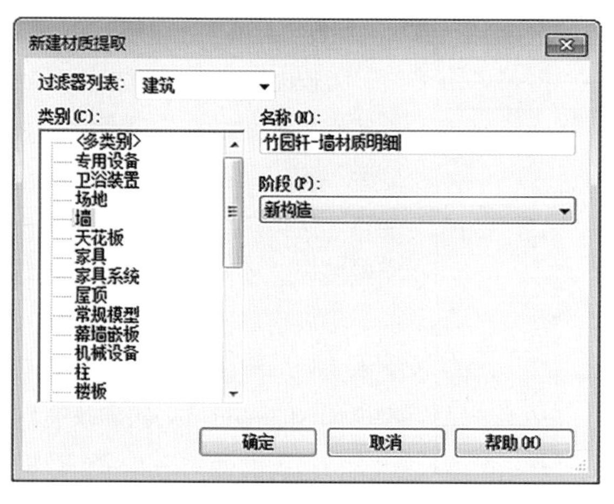

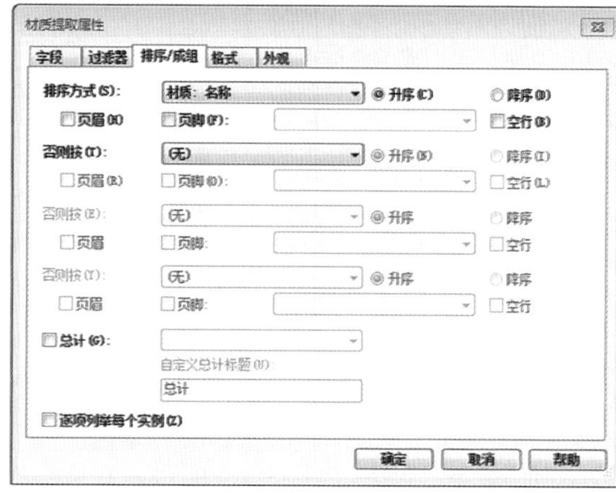

图 4-3-10　新建墙材质提取（左）

图 4-3-11　墙材质提取属性：排序 / 成组（右）

后切换至“排序 / 成组”标签，设置排序方式为“材质：名称”；不勾选“逐项列举每个实例”选项，单击“确定”按钮，完成明细表属性设置，生成“竹园轩 – 墙材质明细”明细表，如图 4–3–11 所示。注意明细表已按材质名称排列，但“材质：体积”单元格内容为空白。

（3）计算材质的体积

打开明细表视图“实例属性”对话框，单击“格式”参数后的“编辑”按钮，打开“材质提取属性”对话框并自动切换至“格式”选项卡，如图 4–3–12 所示，在“字段”列表中选择“材质：体积”字段，勾选“计算总数”选项，单击“确定”按钮两次，返回明细表视图。

注意：单击“字段格式”按钮可以设置材质体积的显示单位、精度等。默认采用项目单位设置。

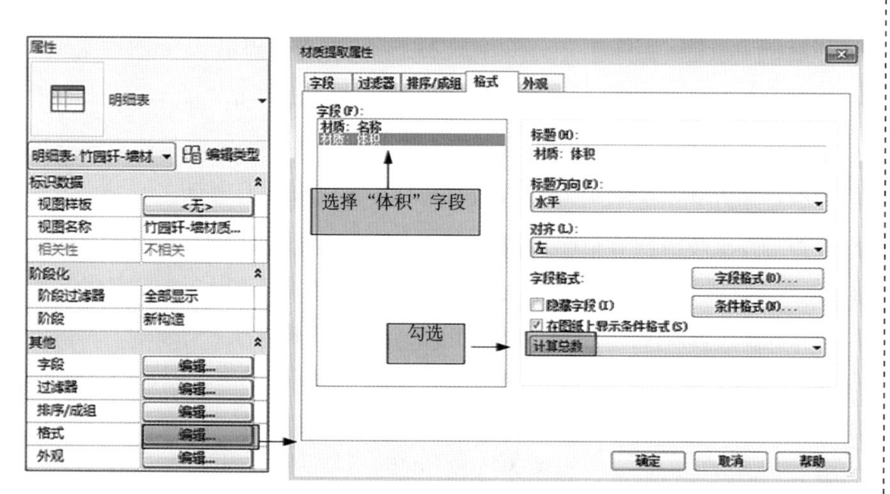

图 4-3-12　墙材质提取属性：格式

<竹园轩-墙材质明细>	
A	B
材质：名称	材质：体积
水泥砂浆	65.62
混凝土 - 现场浇注混凝土	21.36
白色涂料	0.00
砖240粘土砖	359.00
竹园轩外墙一层饰面砖	2.13
竹园轩外墙二层饰面砖	9.54
竹园轩水池压顶	0.72
竹园轩水池瓷砖	4.16
竹园轩白色涂料	0.00
竹园轩花岗岩	0.83
竹园轩花纹玻璃	0.31
竹园轩蘑菇石	0.87
竹园轩露台饰面砖	1.17
默认墙	0.36

图4-3-13　墙材质明细表

（4）材质汇总结果

Autodesk Revit 2023 会自动在明细表视图中显示各类材质的汇总体积，如图 4-3-13 所示。使用“文件菜单—导出—报告—明细表”选项，可以将所有类型的明细表均导出为以逗号分隔的文本文件，大多数电子表格应用程序如 Microsoft Excel 可以很好地支持这类文件，将其作为数据源导入电子表格程序中。其他明细表工具的使用方式都基本类似，读者可以根据需要自行创建各种明细表，限于篇幅，在此不再赘述。

学习任务二：提取模型分析信息——房间空间分析

Autodesk Revit 2023 可生成房间报告、面积体积报告，详细描述房间空间面积、体积，便于用户进行建筑设计分析。

以“竹园轩”为例，创建 1F 平面房间颜色方案与房间明细表。

操作步骤：

1. 创建房间

打开“竹园轩项目 .rvt”项目文件，切换至 1F 楼层平面视图，选择“带详图复制”复制 1F 楼层平面视图，将新视图重命名为“1F 空间分析图”。单击“建筑”——“房间分隔”按钮，选择“直线”工具，在入户门厅与楼梯间之间的门洞位置处分割出独立的房间，有墙完全围合的空间会自动生成独立的房间，不需进行本操作。

单击“建筑”——“房间”工具，在“属性”面板 /“类型选择器”中选择房间标记类型为“标记 _ 房间—有面积—黑体—4—5mm—0—8”，点击“编辑类型”按钮打开“类型属性”对话框，复制出名称为“竹园轩房间标记”的房间标记类型，上限设置为 1F，高度偏移为 1000。

激活“在放置时进行标记”工具，将鼠标移动到房间的位置，单击左键创建房间，再双击“房间”字样，重命名房间。Autodesk Revit 2023 提供了“自动放置房间”工具，可根据模型房间的分割自动生成房间。

2. 创建平面颜色方案视图

点击“房间”工具栏下方的小按钮，展开工具面板，打开“编辑颜色方案”对话框进行设置，如图 4-3-14 所示。

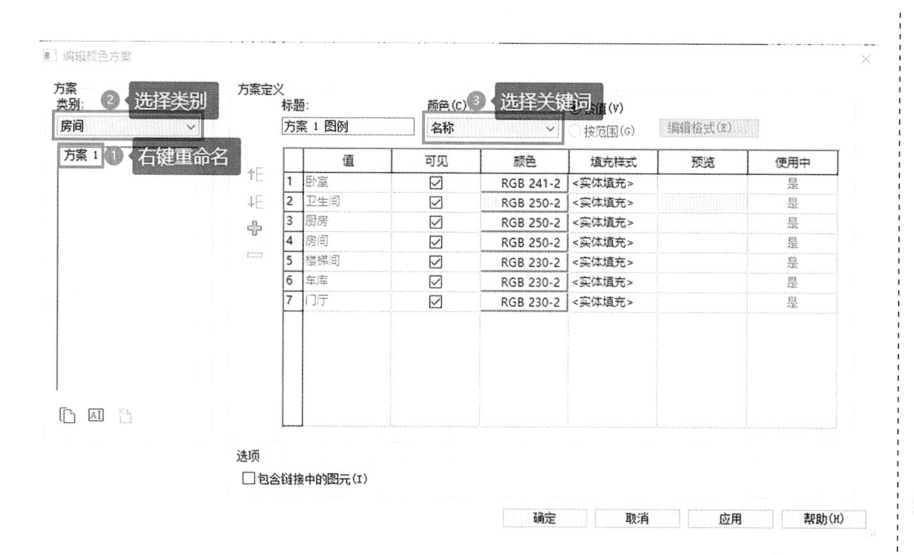

图 4-3-14　颜色方案设置

单击“注释”——“颜色填充图例”工具，自动生成填充颜色图例说明图，单击鼠标左键将其放置在视图合适位置，完成 1F 平面颜色方案视图，如图 4-3-15 所示。

3. 创建房间面积、体积明细表

单击“视图”选项卡——“明细表”工具下拉列表，在列表中选择“明细表”工具，弹出“新建明细表”对话框，如图 4-3-16 所示，在“类

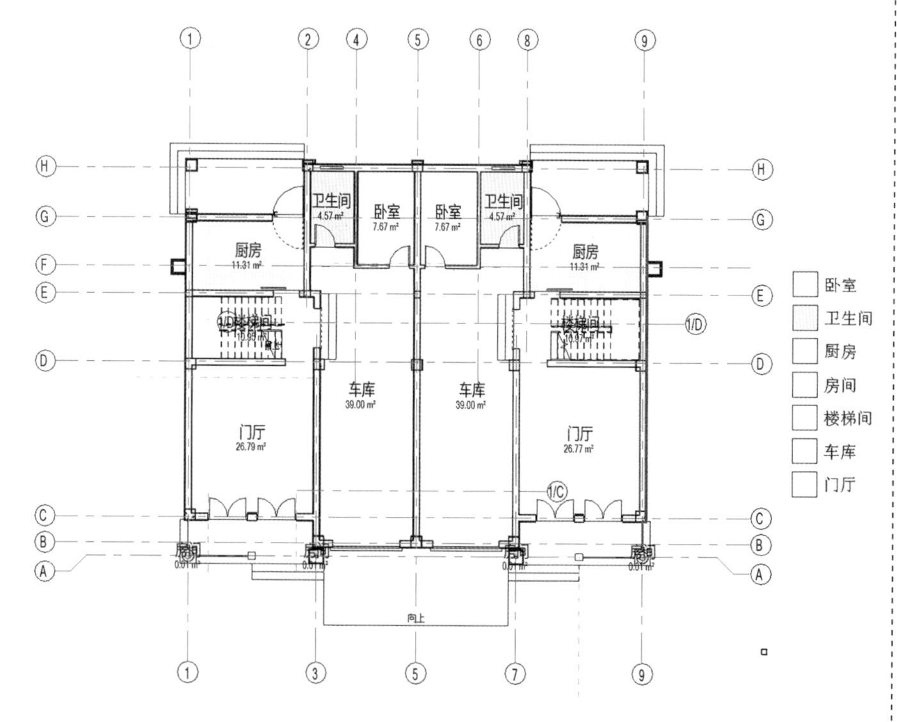

图 4-3-15　平面颜色方案完成图

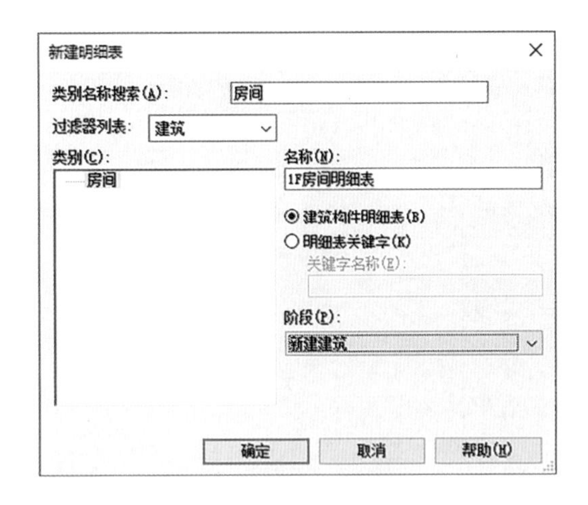

图 4-3-16　新建房间明细表

别”列表中选择“房间”类别，输入明细表名称为“1F 房间明细表”，单击“确定”按钮，打开“明细表属性”对话框。

依次添加“名称”“面积”和“体积”至明细表字段列表中，然后切换至“排序／成组”标签，设置排序方式为“名称”；不勾选“逐项列举每个实例”选项，单击“确定”按钮，完成明细表属性设置，生成“1F 房间明细表”，如图 4-3-17 所示。

<1F房间明细表>

A	B	C
面积	体积	名称
7.67	18.71	卧室
4.57	11.14	卫生间
4.57	11.14	卫生间
7.67	18.71	卧室
39.00	95.10	车库
39.00	95.10	车库
11.31	27.58	厨房
11.31	27.58	厨房
10.95	26.70	楼梯间
26.79	65.32	门厅
10.97	26.75	楼梯间
26.77	65.27	门厅

图 4-3-17　1F 房间明细表

六、任务后：知识拓展应用

扫描目录前二维码学习相关内容。

七、评价与展示

<table>
<tr><td colspan="7">学生任务清单（含课程评价）4.3</td></tr>
<tr><td colspan="2">任务名称</td><td colspan="5"></td></tr>
<tr><td colspan="2">学生姓名</td><td></td><td>班级</td><td></td><td>学号</td><td></td></tr>
<tr><td colspan="2">完成日期</td><td colspan="2"></td><td>完成效果</td><td colspan="2">（教师评价及签字）</td></tr>
<tr><td>前期导入</td><td>课前布置</td><td colspan="5">主要根据老师布置的网络学习任务，说明自己学习了什么？查阅了什么？</td></tr>
<tr><td rowspan="3">课中学习</td><td>任务目标</td><td colspan="5"></td></tr>
<tr><td rowspan="2">任务实施</td><td colspan="4" rowspan="2"></td><td>成果提交</td></tr>
<tr><td></td></tr>
<tr><td rowspan="2">复盘总结</td><td>不足之处</td><td colspan="5"></td></tr>
<tr><td>提问</td><td colspan="5">自己想和老师探讨的问题</td></tr>
<tr><td rowspan="4">过程评价</td><td>自我评价
（5 分）</td><td>课前学习</td><td>实施方法</td><td>职业素质</td><td>成果质量</td><td>分值</td></tr>
<tr><td></td><td></td><td></td><td></td><td></td><td></td></tr>
<tr><td>教师评价
（5 分）</td><td>时间观念</td><td>能力素养</td><td>成果质量</td><td>分值</td><td></td></tr>
<tr><td></td><td></td><td></td><td></td><td></td><td></td></tr>
</table>

5

Mokuaiwu　Qita Ruanjian Zhong Moxing De Yingyong

模块五　其他软件中模型的应用

情境引入：2021 年，由中国建筑承建的中国政府援柬埔寨体育场项目正式启用，象征着中柬“友谊之船”、两国民心相通新地标落成。该项目是中柬共建“一带一路”框架下合作的硕果，是中国政府迄今为止对外援建规模最大、等级最高的体育场。这是一座可容纳 6 万名观众的特大型体育场，作为 2023 年东南亚运动会的主会场。该项目引进 VR、AR、3D 打印技术，并与 BIM 结合进行设计与施工。使用 Lumion 对大场景进行排布设计，在 Revit 内部对室内各房间进行实时渲染，覆盖所有重点房间型号，进行无死角优化，从而达到表达效果。并利用 NavisWorks 进行碰撞检查，从而优化设计。

· 用 Lumion 进行渲染的可视化表达效果，有什么优势呢？

· 如何使用 Lumion 进行可视化表达？

· 在施工项目中，使用 Navisworks 进行碰撞较传统的图纸审核有什么不同？

· 如何使用 Navisworks 进行碰撞检验？

· 如何使用 Navisworks 生成动画？

· 如何使用 Navisworks 进行进度控制？

项目一　Navisworks 中的应用

一、学习任务描述

Autodesk Navisworks（以下简称 Navisworks）用于整合、浏览、查看和管理建筑工程过程中多种 BIM 模型和信息。Navisworks 可以读取多种三维软件生成的数据文件，从而对工程项目进行整合、浏览和审阅。在 Navisworks 中，不论是 Autodesk Revit 生成的模型文件，还是 3ds Max 生成的 3ds、fbx 格式文件，乃至非 Autodesk 公司的产品，如 Bentley Microstation、Dassault Catia、Trimble SketchUp 创建的文件，均可以轻松地由 Navisworks 读取并整合为单一的 BIM 模型。

Navisworks 提供了 Clash Detective（碰撞检查）工具，用于快速查找当前场景中不同三维模型之间的干涉与冲突。Clash Detective 允许用户指定任意两个选定的项目，根据用户自定义的规则由 Navisworks 自动检测所选定的项目间是否存在干涉与冲突。Navisworks 还允许用户对所选择的对象进行相互间距离的检测。

在 Navisworks 中可以根据施工组织计划预演工程施工的过程，使用 Navisworks 的 TimeLiner（时间进度）工具就可实现。可以对模型中每一个构件添加实际开工时间、完工时间、人工费、材料费等信息，得到包含

3D模型、时间过程和费用在内的5D BIM模型，实现施工计划预演、施工过程管理和控制等功能。

在Navisworks中对已载入的三维场景可进行渲染和表现。操作简洁方便，且属轻量化模型计算，可大大节约时间，提高工作效率，实现即时出效果图与展示视频。

通过用Navisworks软件对“竹园轩”项目进行碰撞检查和施工计划预演，掌握通过Navisworks对Revit模型进行碰撞检查，检测设计的不合理之处，运用施工模拟功能创建施工进度动画视频，同时对模型进行可视化展示输出，最后完成碰撞检测报告文件、施工进度视频与可视化视频文件的输出。

二、任务目标

1. 完成“竹园轩”项目的碰撞检查审阅
2. 完成“竹园轩”项目的场景动画
3. 完成“竹园轩”项目的施工工序模拟

三、思维导图

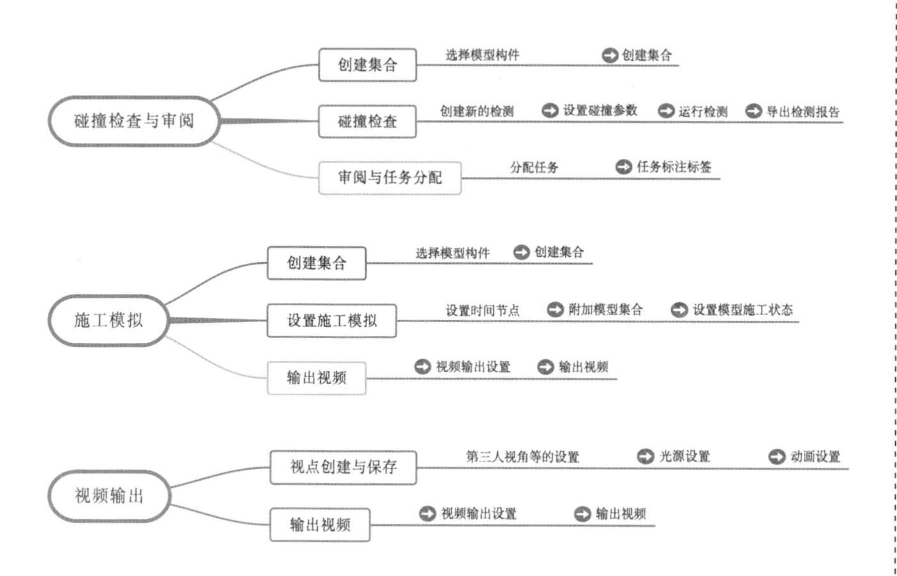

四、任务前：思考并明确学习任务

1. 学习任务一：对“竹园轩”项目进行机电模型与建筑、结构模型的碰撞检查

2. 学习任务二：对“竹园轩”项目制作场景动画

3. 学习任务三：对“竹园轩”项目进行施工模拟

五、任务中：任务实施

Navisworks 2023 版本可以直接打开 Autodesk Revit 的模型文件，并可以通过附加工具附加或合并其他模型文件为一个完整的文件，同时完整保存模型各细节的信息，选择各个构件的操作十分便捷。Navisworks 2023 主界面如图 5-1-1 所示。

单击"应用程序"菜单按钮的"保存"按钮，保存文件，注意软件会自动生成"*.nwc"格式的缓存文件，正式的 Navisworks 为"*.nwd"或"*.nwf"格式文件。

Navisworks 支持文件格式为 nwc、nwf、nwd 数据格式文件，其区别见表 5-1-1。

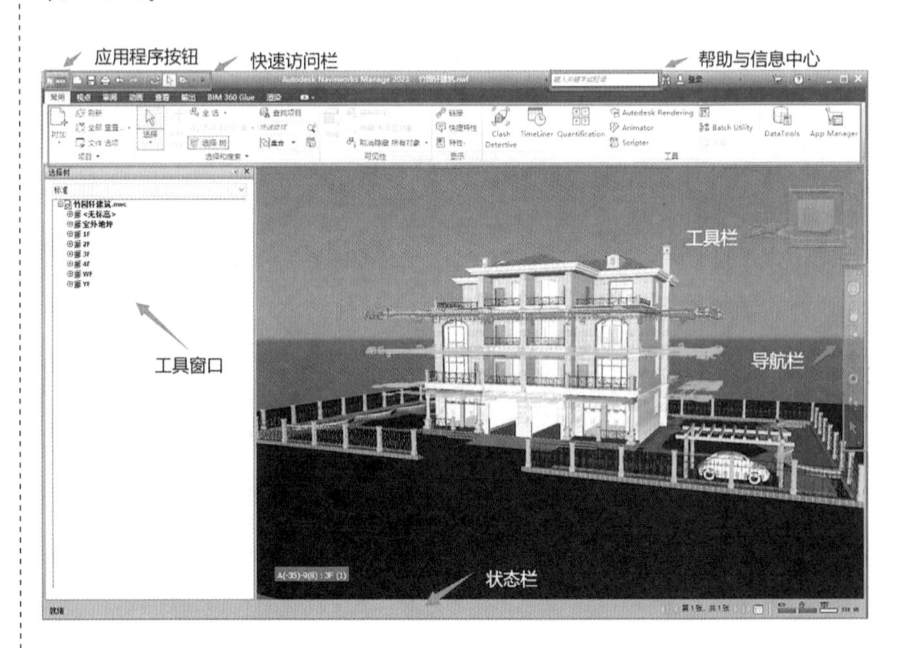

图 5-1-1 Navisworks 2023 主界面

Navisworks 支持的几种文件格式的区别　　表 5-1-1

格式名称	格式介绍
nwc	Navisworks 缓存文件，用于读取其他模型数据时的中间格式，只能在读取其他软件（Autodesk Revit）生成的数据时自动生成，Navisworks 并不能直接保存或修改 nwc 格式的数据文件
nwf	Navisworks 工作文件，保持与 nwc 文件的链接关系，且将工作过程中的测量、审阅、视点等数据一同保存。在打开 nwf 文件时，Navisworks 将重新访问和读取所有链接至当前场景文件中的原始链接数据，必须确保这些原始数据的目录位置及名称不变，否则 Navisworks 会出现无法找到原始数据的情况，绝大多数情况下，在工作过程中使用该文件格式用于及时查看最新的场景模型状态
nwd	Navisworks 数据文件，所有模型数据、过程审阅数据、视点数据等均整合在单一 nwd 文件中，打开时将不再读取原数据文件。绝大多数情况下在项目发布或过程存档阶段使用该格式

学习任务一：机电与建筑、结构的碰撞检查——Clash Detective

Navisworks Manager 的 Clash Detective 工具可以检测场景中的模型图元是否发生干涉。Clash Detective 工具将自动根据用户所指定两个选择集中的图元，按照指定的条件进行碰撞测试，当满足碰撞的设定条件时，Navisworks 将记录该碰撞结果，以便于用户对碰撞的结果进行管理。注意，安装 Navisworks 时，会同时安装三款 Navisworks 相关软件，只有 Navisworks Manager 中才提供 Clash Detective 工具模块。

以“竹园轩”为例，对 1F 墙体与 1F 卫浴系统模型进行碰撞检查，并生成对应的碰撞检查成果。

操作步骤：

1. 打开、整合“竹园轩”Autodesk Revit 建筑结构、机电模型

双击 Navisworks Manager 2023 图标打开软件，打开文件，选择 Revit(*.rvt;*.rfa;*.rte)，直接打开“竹园轩建筑”模型。如图 5-1-2 所示。

点击“常用”——“附加”——“附加”工具，选择“竹园轩机电”模型，将“竹园轩机电”附加到“竹园轩建筑”模型中。如图 5-1-3 所示。

2. 选择图元

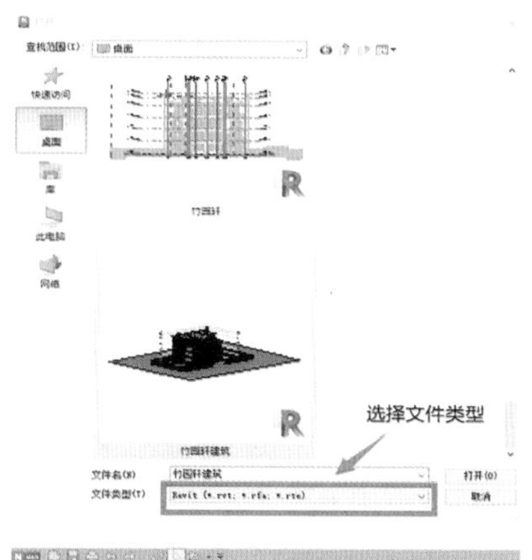

图 5-1-2　打开模型文件

Navisworks 通过选择树层级对场景中的图元进行管理，在选择树中，层级最低的为几何图形。导入的 Revit 族模型创建时是将一系列的几何图形拉伸、放样等建模手段创建的对象，为最高层级对象。

单击“常用”——“选择和搜索”展开下拉列表，单击“选取精度”文本框小三角展开该下拉列表，在“选取精度”列表中选择当前选择的精度为“最高层级的对象”。

单击“常用”选项卡——“选择和搜索”面板——“选择树”工具按钮，激活“选择树”工具窗口，移动鼠标指针到 1F 入户门位置，单击该图元，在选择树中显示该图元的不同精度层级，如图 5-1-4 所示。

Navisworks 提供了单选、框选图元的方式，框选模式只会选择完全

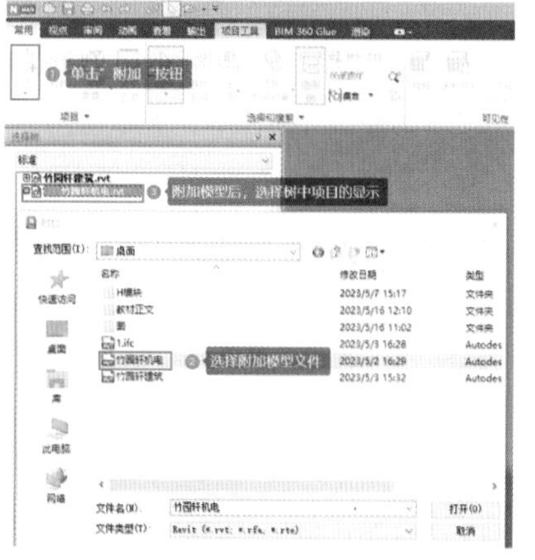

图 5-1-3　“竹园轩”建筑附加机电模型

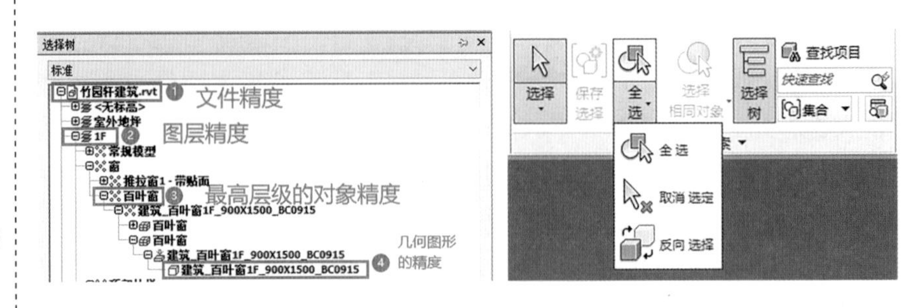

图 5-1-4　选择树结构（左）
图 5-1-5　选择工具（右）

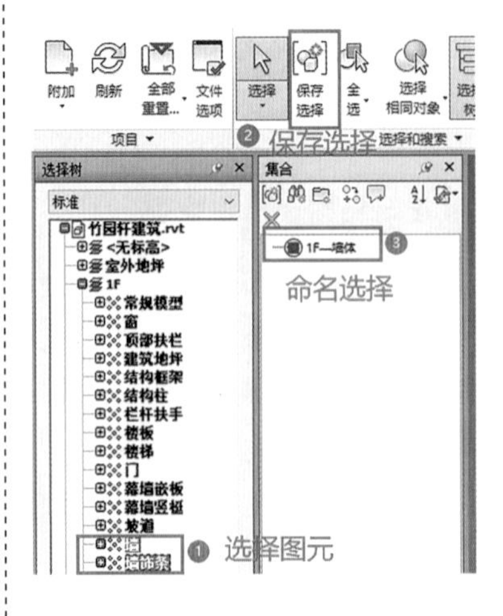

图 5-1-6　选择工具

被选择框包含的图元。另外 Navisworks 还提供了几个用于快速选择的工具：使用“全选”工具选择当前场景中的全部图元，使用“反向选择”工具用于选择当前场景中所有未选择的图元，“取消选择”工具取消当前选择集，其作用与按 Esc 键作用相同，如图 5-1-5 所示。

3. 创建选择集

在 Navisworks 中，用户可以随时对场景中所做的图元选择进行保存，保存的选择集可以随时再次选择已保存于选择集中的图元。

使用选择工具，打开选择树面板，选择“1F”—“墙”，配合“Ctrl”键继续点击选择“墙饰条”，单击“保存选择”命令，修改“选择集”的名称“1F—墙体”，如图 5-1-6 所示。

单击“常用”选项卡——“选择与搜索”面板——“集合”下拉列表，在下拉列表中单击“管理集”选项，打开“集合”工具面板。在“集合”工具面板中显示了该场景文件中已保存的所有选择集合，如“1F—墙体”，如图 5-1-7 所示。

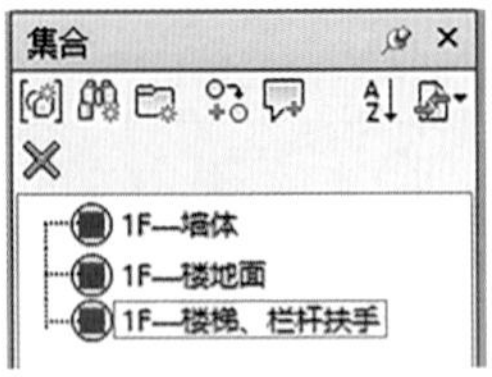

图 5-1-7　集合工具

4. 编辑选择集

在 Navisworks 中，用户可以随时将场景中所做的图元选择，如单击“1F—墙体”集选择 1F 墙体与墙饰条图元，再配合 Ctrl 键单击选择“幕墙嵌板”图元，在“集合”面板中“1F—墙体”集名称处单击鼠标右键，在弹出的快捷菜单中选择“更新”，将该选择集更新为当前选择状态，向“选择集”中添加新图元。即“1F—墙体”选择集就新增包含了 1F 幕墙嵌板图元，如图 5-1-8 所示。

按上述步骤创建“1F—卫浴管道”集，其中包含“管道”“管道附件”“机械设备”图元。

5. 碰撞检查的设置

单击“Clash Detective”按钮，打开碰撞检测面板，单击“添加检测”，将测试名称重命名为“1F墙VS卫浴管道”。“1F−墙体”集设置为选择A集，“1F−卫浴管道”集设置为选择B集，类型设置为“间隙”，公差为0.010m，点击“运行检测”按钮，进行碰撞检测计算，碰撞检查设置操作如图5−1−9所示。

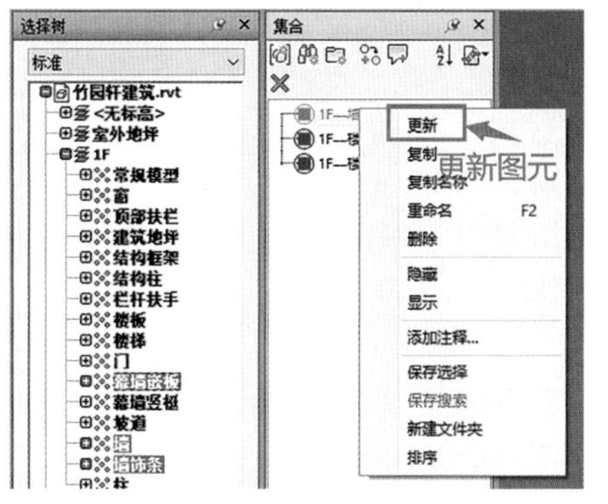

图5−1−8　编辑选择集图元

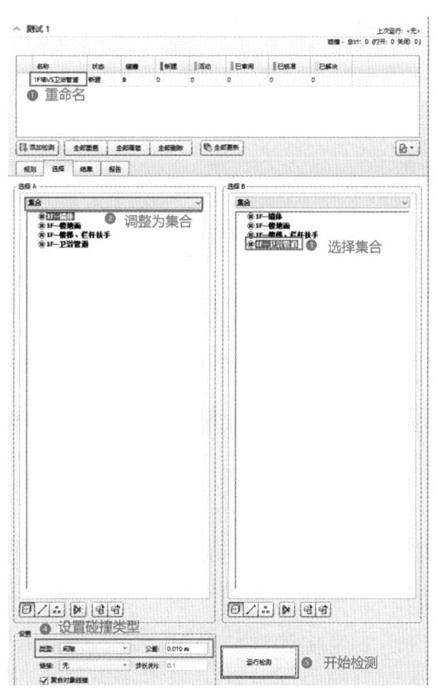

图5−1−9　设置碰撞检查

Navisworks提供了四种碰撞检查的方式，分别是硬碰撞、硬碰撞（保守）、间隙和重复项。其中，硬碰撞和间隙是最常用的两种方式：硬碰撞用于查找场景中两个模型图元间发生交叉、接触方式的干涉和碰撞冲突；而间隙的方式则用于检测所指定未发生空间接触的两个模型图元之间的间距是否满足要求，所有小于指定间距的图元均被视为碰撞。重复项方式则用于查找模型场景中是否有完全重叠的模型图元，以检测原场景文件模型的正确性。

6. 导出报告

Navisworks可以将“Clash Detective”中检测的冲突检测结果导出为报告文件与视点报告两大类型。用户可通过使用“报告”面板将已有冲突检测报告导出为文档XML/HTML等文件，如图5−1−10所示。

7. 创建碰撞检查视点动画

将报告形式设置为“作为视点”，单击“写报告”工具，Navisworks 2023自动生成碰撞点视点。

单击“测试1”选项左键，选择添加动画，重命名为“碰撞动画”，按住Shift或Ctrl键，全部选择或部分选择碰撞视点，拖拽选中的视点放置到动画中，如图5−1−11所示。

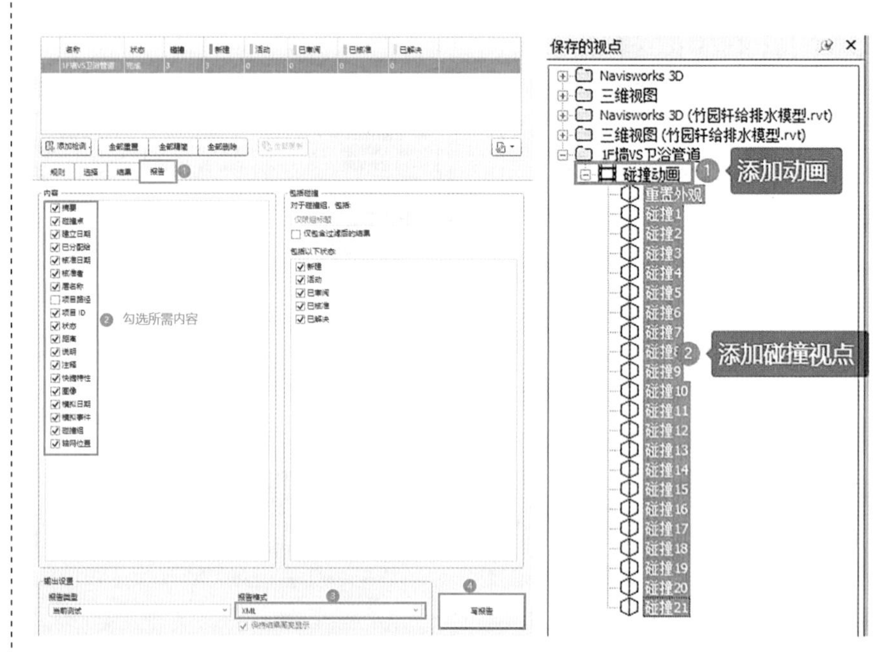

图 5-1-10 导出碰撞报告（左）
图 5-1-11 创建视点动画（右）

单击“动画”选项左键，选择“编辑”工具，将持续时间设置为 30 秒，不勾选“循环播放”，完成碰撞视点动画的制作。

学习任务二：制作“竹园轩”场景动画——Animator 动画

Navisworks 2023 的 Animator 工具还提供了对象动画功能，以便用户对项目进行展示与观察，用户可以在 Animator 工具面板中完成动画场景的添加与制作。Animator 能以关键帧的形式记录在时间点中的图元位置变换、剖面、相机三种不同类型的动画形式，用于实现如对象移动、对象旋转、剖切面变化等动画表现。在 Navisworks 中，每个图元均可添加多个不同的动画，多个动画最终形成完整的动画集。而视点动画可以通过保存各个视点，自动生成漫游动画，调整视点时，可通过操作 View Cube 或鼠标操作进行，同时 Navisworks 2023 提供了环视与漫游两种视点工具。

以“竹园轩”为例，完成由室外到室内整体模型的展示视频，并输出视频文件。

操作步骤：

1. 创建、添加视点

打开“视点”选项卡，视点模式设置为“透视”，“对齐相机”设置为“伸直”，单击“视点”选项卡——“模式”面板——“完全渲染”，设置为渲染模式。

长按鼠标中键，配合 Ctrl 键，旋转调整视点角度，滚动鼠标中键，调

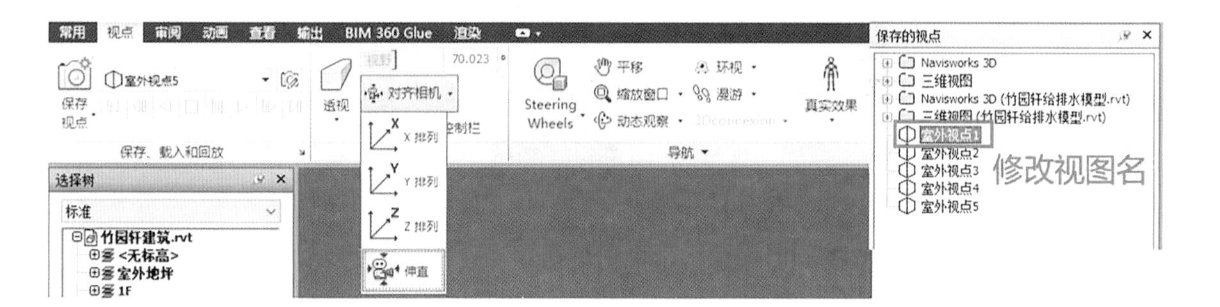

图 5-1-12　设置视点

整模型在视图中的远近关系。调整好视点后，单击“保存视点”按钮，将视图名称修改为“室外视点 1”，如图 5-1-12 所示。

重复上述操作，环绕“竹园轩”模型外部，设置多个不同角度的视点。

滚动鼠标中键，进入模型室内空间，单击“视点”选项卡——“漫游”面板——“漫游”工具，长按鼠标左键并移动鼠标，完成在室内的视点调整，按照设置与保存室外视点的方式完成室内视点的设置。

注意：在室内进行视点调整时，“漫游”工具能提供“真实效果”中的“碰撞”“重力”“蹲伏”工具。

2. 添加动画

单击“动画”选项卡——“Animator 工具”，打开 Animator 工具窗口，如图 5-1-13 所示。

单击按钮，自动生成名称为“场景 1”的场景，修改名称为“展示动画”。Animator 面板中默认禁止使用中文输入法。用户可以在空白文本中输入需要的中文名称后，复制、粘贴到动画场景的名称位置。

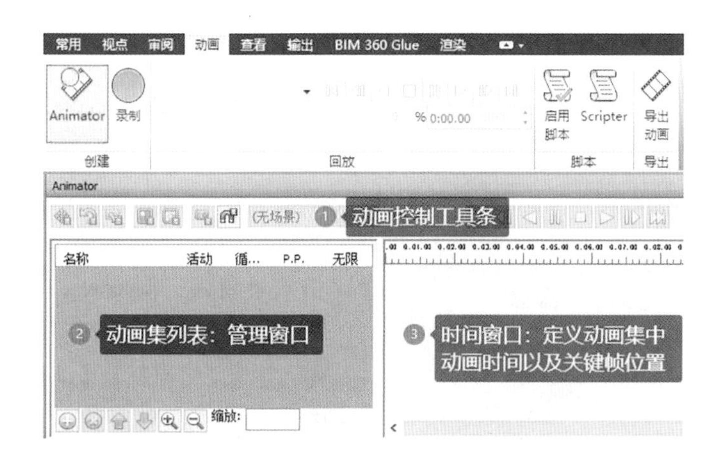

图 5-1-13　Animator 工具

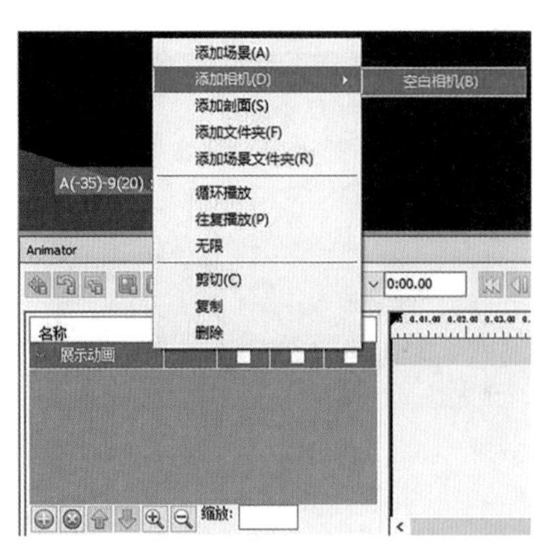

图 5-1-14　添加场景展示动画

将鼠标放置在“展示动画”文件上，单击左键，选择“添加相机”——“空白相机”。Animator 动画是按照场景中的变换，按照一定的时间顺序连接而成，通过在指定时间位置使用捕捉关键帧的方式生成关键帧动画，如图 5-1-14 所示。

确认当前时间为“0:00.00”，单击“室外视点 1”，点击工具栏中“捕捉关键帧”按钮，通过捕捉关键帧的方式，将“室外视点 1”的视点作为动画开始的关键帧状态。

单击选择室外车辆模型，将鼠标放置在“展示动画”文件上，单击左键，选择“添加动画集”——“从当前选择”，重命名为“汽车动画集”，选择车辆模型，单击平移动画集工具，出现“X,Y,Z”移动坐标轴，拖拽坐标轴移动车辆到适当位置，单击旋转动画集工具，旋转汽车方向，如图 5-1-15 所示。

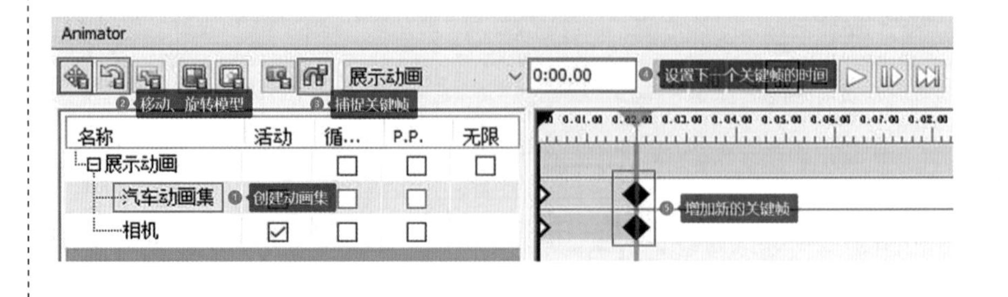

图 5-1-15　设置关键帧

重复上述操作，完成所有关键帧的视点与模型位置设置。

3. 查看 Animator 对象动画

打开“动画”选项卡，单击动画播放工具，预览观察所创建的动画。

4. 视频的输出与保存

单击“动画”选项卡——“导出动画”工具，选择“当前 Animator 场景”，输出格式设置为“Windows AVI”，点击“确定”按钮后，设定保存路径与文件名称，完成“竹园轩场景动画”视频的制作，如图 5-1-16 所示。

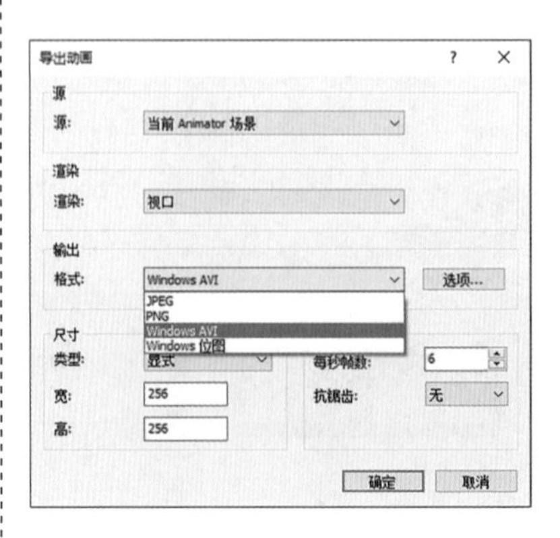

图 5-1-16　导出动画

学习任务三：模拟项目施工工序——TimeLiner

Navisworks 2023 提供了 TimeLiner 模块，能根据场景中定义的施工时间节点与施工任务，生成施工过程模拟动画。在 Navisworks 中，要定义施工过程模拟动画必须首先制订详细的施工任务。每个施工任务均可以记录计划开始及结束时间、该任务的实际开始及结束时间、人工费、材料费等费用信息等。

以“竹园轩”为例，完成 1F 楼层“柱”→“楼板、楼梯”→“墙”→“门窗”的施工工序模拟，并输出模拟施工工序视频文件，如图 5-1-17 所示。

集合名称	计划开始时间	计划结束时间	实际开始时间	实际结束时间
1F一柱	2023.01.01	2023.01.07	2023.01.01	2023.01.07
1F一楼板、楼梯	2023.01.08	2023.01.16	2023.01.08	2023.01.18
1F一墙	2023.01.17	2023.01.24	2023.01.19	2023.01.27
1F一门窗	2023.01.25	2023.01.30	2023.01.25	2023.01.30

图 5-1-17　时间节点计划

操作步骤：

1. 创建选择集

分别选择“竹园轩建筑”1F 中的“柱”“楼板、楼梯”“墙”“门窗”图元，创建“1F—柱”“1F—楼板、楼梯”“1F—墙”“1F—门窗”集合，如图 5-1-18 所示。

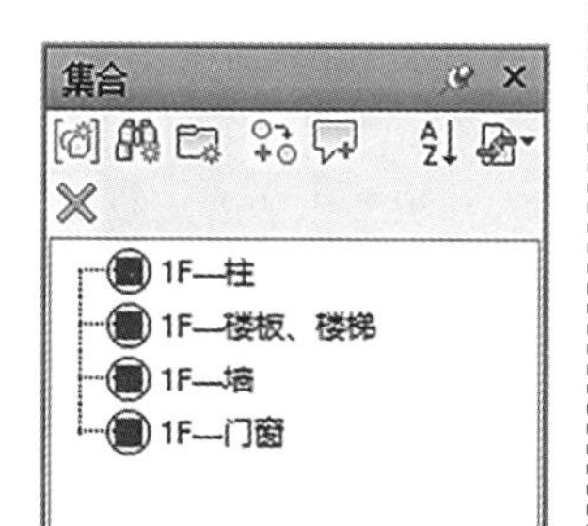

图 5-1-18　创建选择集

2. 打开 TimeLiner 工具

单击“常用”选项卡下“工具”面板中的“TimeLiner”，将打开“TimeLiner”工具窗口，如图 5-1-19 所示。

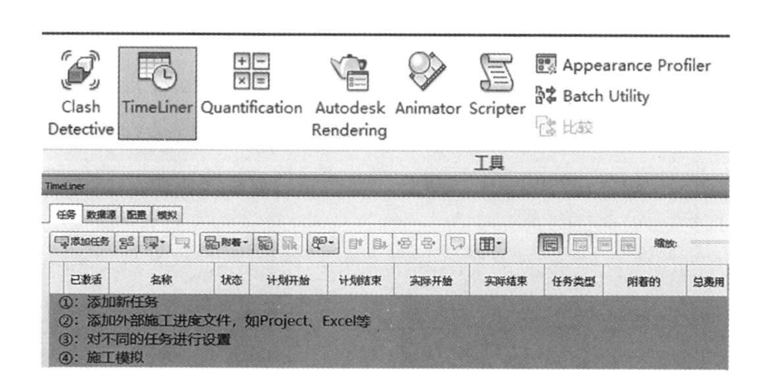

图 5-1-19　TimeLiner 工具栏

3. 添加任务

单击“添加任务”工具按钮，在左侧任务窗格中添加一个新任务，该施工任务默认名称为“新任务”。双击将当前任务重命名为“1F—柱”；单击“计划开始”列单元格，在弹出的日历中选择 2023 年 01 月 01 日作为该任务计划开始日期，使用同样的方式修改“计划结束”日期为 2023 年 01 月 07 日；单击“1F—柱”施工任务中“任务类型”列单元格，在“任务类型”下拉列表中选择“构造”。

右键单击“1F—柱”施工任务名称，在弹出的右键菜单中选择“附着集合”，将“1F—柱”选择集附着给该任务。

Navisworks 允许用户附着选择集中的图元，也可以使用“附加当前选择”的方式将当前场景中选择的图元附着给施工任务，如图 5-1-20 所示。

图 5-1-20 设置任务

任务窗口的右侧，显示了甘特图的形式：显示或隐藏甘特图、显示计划日期、显示实际日期、显示计划日期与实际日期，如图 5-1-21 所示。

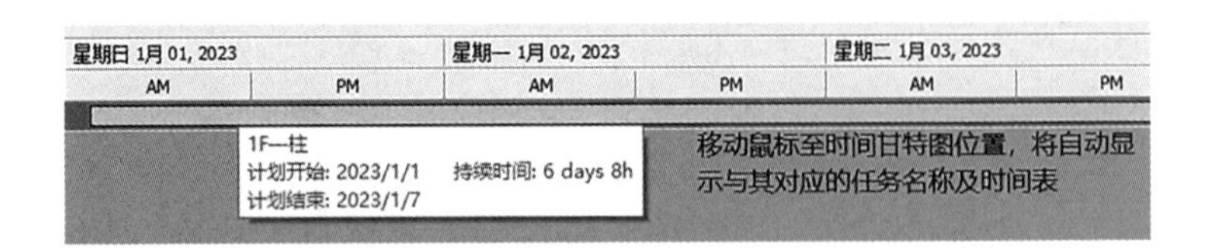

图 5-1-21 时间的显示

任务列显示的设置：单击“TimeLiner”工具窗口中的“列”下拉列表，在下拉列表中选择“基本”“标准”“扩展”“自定义”选项进行数据显示切换，当使用“自定义”时，Navisworks 允许用户在“选择 TimeLiner 列”对话框中指定要显示在任务列表中的信息，如图 5-1-22 所示。

Navisworks 允许用户自定义直接添加施工节点或修改任务，也可以导入 Microsoft Project、Excel 等施工进度管理工具生成施工进度数据，并依据这些数据为当前场景自动生成施工节点数据。

4. 设定任务类型配置

在施工任务中除必须定义时间信息外，还必须指定各施工任务的任务类型。在 TimeLiner 中，任务类型决定该任务在施工模拟展示时图元显示的方式及状态。Navisworks 2023 默认提供了“构造”“拆除”“临时”三种

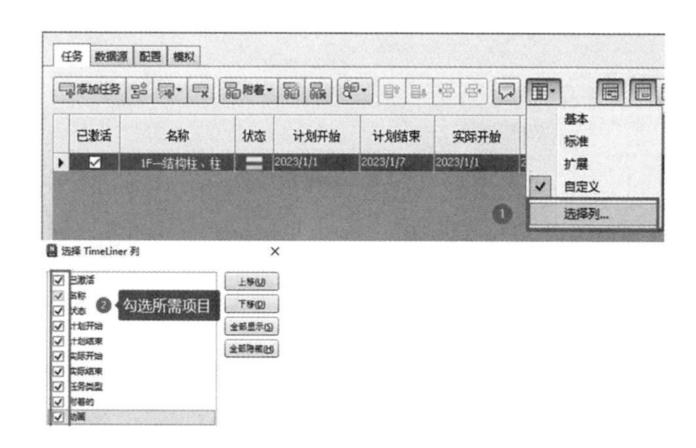

图 5-1-22　选择列操作

任务类型，任务类型用于显示不同的施工任务中各模型的显示状态。如可定义“构造”任务类型，当该任务开始时，使用 90% 绿色透明显示，在该任务结束时，以模型外观的形式显示。

Navisworks 2023 允许用户自定义任务类型在施工模拟时的外观表现。单击“TimeLiner”工具窗口“配置”选项进行自定义任务类型的外观表现，如图 5-1-23 所示。

依照上述步骤，依次添加“1F—楼板、楼梯”“1F—墙”“1F—门窗”任务。

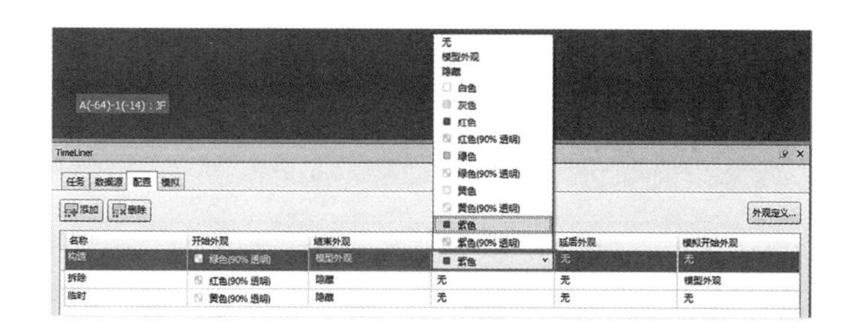

图 5-1-23　设置显示颜色配置

5. 输出模拟成果

进度模拟设置

单击 TimeLiner 工具窗口的“模拟”选项卡，Navisworks 将自动根据施工任务设置当前场景。单击“播放”按钮在当前场景中预览施工任务进展情况，Navisworks 将以 4D 动画的方式显示各施工任务对应的图元先后施工关系。允许用户设置施工动画的显示内容、模拟时长、信息显示等信息。

单击工具栏中的“日历”图标，在日历中选择 2023 年 01 月 01 日，Navisworks 2023 将在 TimeLiner 中显示当天的施工任务名称为“1F—柱”、状态及计划开始及结束时间等信息以及对应的甘特图情况，同时施工动画滑块将移动至该日期对应的时间位置，并在场景中显示该日期的施工状态，如图 5-1-24 所示。

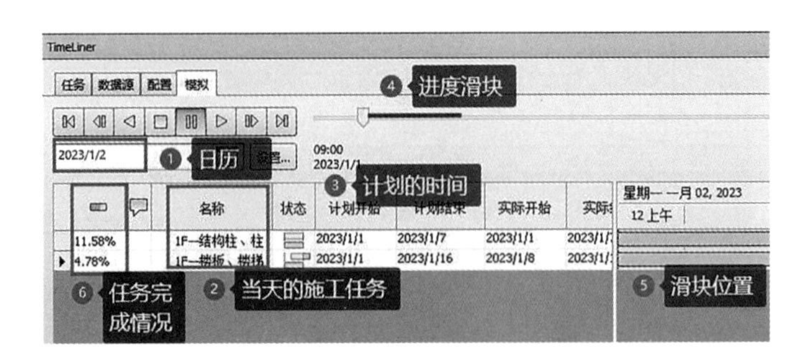

图 5-1-24 TimeLiner 模拟工具栏

单击“设置”按钮，打开“模拟设置”对话框，进行有关模拟设置。“替代开始／结束日期”选项用于设置仅在模拟时模拟指定时间范围内的施工任务；“时间间隔大小”值用于定义施工动画每一帧之间的步长间隔，可按整个动画的百分比以及时间间隔进行设置，修改“时间间隔大小”为1天，即每天生成一个动画关键帧；“回放持续时间（秒）”选项用于定义播放完成当前场景中所有已定义的施工任务所需要的动画时间总长度，如图 5-1-25 所示。

模拟设置：勾选“显示时间间隔内的全部任务”选项，则将在任务列表中显示该时间间隔范围内所有开始、结束及正在进行的任务名称，并将所有的显示任务应用“任务开始”外观，否则将只显示在该时间间隔内正在进行的任务名称。

单击“导出动画”按钮，打开“导出动画”对话框。在“导出动画”对话框中进行有关设置，如图 5-1-26 所示。

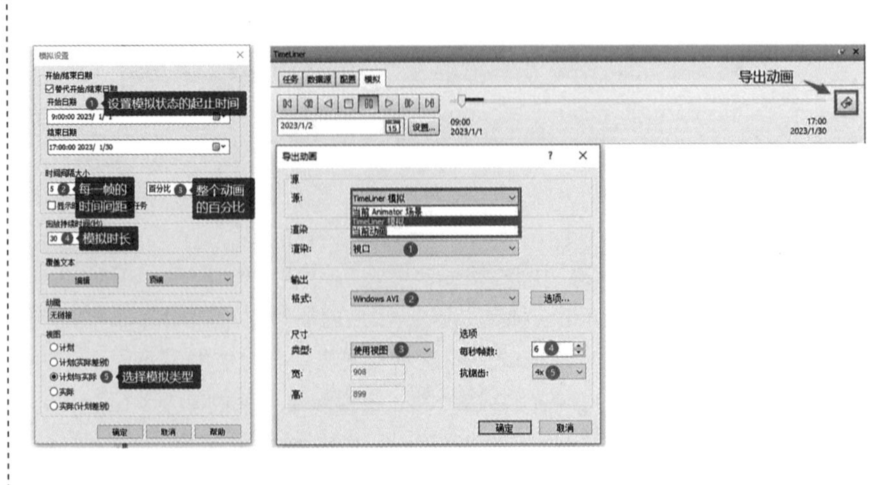

图 5-1-25 TimeLiner 模拟设置（左）
图 5-1-26 TimeLiner 导出模拟动画（右）

六、任务后：知识拓展应用

扫描目录前二维码学习相关内容。

七、评价与展示

<table>
<tr><td colspan="7">学生任务清单（含课程评价）5.1</td></tr>
<tr><td rowspan="3">前期导入</td><td>任务名称</td><td colspan="5"></td></tr>
<tr><td>学生姓名</td><td></td><td>班级</td><td></td><td>学号</td><td></td></tr>
<tr><td>完成日期</td><td colspan="2"></td><td>完成效果</td><td colspan="2">（教师评价及签字）</td></tr>
<tr><td rowspan="3">明确任务</td><td>任务目标</td><td colspan="5"></td></tr>
<tr><td rowspan="2">任务实施</td><td colspan="4" rowspan="2"></td><td>成果提交</td></tr>
<tr><td></td></tr>
<tr><td>自学简述</td><td>课前布置</td><td colspan="5">主要根据老师布置的网络学习任务，说明自己学习了什么？查阅了什么？</td></tr>
<tr><td rowspan="2">学习复习</td><td>不足之处</td><td colspan="5"></td></tr>
<tr><td>提问</td><td colspan="5">自己想和老师探讨的问题</td></tr>
<tr><td rowspan="4">过程评价</td><td>自我评价
（5分）</td><td>课前学习</td><td>实施方法</td><td>职业素质</td><td>成果质量</td><td>分值</td></tr>
<tr><td></td><td></td><td></td><td></td><td></td><td></td></tr>
<tr><td>教师评价
（5分）</td><td>时间观念</td><td>能力素养</td><td>成果质量</td><td>分值</td><td></td></tr>
<tr><td></td><td></td><td></td><td></td><td></td><td></td></tr>
</table>

项目二　Lumion 应用

一、学习任务描述

Lumion 11.0 是一个实时的 3D 可视化工具软件，主要用来制作电影和静帧作品，涉及建筑、规划和设计等诸多领域。Lumion 11.0 的特点是人们能够快速地在计算机上直接创建和预览虚拟现实场景。

Lumion 11.0 支持使用 SketchUp、Revit、3ds Max 和其他许多软件创建的三维模型。Lumion 11.0 软件本身包含了一个庞大而丰富的 3D 模型和材质库，包括建筑、汽车、人物、动物、街道、街饰、地表、石头、水等数百种材质。Lumion 11.0 还内置了植物、人与动物、电影特效、特殊效果、环境和天气、风、天空以及灯光插件等诸多要素，结合光影功能，快速塑造逼真动画场景。

Lumion 11.0 不仅可以快速输出效果较好的效果图，还可以渲染，便于生成全景图像。我们也可以利用 Lumion 11.0 创建三维可视化视频，并做到一年四季、白天黑夜、阳光雨雪自然的变化。它不仅是快而简单，而且是高效率与高质量设计的解决方案。

通过制作“竹园轩”的场景文件，输出“竹园轩”可视化结果。

二、任务目标

实训：以“竹园轩”为例，完成 Revit 模型在 Lumion 11.0 中的可视化应用。即用 Lumion 11.0 软件制作场景并输出可视化结果，学习 Revit 模型的可视化应用。

三、思维导图

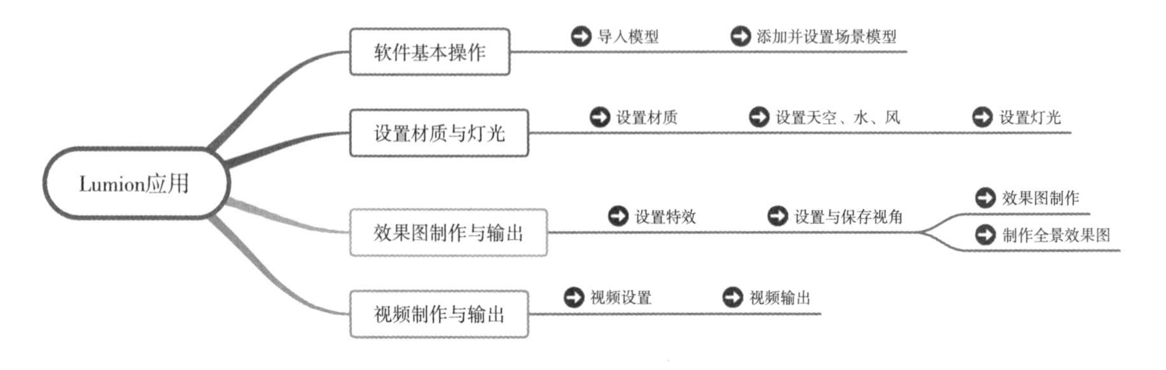

四、任务前：思考并明确学习任务

1. 如何将 Revit 模型导入 Lumion 11.0 中？

2. 在 Lumion 11.0 中如何创建场景模型？

3. 在 Lumion 11.0 中如何输出可视化结果？

五、任务中：任务实施

学习任务一：创建竹园轩场景

操作步骤：

1. 准备工作

Lumion 11.0 不能创建它自带的场景模型外的模型，但能载入一系列常用的三维建模软件创建的模型，如 3ds Max、SketchUp、FBX 等格式的模型文件，Lumion 11.0 不能直接打开 Revit 模型文件。完成"竹园轩"Revit 模型后，打开模型文件，切换到三维模式，将模型文件导入"Lumion 11.0"软件中，格式有两种方式：第一种，单击 Revit 中的"Lumion 11.0"插件，导出".dae"格式文件，如图 5-2-1 所示；第二种，单击"文件"菜单，选择导出"IFC"格式，导出"IFC"格式文件，单击"保存"导出文件，如图 5-2-2 所示。

2. 创建 Lumion 11.0 场景文件

安装好 Lumion 11.0 软件后，双击桌面 Lumion 11.0 快捷图标，启动 Lumion 11.0 后，单击"创建新的"，Lumion 11.0 软件会显示九个场景模板，选择一个场景模板，进入 Lumion 11.0 场景界面，主要包括选

(a)

(b)

图 5-2-1　.dae 格式文件操作

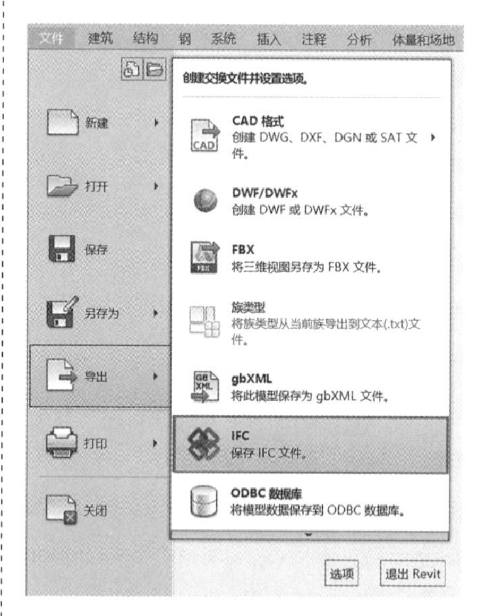

图 5-2-2 IFC 格式文件操作

项卡、工具箱、功能设置栏、图层栏和场景编辑区。如图 5-2-3 所示。

3. 模型导入

单击 Lumion 11.0 场景界面左侧素材库选项卡的“导入新模型”按钮，可以通过导入的方式在场景中添加“.dae”“.ifc”“.skp”等模型文件。模型导入时将模型重命名，最好为字母或数字名称，确定后模型将会导入 Lumion 11.0 模型库中，当导入成功后，单击鼠标左键放置于场景中，选择调整高度按钮（也可以直接长按快捷键 H）调整模型的高度位置，如图 5-2-4 所示。

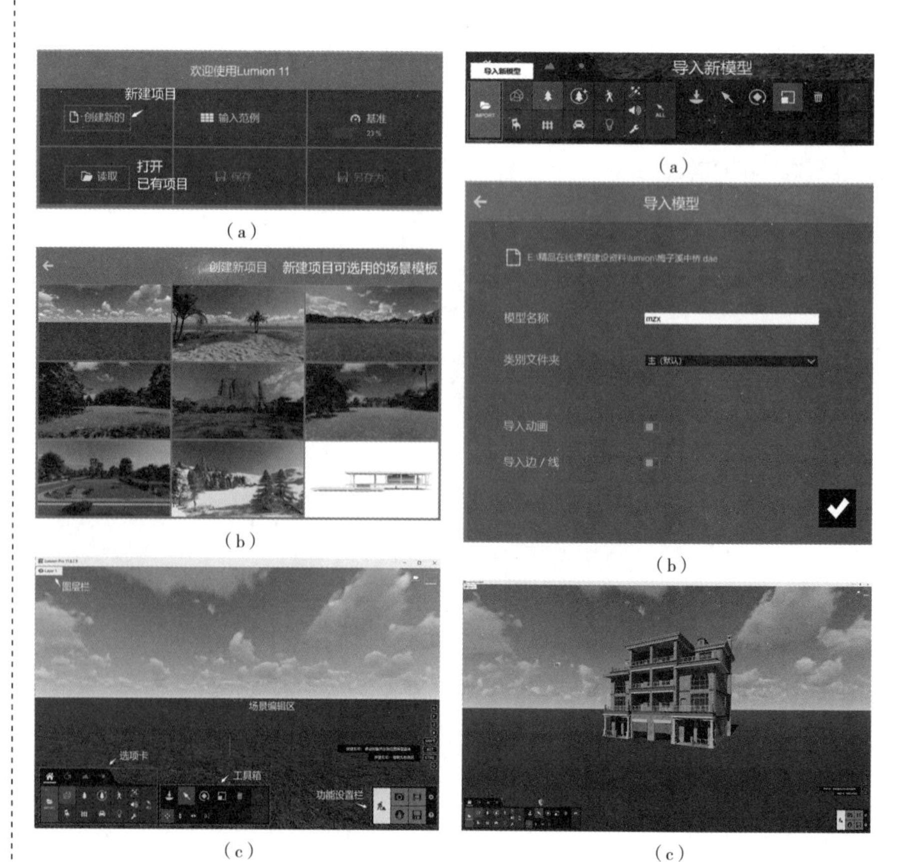

图 5-2-3 场景界面（左）
图 5-2-4 导入模型（右）

4. 创建场景文件

（1）创建景观（图 5-2-5）

单击景观系统选项卡，在景观系统中，创建山、水体、道路、草地等。

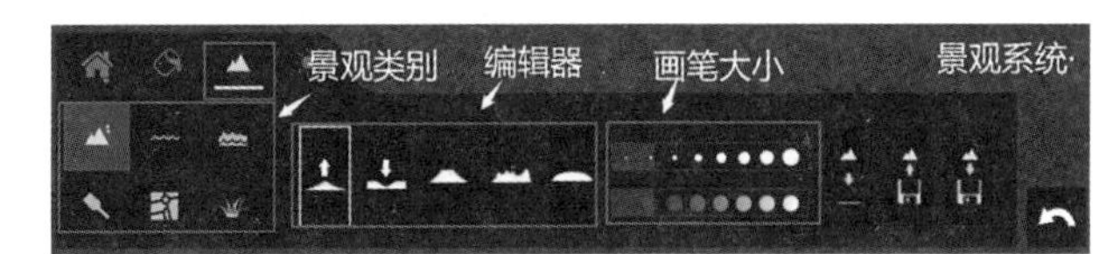

图5-2-5　景观系统

Lumion 11.0 中有单独调整水材质的工具，具体参数可根据实际显示情况来进行水面区域的调节。"竹园轩" 场地水的放置效果如图 5-2-6 所示。

图5-2-6　水的放置效果

（2）添加周边景观环境

单击（素材库）选项卡，分别根据软件自带的素材，如自然、人和动物、室内、室外、交通工具、灯光与实用工具、特效、声音、设备等，逐一为 "竹园轩" 添加树木、草地、车辆、人等素材模型，"竹园轩" 周边景观环境放置如图 5-2-7 所示。

（a）

（b）

图 5-2-7　"竹园轩" 周边景观环境放置

（3）为模型添加材质

Lumion 11.0 软件有非常丰富的材质库，主要包括自然材质、室内材质、室外材质和其他预设的物体材质。应该注意的是，Lumion 11.0 软件的材质编辑器系统只能对载入的模型已有的材质进行编辑，而软件自有的模型则不能赋予新的材质，如系统自带的车辆、地面、山体、水体等。

点击材质按钮，选择模型需要调整材质的部位，打开材质编辑器与材质库，如图 5-2-8 所示，可对其进行编辑。

选择 "竹园轩" 外墙，对 "竹园轩" 模型进行材质编辑，选择材质库面板后，将鼠标移动到 "竹园轩" 模型中的外墙位置，此时场景中与 "竹园轩" 外墙同一类型材质的部件均会亮显，单击选中该模型外墙，打开材质库，依次选择所需要的材质类别和类型调整外墙材质，添加 "竹园轩" 外墙材质操作如图 5-2-9 所示。

（a）

（b）

（a）

（b）

（c）

图 5-2-8　材质编辑器与材质库（左）

图 5-2-9　添加“竹园轩”外墙材质操作（右）

学习任务二：输出“竹园轩”可视化结果

Lumion 11.0可以保存多个视口，且每个视口可单独进行效果的控制，在操作时方便使用者快速调取合适的视口进行观察，或快速渲染出图。Lumion 11.0软件为用户内置了非常丰富的特效工具，比如雨、雪、光线等天气变化特效，也可以为车辆和人员添加行驶和走动等动作特效。这些特效的使用大大增强了图片、视频场景的真实性。

操作步骤：

1. 添加特效的方式

在Lumion 11.0中创建或添加特效有三种方法。第一种方法是在编辑模式下展开物体面板，点击特效图标，并选择物体即可创建物体特效，添加诸如瀑布、喷泉、火焰、烟雾等。编辑模式添加特效如图5-2-10所示。

图5-2-10　编辑模式添加特效

第二种方法是在拍照模式下添加特效。点击软件界面右下角功能设置栏中的模式按钮，进入拍照模式，点击左上角的特效图标，进入特效面板。其包含太阳、天气、天空、物体、相机、动画、艺术和高级特效等效果选项卡，在该面板中可为场景添加特效、渲染输出静帧图片和制作场景效果图。但有些特效仅在创建动画模式下才可用，如风、移动等特效。拍照模式添加特效如图5-2-11所示。

图5-2-11　拍照模式添加特效

图 5-2-12 动画模式添加特效

第三种方法是在动画模式下添加特效。点击软件界面右下角功能设置栏中的按钮，进入动画模式，然后点击左上角的特效图标，进入新增特效面板。这里同样包含太阳、天气、天空、物体、相机、动画、艺术和高级特效等效果选项卡。在这里的特效面板中，可以为环境添加视频特效，如行走等视频动画。动画模式添加特效如图 5-2-12 所示。

2. 视角保存，输出效果图

"竹园轩"场景文件创建完成后，调整视图位置、角度、高度等，将模型视图角度调整为自己需要的理想状态，点击左下方模式，激活拍照模式，将光标放置在空白图像存储区（即拍照区），点击其上部的按钮，即可保存当前视口。点击右侧的图标，可以选择出图的像素来渲染相应的效果图。渲染效果图操作如图 5-2-13 所示。

3. 视频输出

Lumion 11.0 不仅可以制作效果图，还可以进行视频制作。在摄像（动画）模式下，点击空白图像存储区，在出现的界面中可以为场景创建视频、插入图片和外部视频剪辑，如图 5-2-14 所示。

点击"录制视频"图标进入录制界面，调整场景不同的视角，Lumion 11.0 可以在动画场景中添加多个视口，点击添加相机关键帧按钮，即可捕捉关键帧，软件会自动计算各个关键帧之间的时间，自动生成连续画面。关键帧操作如图 5-2-15 所示。

视频添加完关键帧后，单击右下角的✓，点击保存视频剪辑按钮，还可以点击图像存储区上部的按钮对关键帧对应的视口进行编辑，如图 5-2-16 所示。

当关键帧编辑完成后，单击渲染，进行动画视频渲染设置，选择保存路径，即可完成输出，视频渲染设置操作如图 5-2-17 所示。

（a）

渲染照片

当前拍摄　照片集

当前拍摄

附加输出　D N S L A M

渲染当前拍照　渲染精度选择

邮件 1280x720　桌面 1920x1080　印刷 3840x2160　海报 7680x4320

（b）

（c）

图 5-2-13　渲染效果图操作

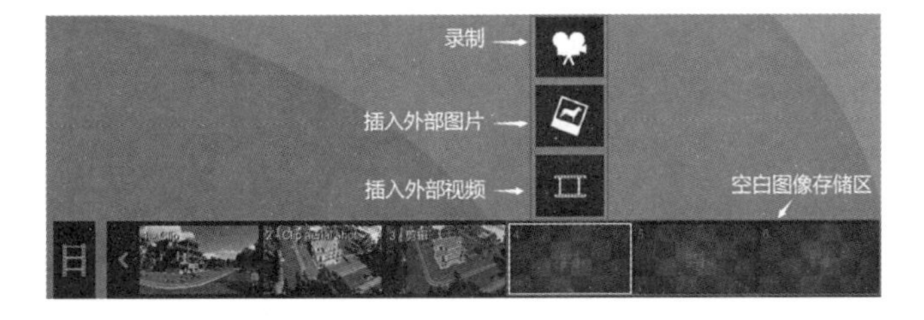

图 5-2-14　创建视频工具

(a)

(b)

图 5-2-15　关键帧操作

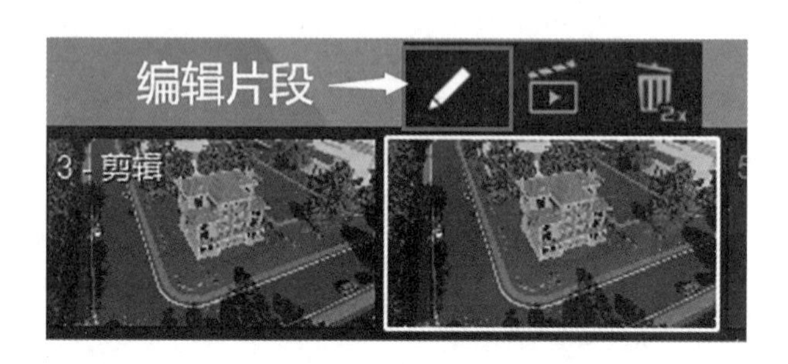

图 5-2-16　编辑关键帧对应视口

图 5-2-17　视频渲染设置操作

六、任务后：知识拓展应用

扫描目录前二维码学习相关内容。

七、评价与展示

<table>
<tr><td colspan="7">学生任务清单（含课程评价）5.2</td></tr>
<tr><td rowspan="3">前期导入</td><td>任务名称</td><td colspan="5"></td></tr>
<tr><td>学生姓名</td><td></td><td>班级</td><td></td><td>学号</td><td></td></tr>
<tr><td>完成日期</td><td colspan="2"></td><td>完成效果</td><td colspan="2">（教师评价及签字）</td></tr>
<tr><td rowspan="3">明确任务</td><td>任务目标</td><td colspan="5"></td></tr>
<tr><td rowspan="2">任务实施</td><td colspan="4" rowspan="2"></td><td>成果提交</td></tr>
<tr><td></td></tr>
<tr><td>自学简述</td><td>课前布置</td><td colspan="5">主要根据老师布置的网络学习任务，说明自己学习了什么？查阅了什么？</td></tr>
<tr><td rowspan="2">学习复习</td><td>不足之处</td><td colspan="5"></td></tr>
<tr><td>提问</td><td colspan="5">自己想和老师探讨的问题</td></tr>
<tr><td rowspan="4">过程评价</td><td>自我评价
（5分）</td><td>课前学习</td><td>实施方法</td><td>职业素质</td><td>成果质量</td><td>分值</td></tr>
<tr><td></td><td></td><td></td><td></td><td></td><td></td></tr>
<tr><td>教师评价
（5分）</td><td>时间观念</td><td>能力素养</td><td>成果质量</td><td>分值</td><td></td></tr>
<tr><td></td><td></td><td></td><td></td><td></td><td></td></tr>
</table>

图书在版编目（CIP）数据

建筑信息模型（BIM）AUTODESK REVIT 全专业建模与应用 / 刘孟良编著 . —北京：中国建筑工业出版社，2023.7

住房和城乡建设部“十四五”规划教材 高等职业教育建筑与规划类“十四五”数字化新形态教材

ISBN 978-7-112-29002-4

Ⅰ . ①建… Ⅱ . ①刘… Ⅲ . ①建筑设计—计算机辅助设计—应用软件—高等学校—教材 Ⅳ . ① TU201.4

中国国家版本馆 CIP 数据核字（2023）第 144164 号

本教材分为 BIM 建模篇和 BIM 应用篇共两篇、五个模块，包括建筑建模实施流程、结构装饰与机电专业建模、族与体量、Revit 中建模的应用、其他软件中模型的应用。每个模块包括多个项目，项目中又包括多个学习任务，从建筑、结构、装饰、设备等全专业角度细致讲解建模的流程和方法及渲染和出图技巧。让学生既了解 Revit Architecture 建模的基本知识，又可以按教材进行实际操作。本书可作为高等职业院校建筑和土木等专业的教材，也可作为 BIM 教学的初中级培训教程和广大从事 BIM 工作的工程技术人员的参考书。

为更好地支持本课程的教学，我们向选用本书作为教材的教师提供教学课件，有需要者请与出版社联系，邮箱：jckj@cabp.com.cn，电话：（010）58337285，建工书院 http://edu.cabplink.com（PC 端）。

责任编辑：杨 虹 尤凯曦
责任校对：赵 力

住房和城乡建设部“十四五”规划教材
高等职业教育建筑与规划类“十四五”数字化新形态教材
建筑信息模型（BIM）AUTODESK REVIT 全专业建模与应用
编 著 刘孟良
主 审 汪谷香 董道炎
*
中国建筑工业出版社出版、发行（北京海淀三里河路 9 号）
各地新华书店、建筑书店经销
北京雅盈中佳图文设计公司制版
北京盛通印刷股份有限公司印刷
*
开本：787 毫米 ×1092 毫米 1/16 印张：20 字数：378 千字
2024 年 9 月第一版 2024 年 9 月第一次印刷
定价：**68.00** 元（赠教师课件）
ISBN 978-7-112-29002-4
（41747）